Leitfaden

für

gerbereichemische Untersuchungen.

ISBN-13: 978-3-642-89415-2 e-ISBN-13: 978-3-642-91271-9
DOI: 10.1007/978-3-642-91271-9

Softcover reprint of the hardcover 1st edition 1901

Leitfaden

für

gerbereichemische Untersuchungen

von

H. R. Procter, F. I. C., F. C. S.

Professor für Lederindustrie am Yorkshire College in Leeds, Examinator für Lederindustrie an „The City and Guilds of London Technical Institute" etc.

Deutsche Ausgabe

bearbeitet von

Dr. Johannes Paessler,

Vorstand der deutschen Versuchsanstalt für Lederindustrie zu Freiberg in Sachsen.

Mit 30 in den Text gedruckten Figuren.

Berlin.

Verlag von Julius Springer.

1901.

Vorwort.

Der vorliegende „Leitfaden für gerbereichemische Untersuchungen“ war ursprünglich in der Hauptsache zur Benutzung für meine Studenten bestimmt und sollte hierbei als Ergänzung zu meinen Vorträgen und zu den Erläuterungen im chemischen Praktikum dienen. Wenn auch das Ziel dieses Buches während der Bearbeitung noch weiter hinausgeschoben worden ist, so beschäftigt sich dasselbe im Wesentlichen mit der genauen Beschreibung der analytischen Methoden und erstreckt sich keineswegs bis zur Behandlung chemischer Theorien oder bis zur Betrachtung der Principien der Lederbereitung. Von den beschriebenen Methoden sind nicht etwa sämmtliche von mir ausgearbeitet worden; aber sie sind mit kaum einer Ausnahme in meinem Laboratorium sorgfältig geprüft und als gut befunden worden. In einigen Fällen sind sie abgeändert und dem besonderen Zwecke, dem sie dienen sollen, angepasst worden.

Für die mannigfachen Winke und Anregungen, die ich während der Bearbeitung dieses Buches erhalten habe, bin ich vielen meiner Freunde zu grossem Danke verpflichtet, aber ganz besonders Herrn Dr. J. Gordon Parker für die grosse Unterstützung bei der Durchsicht der Korrekturbogen, ferner Herrn J. T. Wood für die Durchsicht des Teiles über Gärung und Bakteriologie, und schliesslich Herrn Dr. Lewkowitsch für die gleiche Unterstützung bei der Abtheilung über Fette und Oele.

The Yorkshire College, 1898.

Henry R. Procter.

Arbeiten Prof. Procter's und seiner Mitarbeiter, die nach dem Erscheinen seines Werkes veröffentlicht worden sind:

H. R. Procter, The manufacture of leather. J. Soc. of Arts, Bd. 47, S. 827.

H. R. Procter, On leather dyeing. Journ. Soc. Chem. Ind., 1900, S. 23.

H. R. Procter u. A. Turnbull, Note on the use of copper sulphate in the Kjeldahl process. Journ. Soc. Chem. Ind., 1900, S. 130.

H. R. Procter u. R. W. Griffith, The absorption of basic chrome salts by skin. Journ. Soc. Chem. Ind., 1900, S 223.

H. R. Procter u. E. F. Hamer, Absorption of chromic acid by skin from solutions of potassium bichromate.

Vorwort zur deutschen Bearbeitung.

Während meiner früheren Thätigkeit als Chemiker an der Deutschen Gerberschule zu Freiberg i. S. habe ich es stets als einen Uebelstand empfunden, keinen Leitfaden zur Verfügung zu haben, in welchem die für gerbereitechnische Untersuchungen erforderlichen Methoden zusammengestellt sind. Um diesem Mangel einigermassen abzuhelfen, hatte ich schon vor einigen Jahren die analytischen Untersuchungsmethoden, die für den analytisch-chemischen Unterricht an der Gerberschule in Betracht kommen, in mehreren kleinen Heften niedergelegt. Ich hatte die Absicht, diese Hefte zu einem Leitfaden zu vereinigen und denselben ausserdem noch durch Anfügung der übrigen bei gerbereichemischen Arbeiten zur Anwendung kommenden Methoden zu ergänzen, damit dieses Büchlein auch dem Gerbereichemiker und vor allem dem Handelschemiker, der sich nur seltener mit derartigen Untersuchungen beschäftigt, die erforderlichen Unterlagen bieten sollte. Nachdem Herr Prof. Procter im Jahre 1898 sein „Leather Industries Laboratory Book", welches den gleichen Zweck in sehr vollkommenem Maasse erfüllt, herausgegeben und mir auf Veranlassung des Herrn Kathreiner, I. Chemiker der Firma Dörr & Reinhart in Worms a. Rh., das Anerbieten gemacht hatte, eine deutsche Bearbeitung seines Werkes vorzunehmen, habe ich meine ursprüngliche Absicht sofort aufgegeben und die vorliegende Bearbeitung ausgeführt, welche ich hiermit der Oeffentlichkeit übergebe. Zugleich spreche ich Herrn Appelius, I. Assistent an der Deutschen Versuchsanstalt für Lederindustrie, für die bei der Durchsicht der Revisionen gewährte Unterstützung hiermit meinen verbindlichsten Dank aus.

Da während des Druckes des vorliegenden Werkes auf der 4. Konferenz des „Internationalen Vereins der Lederindustrie-Chemiker" in Paris verschiedene wichtige Abänderungen bezüglich der Gerbmaterialanalyse beschlossen worden sind, habe ich dieselben in einem Nachtrage am Schlusse des Werkes zusammengefasst.

Freiberg i. S., im August 1900.

Dr. Johannes Paessler,
Vorstand der deutschen Versuchsanstalt für Lederindustrie.

Inhaltsverzeichniss.

I. Abschnitt.

Allgemeine Methoden.

II. Abschnitt.

Die Prüfung der Chemikalien (Säuren etc.).

III. Abschnitt.

Die Untersuchung des Wassers.

IV. Abschnitt.

Enthaarungsmittel.

V. Abschnitt.

Die Untersuchung der Aescherbrühen.

VI. Abschnitt.

Konservirungsmittel, Beizmittel etc.

VII. Abschnitt.

Die Chemie der Gerbstoffe und ihrer Derivate.

Allgemeine Methoden zur Prüfung der Gerbstoffe.

Zersetzungsprodukte beim Erhitzen von Gerbstoffen.

Zersetzungsprodukte der Gerbstoffe bei der Einwirkung von Säuren.

Konstitution der Gerbstoffe.

VIII. Abschnitt.

Die qualitative Unterscheidung der Gerbmaterialien.

IX. Abschnitt.

Die Analyse der Gerbmaterialien.

X. Abschnitt.

Die Probenahme, Zerkleinerung und Extraktion der Gerbmaterialien.

XI. Abschnitt.

Die Gerbstoffbestimmung nach der Hautpulvermethode.

Anhang zu Abschnitt XI.

XII. Abschnitt.

Die Löwenthal'sche (maassanalytische) Methode.

XIII. Abschnitt.

Die Analyse von Gerbebrühen und gebrauchten Gerbmaterialien.

XIV. Abschnitt.

Die Bestimmung der Farbe in Gerbmaterialien.

XV. Abschnitt.

Die Analyse der in der Alaun- und Chromgerberei benutzten Materialien.

XVI. Abschnitt.

Der Nachweis und die Bestimmung des Traubenzuckers.

XVII. Abschnitt.

Die Untersuchung der Seifen.

XVIII. Abschnitt.

Die Oele und Fette.

A. Die Bestimmung des Fettes und des Nichtfettes.

B. Physikalische Prüfung der Fette.

C. Quantitative Analyse der Fette.

D. Specielle Anwendung der Fettanalyse.

XIX. Abschnitt.

Die Kjeldahl'sche Methode der Stickstoffbestimmung.

XX. Abschnitt.

Die Analyse des Leders.

XXI. Abschnitt.

Die Farbstoffe.

XXII. Abschnitt.

Der Gebrauch des Mikroskops.

XXIII. Abschnitt.

Die mikroskopische Struktur der Haut.

XXIV. Abschnitt.

Bakteriologie und Mykologie.

Druckfehler-Verzeichniss.

Seite 33, Zeile 3 von unten: Glasplatte statt Glasglocke.
Seite 53, Zeile 10 von oben: Pyrogallol-Gerbstoffe statt Pyrogallolsäure-Gerbstoffe.
Seite 80, Zeile 13 von oben: alkoholischen statt alkalischen.
Seite 92 u. 93: in der Rubrik „Schwefelkohlenstoff“ muss es heissen CS_2 statt CS.

I. Abschnitt.

Allgemeine Methoden.

Der Zweck der chemischen Analyse ist, eine Substanz in ihre einzelnen Bestandtheile so zu zerlegen, dass dieselben gewogen oder gemessen werden können; alsdann wird die Berechnung der Gewichtsverhältnisse vorgenommen. Diese letzteren werden gewöhnlich in Procenten des Ganzen angegeben; die Ausrechnung erfolgt, indem man das gefundne Gewicht mit 100 multiplicirt und das Produkt durch das Gewicht der angewandten Substanz dividirt. Bei technischen Analysen genügt es meistens, die Procentzahlen bis auf eine Decimale anzugeben. In vielen Fällen wird das Gewicht des Bestandtheiles, dessen Procentgehalt ermittelt werden soll, nicht direkt gefunden, sondern aus dem einer andern Substanz berechnet, dessen procentische Zusammensetzung bekannt ist.

Das Wägen. Die Substanzen sollen nie direkt auf der Waagschale abgewogen werden, sondern es hat dies stets in einer Glasschale oder einem andern Gefässe, dessen Gewicht vorher bestimmt worden ist, zu erfolgen. Dieses Gefäss muss vollständig trocken und sauber sein, Zimmertemperatur besitzen und darf vor dem Wägen nie mit warmen oder feuchten Händen berührt werden. Man stellt dasselbe auf die Waagschale, während die Waage arretirt ist. Während des Schwingens der Waage dürfen weder die auf derselben befindlichen Gewichte, noch das Gefäss berührt werden. Die Gewichte legt man mit Hilfe einer Pincette sorgfältig auf die rechte Waagschale und zwar in der Weise, dass man mit dem grössten Gewicht beginnt und alsdann behutsam die Arretur löst; man probirt hierauf so lange, bis man ein Gewicht gefunden hat, welches eben leichter als der zu wägende Körper ist. Mit den kleineren Gewichten fährt man alsdann in entsprechender Weise fort, bis das Gewicht bis auf die Centigramme ermittelt ist; die weitere Gewichtsbestimmung erfolgt nach dem gleichen Principe mit Hilfe des Reiters. Das Gleichgewicht ist vorhanden, wenn der an der Waage angebrachte Zeiger an der Skala, vom Mittelpunkte aus gerechnet, nach beiden Seiten gleich weit ausschlägt. Das Schwingen der Waage kann durch gelinde Bewegung der umgebenden Luftschicht mit Hilfe der Hand hervorgerufen werden. Man zählt hierauf die im Gewichtskästchen fehlenden Gewichte zusammen und notirt unter Berücksichtigung des Standes des Reiters das Gesammtgewicht; dieses wird nochmals geprüft, indem man die auf der Waagschale liegenden Gewichte addirt.

Das **Abmessen** wird in Glasgefässen ausgeführt, welche mit Marke versehen sind und den Inhalt bis zu dieser Marke angeben. Wasser und alle anderen Flüssigkeiten, welche Glas benetzen, bilden in diesen Gefässen eine konkave Oberfläche, Meniskus genannt; beim Abmessen ist es nothwendig, dass der untere Theil dieses Meniskus mit der Marke in gleiche Höhe gebracht wird. Es lässt sich dies sehr genau ausführen, indem man den Meniskus in gleiche Höhe mit dem Auge bringt und alsdann durch die Flüssigkeit nach einem in einiger Entfernung befindlichen Gegenstand sieht; der untere Theil des Meniskus erscheint deutlich dunkel und kann dann in gleiche Höhe mit der Marke gebracht werden. Ein weniger genaues Verfahren besteht darin, dass man gegen den unteren Rand einer hinter dass Gefäss gehaltenen weissen Karte sieht und das Gefäss so weit füllt, dass Meniskus und Marke sich in gleicher Höhe befinden. Beim Ablesen von Büretten, welche mit dunkel gefärbten Flüssigkeiten gefüllt sind, empfiehlt sich die Anwendung eines aus Glas oder Porcellan hergestellten Mohr'schen Schwimmers. Es ist darauf zu achten, dass bei derartigen Ablesungen das betreffende Gefäss vollständig senkrecht steht. Maassflaschen und Cylinder sind gewöhnlich so graduirt, dass sie angeben, welche Flüssigkeitsmenge sie enthalten („auf Einguss geaicht"), während Pipetten und Büretten anzeigen, welche Mengen sie beim Ausfliessenlassen liefern („auf Ausguss geaicht"); wenn die ersteren „auf Ausguss" benutzt werden sollen, so muss die Flüssigkeitsmenge, welche die Wandungen benetzt, zunächst bestimmt und alsdann berücksichtigt werden. Bei Büretten liest man direkt nach dem Ausfliessenlassen ab; bei Pipetten streicht man nach dem Ausfliessen die Auslaufspitze an dem Gefässe ab, bläst aber nicht aus. Der Inhalt eines Gefässes wird bestimmt, indem man die Menge Wasser von 15° C. auswägt, welche das Gefäss bis zur Marke fasst, und hierbei annimmt, dass jedes Gramm einem Kubikcentimeter (ccm) entspricht. Die Pipetten werden gefüllt, indem man die Flüssigkeit bis über die Marke ansaugt, die obere Oeffnung schnell mit dem Zeigefinger verschliesst und alsdann vorsichtig bis zur Marke auslaufen lässt. Bei sehr giftigen oder ätzenden Flüssigkeiten saugt man die Pipetten nicht direkt mit dem Munde an, sondern mit Hilfe eines Kugelrohres, welches mit der Pipette durch Gummischlauch verbunden ist.

Das Bezeichnen der Gefässe. Glas wird am besten mit einem Schreibdiamanten oder durch Aetzen mit Fluorwasserstoffsäure gezeichnet. Porcellan-Gefässe und Tiegel werden mit gewöhnlicher Tinte gezeichnet, getrocknet und erst mässig und dann stark in der oxydirenden Flamme der Gebläselampe erhitzt.

Das metrische System. Die metrischen Gewichte und Maasse leiten sich von dem „Meter" ab, d. i. annähernd $^1/_{10000000}$ des Erdquadranten, gemessen vom Pol zum Aequator. Den Meter theilt man weiter in 100 Theile oder Centimeter und 1000 Theile oder Millimeter. Die Volumeneinheit ist der Kubikdecimeter oder das „Liter", welches demnach 1000 Kubikcentimeter enthalten muss. Die Gewichtseinheit ist das Gewicht eines Kubikcentimeters Wasser von 4° C. (bei dieser Temperatur besitzt das Wasser die grösste Dichte); man bezeichnet dasselbe als 1 Gramm. Vielfache desselben werden durch griechische Ausdrücke näher bezeichnet:

1 Dekagramm = 10 Gramm,
1 Hektogramm = 100 „
1 Kilogramm = 1000 „ (das Gewicht von 1 Liter Wasser).

In gleicher Weise werden Bruchtheile eines Grammes durch lateinische Ausdrücke näher bezeichnet:

1 Decigramm = $0,_1$ Gramm,
1 Centigramm = $0,_{01}$ „
1 Milligramm = $0,_{001}$ „

Für den Laboratoriumsgebrauch wird gewöhnlich das „Mohr'sche Liter", d. i. das Volumen von 1000 g Wasser bei 15° C. oder gewöhnlicher Laboratoriumstemperatur, an Stelle des „wahren Liters", d. i. das Volumen von 1000 g Wasser bei 4° C., gebraucht.

Thermometerskalen. Die 100theilige oder Celsius-Skala, bei welcher der Gefrierpunkt des Wassers bei 0° liegt und das Intervall zwischen Gefrier- und Siedepunkt in 100 Theile oder Grade eingetheilt ist, wird jetzt mehr benutzt als die Réaumur-Skala, bei welcher das gleiche Intervall in 80 Grade getheilt ist, und als die Fahrenheit-Skala, bei welcher der Gefrierpunkt mit + 32° und der Siedepunkt des Wassers mit + 212° bezeichnet wird.

Celsiusgrade können durch Multiplikation mit $^4/_5$ in Réaumurgrade umgerechnet werden. Die folgende Tabelle gestattet direkt die Umwandlung der Grade irgend einer der drei Skalen in die entsprechenden der beiden anderen.

Grad Celsius	Grad Réaumur	Grad Fahrenheit	Grad Celsius	Grad Réaumur	Grad Fahrenheit
— 20	— 16	— 4	+ 45	+ 36	+ 113
— 15	— 12	+ 5	+ 50	+ 40	+ 122
— 10	— 8	+ 14	+ 55	+ 44	+ 131
— 5	— 4	+ 23	+ 60	+ 48	+ 140
0	0	+ 32	+ 65	+ 52	+ 149
+ 5	+ 4	+ 41	+ 70	+ 56	+ 158
+ 10	+ 8	+ 50	+ 75	+ 60	+ 167
+ 15	+ 12	+ 59	+ 80	+ 64	+ 176
+ 20	+ 16	+ 68	+ 85	+ 68	+ 185
+ 25	+ 20	+ 77	+ 90	+ 72	+ 194
+ 30	+ 24	+ 86	+ 95	+ 76	+ 203
+ 35	+ 28	+ 95	+ 100	+ 80	+ 212
+ 40	+ 32	+ 104	+ 105	+ 84	+ 221

Das **specifische Gewicht** eines Körpers ist das Verhältniss seines Gewichtes zu dem Gewicht eines gleich grossen Volumen Wassers. Beispiel: 1 ccm Schwefelsäure wiegt 1,84 g, 1 ccm Wasser 1 g; das spec. Gew. der Schwefelsäure ist demnach 1,84. Da sich jede Substanz in der Wärme ausdehnt, so muss für das spec. Gew. eine einheitliche Temperatur angenommen werden, und zwar gewöhnlich 15 oder 15,5° C. Flüssigkeiten werden zur Bestimmung des spec. Gew. durch Einstellen des betreffenden Gefässes in warmes oder kaltes Wasser auf diese Temperatur gebracht.

Zu diesem Zwecke werden Flüssigkeiten in Flaschen ausgewogen, welche an ihrem Halse eine Marke besitzen, oder noch besser in solchen, welche mit einem in eine Kapillare auslaufenden Glasstopfen versehen sind (Pyknometer). Diese Flasche wird erst leer und trocken gewogen, dann bis zur Marke mit Wasser gefüllt und gewogen und schliesslich ebenso weit mit der Flüssigkeit gefüllt, deren spec. Gew. ermittelt werden soll. Das Gewicht der Flüssigkeit dividirt durch das des Wassers (natürlich nach Abzug des Gewichtes der leeren Flasche) giebt das spec. Gew. Zum Zwecke des Füllens des Pyknometers stellt man dasselbe auf einen Untersatz, füllt es ganz voll, setzt den Stopfen fest auf, spült äusserlich mit Wasser sorgfältig ab und trocknet endlich mit einem sauberen Tuche ab. Bei dicken Flüssigkeiten, wie bei Gerbeextrakten und zähflüssigen Oelen, verwendet man weithalsige Flaschen, auf welche ein kurz abgeschnittener Trichter aufgesetzt wird; man muss beim Einfüllen das Eindringen von Luftblasen möglichst vermeiden. Wenn solche vorhanden sind, setzt man die Flasche einige Zeit unter den luftleer gemachten Recipienten einer Luftpumpe. Unmittelbar nach der Wägung wird der Stopfen herausgenommen, von der betreffenden Substanz soviel als möglich zur eigentlichen Probe zurückgegeben, die Flasche mit heissem Wasser ausgewaschen und alsdann getrocknet, damit sie stets für den jeweiligen Gebrauch fertig ist.

Feste Körper oder sehr dickflüssige Extrakte werden zu dem gleichen Zwecke in ein zuvor gewogenes Pyknometer gefüllt, beides wird gewogen, das letztere wird mit Wasser aufgefüllt und das Gesammte wird wieder gewogen. Wenn man das Gewicht des zugefügten Wassers von dem abzieht, welches die Flasche überhaupt fasst, so erhält man das Gewicht der Wassermenge, welche die in der Flasche befindliche Substanz verdrängt (d. i. in ccm ausgedrückt das Volumen der Substanz); dividirt man das Gewicht der angewendeten Substanz durch dieses Volumen, so erhält man das spec. Gew. Feste Fette schmilzt man in dem Pyknometer und lässt sie wieder erstarren; erst nach 18—24 Stunden wird das letztere aufgefüllt und gewogen; diese Frist muss eingehalten werden, damit die Fette nach dem Schmelzen wieder ihre ursprüngliche Dichte annehmen. Das spec. Gew. einer festen Substanz kann auch ermittelt werden, indem man dieselbe mit Hilfe eines feinen Drahtes an dem Haken über der Waagschale aufhängt und sie zunächst in der Luft und alsdann in Wasser wägt. Das letztere wird ausgeführt, indem man den Körper in ein mit Wasser gefülltes Becherglas eintauchen lässt, welches auf einer über die Waagschale gehenden Brücke steht. Zieht man das zweite Gewicht von dem ersteren ab, so erhält man das vom Körper verdrängte Wasserquantum, mithin auch das Volumen desselben; eine einfache Divisionsrechnung liefert wiederum das spec. Gew. Wenn ein an der Luft gewogner Körper (a), z. B. ein Senkkörper aus Glas, mit Hilfe der genannten Brücke zuerst in Wasser (b) und dann in irgend einer andern Flüssigkeit gewogen (c) wird, so erhält man das spec. Gew. dieser Flüssigkeit, wenn man den Gewichtsverlust im zweiten Fall (a—c) durch den im ersten Fall (a—b) dividirt; es ist also

$$\text{spec. Gew.} = \frac{a-c}{a-b}.$$

Das spec. Gew. von Flüssigkeiten wird mit genügender Genauigkeit mit Hilfe der sogen. Aräometer ermittelt, welche in einer Flüssigkeit soweit einsinken, dass sie ein ihrem Gewichte gleiches Quantum derselben verdrängen. Die sogen. Barkometergrade können in spec. Gew. umgerechnet werden, indem man sie durch 1000 dividirt und 1, vorsetzt; 5^0 Barkometer sind also 1,005 spec. Gew. Die sogen. Twaddle-Grade rechnet man in spec. Gewichte um, indem man sie durch 200 dividirt und ebenfalls 1, vorsetzt (es ist daher 1^0 Twaddle $=$ 5^0 Barkometer). Die Beaumé-Grade sind ganz willkürlich gewählt; zur Umrechnung derselben existiren verschiedene Tabellen, von denen die folgende die gebräuchlichste ist:

Grad Beaumé	Spec. Gewicht	Grad Beaumé	Spec. Gewicht
0	1.000	40	1.375
5	1.035	45	1.442
10	1.073	50	1.517
15	1.114	55	1.599
20	1.158	60	1.691
25	1.205	65	1.795
30	1.257	70	1.912
35	1.313	75	2.045

Bei der Ermittlung des spec. Gew. mit einem Aräometer wird ein Glascylinder auf einen Untersatz gestellt und alsdann vollständig mit der betreffenden Flüssigkeit gefüllt; der Schaum wird mit einem Glasstab weggestrichen und das Aräometer eingesenkt, die überlaufende Flüssigkeit fliesst hierbei in den Untersatz. Man liest, nachdem das Aräometer zur Ruhe gekommen ist, an dem Punkte der Skala ab, wo die gekrümmte Flüssigkeitsoberfläche dieselbe berührt.

Das **Verdampfen** ist ein allgemein übliches Verfahren, um Wasser und andere flüchtige Substanzen von nichtflüchtigen zu trennen. Es wird am zweckmässigsten auf einem Wasser- oder Dampfbad ausgeführt; sind sehr grosse Flüssigkeitsmengen einzudampfen, so ist es das Beste, wenn dies mit Hilfe einer direkten, kleinen Flamme erfolgt. Flüssigkeiten verdampfen am schnellsten aus breiten, flachen Schalen, die der Luft eine grosse Oberfläche bieten, oder aus einer mit einem Trichter bedeckten Kochflasche oder schliesslich aus tiefen Bechergläsern, die zur Vermeidung des Spritzens mit einem Uhrglas überdeckt sind. Gerbstoffhaltige Flüssigkeiten können in der beschriebenen Weise in Kochflaschen koncentrirt werden, ohne dass man grosse Gerbstoffverluste zu befürchten hat; es ist aber besser, dieselben ebenso wie andere Substanzen, welche in der Hitze Zersetzungen erleiden, im Vakuum einzudampfen, weil bei vermindertem Drucke der Siedepunkt wesentlich niedriger liegt. Manche Substanzen, welche zunächst trocken erscheinen, wie z. B. Gerbmaterialien, Leder, ferner die beim Eindampfen auf dem Wasserbade erhaltenen Rückstände, müssen zur vollständigen Trocknung in einen doppelwandigen Trockenschrank gebracht werden, dessen Inneres durch Wasser oder Dampf auf eine Temperatur von annähernd 100° C. gebracht wird. Man benutzt für den gleichen Zweck auch Trockenöfen, die mit Hilfe von Gas auf 100—105° C. erwärmt werden können; es geht dann die Trocknung schneller von statten. Zur Ermittlung des Wassergehaltes einer Substanz wird eine bestimmte Menge derselben in einem Glase oder einem Tiegel abgewogen, in der obigen Weise getrocknet und wieder gewogen; man wiederholt dies, bis zwei aufeinander folgende Wägungen das gleiche Gewicht ergeben, d. h. bis beim Trocknen Gewichtskonstanz eingetreten ist; der Gewichtsverlust wird dann als Wasser in Rechnung gebracht. Da die meisten Substanzen im vollständig trocknen Zustande sehr schnell Wasser aus der Luft wieder anziehen, so lässt man das betreffende Gefäss in einem Exsikkator erkalten und wägt es alsdann schnell aus. Anorganische Substanzen können bei einer viel höheren Temperatur getrocknet oder in manchen Fällen sogar ausgeglüht werden.

Die **Destillation** ist ein besonderer Fall des Verdampfens; es wird bei derselben der flüchtige Theil aufgefangen. Die betreffende Flüssigkeit kommt in eine Kochflasche, welche mit einem durchbohrten Stopfen verschlossen und mittelst eines durch diesen

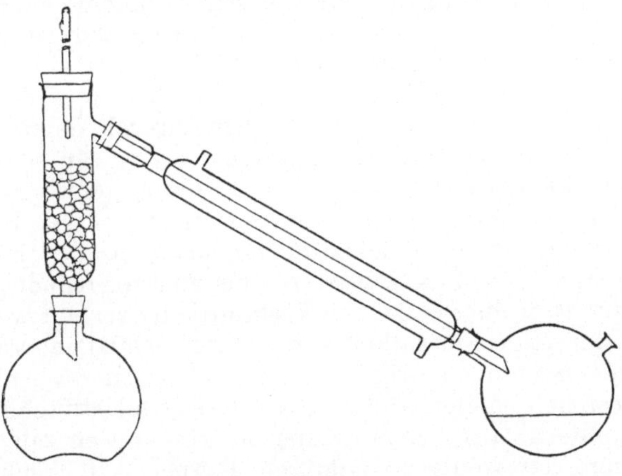

Fig. 1.

Stopfen gehenden, abwärts gebogenen Glasrohres mit einem sogen. Abflusskühler verbunden ist. Dieser Kühler besteht aus einer dünneren Glasröhre, welche unter Zuhilfenahme geeigneter Abdichtungen durch ein dickeres Glasrohr gesteckt ist; der zwischen beiden Rohren befindliche Raum kann durch ein an dem unteren Ende befindliches Zuflussrohr mit kaltem Wasser gespeist werden, welches durch ein Abflussrohr am oberen Ende des Kühlers denselben wieder verlässt. Das untere Ende der inneren Glasröhre mündet, jedoch nicht luftdicht, in eine Kochflasche (Vorlage) ein, welche zur Aufnahme der abdestillirten und im Kühler wieder verdichteten Flüssigkeit dient. Die nähere Einrichtung dieser Destillationseinrichtung ist aus der Fig. 1 ersichtlich. Bei der Ausführung der Destillation wird der Inhalt der Kochflasche mit Hilfe einer direkten Flamme oder eines erhitzten Sandbades, oder, bei leicht brennbaren Flüssigkeiten wie Alkohol oder

Aether, mittelst eines Wasserbades zum Sieden gebracht; die Dämpfe gelangen in das Kühlrohr, in welchem sie abgekühlt und verdichtet werden und durch welches sie in diesem Zustande in die Vorlage abfliessen.

Diese einfache Vorrichtung ist vollständig genügend, wenn es sich lediglich um eine Trennung einer Flüssigkeit von nichtflüchtigen Verunreinigungen oder dergl. handelt; wenn aber eine leichtflüchtige Flüssigkeit von einer solchen mit höherem Siedepunkt getrennt werden soll, erweist sich diese Einrichtung meist nicht wirksam genug, obgleich sie in vereinzelten Fällen auch zum Ziele führt. In solchen Fällen muss man den Siedepunkt der einzelnen abzudestillirenden Flüssigkeiten kennen, um beurtheilen zu können, wann der Process beendet ist; zur Kontrolle bringt man in dem den Destillationskolben verschliessenden Stopfen noch eine zweite Durchbohrung an, welche zur Aufnahme eines Thermometers dient. Eine noch geeignetere Vorrichtung ist der sogen. „Destillationskolben“, bei welchem in den Hals ein seitlich abzweigendes Rohr eingeschmolzen ist, welches mit dem Kühler verbunden wird. Das Thermometer wird durch einen die obere Oeffnung verschliessenden Stopfen gesteckt und zwar so weit, dass sich die Quecksilberkugel in der Höhe des abgezweigten Rohres befindet. Am schwierigsten gestaltet es sich, wenn eine Flüssigkeit, wie z. B. das Petroleum, welches aus einem Gemische einer grossen Anzahl verschiedener Kohlenwasserstoffe von verschiedenen Siedepunkten besteht, in ihre einzelnen Bestandtheile zerlegt werden soll. Wird eine derartige Flüssigkeit zum Sieden erhitzt, so verdampfen die Substanzen von niedrigem Siedepunkte zuerst, aber diese Dämpfe bestehen nicht allein aus diesen leichtflüchtigen Substanzen, sondern aus einem Gemische von diesen mit einer geringen Menge der weniger flüchtigen Körper. In solchen Fällen wird die Trennung wesentlich erleichtert durch die Anwendung eines „Dephlegmator-“ oder „Fraktions-Rohres“, in welchem die schwerer flüchtigen Dämpfe wieder kondensirt werden und in den Destillationskolben zurücktropfen. Für diesen Zweck eignet sich sehr gut ein mit dem Destillationskolben verbundenes weites Glasrohr, welches mit Glasperlen oder kurzen Glasstab-Stücken gefüllt wird. Das Nähere ist ebenfalls aus der Fig. 1 ersichtlich.

Mit dem Fraktionskolben gelingt die Trennung in die einzelnen Bestandtheile selten vollständig; man muss dann wenigstens so verfahren, dass man in Portionen innerhalb bestimmter Siedepunktsgrenzen trennt, beispielsweise von 60°—70°, 70°—80° etc. und diese einzelnen Theile wieder in der gleichen Weise fraktionnirt destillirt, bis schliesslich nahezu reine Produkte erhalten werden.

Das Veraschen. Beim Erhitzen in einem offenen Gefässe bis zur Rothgluth gehen chemisch gebundenes Wasser, Ammoniak und meist auch die Kohlensäure weg; ferner wird dadurch die organische Substanz zerstört. Diese Operation wird am vortheilhaftesten in Platingefässen ausgeführt; nur Zinn-, Blei-, Kupfer- und andere Metall-Salze, welche leicht zu Metallen reducirt werden, dürfen nicht in Platingefässen erhitzt werden, weil dieselben sonst angegriffen, bezw. zerstört werden. Substanzen, welche Chloride oder andere in der Rothgluth schmelzbare Salze enthalten, müssen sehr langsam und vorsichtig eingeäschert werden, weil sonst Kohlenstofftheilchen von diesen Salzen eingeschlossen werden und unverbrannt bleiben. Ist dies dennoch der Fall, so feuchtet man den Glührückstand nach dem Abkühlen mit wenig Wasser an, verdampft auf dem Wasserbade zur Trockne und führt die Veraschung sorgfältig zu Ende. In besonders schwierigen Fällen wird der Rückstand mit einer Lösung von Ammoniumnitrat befeuchtet, wieder getrocknet und verascht oder man extrahirt aus der verkohlten Masse die löslichen Substanzen mit Wasser, filtrirt durch ein sogen. quantitatives Filter, verascht das letztere und vereinigt den Rückstand mit der erhaltenen Lösung, welche alsdann zur Trockne verdampft wird.

Fällung. Viele Substanzen, welche im Wasser oder anderen Lösungsmitteln löslich sind, können in unlösliche Verbindungen übergeführt, also durch Fällung abgeschieden und von anderen Substanzen getrennt werden. So kann z. B. Schwefelsäure (frei oder in Verbindung mit Basen in Gestalt ihrer Salze) durch Zusatz von Chlorbaryum ($BaCl_2$) als unlösliches Baryumsulfat ($BaSO_4$) ausgefällt werden; Ammoniumoxalat fällt alle löslichen Kalksalze als Calciumoxalat, welches durch schwaches Glühen in Calciumkarbonat ($CaCO_3$) und durch starkes Glühen über der Gebläselampe in Aetzkalk (CaO) übergeführt werden kann. Die Fällung wird im allgemeinen durch Wärme und durch Stehenlassen begünstigt, dagegen bei Gegenwart organischer Substanzen verzögert oder sogar vollständig verhindert.

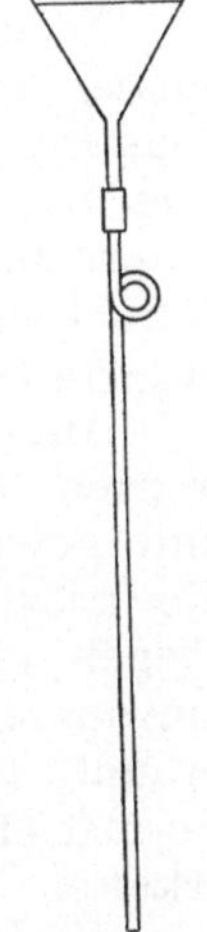

Fig. 2.

Filtration. Sind Niederschläge in Flüssigkeiten suspendirt, so werden sie von denselben durch Absitzenlassen und Filtration getrennt. Man verwendet hierzu einen kreisrunden Filtrirpapierausschnitt, welcher auf ein Viertel zusammengefaltet in einen Trichter so eingesetzt wird, dass sich das Papier an die Wandungen desselben anlegt. Das Filter, welches hierbei nie übei den Rand des Trichters hinausragen soll, wird hierauf, ausgenommen bei der volumetrischen Analyse, mit destillirtem Wasser angefeuchtet und an die Trichterwandungen angedrückt. Für quantitative Analysen verwendet man besonderes Filtrirpapier, welches beim Verbrennen keine merklichen Mengen Asche hinterlässt. Beim Filtriren dickflüssiger oder schleimiger Flüssigkeiten ist es oft empfehlenswerth, die

Wasserluftpumpe zu verwenden. Die Filtration kann auch wesentlich beschleunigt werden, wenn man den Trichter mit einer mit Schlinge versehenen Glasröhre verbindet, wie es die Fig. 2 zeigt.

Auswaschen von Niederschlägen. Bei der Filtration ist es empfehlenswerth, dass man den Niederschlag in dem Becherglase zunächst gut absitzen lässt und die klare Flüssigkeit auf das Filter giesst; falls der Niederschlag schwer ist und sich gut absetzt, lässt sich dies bequem ausführen; man bringt dann reines Wasser auf den Niederschlag, lässt gut absitzen, filtrirt und wiederholt diese Operation mehrmals, bis man schliesslich den Niederschlag ohne jeden Verlust auf das Filter spült. Die Flüssigkeit darf nicht direkt, sondern muss stets längs eines an den Rand des Becherglases angelegten Glasstabes auf das Filter gegossen werden, wobei der geringste Verlust durch Verspritzen vermieden werden muss. Die letzten Spuren des an den Glaswandungen festsitzenden Niederschlages werden mit einem Glasstabe, dessen unteres Ende mit einem Stück Gummischlauch überzogen ist, abgerieben und vorsichtig mit Hilfe der Spritzflasche auf das Filter gespült. Der Niederschlag muss alsdann zur Verdrängung der anhaftenden Lösung sorgfältig ausgewaschen werden, was am besten mit heissem Wasser aus der Spritzflasche erfolgt. Es hat hierbei als Regel zu gelten, dass man nicht eher Wasser auf das Filter giesst, bevor nicht das vorhergehende vollständig abgelaufen ist.

Trocknen von Niederschlägen. Organische Niederschläge müssen auf zuvor vorsichtig im Trockenschrank bis zur Gewichtskonstanz getrockneten Filtern, welche man am besten in luftdicht verschliessbare Wägegläschen steckt, gesammelt werden. Das Filter mit Niederschlag wird ebenfalls bis zur Gewichtskonstanz getrocknet und alsdann wird von diesem Gewicht das des Filters abgezogen.

Anorganische Niederschläge können im allgemeinen verascht werden. Zu diesem Zwecke stellt man einen ausgeglühten und gewogenen Tiegel auf schwarzes Glanzpapier und bringt die grösste Menge des Niederschlages von dem Filter in den Tiegel. Das Filter wird zusammengefaltet, mit einem Platindraht umwunden und in einer Bunsenflamme über dem Tiegel verbrannt, in welchen man alsdann die hinterbliebene Asche ohne Verlust bringt; man glüht den Tiegel aus, lässt ihn im Exsikkator erkalten und bringt ihn zur Wägung.[1]) Die Filterasche, welche zuvor zu bestimmen ist, muss in Abzug gebracht werden. Manche Niederschläge können ohne weiteres mit dem Filter in dem Tiegel verascht werden.

Analysenberechnung. In vielen Fällen ist die zur Wägung gebrachte Substanz nicht diejenige selbst, deren Gewicht wir ermitteln wollen; aber wir sind im Stande, aus ihrer Menge das-

---

[1]) Näheres hierüber Fresenius, Quantitative Analyse.

selbe durch Rechnung festzustellen. Schwefelsäure wird beispielsweise gewöhnlich in Form eines ihrer Salze, als schwefelsaurer Baryt (Baryumsulfat), zur Wägung gebracht; die Reaktion verläuft nach folgender Gleichung:

$$H_2SO_4 + BaCl_2 = BaSO_4 + 2\,HCl.$$

Die Molekulargewichte, welche durch Einsetzen der Atomgewichte erhalten werden, sind folgende:

$$98 + 208 = 233 + 73.$$

In diesem Falle sind also für 233 Theile ausgewogenen Baryumsulfats nur 98 Theile Schwefelsäure in Rechnung zu bringen.

Maassanalyse. Wenn wir in dem obigen Falle die Menge des in Reaktion tretenden Baryumchlorids, $BaCl_2$, kennen, so ist es ohne weiteres klar, dass wir aus der Formel die Mengen der übrigen betheiligten Verbindungen berechnen können, und ebenso umgekehrt. Hat man beispielsweise eine Baryumchloridlösung, welche genau 104 g pro Liter oder 0.104 g pro ccm enthält, und es sind davon 20 ccm erforderlich, um die in 1 l Wasser enthaltene gesammte Schwefelsäure (freie und gebundene) auszufällen, so findet man, dass das Wasser $20 \times 0.049 = 0.98$ g Schwefelsäure pro Liter enthält. Bezugnehmend auf die oben angeführte Gleichung, ist noch zu erwähnen, dass 1 Molekül H_2SO_4 entspricht 2 Molekülen HCl und dass 1 Atom Ba im Baryumsulfat die Stelle von 2 Atomen Wasserstoff vertritt. Derartige Elemente bezeichnet man als „zweiwertig", und Säuren, welche wie die Schwefelsäure zwei durch ein zweiwerthiges Atom vertretbare Wasserstoffatome enthalten, als „zweibasisch". Wenn man sog. „Normallösungen" derartiger Substanzen herstellt, ist es zweckmässig, wenn man diese so wählt, dass sie mit denen einwerthiger Verbindungen, wie mit der Salzsäure oder Natronlauge, korrespondiren; man nimmt von diesen zweiwerthigen Verbindungen nur die Hälfte ihrer Molekulargewichte in Grammen pro Liter, während man von den einwerthigen Verbindungen soviel Gramm pro Liter auflöst, als das Molekulargewicht beträgt. Derartige Lösungen nennt man Normal- oder N-Lösungen. Lösungen von $^1/_{10}$ dieser Stärke heissen Zehntelnormal- oder $^N/_{10}$-Lösungen.

Zusammenstellung der Substanzmengen, welche bei $^N/_1$-Lösungen in 1 Liter, bei $^N/_{10}$-Lösungen in 10 Liter enthalten sind.

Schwefelsäure	$^1/_2\,H_2SO_4$	49.0 g (= 48.0 g SO_4)
Salzsäure	HCl	36.5 g (= 35.5 g Cl)
Oxalsäure	$^1/_2\,(C_2H_2O_4 + 2\,H_2O)$	63.0 g

Salpetersäure	HNO_3	63.0 g
Essigsäure	$C_2H_4O_2$	60.0 g
Natriumhydrat	NaOH	40.0 g
Natriumkarbonat	$^1/_2\,Na_2CO_3$	53.0 g
Kalk (Calciumoxyd)	$^1/_2\,CaO$	28.0 g (Löslichkeit 0.12 g pro 100 ccm)
Calciumkarbonat	$^1/_2\,CaCO_3$	50.0 g (unlöslich)
Ammoniak	NH_3	17.0 g (= 14.0 g N)
Baryt (Baryumoxyd)	$^1/_2\,BaO$	76.5 g
Barythydrat	$^1/_2\,(Ba(OH)_2 + 8\,H_2O)$	157.5 g (Löslichkeit 1.7 g pro 100 ccm)
Baryumchlorid	$^1/_2\,BaCl_2$	104.0 g
Zink (als Chlorid oder Sulfat)	$^1/_2\,Zn$	32.6 g
Silbernitrat	$AgNO_3$	170.0 g (35.5 g Cl)
Kaliumpermanganat	$^1/_5\,KMnO_4$	31.6 g } als Oxydationsmittel
Kaliumbichromat	$^1/_6\,K_2Cr_2O_7$	49.0 g } als Oxydationsmittel
Jod	J	127.0 g } als Oxydationsmittel

Indikatoren. Es sind dies Substanzen, welche in der Maassanalyse gebraucht werden, um das Ende der Reaktion durch einen scharfen Farbenumschlag od. dergl. anzuzeigen.

Methylorange[1]) wird durch Mineralsäuren roth gefärbt, ist aber organischen Säuren gegenüber nicht sehr empfindlich, weswegen dasselbe für diese kein geeigneter Indikator ist. Es wird nicht verändert durch Kohlensäure und andere schwache Säuren und ist deswegen anwendbar zur Bestimmung von Karbonaten, Boraten, Sulfiden, Silikaten, Arseniten, stearinsauren und ölsauren Salzen u. a. m., welche sich diesem Indikator gegenüber wie freie Basen verhalten. Es sollen von der Lösung nicht mehr als ein oder zwei Tropfen verwendet werden. Bisulfite, einbasische Phosphate und Arsenate rufen keine Farbenänderung hervor, nur die freien Säuren derselben röthen die Lösung von Methylorange. Durch salpetrige Säure wird dasselbe zerstört.

Phenolphtaleïn wird durch Alkalien und Alkalikarbonate rothgefärbt, aber nicht durch Bikarbonate, durch die unlöslichen Karbonate der alkalischen Erden, durch die neutralen Sulfite und die fettsauren Salze (Seifen). Bei Ammoniak ist es nicht anwendbar.

Lackmustinktur wird als solche weniger als die obengenannten Indikatoren gebraucht, dagegen häufig in Gestalt des rothen und blauen Lackmuspapieres. Dasselbe wird durch Säuren geröthet und durch Alkalien und Alkalikarbonate gebläut. Kohlensäure bewirkt einen Umschlag in's Purpurrothe; trotzdem kann es zum Titriren von Karbonaten in deren siedender Lösung benutzt werden.

---

[1]) Das Natron- oder Ammonsalz von Dimethylanilin-Diazobenzolsulfosäure. Bei der Aufbewahrung, auch im festen Zustande, verliert dasselbe zuweilen seine Empfindlichkeit.

Lackmoïd zeigt dieselben Farbenumschläge wie Lackmus und kann entweder in 1 procentiger alkoholischer Lösung oder in Gestalt von rothem und blauem Papier verwendet werden. Das Papier kann fast in allen Fällen an Stelle von Methylorange benutzt werden, da es unempfindlich gegenüber Kohlensäure und Borsäure ist. Die Lösung ist diesen Säuren gegenüber empfindlicher, kann aber auch zum Titriren von Karbonaten in siedender Lösung dienen.

Congoroth wird durch Säuren gebläut. Hinsichtlich der Empfindlichkeit ähnelt es sehr dem Methylorange, nur ist der Farbenumschlag weniger scharf. Ungeachtet dessen ist es sehr gut anwendbar bei künstlichem Licht oder bei Flüssigkeiten, deren Farbe die Verwendung von Methylorange ausschliesst.

Es werden ausserdem für gewisse Specialzwecke noch viele andere Indikatoren benutzt, welche eine gelegentliche Erwähnung finden werden.

Normal-Sodalösung dient zum Einstellen von Normalsäuren und Normallaugen. In einem gewogenen Platin- oder Porcellantiegel werden ca. 60 g des reinsten, wasserfreien Natriumkarbonats über dem Bunsenbrenner so lange erhitzt, bis der Boden des Tiegels schwache Rothgluth zeigt; man lässt den Tiegel im Exsikkator erkalten. Hierauf setzt man auf die eine Wagschale 53 g und das Gewicht des Tiegels, und auf die andere Wagschale den Tiegel mit dem Natriumkarbonat; durch vorsichtiges und schnelles Wegnehmen des letzteren, welches im Ueberschuss vorhanden ist, bringt man die Waage in's Gleichgewicht.[1]) Ein Becherglas mit etwa einem halben Liter Wasser wird auf einen schwarzen Glanzpapierbogen gestellt, das Natriumkarbonat ohne Verlust nach und nach hineingeschüttet und durch beständiges Umrühren mit einem Glasstab in Lösung gebracht. Die Lösung wird in eine Litermaassflasche gegossen und das Becherglas mit destillirtem Wasser mehrmals nachgespült, bis die Flasche nahe bis zur Marke gefüllt ist. Man bestimmt mit einem Thermometer die Temperatur der Lösung und bringt sie dann möglichst auf 15° C., worauf die Literflasche mit Hilfe einer Pipette mit destillirtem Wasser genau bis zur Marke aufgefüllt wird; man giesst nach gutem

[1]) Um die Auswägung möglichst rasch zu Ende zu führen, muss sie systematisch vorgenommen werden. Man nimmt mit Hilfe des Spatels einen Theil der Substanz aus dem Tiegel, und prüft, indem man die Arretur löst; ist die Substanz noch im Ueberschuss, so wiederholt man diese Procedur so lange, bis zu viel weggenommen worden ist. Man weiss alsdann, dass Substanz wieder in den Tiegel zurückzubringen ist, aber nicht mehr als das letzte Mal demselben entnommen worden ist; man giebt deswegen die auf dem Spatel befindliche Substanz in kleinen Portionen zurück und kontrollirt jedesmal die Waage. Es tritt schliesslich ein Punkt ein, bei welchem man wieder zu viel zugefügt hat; man hat dann wieder kleine Mengen dem Tiegel zu entnehmen. Auf diese Weise fährt man fort und gelangt in immer engere Grenzen, bis schliesslich der Gleichgewichtszustand auf der Waage eingetreten ist.

Durchrühren die Flüssigkeit in eine saubere, trockene und mit Glasstopfen verschliessbare Flasche von etwas mehr als einem Liter Inhalt.

Normal-Salzsäure. 110—120 ccm der stärksten und reinsten Salzsäure werden auf 1 l verdünnt und in einer mit Glasstopfen verschliessbaren Flasche gut umgeschüttelt. Man füllt eine Bürette mit dieser verdünnten Säure, pipettirt 10 ccm der Normal-Sodalösung in ein Becherglas, fügt 2 Tropfen Methylorange-Lösung hinzu und lässt so lange aus der Bürette vorsichtig Säure zufliessen, bis die Lösung deutlich rosenroth gefärbt ist; die Lösung soll hierbei beständig mit einem Glasstab umgerührt werden. Man wiederholt die Titration mehrmals; man setzt hierbei anfangs grössere Mengen Säure zu, natürlich ohne den Neutralisationspunkt zu überschreiten, und titrirt vorsichtig zu Ende. Man nimmt alsdann das Mittel aus diesen Werthen; durch Multiplikation desselben mit 100 erhält man die Menge Säure in ccm, welche durch Zugabe von Wasser auf 1 l zu verdünnen ist. Die Wassermenge, welche sich hierbei durch Rechnung ergiebt, wird genau in eine trockne Litermaassflasche abgemessen, welche alsdann mit der Säure genau bis zur Marke aufgefüllt wird. Nachdem man diese Flüssigkeit gut durchgeschüttelt und in eine trockne Flasche gegossen hat, titrirt man sie zur Kontrolle nochmals mit Normal-Sodalösung, welche alsdann eine genau gleich grosse Menge Salzsäure neutralisiren muss.

Ein anderes Verfahren zur Einstellung einer Normalsäure besteht darin, dass man ein gut verschliessbares Wägegläschen mit sorgfältig getrocknetem Natriumkarbonat füllt und von letzterem etwa 0,5 g in ein Becherglas schüttet; das genaue Gewicht desselben wird durch Wägen des Wägegläschens vor und nach dem Ausschütten bestimmt. Man löst das Natriumkarbonat in Wasser und titrirt es unter Zusatz des Indikators mit der einzustellenden Säure; die Anzahl ccm Säure, die zur Herstellung von Normalsäure auf 1000 ccm verdünnt werden müssen, werden gefunden, indem man die verbrauchten ccm mit 53 multiplicirt und das Produkt durch die abgewogene Menge Natriumkarbonat dividirt. Es empfiehlt sich auch hier, mehrere Titrationen auszuführen und von den innerhalb enger Grenzen befindlichen Ergebnissen das Mittel zu nehmen.

Normal-Schwefelsäure wird in gleicher Weise wie die Normal-Salzsäure hergestellt; man verwendet hierbei nur ca. 35 ccm der koncentrirten Säure (spec. Gew. von 1.840) pro Liter. Die Säure soll hierbei stets in das Wasser gegossen werden, aber nie umgekehrt.

Normal-Alkalilauge. 45—50 g Natronhydrat oder 60—65 g Kalihydrat (mit Alkohol gereinigt), trocken und frei von Karbonat, werden in 1 l Wasser gelöst und die Lösung wird hierauf mit der Normalsäure titrirt; die Verdünnung erfolgt in gleicher Weise wie oben beschrieben. Um die Aufnahme von Kohlensäure auszuschliessen, wird diese Normallauge unter Petroläther, welcher zuvor mit Sodalösung und dann mit Wasser sorgfältig gewaschen worden ist, aufbewahrt. Zur bequemen Entnahme der Lauge steckt man durch den Kork der Flasche ein Heberrohr, an dessen äusserem Ende ein Stück Gummischlauch mit einem Quetschhahn angebracht ist.

$^{N}/_{10}$-Lösungen werden aus den $^{N}/_{1}$-Lösungen hergestellt, indem man 100 ccm einer solchen in eine Literflasche abmisst und dann mit destill. Wasser genau bis zur Marke auffüllt.

II. Abschnitt.

Die Prüfung der Chemikalien (Säuren etc.).

Schwefelsäure. — 10 g werden mit Wasser auf 100 ccm verdünnt und alsdann gut durchgeschüttelt. 10 ccm hiervon werden mit $^N/_1$-Sodalösung oder $^N/_1$-Natronlauge bei Gegenwart von Methylorange titrirt. Jeder ccm der verbrauchten $^N/_1$-Lösung entspricht dann 0.049 g oder 4.9 Proc. Schwefelsäure. In den meisten Fällen kann die Stärke aus dem spec. Gew., welches mit einem Aräometer oder mit Hilfe eines Pyknometers bestimmt wird, ermittelt werden. Die folgende Tabelle enthält eine Zusammenstellung der spec. Gew. (sowie Beaumé-Grade) der Schwefelsäure von verschiedenen Gehalten bei 15° C.

Spec. Gewicht	Beaumé-grade	Procent H_2SO_4	Spec. Gewicht	Beaumé-grade	Procent H_2SO_4
1.8426	67.1	100	1.398	41.8	50
1.8376	66.9	95	1.351	38.1	45
1.822	66.2	90	1.306	34.4	40
1.786	64.6	85	1.264	30.7	35
1.734	62.1	80	1.223	26.8	30
1.675	59.0	75	1.182	22.6	25
1.615	55.9	70	1.144	18.5	20
1.557	52.4	65	1.106	14.1	15
1.501	49.0	60	1.068	9.3	10
1.448	45.0	55	1.032	4.6	5

Die häufigsten und bei der Verwendung für Gerbereizwecke am meisten störenden Verunreinigungen sind Eisen und salpetrige Säure. Zum Nachweise des Eisens neutralisirt man die Säure mit Soda oder Ammoniak; fällt hierbei ein gelbbrauner Niederschlag aus, so wird derselbe mit Hilfe der üblichen Reagentien auf Eisen (S. 22) geprüft. Salpetersäure und salpetrige Säure werden nachgewiesen, indem man eine koncentrirte Eisenvitriollösung auf die Oberfläche der in einem schräg gehaltenen Probirröhrchen befindlichen Säure vorsichtig aufschichtet; die Bildung eines dunklen Ringes an der Berührungsfläche zeigt die Gegenwart einer der genannten Verbindungen an.

Salzsäure kann in gleicher Weise wie Schwefelsäure mit Sodalösung titrirt werden. 1 ccm $^N/_1$-Sodalösung entspricht dann 0.0365 g oder 3.65 Proc. HCl. Der Procentgehalt derselben kann auch mit Hilfe folgender Tabelle aus dem spec. Gew. bestimmt werden.

Spec. Gew. bei 15° C.	Beaumé-grade	Procent HCl	Spec. Gew. bei 15° C.	Beaumé-grade	Procent HCl
1.200	24.5	40.78	1.100	13.4	20.39
1.175	21.9	35.24	1.075	10.3	15.33
1.150	19.1	30.28	1.050	7.0	10.25
1.125	16.3	25.34	1.025	3.6	5.12

Die Gegenwart von Eisen macht sich durch eine gelbe Farbe der Säure bemerkbar und kann durch die gewöhnlichen Reagentien wie in der Schwefelsäure nachgewiesen werden.

Oxalsäure soll rein weiss und in Wasser vollständig löslich sein. 6.3 g werden ausgewogen und auf 100 ccm gelöst. Beim Titriren von 20 ccm dieser Lösung mit $^N/_1$-Sodalösung entspricht jeder verbrauchte ccm der letzteren 5 Proc. reiner krystallisirter Säure, $C_2O_4H_2 + 2H_2O$. Bei Anwendung von Methylorange wird die Endreaktion schärfer, wenn man zu der Flüssigkeit gegen Schluss einige Tropfen einer neutralen Chlorcalciumlösung giebt; noch besser ist es, wenn mit Alkalilauge unter Zusatz von Phenolphtaleïn titrirt wird.

Essigsäure wird in gleicher Weise bestimmt; jeder ccm $^N/_1$-Sodalösung entspricht 0.06 g $C_2H_4O_2$; es kann auch $^N/_1$-Natronlauge oder Kalkwasser und Phenolphtaleïn verwendet werden. Bei braunem Holzessig ist die Bestimmung wegen der mit Alkali entstehenden dunkelgefärbten Verbindung schwierig; dieselbe kann indirekt erfolgen, indem man die Menge Marmor, Baryumkarbonat oder Magnesiumkarbonat ermittelt, welche ein bestimmtes Quantum Holzessig zu lösen vermag.

Wenn man sich die verschiedene Empfindlichkeit verschiedener Indikatoren den Säuren und Basen gegenüber in richtiger Weise zu Nutze macht, so ist es möglich, in derselben Lösung eine Säure oder eine Base im freien Zustande neben einer solchen im gebundenen Zustande zu bestimmen, wie z. B. in folgenden Fällen.

Bestimmung der schwefligen Säure und der Sulfite. Es ist bereits weiter oben angeführt worden, dass Bisulfite Methylorange gegenüber neutral, Phenolphtaleïn gegenüber sauer reagiren. Wenn sich in einer Lösung sowohl freie schweflige Säure als auch Bisulfite befinden, so setzt man beide Indikatoren zu und lässt aus einer Bürette Kalkwasser oder $^N/_{10}$-Natronlauge zufliessen, bis die Lösung vom Methylorange gelb wird; es wird hierbei die Gesammtmenge der freien schwefligen Säure in Bisulfit übergeführt und jeder ccm $^N/_{10}$-Natronlauge entspricht 6.4 mg SO_2:

$$H_2SO_3 + NaOH = NaHSO_3 + H_2O.$$

Wenn man nunmehr von der Normallösung zufliessen lässt, bis das Phenolphtaleïn gefärbt wird, so ist die Gesammtmenge des Bisulfites, das ursprüngliche wie das aus der freien schwefligen Säure gebildete, in neutrales Sulfit, Na_2SO_3, übergeführt worden und jeder ccm $^N/_{10}$-Natronlauge entspricht dann wiederum 6.4 mg (oder $^1/_{10}$ Molekül) SO_2, welche als Bisulfit vorhanden sind. Zieht man von der Gesammtmenge diejenige ab, die als freie schweflige Säure bestimmt worden ist, so erhält man die Menge der ursprünglich als Bisulfit vorhandenen schwefligen Säure. Ist die Lösung sehr reich an freier schwefliger Säure, so empfiehlt es sich, zur Vermeidung von Verlusten durch Verflüchtigung, entweder die Titration in einer enghalsigen Flasche möglichst schnell vorzunehmen oder die betreffende Flüssigkeit in eine Bürette einzufüllen und in eine abgemessene Menge von $^N/_{10}$-Natronlauge einlaufen zu lassen.

Liegt ein Gemisch von Bisulfit und neutralem Sulfit vor, so wird das Bisulfit, wie oben beschrieben, mit Natronlauge und alsdann das entstandene neutrale Sulfit unter Zusatz von Methylorange mit $^N/_{10}$-Salzsäure titrirt, bis die Lösung roth wird. Jeder ccm $^N/_{10}$-Säure entspricht 6.4 mg schwefliger Säure in Form von neutralem Sulfit, von deren Menge alsdann die als Bisulfit vorhandene abzuziehen ist. (Eine andre Methode zur Bestimmung von Sulfiten ist auf S. 40 angegeben.)

Die **Alkalien, deren Karbonate und Bikarbonate** können in ähnlicher Weise bestimmt werden. Alkalikarbonate reagiren alkalisch und Bikarbonate neutral gegenüber Phenolphtaleïn, beide dagegen alkalisch gegenüber Methylorange. Es kann daher ein Gemisch von Alkalikarbonat und -bikarbonat mit Phenolphtaleïn als Indikator in verdünnter Lösung durch vorsichtigen Zusatz von $^N/_{10}$-Salzsäure oder Schwefelsäure bis zum Verschwinden der Rothfärbung titrirt werden; jedes Molekül Salzsäure entspricht einem Molekül des Karbonates, nach der Gleichung:

$$Na_2CO_3 + HCl = NaHCO_3 + NaCl.$$

Hierauf wird Salzsäure bis zur Rothfärbung des Methylorange hinzugefügt; die im ganzen verbrauchte Säuremenge entspricht der ursprünglich in Gestalt beider Verbindungen vorhandenen Menge an Base. Das so erhaltene Resultat ist jedoch nicht sehr genau; weiter unten ist ein besseres Verfahren angeführt.

Die Erdalkalikarbonate reagiren alkalisch gegenüber Methylorange und neutral gegenüber Phenolphtaleïn, besonders nach dem Kochen. Man macht hiervon Anwendung bei der Untersuchung des Kalkes (S. 30), ferner bei der Bestimmung von freiem Alkali in Gegenwart von Karbonat in der kaustischen Soda. Die zu untersuchende Lösung wird hierbei mit einem Ueberschuss von neutralem Chlorcalcium (oder Chlorbaryum) in einer Kochflasche gekocht, wobei das Alkalikarbonat in das Chlorid unter Bildung von Calciumkarbonat übergeführt wird. Man titrirt zur Bestimmung des freien Alkali alsdann zunächst mit Salzsäure und Phenolphtaleïn und dann mit Salzsäure und Methylorange das Karbonat.

Bei der letzteren Titration empfiehlt es sich, einen kleinen Ueberschuss von Säure zuzusetzen, eine kurze Zeit zu kochen und alsdann mit Normal-Alkali- oder -Sodalösung zurückzutitriren.

Kalkwasser kann oft vortheilhaft als Normallösung anstatt $^{N}/_{10}$-Natronlauge verwendet werden; dasselbe ist frei von Karbonat, wenn die Lösung klar ist. Wenn man bei der Herstellung die Temperatur möglichst genau einhält und einen Ueberschuss von Kalk verwendet, so erhält man ein Kalkwasser von einem bestimmten und gleichbleibenden Titer, ohne dass man eine Waage zu Hilfe zu nehmen braucht. 10 ccm $^{N}/_{10}$-Säure neutralisiren etwa 21 ccm bei 15° C. gesättigten Kalkwassers; der Titer ist etwas abhängig von vorhandenen Unreinigkeiten (vergl. S. 30).

$^{N}/_{10}$-Silbernitratlösung wird durch Auflösen von 17 g ($^{1}/_{10}$ des Aequivalentgewichtes von $AgNO_3$) Silbernitrat in destillirtem, von organischen Substanzen vollständig befreitem Wasser auf 1 l hergestellt.

Kaliumchromat als Indikator. Man stellt sich eine gesättigte Lösung von neutralem Kaliumchromat, welches keine Chlorverbindungen enthalten darf, in destill. Wasser her. Auf Abwesenheit von Chlorverbindungen wird geprüft, indem man mit Salpetersäure schwach ansäuert und einige Tropfen Silbernitratlösung hinzufügt; es darf hierbei kein Niederschlag, bez. keine Trübung entstehen.

Bestimmung von Chlor in $^{N}/_{10}$-HCl. 10 ccm Säure werden mit 10 ccm $^{N}/_{10}$-Sodalösung (auf Abwesenheit von Cl wird wie oben geprüft) neutralisirt; man giebt einige Tropfen der Kaliumchromatlösung hinzu und lässt die Silberlösung aus einer Bürette einfliessen, bis die gelbe Farbe in eine schön ziegelrothe übergegangen ist und als solche auch nach dem Umrühren mit einem Glasstabe erhalten bleibt. Es sollen hierzu genau 10 ccm, entsprechend 0.0355 g Cl bez. 0,0365 g HCl, verbraucht werden. Diese Methode lässt sich zur Bestimmung des Chlors in allen löslichen Chloriden verwenden. Beim Titriren von $BaCl_2$ muss das Baryum durch Zusatz von Natriumsulfat zuvor ins Sulfat übergeführt werden, da sonst die Chromsäure als unlösliches Chromat ausgefällt werden würde.

Bei der Bestimmung des Chlor nach dieser Methode muss die Lösung stets vollständig neutral sein.

III. Abschnitt.

Die Untersuchung des Wassers.

Als Grundlage zur Beurtheilung eines Wassers hinsichtlich der Verwendbarkeit für Gerbereizwecke dient die Bestimmung der Härte nach HEHNER's Methode; ausserdem kann die Bestimmung des Gehaltes an Chlor und an freier Kohlensäure von Werth sein. Bei einer vollständigeren Analyse ermittelt man noch durch Verdampfen den Gesammtrückstand und durch Veraschen das gebundene Wasser und die organische Substanz, ferner den Kalk, die Magnesia, die Alkalien, gegebenenfalls das Eisen, sowie die Kieselsäure und Schwefelsäure, in manchen Fällen auch das Ammoniak.

Bei derartigen ausführlicheren Analysen ist es empfehlenswerth, Specialwerke zu Rathe zu ziehen, wie FRESENIUS, Quantitative Analyse; TIEMANN-GÄRTNER, Handbuch der Untersuchung und Beurtheilung der Wässer; FISCHER, Das Wasser, seine Verwendung, Reinigung und Beurtheilung; OHLMÜLLER, Die Untersuchung des Wassers.

Temporäre (vorübergehende) Härte (nach HEHNER's Methode). Da Methylorange durch Kohlensäure keine Veränderung erfährt, so können die als Bikarbonate vorhandenen Basen mit diesem Indikator so titrirt werden, als ob sie im ungebundenen Zustande vorhanden wären.

100 ccm (bei weichen Wässern 200 ccm) werden in ein Becherglas abgemessen, mit 1—2 Tropfen Methylorangelösung versetzt und mit $^{N}/_{10}$-Salzsäure oder -Schwefelsäure bis zur deutlichen Rothfärbung titrirt. Jeder ccm der pro 100 ccm Wasser verbrauchten Säuremenge entspricht 5 Th. $CaCO_3$, bez. 2.8 Th. CaO, bez. 2 Th. Ca und 3 Th. CO_3 in 100000 Th. Wasser. Die Härte wird meist in „Graden" ausgedrückt. Die deutschen Grade geben die Theile CaO und die französischen Grade die Theile $CaCO_3$ in 100000 Th. Wasser an, während die englischen

die „grains“ $CaCO_3$ pro Gallone (Theile $CaCO_3$ in 70000 Th. Wasser) anzeigen.[1])

Permanente (bleibende) Härte (nach HEHNER's Methode). Man bringt 20 ccm $^{N}/_{10}$-Sodalösung mit 100 ccm des Wassers (bei sehr weichen Wässern mit 200 cm) zusammen und verdampft alsdann das Ganze in einer Platin- oder Porzellanschale zur Trockne. Hierbei werden die Sulfate, Chloride etc. des Calciums und Magnesiums in unlösliche Karbonate übergeführt, während ein äquivalenter Betrag der Soda durch die Säuren neutralisirt wird. Der Rückstand wird mit kochendem destillirtem Wasser behandelt, hierauf filtrirt und auf dem Filter bis zur Entfernung aller löslichen Substanzen ausgewaschen. Das Filtrat wird dann vorsichtig mit $^{N}/_{10}$-Salzsäure oder $^{N}/_{10}$-Schwefelsäure und Methylorange titrirt. Zieht man die verbrauchte Säuremenge von 20 ccm ab, so erhält man die Menge Sodalösung, welche zur Neutralisation der an Kalk und Magnesia gebundenen Säuren erforderlich ist.

Zuweilen kommt es vor, dass man mehr Säure verbraucht als der zugesetzten Sodamenge entspricht. In solchen Fällen ent- entspricht der Mehrverbrauch der ursprünglich schon im Wasser vorhandenen Soda; derartiges Wasser kann überhaupt keine permanente Härte besitzen.

Bei Verwendung von 100 ccm Wasser entspricht jedem ccm der zur Neutralisation erforderlichen Sodalösung 5 Th. $CaCO_3$, 2.8 Th. CaO, 6.8 Th. $CaSO_4$, 6.0 Th. $MgSO_4$ und 4.8 Th. SO_4 in 100000 Th. Wasser; gewöhnlich drückt man die permanente Härte in Theilen CaO, bez. $CaCO_3$ in 100000 Th. Wasser aus.

Wenn man den auf dem Filter befindlichen Niederschlag nach dem Trocknen in einem Platintiegel vor der Gebläselampe bis zur Gewichtskonstanz glüht, so bleiben die Basen, welche die temporäre und die permanente Härte ausmachen, als Oxyde zurück und können nunmehr zur direkten Kontrolle der auf maassanalytischem Wege erhaltenen Ergebnisse gewogen werden. Ist die auf diese Weise bestimmte Menge geringer als die aus der Titration berechnete Menge CaO, so ist diese Differenz auf die Gegenwart von MgO zurückzuführen, dessen Menge durch Multiplikation der Differenz mit $^{40}/_{16}$ annähernd zu berechnen ist. Ausserdem kann natürlich die Kalk- und Magnesiamenge, jede für sich, nach einer

---

[1]) Wasser, welches nach CLARK's Methode weich gemacht worden ist, enthält oft einen Ueberschuss von Kalk, welcher Phenolphtaleïn röthet und dessen Menge durch Titriren mit diesem Indikator und $^{N}/_{10}$-Säure genau bestimmt werden kann. Bei Wasser von weniger als 1 deutschen, entsprechend etwa 1.8 französischen Härtegraden, ist das Weichmachen nicht mehr räthlich, weil gefälltes Calciumkarbonat bis zu etwa 1.8 Th. in 100000 Th. Wasser löslich ist; unter diese Grenze kann deswegen die Härte nicht heruntergedrückt werden. Aus diesem Grunde soll man bei der Bestimmung der permanenten Härte auch vermeiden, die gefällten Karbonate mit zu grossen Mengen Wasser auszuwaschen.

der üblichen Methoden (vergl. S. 23) bestimmt werden. Ist Eisen in nennenswerther Menge vorhanden, so ist der Niederschlag gelblich gefärbt. Anstatt den Niederschlag auszuglühen und zu wägen, kann man ihn auch in einem Ueberschuss von $^{N}/_{10}$-Salzsäure auflösen und die saure Lösung alsdann zurücktitriren. Die zum Auflösen verbrauchte Säuremenge wird alsdann verrechnet auf „Gesammt-Härte“; zieht man von dieser die „temporäre Härte“ ab, so erhält man die „permanente Härte“. Manche Chemiker ziehen diese Methode derjenigen der Titration des mit $^{N}/_{10}$-Sodalösung eingedampften Wassers vor.

Bestimmung der freien Kohlensäure. Man lässt zu 100 ccm des Wassers, welchem man einige Tropfen Phenolphtaleïnlösung zugefügt hat, aus einer Bürette vorsichtig $^{N}/_{10}$-Sodalösung bis zur bleibenden Rothfärbung zufliessen. Jeder ccm $^{N}/_{10}$-Sodalösung entspricht 2.2 mg CO_2. Diese Reaktion, welche ziemlich scharf ist, beruht darauf, dass Sodalösung Phenolphtaleïn gegenüber alkalisch reagirt, während sich Natriumbikarbonat diesem Indikator gegenüber indifferent verhält.

Zur Ermittelung des Gehaltes an freier Kohlensäure darf man das betreffende Wasser vorher nicht offen stehen lassen, sondern es muss in einer luftdicht verschlossenen und bis oben damit gefüllten Flasche aufbewahrt gewesen sein, damit die Kohlensäure nicht entweichen kann.

Bestimmung des Chlor. 100 ccm des Wassers werden mit $^{N}/_{10}$-Silbernitratlösung unter Zusatz von Kaliumchromat als Indikator titrirt (vergl. S. 19). Jeder ccm Silbernitratlösung entspricht 3.55 mg Chlor, bez. 5.85 mg Chlornatrium.

Kolorimetrische Bestimmung von Spuren von Eisen. Man verdampft 100 ccm des Wassers in einer Porzellanschale zur Trockne, glüht den Rückstand gelinde, befeuchtet denselben mit Salpetersäure und verdampft auf dem Wasserbade nochmals zur Trockne; man löst wiederum in wenig Wasser, ev. unter Zusatz einiger Tropfen Salpetersäure, und füllt auf 25 ccm auf. Man mischt hierauf in einem NESSLER'schen Glase 10 ccm verdünnter Salpetersäure (enthaltend 1 ccm konc. Säure vom spec. Gew. 1.35—1.40) mit 5 ccm einer 5 procentigen Rhodankaliumlösung und giebt so viel ccm der Lösung des Wasserrückstandes zu, bis eine zum Vergleiche geeignete Färbung vorhanden ist, worauf man mit destill. Wasser auf 50 ccm auffüllt. Ein zweites Glas wird mit Wasser und denselben Mengen Salpetersäure und Rhodankaliumlösung wie oben gefüllt; das Flüssigkeitsquantum soll annähernd 40 ccm betragen; hierauf lässt man aus einer Bürette von einer Lösung, enthaltend 0.01 g Eisen pro Liter, unter beständigem Umrühren mit einem Glasstabe so viel zufliessen, bis die Farbe der Lösung der obigen gleichkommt. Die beiden Gläser werden hierauf nebeneinander auf eine weisse Platte oder weisses Papier gestellt. Der Vergleich soll möglichst mehrmals ausgeführt werden; man fügt alsdann von der Lösung des Rückstandes 1 ccm mehr als zuvor hinzu und vergleicht wieder. Dividirt man das Volumen der verbrauchten Normal-Eisenlösung durch das Volumen des zugesetzten Wassers (ursprüngliches Volumen), so erhält man die Theile Eisen, welche in 100000 Th. Wasser enthalten sind. Die Normal-Eisenlösung wird hergestellt, indem man 0.496 g reinen, krystallisirten Eisenvitriol in einer Kochflasche in wenig Salpetersäure auflöst und alsdann erhitzt, bis keine rothen Dämpfe mehr entweichen; man füllt diese Lösung mit destill. Wasser genau auf 1 l auf und verdünnt diese vor dem Gebrauche im Verhältniss 1 : 10.

Vollständige Analyse. (In Abschnitt I befindet sich die genaue Beschreibung der einzelnen Manipulationen.) Ist das Wasser trübe, so muss es vor der Probeentnahme für die einzelnen Bestimmungen zunächst gut umgeschüttelt werden; alsdann misst man 500 oder 1000 ccm in einer Maassflasche ab und filtrirt sie durch ein trocknes und gewogenes quantitatives Filter (vergl. S. 9). Das Filter wird mit wenig destill. Wasser ausgewaschen, welches alsdann dem Filtrate zugegeben wird, und im Trockenschrank bei 105—110° C. bis zur Gewichtskonstanz getrocknet. Die Gewichtszunahme ist gleich der Menge der im Wasser enthaltenen „Schlammtheile und sonstigen suspendirten Substanzen“. Das Filter wird verascht und der Rückstand gewogen, welcher als „anorganische suspendirte Substanz“ in Rechnung gebracht wird; zieht man diese von dem Gesammtrückstande ab, so erhält man die „organische suspendirte Substanz“.

Das Filtrat, oder, wenn das ursprüngliche Wasser direkt klar ist, 500 oder 1000 ccm desselben werden in einer gewogenen Platin- oder Porzellanschale über direkter kleiner Flamme unter Vermeidung jeglichen Spritzens bis auf etwa 50 ccm eingedampft; das Verdampfen zur Trockne wird hierauf auf dem Wasserbade vorgenommen; der Rückstand wird bei 100—110° bis zur Gewichtskonstanz getrocknet. Die Menge desselben bezeichnet man als „Gesammtrückstand“. Derselbe wird vorsichtig verascht und der hierbei festgestellte Gewichtsverlust als „organische Substanz und gebundenes Wasser“, der Glührückstand als „Mineralstoffe (anorganische Substanzen)“ in Rechnung gebracht. Wenn sehr starkes Ausglühen zum Verbrennen der organischen Substanz nothwendig war, ist es empfehlenswerth, den Rückstand nach dem Erkalten mit einigen Tropfen Ammoniumkarbonat-Lösung (als Ersatz für die beim starken Glühen ausgetriebene CO_2) zu befeuchten, alsdann zu trocknen und nochmals, aber nur ganz schwach, zu glühen. Chlormagnesium giebt beim Veraschen sein Cl ab.

Der Rückstand wird nach dem Wägen mit konc. Salzsäure befeuchtet und alsdann auf dem Wasserbade wiederum getrocknet; man löst in destillirtem Wasser und setzt, falls ein dunkelgefärbter Rückstand (Eisenoxyd) hinterbleibt, noch etwas Salzsäure zu, bis derselbe wieder gelöst ist. Die Lösung wird filtrirt und der Rückstand nach genügendem Auswaschen verascht, gewogen und als Kieselsäure, SiO_2, in Rechnung gebracht. Derselbe soll farblos sein und beim Auflösen desselben in heisser Salzsäure darf die Flüssigkeit mit Ammoniak und Ammonoxalat keinen Niederschlag (herrührend von Calciumsulfat) geben.[1]) Das Filtrat wird behufs Oxydation der Eisenoxydulsalze mit einigen Tropfen Salpetersäure gekocht, mit Ammoniak versetzt, bis es deutlich darnach riecht, und dann noch kurze Zeit gekocht. Entsteht hierbei ein Niederschlag von Eisenoxydhydrat, so wird dasselbe abfiltrirt, ausgewaschen, verascht und als Eisenoxyd, Fe_2O_3, gewogen; aus dessen Menge kann durch Multiplikation mit $^{112}/_{160}$, bez. 0.7 die Menge des Eisens berechnet werden. Ist die Menge des Niederschlags bedeutend, so wird derselbe durch Dekantiren ausgewaschen, in wenig HCl gelöst und nochmals mit Ammoniak ausgefällt, weil sonst ein Theil des Kalkes und der Magnesia in den Eisenniederschlag übergeht. Der letztere kann ausserdem Spuren von Thonerde und von Phosphaten enthalten, zu deren Trennung man Handbücher der analytischen Chemie zu Hilfe nehmen muss (vergl. hierüber auch XX. Abschnitt). Zu dem siedendheissen Filtrate, bez. zu der heissen klaren Lösung, setzt man etwas Chlorammoniumlösung und dann einen Ueberschuss von Ammoniumkarbonat, sowie etwas Ammoniumoxalat zu, worauf die Flüssigkeit an einem warmen Orte 12 Stunden ruhig stehen bleibt. Der Niederschlag wird hierauf abfiltrirt, ausgewaschen, getrocknet, zuerst über dem Bunsenbrenner und dann vor der Gebläselampe bis zur Gewichtskonstanz stark geglüht. Der Glührückstand wird als Kalk, CaO, in Rechnung gebracht, aus welchem Ca durch Multiplikation mit $^{40}/_{56} = ^{5}/_{7}$ berechnet werden kann. Ist der Niederschlag beträchtlich, so ist es besser, denselben nur gelinde zu glühen und den Rückstand als Calciumkarbonat, $CaCO_3$, in Rechnung zu stellen. Derselbe wird dann mit Ammonkarbonat befeuchtet, im Trockenschrank getrocknet und nochmals gelinde geglüht; falls hierbei eine Gewichtszunahme gegenüber der ersten Wägung stattfindet, so war das erste Glühen zu stark. Die Atom-, bez. Molekulargewichte der genannten Substanzen sind folgende:

$$Ca = 40, \quad CaO = 56, \quad CaCO_3 = 100.$$

Das Filtrat enthält die aus dem Wasser stammenden Magnesia- und Alkalisalze, sowie die vom Zusatz von Reagentien herrührenden Ammonsalze. Die Mg-Menge kann, falls keine wesentlichen Mengen von Eisen oder Aluminium vorhanden sind, ohne direkte Bestimmung berechnet werden, indem man die auf direktem

---

[1]) Wenn ein Niederschlag von Calciumoxalat erhalten wird, so muss die Menge bestimmt und bei den anderen Analysenergebnissen berücksichtigt werden.

Wege gefundene $CaCO_3$-Menge von der in $CaCO_3$ ausgedrückten „Gesammthärte“ abzieht und die Differenz mit $^{24}/_{100}$ multiplicirt. Zur direkten Bestimmung wird das Filtrat vom Kalkniederschlage bis auf ein geringes Volumen eingedampft, mit Salpetersäure stark angesäuert und in einer Porzellanschale mit überdecktem Trichter zur Beseitigung des Chlorammoniums zur Trockne verdampft. Der Rückstand wird in Wasser gelöst und ohne Verlust (der Trichter wird ebenfalls abgespült) in ein Becherglas gebracht; hierauf setzt man Ammoniak und Ammonphosphat im Ueberschuss, sowie etwas Chlorammon zu und lässt mit einer Glasplatte bedeckt 12—24 Stunden ruhig stehen. Der krystallinische Niederschlag wird auf einem Filter gesammelt und mit einem Gemisch von 1 Th. starker Ammoniakflüssigkeit und 5 Th. Wasser ausgewaschen, getrocknet, so gut wie möglich vom Filter abgehoben, in einem bedeckten Tiegel zunächst gelinde erhitzt und dann geglüht. Das Filter wird für sich verbrannt und die Asche (frei von Kohle) zu dem Niederschlage gegeben, worauf man noch 15 Minuten stark glüht. Der Rückstand ist Magnesiumpyrophosphat, $Mg_2P_2O_7 = 222$, aus welchem man $Mg_2 = 48$ berechnet.

Die Alkalien werden am vortheilhaftesten in dem Filtrat von der Bestimmung der Schwefelsäure (siehe weiter unten) ermittelt.

Bestimmung der Schwefelsäure. Wenigstens 250 ccm des zu untersuchenden Wassers werden mit Salzsäure deutlich angesäuert und dann durch Eindampfen auf etwa 100 ccm koncentrirt; zu der kochenden Flüssigkeit bringt man einen nicht zu grossen Ueberschuss einer Chlorbaryumlösung (5—10 ccm einer 10procentigen Lösung). Man lässt die Flüssigkeit hierauf einige Stunden an einem warmen Orte stehen und filtrirt sie durch ein quantitatives Filter; der Niederschlag wird durch Dekantiren mehrmals mit heissem Wasser ausgewaschen, die Waschwässer werden durch ein Filter filtrirt, auf welches alsdann auch der Niederschlag gespült wird; dieser wird gut ausgewaschen, getrocknet, geglüht und gewogen. Derselbe besteht aus Baryumsulfat, $BaSO_4 = 233$, aus welchem man die Menge an $SO_4 = 96$ berechnet.

Bestimmung der Alkalien. Das Filtrat vom Baryumsulfat wird mit einem Ueberschuss von Barytwasser oder reiner Kalkmilch zur Entfernung der Magnesia, des Eisens und der Phosphorsäure gekocht. Man filtrirt den Niederschlag ab, koncentrirt das Filtrat, fügt etwas Ammonkarbonat und einige Tropfen Ammonoxalat zu, verdampft zur Trockne, glüht vorsichtig und löst in wenig destillirtem Wasser; man filtrirt alsdann vom Unlöslichen ab und verdampft das Filtrat in einer gewogenen Schale mit einigen Tropfen Salzsäure wiederum zur Trockne. Es ist jedoch sicherer, die Behandlung mit Ammonkarbonat und -oxalat zu wiederholen, da andernfalls Spuren von Kalk oder Baryt in Lösung bleiben und dann als Alkalien bestimmt werden. Der

Rückstand selbst besteht aus Chloralkalien. Wenn Kaliverbindungen vorhanden sind, so muss man dieselben entweder als Kaliumplatinchlorid bestimmen oder den Chlorgehalt ermitteln (vergl. S. 19) und diesen auf Natriumchlorid berechnen, dessen Menge von dem Gewichte der Chloralkalien in Abzug gebracht wird. Die Differenz multiplicirt mit $\frac{74.5}{16}$ zeigt die Chlorkaliummenge an.

Zusammenstellung der Ergebnisse. Da die chemische Analyse keinen direkten Aufschluss darüber giebt, in welchen Verbindungen die ermittelten Basen und Säuren vorhanden sind, so ist es üblich, sie getrennt aufzuführen; die Säuren werden hierbei in Gestalt der Radikale (Jonen), mit welchen die Metalle die Salze bilden, wiedergegeben, z. B. $Ca + SO_4$, $Ca + CO_3$ etc. Alsdann werden diese einzelnen Theile der im Wasser als Salze vorhandenen Verbindungen miteinander kombinirt und bei der Zusammenstellung als Salze aufgeführt; man verfährt hierbei in der Weise, dass man zuerst CO_3 an Ca und den Rest an Mg bindet; bei SO_4 verfährt man ebenso. Der Gehalt an CO_3 kann auch aus der temporären Härte berechnet werden, jeder Grad deutscher Härte entspricht $^{60}/_{56} = ^{15}/_{14}$ Th. CO_3, jeder Grad französischer Härte 0.6 Th. CO_3.

Es wird diese Rechnungsweise am besten durch folgendes Beispiel veranschaulicht, bei welchem ein sehr hartes Wasser 8.96 deutsche Grade (= 16.0 französische Grade) temporäre Härte, 11.65 deutsche Grade (= 20.8 französische Grade) permanente Härte und 46.5 Th. Mineralstoffe in 100000 Th. besitzen soll.

	In 100000 Theilen	$CaCO_3$	$CaSO_4$	$MgSO_4$	NaCl	SiO_2
Ca	8.9	6.4	2.5	—	—	—
Mg	3.5	—	—	3.5	—	—
Na	1.2	—	—	—	1.2	—
CO_3	9.6	9.6	—	—	—	—
SO_4	20.0	—	6.0	14.0	—	—
Cl	1.9	—	—	—	1.9	—
SiO_2	1.4	—	—	—	—	1.4
Gesammt . . .	46.5	16.0	8.5	17.5	3.1	1.4

Natürlich kommt es zuweilen vor, dass die Zahlen nicht so gut, wie in dem oben gewählten Beispiele übereinstimmen; aber die Uebereinstimmung soll wenigstens so sein, dass die Gesammtmenge der anorganischen, nichtflüchtigen Bestandtheile annähernd gleich ist der Summe der einzeln bestimmten Bestandtheile.

Bei der Beurtheilung eines Wassers in Bezug auf die Verwendung für Gerbereizwecke muss im allgemeinen angenommen werden, dass bei Abwesenheit von grösseren Mengen organischer Substanzen einem weicheren Wasser der Vorzug zu geben ist. Die vorübergehende Härte ist namentlich dann von Bedeutung, wenn das Wasser zum Wässern der Häute nach dem Enthaaren verwendet werden soll, weil es dann einerseits den in den Häuten befindlichen Kalk fixirt, andererseits ein Rauhwerden des Narbens und die Bildung von missfarbigen Flecken bei dem sich anschliessenden Gerbeprocess in den Farben veranlasst. Der auf diese Weise ausgeschiedene Kalk lässt sich weder durch Auswaschen, noch durch die sonst üblichen Kotbeizen oder sauren Beizen entfernen, selbst wenn die letzteren saurer wie gewöhnlich gehalten sind. Wässer mit hoher vorübergehender Härte sind zum Auflösen von Extrakten und zur Extraktion von Gerbmaterialien wenig geeignet, weil bei Abwesenheit von stärkeren Säuren der kohlensaure Kalk sich mit dem Gerbstoff zu Kalktannaten verbindet und hierbei die Ursache zur Bildung von dunkelgefärbten Verbindungen in den Brühen wird.

Die bleibende Härte ist von viel geringerer Wichtigkeit, da die Wirkung derselben auf den Verlauf des Gerbeprozesses wohl nur eine unbedeutende ist; es wird allerdings behauptet, dass die bleibende Härte die Qualität des weissgaren Leders sehr beeinflusse. Bei der Verwendung des Wassers für Dampfkesselspeisezwecke ist die bleibende Härte sehr störend, weil der dieselbe namentlich bedingende schwefelsaure Kalk (Gyps) bei der im Kessel stattfindenden Temperatur fast unlöslich ist und infolgedessen eine harte, krystallinische Schicht (Kesselstein) zur Abscheidung bringt. Bei hoher vorübergehender Härte ist es sehr wichtig, dass ein Zutritt von Oel oder Fett in den Kessel verhütet wird, weil dieselben mit den Basen eine weiche, zusammenhängende Masse liefern, welche sich schwer benetzt und deswegen leicht die Ursache zu einer Ueberhitzung der dem Feuer ausgesetzten Kesselwandungen wird. Mineralöle haben nicht diese Wirkung; dieselben vermögen sogar eine derartig gebildete Schicht aufzulockern.

Zum Aeschern ist fast jedes Wasser verwendbar; beim Weichen und Beizen sind namentlich schlammige und schmutzige Wässer störend; die hierbei auftretenden Bakterien üben einen grösseren Einfluss aus als die Mineralbestandtheile des Wassers. Ein Eisengehalt des Wassers ist in den meisten Fällen von Nachtheil.

Spuren von Chlor, welches in der Regel in Form von Kochsalz vorhanden ist, spielen keine Rolle; aber grössere Mengen liefern ein dünnes und flaches Leder, weswegen sich solches Wasser nicht für die Zwecke der Sohlledergerberei eignet. Bei noch grösseren Mengen, wie z. B. bei Wasser aus der Nähe der Meeresküste, kann sogar die Löslichkeit der Extrakte und die vollständige Auslaugung der Gerbmaterialien beeinträchtigt werden. Chlormagnesium wird bei der im Dampfkessel vorhandenen Temperatur in seine Bestandtheile zerlegt, wobei Salzsäure frei wird und infolgedessen die Kesselwandungen angegriffen werden.

Natriumkarbonat, welches zuweilen im Wasser in grösseren Mengen vorkommt (vergl. die Analysen in der folgenden Tabelle), hat eine ähnliche Wirkung wie die vorübergehende Härte; aber derartiges Wasser hat ausserdem die Eigenschaft, bei seiner Verwendung für die Aescherarbeit die Aescherschwellung zu erhöhen und die Haarlockerung infolge der Bildung von Natronhydrat zu beschleunigen. Freie Kohlensäure schlägt auf dem Narben von gekälktem Hautmaterial ebenfalls Kalk aus, schadet aber im übrigen nicht.

Eisen, selbst in Spuren, wirkt meist nachtheilig; 1 Th. Eisen in 1 Million Th. Wasser bewirkt bereits eine bemerkbare Abdunkelung der Brühen, bez. des damit hergestellten Leders.

Die folgenden Analysenergebnisse von Gebrauchswässern geben ein Bild über die Verschiedenheit bezüglich der Zusammensetzung derselben.

Herkunft	Vorübergehende Harte (deutsche Grade)	Bleibende Härte (deutsche Grade)	Chlor mg pro l	Na_2CO_3 mg pro l	Gesammtruckstand mg pro l	Glühverlust mg pro l
1. Gomshall, Flusswasser . . .	5.4	0.8	18	0		
2. Gomshall, seichter Quell . .	13.2	5.6	21	0		
3. Gomshall, artes. Brunnen . .	5.2	2.0	16	0		
4. North Shields	30.0	39.2	380	0		
5. Newcastle, städt. Wasserleitung	15.2	4.3	16	0	248	
6. Quellwasser aus der Nähe von Hexham	3.4	2.4	13	0		
7. Stourport, A	22.2	15.6	153	0	1000	
8. Stourport, B	6.4	0.8	14	0		
9. Leeds, Kirkstall-Fluss . . .	22.6	11.5	39	0	664	
10. Leeds, Meanwood-Fluss . .	5.2	0	28	399	663	118
11. Leeds, tiefer Quell	3.2	31.2	51	0	659	206
*12. Chesterfield, A	6.0	4.5	14	0	196	45
13. Chesterfield, B (wahrscheinlich durch Abwässer verunreinigt)	12.0	20.2	123	0	648	
14. Londoner Gegend	20.0	0	50	90		
*15. Londoner Gegend	20.0	7.2	17	0	360	13
*16. Londoner Gegend	24.6	70.8	638	0	6278	
*17. Londoner Gegend. Guy's Hospital	4.8	1.6	139	0	738	13
*18. Cawnpore	7.5	0	13	106	167	39
*19. Limerick	2.8	10.4	20	0	227	7
*20. Stourbridge	14.3	19.2	137	0	496	82
*21. Stourbridge	16.0	26.0	162	0	973	225
22. Leicester	21.2	8.6	28	0	530	200

Vollständige Analyse der obigen, mit * bezeichneten Wässer; mg pro l.

	Al	Ca	Mg	Fe	Na	SO_4	CO_3	Cl	SiO_2	Freie CO_2
12. Chesterfield . . .	—	31	11	—	—	61	45	14	—	8
15. Londoner Gegend .	—	63	43	Spuren	—	60	150	17	—	—
16. Londoner Gegend .	137	604	—	11	413	703	205	639	3305	
17. Londoner Gegend .	—	15	10	—	237	158	134	139	11	
18. Cawnpore	—	18	3	2	46	41	116	13	10	
19. Limerick	—	31	21	22	—	90	21	20	—	—
20. Stourbridge . . .	—	109	10	2	19	76	114	62	13	26
21. Stourbridge . . .	—	165	14	11	60	152	123	137	9	44

IV. Abschnitt.

Enthaarungsmittel.

Löslichkeit des Kalkes. Die Stärke der bei Anwendung verschiedener Kalksorten hergestellten Kalkwässer schwankt etwas, wenn auch nur innerhalb enger Grenzen. Die Erklärung dieser Thatsache ist nicht so einfach; dieselbe hängt vermuthlich damit zusammen, dass ausser dem Kalke noch andere Basen zugegen sind. Es steht dies übrigens in einem gewissen Einklange mit der alten Ansicht der Gerber, dass ein aus reinem Kalk hergestellter Aescher milder auf die Haut wirkt als ein aus weniger reinem Kalk hervorgegangener. Die Löslichkeit irgend eines Kalkes kann auf einfache Weise bestimmt werden, indem man Kalk im Ueberschuss mit Wasser in einer gut verschlossenen Flasche schüttelt, bis sich nichts mehr davon löst; in einem abgemessenen Quantum dieser Lösung wird der Kalk durch Titriren mit $^{N}/_{10}$-Salzsäure unter Zusatz von Phenolphtaleïn titrirt. Gesättigtes Kalkwasser kann übrigens für manche Zwecke recht gut als alkalische Normallösung verwendet werden; bei Kalküberschuss verändert sich der Titer innerhalb der gewöhnlichen Laboratoriumstemperaturen nur sehr wenig. Die gesättigte Lösung ist annähernd $^{1}/_{20}$-normal; bei genauerem Arbeiten ist es jedoch zweckmässig, den Gehalt durch Titriren mit $^{N}/_{10}$-Säure zu bestimmen. Die Löslichkeit des Kalkes nimmt mit der Zunahme der Temperatur ab.

Bestimmung des „nutzbaren" Kalkes. Der praktische Werth des Kalkes für die Gerberei wird bestimmt, indem man zunächst von einer grösseren Anzahl der grösseren Stücke der ganzen Masse kleinere Stücke abschlägt, diese in einem Mörser so fein als möglich zerreibt und das Zerkleinerungsgut alsdann sofort in ein gut schliessendes Wägegläschen einfüllt. Aus diesem wird eine 1 g nicht übersteigende Menge in eine gut verschliessbare Literflasche gebracht, welche alsdann mit heissem, sorgfältig ausgekochtem destillirten Wasser gefüllt und während der nächsten

Stunden von Zeit zu Zeit gut durchgeschüttelt wird. Nach dem Erkalten wird die Literflasche bis zur Marke mit destillirtem Wasser aufgefüllt, sorgfältig durchgeschüttelt und unter möglichster Vermeidung von Luftzutritt filtrirt. 25 oder 50 ccm des Filtrats werden unter Zusatz von Phenolphtaleïn mit $^N/_{10}$-Säure titrirt; jeder verbrauchte ccm $^N/_{10}$-Säure entspricht 0.0028 g CaO. Da das Vorhandensein einer geringen Menge ungelöster Substanz in der zu titrirenden Flüssigkeit das Ergebniss nicht beeinträchtigt, so kann die Filtration auch unterlassen werden.

Eine sehr gute Methode, welche auf der Löslichkeit des Kalkes in Rohrzuckerlösungen beruht, ist von STONE und SCHEUCH[1]) beschrieben worden. 1 g des feingepulverten Aetzkalkes wird 20 Minuten[2]) mit 150 ccm einer 10 proc. Lösung reinen Lompenzuckers geschüttelt; alsdann werden 10 ccm der filtrirten Lösung in der beschriebenen Weise mit $^N/_{10}$-Salzsäure unter Zusatz von Phenolphtaleïn titrirt. Calcium- und Magnesiumkarbonat, Thonerde und Eisenoxyd werden von der Zuckerlösung nicht gelöst, beeinträchtigen infolgedessen das Resultat auch nicht.

Wenn eine vollständige Analyse des Kalkes gewünscht wird, so erfolgt dieselbe nach der gewichtsanalytischen Methode, in ähnlicher Weise wie bei der Analyse des Wassers (S. 23); für gerberische Zwecke hat dies jedoch nur ausnahmsweise Werth. Die Gesammtmenge der als Oxyde, Karbonate und leicht zersetzliche Silikate vorhandenen Basen wird auf einfache Weise bestimmt, indem 1 g der feingepulverten Probe mit 50 ccm $^N/_{10}$-HCl behandelt und der Ueberschuss an Säure alsdann zurücktitrirt wird.

Krystallisirtes Schwefelnatrium (Natriumsulfid), $Na_2S + 9H_2O$, enthält 67.5 % H_2O und 32.5 % Na_2S. Zur Werthbestimmung genügt es im allgemeinen, wenn der Gehalt an Natrium und an Schwefel ermittelt wird; ergiebt sich hierbei mehr Natrium, als vom Schwefel gebunden werden kann, so ist dasselbe als Karbonat vorhanden; das letztere ist unter dem Einflusse der atmosphärischen Luft hervorgegangen. Das entwässerte Salz enthält mehr Schwefelnatrium als das krystallisirte Salz.

10 g oder vortheilhafter 12.0 g des Musters werden in Wasser gelöst und auf 1 l aufgefüllt. Das Natrium wird durch Titriren mit $^N/_{10}$-HCl oder -H_2SO_4 unter Zusatz von Methylorange, welches gegenüber H_2S unempfindlich ist, bestimmt. Jeder ccm der $^N/_{10}$-Säure entspricht 2.3 mg Natrium oder 3.9 mg Na_2S oder 12.0 mg krystallisirtem Schwefelnatrium.

Bestimmung des Schwefels in Form von Sulfid. 14.35 g reiner krystallisirter Zinkvitriol ($ZnSO_4 + 7H_2O$) werden in einer

---

[1]) Journ. Amer. Chem. Soc. XVI, S. 721; Chem. News, 1894, S. 278.

[2]) Die Erfahrungen des Verfassers lehren, dass bessere Ergebnisse erhalten werden, wenn man mehrere Stunden stehen lässt.

Literflasche in Wasser gelöst; alsdann wird solange Ammoniak zugefügt, bis der zunächst entstehende Niederschlag sich wieder gelöst hat, und nachher wird auf 1 l aufgefüllt. Nach einem anderen Vorschlage werden zu dem gleichen Zwecke 3.25 g reines Zink in verdünnter Schwefelsäure oder Salzsäure unter Zusatz eines kleinen Stückes Platin gelöst, hierauf wird Ammoniak im Ueberschuss zugefügt und das Ganze auf 1 l aufgefüllt. Diese Lösung ist $^{N}/_{10}$, und jeder ccm derselben entspricht 1.6 mg Schwefel, bez. 12.0 mg krystallisirtem Schwefelnatrium. Wenn 12.0 g des Musters auf 1 l gelöst und 100 ccm davon titrirt werden, so entspricht jeder verbrauchte ccm der $^{N}/_{10}$-Lösung 1 Proc. krystallisirtem Schwefelnatrium. Die Normallösung lässt man aus einer Bürette in die in einem Becherglase befindliche, abgemessene Natriumsulfidlösung unter beständigem Umrühren einfliessen; nach jeder Zugabe wird ein Tropfen aus dem Becherglase herausgenommen und auf ein auf einer weissen Unterlage befindliches Stück Filtrirpapier gebracht, daneben (nicht direkt zusammen!) bringt man einen Tropfen Bleizuckerlösung, sodass diese beiden Tropfen infolge der Kapillarität nach und nach ineinander fliessen (ein etwas empfindlicherer Bleiindikator wird erhalten, wenn man Bleizucker in einer Lösung von weinsaurem Natron oder Weinsäure auflöst, dieselbe mit Natronlauge stark alkalisch macht und dann filtrirt). Solange noch ungefälltes Sulfid vorhanden ist, entsteht an der Berührungsstelle der beiden Tropfen ein schwarzer oder brauner Ring. Es muss darauf geachtet werden, dass die Bleilösung nicht das ausgefällte Zinksulfid erreicht, weil dieses sonst auch geschwärzt wird. Es ist am besten, wenn man zunächst eine rohe Bestimmung ausführt, indem man immer 2 ccm Normallösung auf einmal zufliessen lässt; hat man auf diese Weise ungefähr die erforderliche Menge Normallösung ermittelt, so setzt man bei dem eigentlichen Versuche erst nahezu diese Menge zu und fährt dann mit der tropfenweisen Zugabe fort. Eine Natriumsulfidlösung von bekanntem Gehalte kann auch zur Zinkbestimmung verwendet werden.

Die gleiche Methode kann ebenfalls zur Bestimmung des Schwefels in anderen Schwefelalkalien herangezogen werden; wo Polysulfide vorhanden sind, bildet sich gelbes Zinksulfid, vermuthlich ein Polysulfid, und der Bleiindikator giebt dann eine rothorangene, anstatt einer braunen Färbung. Hierbei wird dann nicht die Gesammtmenge des Schwefels, sondern nur die dem normalen Sulfide entsprechende bestimmt.

Der Gehalt an Sulfiden kann auch durch Titration mit $^{N}/_{10}$-Jodlösung ermittelt werden.[1])

[1]) JEAN, Ann. de Chim. Anal. (18), S. 341. — Analyst, 1897, S. 306.

V. Abschnitt.

Die Untersuchung der Aescherbrühen.

Da bis jetzt die Faktoren, welche die Wirkung von alten und von frischen Aescherbrühen beeinflussen, noch zu wenig bekannt sind, so beschränkt sich die Untersuchung derselben in der Hauptsache auf die Bestimmung des Gehaltes der Lösung an Aetzkalk, Ammoniak und Sulfiden, und an gelöster Hautsubstanz, um ev. dann den durch nicht sachgemässe Führung des Aeschers bedingten Hautsubstanzverlust herabmindern zu können. Eine Methode zur Bestimmung der vorhandenen verflüssigenden Fermente existirt noch nicht. Da die Aescherbrühe gewöhnlich eine gesättigte Kalklösung darstellt, so ist die Bestimmung des Gehaltes an Ammoniak, welches selbst stark haarlockernd wirkt und ausserdem von Einfluss auf die Haut ist, in erster Linie von Wichtigkeit.

Ausser Aetzkalk ist eine beträchtliche Menge Kalk, vorzugsweise in alten Aescherbrühen, in Form neutraler Produkte vorhanden, und zwar in Verbindung mit den schwach sauren, durch Einwirkung auf die Haut hervorgegangenen Substanzen.

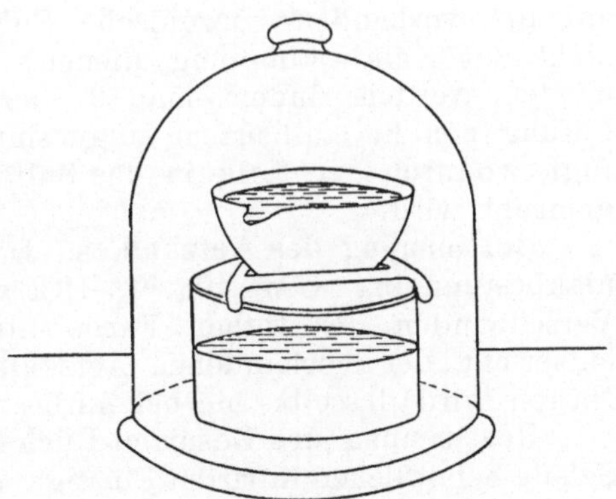

Fig. 3.

Bestimmung des Ammoniaks. Die zu untersuchende Flüssigkeit wird in eine Kochflasche filtrirt; der betreffende Trichter wird hierbei zur Vermeidung von Ammoniakverlusten und von Kohlensäureaufnahme mit einer Glasglocke bedeckt. 25 ccm des Filtrats werden in den unteren Theil eines SCHLÖSSING'schen Apparats gebracht (Fig. 3), während in den oberen

Theil 25 ccm $^{N}/_{10}$-Schwefelsäure einpipettirt werden; den Apparat lässt man alsdann wenigstens 48 (noch besser 72) Stunden stehen. Sämmtliches Ammoniak geht hierbei in die Säure über, welche alsdann mit Sodalösung unter Zusatz von Methylorange oder mit Kalkwasser und Lackmus, bez. Lackmoïd, zurücktitrirt wird. Der Apparat kann auch so angeordnet werden, dass eine kleine Schale oder ein Porcellantiegel in eine flache Krystallisirschale eingestellt wird. Die Aescherbrühe kommt in den Tiegel und die Säure, welche mit Wasser verdünnt werden kann, in die Krystallisirschale; alsdann deckt man über den Tiegel eine zweite Schale oder ein Becherglas, so dass die Säure zugleich einen Wasserverschluss abgiebt. Wird dieser Apparat auf ein Luftbad oder an einen anderen warmen Ort gestellt, so ist die Reaktion nach 24 Stunden beendet.

Diese Bestimmungen können viel schneller ausgeführt werden, wenn man einen Erlenmeyer-Kolben oder eine mindestens 500 ccm fassende Retorte mit einem Absorptionsapparat oder einer U-förmigen Röhre verbindet, in welcher sich die Normalsäure befindet. Hierzu eignet sich sehr gut der Apparat, welcher zur Ammoniak-Bestimmung bei der Kjeldahl'schen Methode angewendet wird; es ist aber empfehlenswerth zwischen Kolben und Vorlage eine Kugel oder ein mit Glasperlen gefülltes Rohr einzuschalten, weil die Flüssigkeit leicht überspritzt. 25 ccm $^{N}/_{10}$-Säure werden in die Vorlage und 100 ccm der Aescherbrühe in den Kolben pipettirt; die letztere wird 15 Minuten lebhaft gekocht, die Vorlage ausgespült und die Säure alsdann zurücktitrirt. Wenn das Kochen zu lange fortgesetzt wird, bildet sich Ammoniak durch Einwirkung des Kalkes auf die vorhandene organische Substanz. Soll der Rückstand nicht zur Kalkbestimmung dienen, so kann dieser Fehler vermieden werden, indem man 2 oder 3 ccm einer 10 procentigen Lösung von krystallisirtem Magnesiumsulfat ($MgSO_4 + 7\,H_2O$) zufügt, wodurch der Kalk in das Sulfat übergeführt und MgO frei gemacht wird.

Bestimmung des Aetzkalkes. Der Rückstand von der Ammoniakbestimmung wird mit $^{N}/_{10}$-HCl und Phenolphtaleïn bis zum Verschwinden der rothen Farbe titrirt. Die verbrauchte Säure entspricht der vorhandenen Aetzkalkmenge; bei Gegenwart von Natron wird dasselbe hierbei mitbestimmt.

Bestimmung des Gesammt-Rückstandes. 50 ccm der in einer Schale befindlichen filtrirten Flüssigkeit, in welche zunächst Kohlendioxyd zur Ueberführung des Kalkes in das Karbonat eingeleitet wird, werden auf dem Wasserbade eingedampft und der Rückstand wird bis zur Gewichtskonstanz bei 110° getrocknet. Das Gewicht der dem vorhandenen Aetzkalk entsprechenden Kohlendioxyd-Menge wird von dem gefundenen Rückstande in Abzug gebracht.

Bestimmung der organischen Substanz. Der Gesammt-Rückstand wird vollständig verascht, mit Ammonkarbonat-Lösung befeuchtet, getrocknet, schwach geglüht und nach dem Erkalten gewogen. Zieht man dieses Gewicht von dem des Gesammt-Rückstandes ab, so erhält man die „organische Substanz". Die gelöste Hautsubstanz kann durch Ermittlung des Stickstoffgehaltes in dem Gesammt-Rückstande nach KJELDAHL'scher Methode bestimmt werden; die Berechnung ist aus dem XIX. Abschnitt ersichtlich.

EITNER[1]) bestimmt die organischen Substanzen in Aescherbrühen in folgender Weise. Eine abgemessene Menge der filtrirten Aescherflüssigkeit wird zur Ueberführung des Aetzkalkes in das Karbonat mit Kohlendioxyd behandelt und dann zur Entfernung des Ueberschusses des letzteren erwärmt. Der entstandene Niederschlag wird auf einem gewogenen Filter gesammelt, erst mit wenig Wasser und dann zur Entfernung des Kalkes mit einem geringen Ueberschuss verdünnter Salzsäure, und schliesslich wieder mit Wasser ausgewaschen; der Rückstand wird bei 100° C. getrocknet, gewogen und als „gelöste, an Kalk gebundene Substanz" in Rechnung gebracht.

Das Filtrat vom Kalkniederschlage wird alsdann mit Salzsäure schwach angesäuert; der hierbei entstandene Niederschlag wird gesammelt, ausgewaschen, wie zuvor getrocknet, gewogen und als „nicht an Kalk gebundene organische Substanz" bezeichnet. Nach Ansicht des Autors ist dieses Verfahren der Trennung nicht einwandfrei, da es nicht wahrscheinlich ist, dass sämmtliche organische Kalkverbindungen durch Kohlendioxyd zerlegt werden.

Die Peptone werden im Filtrate bestimmt, entweder nach einer unveröffentlichten Methode EITNER's, bei welchen Natriumhypochlorit als Fällungsmittel benutzt wird und welche auf dem JOLLES'schen[2]) Verfahren beruht, oder nach der Methode von HALLOPEAU.[3]) Bei der letzteren wird die neutrale oder schwach saure Lösung mit dem gleichen Volumen Quecksilbernitratlösung gemischt und dann 18—24 Stunden stehen gelassen. Der Niederschlag wird alsdann auf einem gewogenen Filter gesammelt, mit kaltem Wasser bis zum Verschwinden der Quecksilberreaktion gewaschen und bei 106—108° C. getrocknet; zwei Drittel des Gewichtes werden als „Peptone" in Rechnung gebracht. Die Quecksilberlösung wird hergestellt, indem 150 g käufliches reines Quecksilbernitrat mit 1 l Wasser 20 Minuten lang digerirt werden; nach dem Filtriren wird die Lösung fast bis zum Siedepunkt erhitzt, worauf unter beständigem Umrühren Natriumkarbonatlösung tropfenweise solange zugegeben wird, bis sich eine geringe Menge eines sich nicht wieder lösenden Niederschlages gebildet hat; diese Lösung wird alsdann für den Gebrauch filtrirt.

---

[1]) „Gerber", 1895, S. 157—159, 169—172.

[2]) Zeitschr. f. anal. Chem. 1890, 29, S. 406.

[3]) Compt. rend. 1892, 115, S. 356; s. auch Chem.-Zeitung 1892, Nr. 73, S. 263; ibid. Nr. 16, S. 263; ibid. 1893, Nr. 4, S. 42.

Die Menge der nach diesen Methoden bestimmten organischen Substanzen ist geringer als wenn man dieselbe aus dem Glühverluste ableitet; es hängt dies wahrscheinlich damit zusammen, dass hierbei nicht alle vorhandenen organischen Substanzen ermittelt werden.

Bestimmung des Kalkes in Form von organischen Salzen. Wenn der von der Verbrennung der organischen Substanzen herrührende, aus Karbonaten bestehende Rückstand in Salzsäure gelöst und alsdann der Kalk als Oxalat gefällt wird, so erhält man die Gesammtmenge des vorhandenen Kalkes (Aetzkalk + Kalk in Form von organischen Salzen); zieht man hiervon die Menge des Aetzkalkes ab, so erhält man die in Form von organischen Salzen vorhandene Kalkmenge. Ist infolge Anwendung von Schwefelnatrium oder Soda als Zusatz zum Aescher Natron zugegen, so bestimmt man dasselbe durch Auswaschen des Glührückstandes auf einem Filter und durch Titriren der hierbei erhaltenen Lösung. Das auf dem Filter verbliebene ungelöste Calciumkarbonat wird bestimmt, indem man dasselbe in einer abgemessenen Menge Normalsäure löst und diese Lösung dann mit Methylorange und Normallauge zurücktitrirt. Von der so ermittelten Gesammt-Kalkmenge muss die Menge des vorhandenen Aetzkalkes in Abzug gebracht werden. Strenggenommen müssen der Kalk und die Alkalien als Oxyde aufgeführt und die denselben entsprechende Kohlendioxyd-Menge der organischen Substanz hinzu addirt werden.

Die **Bestimmung der Sulfide** erfolgt in einem Theile der ursprünglichen Lösung durch Titriren mit $^{N}/_{10}$-Zinklösung.

Sämmtliche Gehalte werden am zweckmässigsten in „g pro Liter“ angegeben.

Bakteriologische Prüfung. Obgleich man jetzt kein Verfahren zur Bestimmung der in den Aescherbrühen vorhandenen Enzyme, die zweifellos specifische Wirkungen auf das Hautmaterial ausüben, kennt, so ist es doch möglich, einigermassen darüber Aufschluss zu erhalten, und zwar durch Ermittlung der Bakterienarten, durch welche diese unorganisirten Fermente erzeugt werden. Nur wenige Bakterienarten vermögen in frischen Kalkbrühen zu existiren; es ist aber merkwürdig, dass mit der Anhäufung der organischen Substanzen diese Brühen die Fähigkeit erhalten, einen geeigneten Nährboden für verschiedene Bakterienarten zu bilden, auch wenn der Gehalt an Aetzkalk sich nicht vermindert. Man wird daher bei der mikroskopischen Prüfung alter Aescherbrühen eine grosse Menge lebensthätiger Bakterien vorfinden, welche durch das Hautmaterial in den Aescher gelangt sind; derartige Brühen sind die Veranlassung zur Bildung von „losem Narben“, ferner beeinträchtigen sie das Aussehen des Narbens, indem derselbe bei dem fertigen Leder matt erscheint und nach dem Färben keine gleichmässige Farbe zeigt.

Es ist von Interesse und auch von Werth, in den Aescherbrühen die Anzahl der vorhandenen verflüssigenden Bakterien mit Hülfe einer sogenannten „Gelatine-Rollkultur" zu bestimmen; falls es verlangt wird, lassen sich alsdann auch die verschiedenen Arten bestimmen.

Bei der mikroskopischen Prüfung von alten Aescherbrühen findet man mitunter auch sphärische, krystallinische Gebilde von Calciumkarbonat, welche eine gewisse Aehnlichkeit mit den zuweilen im Urin oder mit den in viel grösseren Dimensionen in den Dolomitfelsen von Sunderland vorkommenden Gebilden besitzen. Wahrscheinlich hängt in allen diesen Fällen die Bildung der sphärischen Gestalt damit zusammen, dass die Krystallisation aus Flüssigkeiten erfolgt ist, in welchen grosse Mengen organischer Substanzen angehäuft sind.

Weichwässer und Beizen. Der chemischen Untersuchung derselben ist bis jetzt wenig Aufmerksamkeit gewidmet worden. Das Ammoniak wird in gleicher Weise wie in Aescherbrühen bestimmt; erst ermittelt man den Gehalt an freiem Ammoniak und dann das an Säuren gebundene, indem man dasselbe mit Natron oder, wenn man die Zersetzung stickstoffhaltiger Verbindungen vermeiden will, mit Magnesia austreibt. Der organische Stickstoff wird nach der Kjeldahl'schen Methode (XIX. Abschnitt) bestimmt; beim Verdampfen zur Trockne fügt man zur Vermeidung von Ammoniakverlusten etwas Oxalsäure hinzu. Durch Bestimmung des organischen Stickstoffes in diesen Flüssigkeiten vor und nach der Benutzung kann man auf den Hautsubstanzverlust schliessen (S. 35). Organische Säuren werden in der gleichen Weise wie in Gerbebrühen ermittelt (XIII. Abschnitt). Weichwässer enthalten oft Natriumsulfat und Kochsalz, zuweilen auch andere Mineralstoffe, welche von der Konservirung des Hautmaterials herrühren. Die mikroskopische und bakteriologische Prüfung ist ähnlich wie die der Aescherbrühen (XXIV. Abschnitt).

VI. Abschnitt.

Konservirungsmittel, Beizmittel etc.

Kochsalz. Dieses Material ist so wohlfeil, dass es wohl kaum absichtlich verfälscht wird; es kann aber natürliche Verunreinigungen verschiedener Art enthalten. Der Wassergehalt wird durch Erhitzen einer abgewogenen Menge von mehreren Gramm in einem Tiegel auf 110° oder darüber bestimmt; zur Vermeidung von Verlusten durch Verspritzen muss der Tiegel mit Deckel versehen sein. Zur Bestimmung des „Unlöslichen" werden etwa 10 g in Wasser gelöst; der Rückstand wird auf einem gewogenen Filter gesammelt, gewaschen, bei 110° C. getrocknet, gewogen und alsdann verascht, um aus dem Gewichtsverlust die Menge der organischen Substanz zu bestimmen. Ist der Rückstand braun oder gelb gefärbt, so enthält er voraussichtlich Eisenverbindungen, welche Fleckenbildung auf dem Leder veranlassen können; in diesem Falle werden sowohl der Rückstand als auch das Filtrat nach der Behandlung mit Salzsäure und nach der Oxydation mit einigen Tropfen Salpetersäure mit Rhodanammon auf Eisenverbindungen geprüft. Der Eisengehalt kann kolorimetrisch ermittelt werden (S. 22).

Kochsalz enthält als Verunreinigung sehr häufig Chlormagnesium und zuweilen auch Chlorcalcium, wodurch dasselbe hygroskopisch wird; diese Eigenschaft kann bei manchen Verwendungsweisen sehr störend sein. Die genannten Salze geben beim Veraschen Salzsäure ab. Zur Bestimmung dieser Verunreinigungen wird eine abgewogene Menge in Wasser gelöst und die Lösung alsdann zur Entfernung des „Unlöslichen" filtrirt; nach dem Kochen mit einigen Tropfen Salpetersäure wird das Filtrat mit Chlorammoniumlösung und Ammoniak versetzt, worauf das ausgeschiedene Eisenoxyd- und Thonerdehydrat abfiltrirt und in bekannter Weise ermittelt wird (vergl. XX. Abschnitt). Wenn alsdann in dem Filtrat durch Zusatz von Ammonkarbonat und Ammonoxalat ein Niederschlag entsteht, so lässt man denselben 24 Stunden absitzen und bestimmt den Kalk, wie auf S. 24 beschrieben worden ist. Im Filtrat wird die Magnesia mit Natriumphosphat gefällt und als Magnesiumpyrophosphat bestimmt (S. 25).

Das Chlor kann in bekannter Weise (S. 22) mit Silberlösung titrirt werden; es wird dies jedoch nur ausnahmsweise, etwa zur Bestimmung geringer Mengen in Waschwässern oder in ähnlichen Fällen, nothwendig sein.

Ammoniaksalze und Ammoniak. Ausser Ammoniakflüssigkeit können Ammoniumsulfat und Ammoniumchlorid in Betracht kommen.

Der Gehalt von Ammoniakflüssigkeit wird gewöhnlich aus dem specifischen Gewicht abgeleitet, welches mit Hülfe des Pyknometers oder eines Aräometers festgestellt wird; ein geaichtes und mit soviel Quecksilber gefülltes Glasgefäss, dass dasselbe in einer Flüssigkeit von der gewünschten Dichte gerade schwimmt, ist ein zweckmässiges und zuverlässiges Mittel, um sich eine Lösung von einer ganz bestimmten Stärke herzustellen. Koncentrirte Lösungen verringern ihren Gehalt ziemlich rasch; dadurch, dass man dem höheren Gehalt frischer Lösungen nicht genügend Rechnung getragen hat, ist mitunter dem Leder schon grosser Schaden zugefügt worden. Das stärkste Handelsammoniak enthält ca. 33 % NH_3, entsprechend einem spec. Gew. von 0,886; dasselbe wird zweckmässigerweise mit dem doppelten Volumen an Wasser verdünnt, wobei eine Flüssigkeit vom spec. Gew. 0,956 resultirt. Dieselbe ist alsdann in möglichst gut verschlossenen Ballons aufzubewahren. Die folgende von Lunge und Wiernik aufgestellte Tabelle giebt den Gehalt an NH_3 in 100 g und in 100 ccm in Ammoniakflüssigkeiten von verschiedenen spec. Gewichten an.

Spec. Gew. bei 15° C.	g NH_3 pro 100 g	g NH_3 pro 100 ccm	Spec. Gew. bei 15° C.	g NH_3 pro 100 g	g NH_3 pro 100 ccm
0.000	0.00	0.00	0.930	18.64	17.34
0.990	2.31	2.29	0.920	21.75	20.01
0.980	4.80	4.70	0.910	24.99	22.74
0.970	7.31	7.09	0.900	28.33	25.50
0.960	9.91	9.51	0.890	31.75	28.26
0.950	12.74	12.10	0.882	34.95	30.83
0.940	15 63	14.69			

Der Gehalt an Ammoniak wird schnell und genau durch Titriren mit Normal-Salzsäure oder -Schwefelsäure unter Zusatz von Methylorange oder Lackmus (nicht Phenolphtaleïn) bestimmt. Ist die Flüssigkeit sehr koncentrirt, so verdünnt man sie zuvor mit Wasser. Jeder ccm Normalsäure entspricht 0,017 g NH_3. In Ammoniumsalzen wird das Ammoniak in ähnlicher Weise bestimmt; man treibt dasselbe mit Hülfe von Alkalien oder Kalk aus und fängt es in einem abgemessenen Volumen Normalsäure auf, welche alsdann mit Normal-Sodalösung zurücktitrirt wird. Jeder ccm Normalsäure entspricht 0,0535 g NH_4Cl, bezw. 0,066 g $(NH_4)_2SO_4$. Es wird hierzu derselbe Apparat verwendet, der zur Bestimmung des Ammoniaks in Aescherbrühen (S. 33) oder zum Auffangen desselben bei der KJELDAHL'schen Methode (XIX. Abschnitt) dient; es kann auch ein Kolben, der mit einer geräumigen U-förmigen Röhre verbunden ist, benutzt werden. Zur Vermeidung von Ammoniakverlusten lässt man die Natronlösung durch einen durch den Stopfen gehenden Fülltrichter einlaufen oder man wirft in den Apparat ein in Filtrirpapier eingeschlagenes Stück Natron- oder Kalihydrat, welches genügend gross ist, um die Flüssigkeit alkalisch zu machen, und verbindet ihn schnell mit der Vorlage. Flüssigkeiten, welche ausser Ammoniak auch organische Substanzen enthalten, werden in gleicher Weise wie Aescherbrühen behandelt. Bei Gegenwart von Ammoniak und Ammonsalzen wird das erstere durch einfache Destillation bestimmt; alsdann wird zur Zersetzung der Salze Alkali zugesetzt und die Destillation fortgesetzt. Wo Kalk oder Alkalien störend wirken, benutzt man Magnesia zum Austreiben des Ammoniaks. Ammoniak in Wasser oder überhaupt sehr verdünnte Lösungen desselben werden mit NESSLER's Reagens kolorimetrisch bestimmt.

Säuren. Die Bestimmung der wichtigsten Säuren und der Nachweis ihrer Verunreinigungen ist bereits in Abschnitt II, S. 16 ff. beschrieben worden.

Schweflige Säure und deren Salze (Sulfite). Ueber die Säurebestimmung mit Methylorange und Phenolphtaleïn vergl. S. 17. Dieselben können aber auch durch Oxydation mit Jod in folgender Weise bestimmt werden:[1])

Ungefähr 0,5 g des zerkleinerten Sulfites oder eine äquivalente Menge eines anderen Salzes oder irgend einer Lösung desselben wird in einem Becherglase, in welchem sich $^N/_{10}$-Jodlösung im Ueberschuss (40 ccm) befindet, durch Umrühren in Lösung gebracht; diese Lösung wird sofort mit Wasser verdünnt und alsdann mit $^N/_{10}$-Natriumthiosulfatlösung zurücktitrirt (vergl. XV. u. XVIII. Abschnitt). Hierbei wird SO_2 vollständig zu Schwefelsäure oxydirt; wenn in umgekehrter Weise die Jodlösung zu der schwefligen Säure oder zu der Sulfitlösung zugefügt würde, geht die Reaktion unregelmässig und unvollständig von statten. Wenn sich herausstellt, dass der Jodüberschuss sehr bedeutend war, so ist es räthlich, den ganzen Versuch unter solchen Verhältnissen zu wiederholen, dass der Jodüberschuss nur gering ist. 1 ccm $^N/_{10}$-Jodlösung entspricht 0,0032 g SO_2, bezw. 0,0126 g kryst. Natriumsulfit, $Na_2SO_3 + 7H_2O$, bezw. 0,0475 g $Na_2S_2O_5$ (BOAKE's Metabisulfit).

---

[1]) GILES u. SHEARER, Journ. Soc. Chem. Ind. 1884, S. 197; 1885, S. 303.

Giles und Shearer haben auch das spec. Gew. von Lösungen der schwefligen Säure ermittelt und hierbei gefunden, dass die Zunahme des Gehaltes direkt proportional der Zunahme des spec. Gew. ist; jedes Procent SO_2 entspricht einer Zunahme von 0,005 im spec. Gew. Die Originalarbeit giebt hierüber eine ausführliche Tabelle. Es existirt also nach dieser Richtung hin eine gewisse Uebereinstimmung zwischen schwefliger Säure und Chlorwasserstoffsäure (vergl. S. 17). Eine bei gewöhnlicher Temperatur gesättigte Lösung enthält ungefähr 10 % SO_2.

Borsäure und borsaure Salze. Die Verwendung dieser Substanzen in der Lederindustrie nimmt beständig zu; man benutzt dieselben sowohl für antiseptische Zwecke als auch zur Entkalkung. Verdünnte Borsäurelösungen bilden mit Kalk lösliche Verbindungen. Dieselben üben ferner in den Gerbebrühen eine specifische, wenig verständliche Wirkung auf das Hautmaterial aus, indem dasselbe dadurch eine helle Farbe erhält und in den ersten Stadien des Gerbeprocesses wenig Neigung zum Narbenziehen zeigt, selbst wenn die Blössen in verhältnissmässig starke Brühen eingezogen werden; erfolgt der Zusatz dieser Verbindungen während des ganzen Gerbeprocesses, so resultirt ein weiches Leder von geringem Gewicht. Diese Eigenschaft der Borsäure ist wahrscheinlich darauf zurückzuführen, dass dieselbe die Fähigkeit besitzt, mit Gerbstoffen und deren Abkömmlingen Verbindungen säureartigen Charakters einzugehen.

Nachweis. Wässrige wie alkoholische Lösungen der freien Borsäure färben Curcumapapier röthlich-braun (eine etwas andere Farbe als die durch Alkalien hervorgebrachte), selbst bei Gegenwart starker Säuren. Freie Borsäure ist in Alkohol löslich und kann deswegen von Sulfaten und vielen anderen Substanzen durch Behandlung mit Alkohol getrennt werden; die so erhaltene Lösung wird mit Curcumapapier auf Borsäure geprüft. Die Borsäure, welche im trocknen Zustande der Hitze der Gebläselampe widersteht, ist flüchtig, wenn wässrige Lösungen derselben verdampft werden, besonders bei Gegenwart von Methyl- oder Aethylalkohol, mit welchen sie flüchtige Methyl- oder Aethyl-Borate, sogenannte Ester, bildet. Borsäure-Lösungen müssen aus diesem Grunde zur Vermeidung von Verlusten vor dem Eindampfen neutralisirt oder schwach alkalisch gemacht werden. Bei Gegenwart von Natron oder Natriumkarbonat können derartige Lösungen unbeschadet eingedampft und die Rückstände geglüht werden. Geringe Mengen Borsäure können nachgewiesen werden, indem man den Glührückstand in einem Probirglas mit Schwefelsäure schwach ansäuert, etwas Alkohol hinzufügt, alsdann kocht und die entweichenden Dämpfe anzündet. Bei Gegenwart von Borsäure ist die Flamme grüngesäumt. Eine ähnliche Flammenreaktion zeigt sich bei Gegenwart von Kupfersalzen oder bei Chloräthyl, welche durch Einwirkung konc. Salzsäure auf die entsprechenden Alkohole sich bilden; in dem letzteren Falle geht jedoch die Flamme mehr ins Bläuliche. Wenn die Borsäuremengen zu gering sind, um auf diesem Wege nachgewiesen werden zu können, muss man in der oben beschriebenen Weise destilliren und im Destillat mit Curcumapapier oder mit Hilfe der Flammenreaktion auf Borsäure prüfen.

Quantitative Bestimmung. Es ist bereits gezeigt worden, dass Borsäure, ebenso wie Kohlensäure, Methylorange nicht röthet; es kann mithin, genau wie in Karbonaten, die Gesammtmenge der Base in Alkaliboraten, z. B. Borax, mit Normal-Schwefelsäure oder -Salzsäure unter Anwendung von Methylorange oder von Lackmoïdpapier als Indikator ermittelt werden (S. 12). Borax (kryst. Natriumbiborat, $Na_2B_4O_7 + 10H_2O$, Molekulargew.: 382) ist deswegen an Stelle von Natriumkarbonat als Basis für alkalimetrische Lösungen vorgeschlagen worden; es ist in Wasser von gewöhnlicher Temperatur jedoch nur in einer Menge von ca. 60 g pro Liter löslich. Eine Lösung von 19,1 g pro Liter stellt eine $^N/_{10}$-Lösung dar.

Borsäure giebt mit Phenolphtaleïn keine ausgesprochene Endreaktion; dieselbe tritt aber ein bei Gegenwart von neutralem Glycerin, mit welchem die Borsäure eine Verbindung eingeht, gegen welche der genannte Indikator sehr empfindlich ist; man kann übrigens von dieser Thatsache praktischen Gebrauch machen. Eine sonderbare Erscheinung ist auf dieses Verhalten zurückzuführen. Wenn man etwas Glycerin zu einer Boraxlösung giebt, welche auf Lackmuspapier ausgesprochen alkalisch reagirt, so erhält man dann eine saure Reaktion. Die Bildung einer ähnlichen Verbindung mit Phenol ist wahrscheinlich die Ursache der kalklösenden Wirkung einer Lösung von 2 % Borsäure und 1 % Phenol; diese letztere Eigenschaft ist von Parker und Procter[1]) zuerst beobachtet worden.

Zur Gehaltsbestimmung werden 50 ccm der borsäurehaltigen Lösung, welche 30—40 g Borax oder 10—15 g Borsäure im Liter enthalten kann, unter Zusatz von Methylorange als Indikator mit Schwefelsäure oder Salzsäure, wenn die Lösung alkalisch, mit kohlensäurefreier Natronlösung, wenn die Lösung sauer ist, vorsichtig neutralisirt; alsdann wird gekocht, um etwa vorhandene Kohlensäure auszutreiben. Man fügt hierauf 30 ccm Glycerin (wenn nöthig, wird dasselbe vorher mit Natronlösung neutralisirt) hinzu und titrirt die Lösung unter Zusatz von Phenolphtaleïn mit $^N/_2$- oder $^N/_{10}$-Natronlösung (vollständig CO_2-frei!) bis zum Eintritt einer röthlichen Färbung. Wenn in manchen Fällen die rothe Farbe verschwindet, giebt man noch weitere 10 ccm Glycerin und dann wiederum Natronlösung bis zum Eintritt der Endreaktion zu; mit diesem Zusatz von Glycerin und Natronlösung

[1]) Journ. Soc. Chem. Ind. 1895, S. 124; dieses Buch XIV. Abschnitt.

muss fortgefahren werden, bis die Rothfärbung bestehen bleibt. Unter diesen Bedingungen ist die Endreaktion sehr scharf; die verbrauchte Alkalimenge entspricht dann der Gleichung: $B_2O_3 = 2 NaOH$, oder jeder ccm $^N/_1$-Alkali entspricht 0,035 g B_2O_3 oder 0,062 g $B(OH)_3$ oder 0,0955 g Borax. Wenn man Borax auf die beschriebene Weise ohne vorhergehende Neutralisation (bei Gegenwart von Methylorange) titrirt, wird nur die Hälfte des Alkalis verbraucht; 1 ccm entspricht dann 0,191 g Borax.[1])

In vielen Fällen ist es wünschenswerth, die Borsäure, bevor dieselbe titrirt wird, von anderen Substanzen zu trennen; dies lässt sich am besten dadurch erreichen, dass man von der Eigenschaft, beim Kochen mit Alkohol flüchtig zu sein, Anwendung macht. Zur Entfernung organischer Substanzen wird die Lösung mit Natron oder Soda alkalisch gemacht, zur Trockne verdampft und der Rückstand geglüht; derselbe wird dann zerrieben, mit Schwefelsäure schwach sauer gemacht und in einem mit Rückflusskühler verbundenen Kolben mit 100 ccm absolutem Alkohol digerirt. Die so erhaltene Lösung wird alsdann der Destillation unterworfen und das Destillat in eine Vorlage geleitet, in welcher sich 20 ccm $^N/_1$-Natronlösung (frei von CO_2!) befinden. Die letzten Tropfen des Destillats prüft man mit Curcumapapier auf Borsäure (Alkohol allein erzeugt einen dunkelgelbgesäumten Fleck, aber keine Dunkelfärbung); wenn solche noch vorhanden ist, wird der Rückstand nochmals mit 25 ccm Alkohol befeuchtet und die Destillation fortgesetzt, bis sämmtliche Borsäure übergegangen ist. Der Destillationskolben soll bei dieser Operation beständig bis zum Hals vom Wasser oder vom Dampf umspült worden, damit keine Kondensation der Borsäuredämpfe erfolgt, bevor dieselben den Kühler erreicht haben. Die oben angegebenen Mengen genügen, wenn der Rückstand nicht mehr als 0,5 g Borsäure enthält. In den Fällen, wo die Menge der anderen Substanzen beträchtlich ist, empfiehlt es sich, zu filtriren, den Rückstand mit heissem Alkohol auszuwaschen und nur den alkoholischen Extrakt zu destilliren. Der Alkohol wird abdestillirt und die Borsäure wird von der vorgelegten Natronlösung gebunden, welche alsdann in der beschriebenen Weise zurücktitrirt wird. Eine geringere Menge Alkohol wird verbraucht, wenn man Destillationskolben und Vorlage nach beendigter Destillation miteinander vertauscht und den Alkohol zurückdestillirt; in diesem Falle ist es jedoch empfehlenswerth, zur Vermeidung der Verdünnung des Alkohols nicht Normal-Natronlösung, sondern eine derselben äquivalente Menge einer koncentrirten Natronlösung zu verwenden.[2])

---

[1]) Vergl. Honig u. Spitz, Zeitschr. f. angew. Chem. 1896, S. 549; Journ. Soc. Chem. Ind. 1896, S. 742. — Thomson, ebendas. 1895, S. 1070.

[2]) Vergl. Jay u. Dupasquier, Compt. Rend. 121, S. 260; Journ. Soc. Chem. Ind. 1895, S. 889; 1896, S. 136. — Dr. Schneider, Chem.-Zeit. 1896, S. 822.

Karbolsäure und Kreolin. Reines Phenol, „reine krystallisirte Karbolsäure“ ist Oxybenzol, $C_6H_5.OH$; die rohen technischen Produkte, welche allgemein angewendet werden, enthalten Kresole und höhere Homologe des Phenols, in welchen mehrere Wasserstoffatome durch CH_3-Gruppen ersetzt sind. Dieselben sind ölige, in Wasser kaum lösliche Körper; selbst reines Phenol löst sich etwa nur zu 7 Proc. Rohe Karbolsäure sollte in den Gerbereien nicht angewendet werden, weil die unlöslichen öligen Antheile Ursache zur Fleckenbildung geben, und die Haut unempfänglich gegenüber Gerbstoff machen. Eine für Gerbereizwecke verwendbare Karbolsäure soll, wenn dieselbe frisch ist, von hellgelber Farbe sein (bei Einwirkung von Luft und Licht dunkelt jede Karbolsäure nach) und in einem Ueberschuss von Wasser sich vollständig auflösen. Das spec. Gew. soll innerhalb der Grenzen 1.050 und 1.065 liegen.

Die Beschreibung der vollständigen Analyse der rohen Karbolsäuren geht über den Rahmen dieses Buches hinaus; die folgenden, von Allen[1]) beschriebenen Proben geben wenigstens einen ungefähren Anhalt über den Werth dieser Produkte. Diese rohen Säuren bestehen in der Hauptsache aus Phenol und seinen höheren Homologen, wie Kresol etc., enthalten aber häufig Wasser und auch beträchtliche Mengen neutraler Theeröle, welche nur einen geringen Werth für Desinfektionszwecke besitzen.

Wasserbestimmung. 20 ccm Karbolsäure werden in einem mit Stopfen verschlossenen, graduirten Cylinder oder in einer Messröhre mit 10 ccm gesättigter Kochsalzlösung geschüttelt. Es geht hierbei das Wasser in die Salzlösung über; die Menge desselben kann aus der Zunahme des Volumens der Salzlösung abgeleitet werden (reines, wasserfreies, krystallisirtes Phenol absorbirt unter Ausfällung von Kochsalz einen Theil des Wassers). 10 g reines krystallisirtes Phenol nehmen nach dem Schütteln mit Salzlösung ein Volumen von ca. 9.7 ccm ein. Es lässt sich aus diesen Zahlen also thatsächlich der ungefähre Gehalt an vorhandenem wasserfreien Phenol ersehen.

Bestimmung der neutralen Oele. 10 oder 20 ccm Karbolsäure werden mit dem doppelten Volumen einer 9 procentigen, thonerdefreien Natronlösung geschüttelt. Das Phenol und die Kresole lösen sich, die neutralen Oele werden dagegen, wenn sie „leicht“ sind, auf der Oberfläche schwimmen, oder, wenn sie schwer sind, zu Boden sinken. Ihr Volumen wird an dem graduirten Gefässe abgelesen. Die Zugabe von 10 ccm Petroläther beschleunigt die Abscheidung und bewirkt, dass diese Oele auf der Oberfläche schwimmen; das Petroläther-Volumen muss dann natürlich in Abzug gebracht werden.

Kreolin und andere ähnliche Desinfektionsmittel werden in

---

[1]) Org. Analysis, Bd. II, S. 545.

ähnlicher Weise geprüft. Man füllt 20 ccm in eine Messröhre, giebt soviel Normalsäure hinzu, dass die mit Methylorange versetzte Flüssigkeit roth gefärbt wird, sättigt alsdann mit Salz, wodurch die Phenole und Kresole als ölige Tropfen abgeschieden werden. Die Säure wird in ein Gefäss abgegossen und das ausgeschiedene Oel mit gesättigter Kochsalzlösung gewaschen; die letztere wird mit der Säure vereinigt und dieses Gemisch mit Normalnatronlösung zurücktitrirt. Die Differenz im Verbrauch gegenüber der zuerst zugesetzten Normalsäure entspricht der in der angewandten Substanz ursprünglich vorhandenen Alkalimenge. Die neutralen Oele können wie in der Karbolsäure bestimmt werden; die Abscheidung derselben geht oft sehr schlecht von statten.

VII. Abschnitt.

Die Chemie der Gerbstoffe und ihrer Derivate.

Die wirksamen Bestandtheile der Gerbmaterialien sind verschiedene Glieder einer grossen Gruppe von organischen Verbindungen, die gewöhnlich als **Gerbstoffe** oder als **Gerbsäuren** bezeichnet werden; dieselben sind im Pflanzenreiche ausserordentlich verbreitet und sollen sich auch in einem Insekt, dem Kornwurm, vorfinden. Ihr Zweck im pflanzlichen Leben ist noch nicht genügend aufgeklärt; es hat den Anschein, als ob dieselben die werthlosen Endprodukte eines pflanzlichen Stoffwechsels seien.

Diese Substanzen unterscheiden sich hinsichtlich ihrer chemischen Zusammensetzung und Reaktionen oft sehr, haben aber die Eigenschaft gemeinsam, Leim aus seiner Lösung auszufällen und sich mit den leimgebenden Geweben zu unlöslichen Verbindungen zu vereinigen. Auf Grund dieses Verhaltens kann thierische Haut in eine unlösliche und fäulnisswidrige Substanz, in „Leder", übergeführt werden. Die Gerbstoffe sind nicht krystallisirbar, geben mit Eisensalzen blauschwarze oder grünschwarze Niederschläge und werden, wie viele andere organische Verbindungen, durch Blei- und Kupferacetat, Zinnchlorür und durch viele andere Metallsalze gefällt; sie vereinigen sich mit organischen Basen, wie z. B. Chinin. In manchen Fällen verbindet sich der Gerbstoff mit der Base und macht die Säure frei; häufig tritt aber auch das Salz als solches in die Verbindung ein. Dies ist z. B. der Fall bei den mit Blei- und Kupferacetat entstehenden Niederschlägen.

Die Gerbstoffe sind mehr oder weniger löslich in Wasser und Glycerin, und ebenso in Aethyl- und Methylalkohol, in Gemischen von Alkohol und Aether, in Aceton und in Essigäther, aber fast unlöslich in reinem wasserfreien Aether und in verdünnter Schwefelsäure, vollständig unlöslich in Schwefelkohlenstoff, Petroläther, Benzol und Chloroform.

Darstellung und Reinigung. Wegen ihres amorphen Charakters sind die Gerbstoffe ausserordentlich schwer rein darzustellen; und wenn, wie dies häufig der Fall ist, in ein und demselben Gerbmaterial mehrere Gerbstoffe vorhanden sind, so ist es oft ganz unmöglich, dieselben zu trennen. Wegen der ausserordentlichen Verschiedenheit in ihrem Charakter kann kein allgemeines Verfahren zur Reindarstellung der Gerbstoffe angegeben werden; die folgenden Methoden werden in vielen Fällen zu guten Ergebnissen führen. Zum Studium der von den verschiedenen Forschern eingeschlagenen Specialmethoden ist es erforderlich, die betreffende Originalliteratur einzusehen, auf welche in Folgendem verwiesen werden wird.

Die älteste Methode, den Gerbstoff von seinen Begleitern zu trennen, ist die von Pelouze angewendete; derselbe stellte aus den Gallen die Handelsgallusgerbsäure (Tannin) her. Das feinzerkleinerte Material wird in einen Perkolator gebracht und mit Handelsäther, welcher wasser- und alkoholhaltig ist, extrahirt. Die so erhaltene Lösung trennt sich beim Stehen in zwei Schichten, von welchen die untere das Tannin in einer leidlich reinen Form, gelöst in Wasser und Alkohol mit geringen Mengen Aether, die obere, in der Hauptsache ätherische Schicht dagegen die Gallussäure enthält. Gallen, welche auf diese Weise behandelt werden, ergeben 35 bis 40 Proc. Tannin. Wenn ein Gemisch von gleichen Theilen von Aether und 90 procentigem Alkohol benutzt wird, erhält man eine grössere Ausbeute, aber die Flüssigkeit scheidet sich hierbei nicht in zwei Schichten, und es ist schliesslich fraglich, ob das Endprodukt so rein ist. Bei chinesischen Gallen liefert wasserhaltiger Aether bessere Resultate als Alkohol-Aether. Das Tannin kann noch weiter gereinigt werden, indem man es in einem Gemisch von 1 Th. Wasser und 2 Th. Aether löst; es bilden sich alsdann drei Schichten, von welchen die unterste nahezu reines Tannin enthält. Der Handelsäther enthält gewöhnlich einen beträchtlichen Procentsatz an Alkohol.

Diese Methoden sind auch anwendbar auf die getrockneten oder hochkoncentrirten Extrakte vieler Gerbmaterialien. Viele Gerbstoffe lassen sich aus ihren koncentrirten wässrigen Lösungen in einem Zustande grosser Reinheit gewinnen, indem man dieselben zur Entfernung von Gallussäure zunächst mit Aether behandelt, mit Kochsalz sättigt und dann mit Essigäther, welcher den Gerbstoff aufnimmt, ausschüttelt. Ein anderes Verfahren besteht darin, dass man zunächst mit Alkohol extrahirt, die Lösung bei möglichst niedriger Temperatur auf ein kleines Volumen einengt und dann sogleich mit einem Ueberschuss von Wasser verdünnt. Diese Lösung wird alsdann mit Bleiessig fraktionirt gefällt; die ersten und letzten Antheile des Niederschlages werden als mit fremden Substanzen verunreinigt verworfen, während der andere Niederschlag schnell ausgewaschen, in Wasser vertheilt und dann mit Schwefelwasserstoff zerlegt wird. Nach dem Filtriren und nach dem Austreiben des Schwefelwasserstoffes in der Wärme wird die Lösung zur Entfernung der Gallussäure mit Aether ausgeschüttelt, der wässrige Antheil entweder im luftverdünnten Raume bei möglichst niedriger Temperatur zu einem dünnen Syrup eingedickt und alsdann die Trocknung über Schwefelsäure im Vakuum zu Ende geführt oder, was noch besser ist, mit Essigäther ausgeschüttelt.

Prof. TRIMBLE[1]) hat Aceton als Lösungsmittel zur Extraktion von Gerbstoffen mit grossem Vortheil benutzt. Die allgemeine Methode, welche er bei seinen Untersuchungen über den Eichenrindengerbstoff anwandte, ist folgende: Die feingepulverte Rinde wird in einem Perkolator mit Aceton übergossen und dann 48 Stunden stehen gelassen. Man lässt dann ziemlich schnell abfliessen, bis man 500 ccm Lösung pro kg Rinde erhalten hat; das von der Rinde aufgesogene Aceton wird durch Wasser verdrängt und das gerbstoffhaltige Aceton wird auf dem Wasserbade, die letzten Antheile unter vermindertem Drucke, abdestillirt. Der Trockenrückstand wird in einer kleinen Menge warmen Wassers oder Alkohol vom spec. Gew. 0,975 gelöst, die Lösung wird filtrirt und dann mit Wasser so lange verdünnt, als noch Anhydride und Farbstoffe ausgefällt werden. Die Lösung wird wiederum filtrirt und mit mehreren Portionen Essigäther ausgeschüttelt. Die Essigäther-Lösung wird unter vermindertem Drucke abdestillirt und der Rückstand durch nochmaliges Auflösen in Wasser und Ausschütteln mit Essigäther gereinigt. Der Essigäther wird schliesslich durch Auflösen in Aether-Alkohol entfernt, und dieser wird unter vermindertem Drucke abdestillirt; der trockene Gerbstoff wird hierauf zur Entfernung von Spuren Harz und anderen Verunreinigungen mit Aether behandelt. Der auf diese Weise hergestellte Gerbstoff war hell gefärbt und in Wasser vollständig löslich. Bei der Darstellung des reinen Gerbstoffes aus der gewöhnlichen Eiche (*Quercus robur*) war es nothwendig, der Lösung vor dem Ausschütteln mit Essigäther Kochsalz zuzusetzen; in manchen Fällen wurde auch die Bleimethode zur Reinigung angewendet.

Sämmtliche Pflanzengerbstoffe bestehen nur aus Kohlenstoff, Wasserstoff und Sauerstoff. Sie enthalten alle den Benzolkern, aber im übrigen ist ihre Struktur, mit Ausnahme derjenigen der Galläpfelgerbsäure (Tannin), noch ziemlich unbekannt; wahrscheinlich ist die Struktur der einzelnen Gerbstoffe eine sehr verschiedene. Sie können als Derivate der Phenole und der von diesen abgeleiteten Säuren, über welche die folgende Zusammenstellung eine gute Uebersicht gewährt, betrachtet werden:

---

[1]) „The Tannins“ (Philadelphia, 1894), Bd. 2, S. 78.

C_6H_6 Benzol	$C_6H_5 . OH$ Phenol	$C_6H_4(OH)_2$ Pyrokatechin, Resorcin, Hydrochinon	$C_6H_3(OH)_3$ Pyrogallol, Phloroglucin, Oxyhydrochinon
$C_6H_5 . COOH$ Benzoësäure	$C_6H_4 . OH . COOH$ Salicylsäure, Oxybenzoësäure	$C_6H_3(OH)_2 . COOH$ Protokatechu-säure (und fünf andere isomere Säuren)	$C_6H_2(OH)_3 . COOH$ Gallussäure, Pyrogallolkarbon-säure, Phloroglucinkarbon-säure

Es sei noch hervorgehoben, dass der grössere Theil der obigen Formeln mehrere Verbindungen repräsentirt, welche zwar in der Zusammensetzung identisch, aber in ihren Eigenschaften meist sehr verschieden sind. Die Erklärung für diese Verschiedenheiten ist in der verschiedenen relativen Lage der OH und CO.OH-Gruppen im Benzolkern gegeben. So stellen z. B. die folgenden Zeichnungen die wahrscheinliche relative Lage der Hydroxyl-Gruppen (OH) in den drei Dihydroxybenzolen dar:

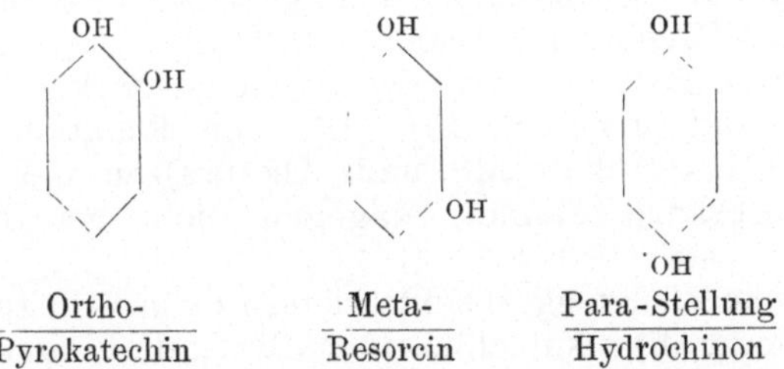

Ortho- Pyrokatechin — Meta- Resorcin — Para-Stellung Hydrochinon

Ausser diesen Phenolen mit 6 Kohlenstoffatomen giebt es noch andere, bei welchen ein oder mehrere Wasserstoffatome durch Methyl- oder höhere Kohlenwasserstoff-Gruppen ersetzt sind, ganz in derselben Weise wie bei den Alkoholen. So haben z. B. die Kresole die Formel $C_6H_4(CH_3).OH$, und von diesen leiten sich wiederum Säuren ab (Kresotinsäure; analog der Salicylsäure von dem Phenol), welche als Antiseptica und chemische Beizen verwendet werden können. Da die Gerbstoffe Derivate dieser höheren Phenole sind, so sieht man, dass eine ausserordentlich grosse Anzahl verschiedener Verbindungen möglich ist.

Es ist ferner zu bemerken, dass jedes Phenol zwei isomere[1]) Säuren liefert. Miller,[2]) welcher diese Säuren eingehend studirt

[1]) isomer, d. i. von gleicher procentischer Zusammensetzung, aber von verschiedener Struktur und von verschiedenen Eigenschaften.

[2]) Chem. Soc. Journ., Bd. 41, 1882, S. 398.

hat, berichtet hierüber folgendes: Von den drei Phenolen, $C_6H_4(OH)_2$, giebt nur das Pyrokatechin mit Bleiacetat einen Niederschlag, und von den sechs Säuren, $C_6H_3(OH)_2$, COOH, liefern nur die zwei, die sich vom Pyrokatechin ableiten, mit Bleiacetat einen Niederschlag. Untersuchungen von BERTHOLLET und WERNER[1]) über die bei der Neutralisation mit Natron entwickelte Wärme werfen mehr Licht auf die Konstitution dieser mehrwerthigen Phenole. Resorcin und Hydrochinon liefern nach denselben etwa doppelt so viel Wärme als Phenol, woraus man ableiten muss, dass die (OH)-Gruppen der ersteren dieselbe Funktion haben wie im Phenol. Das Pyrokatechin, in welchem die (OH)-Gruppen sich in Orthostellung befinden, giebt dagegen nur dieselbe Wärmemenge wie Phenol; es ist dies ein Beweis dafür, dass nur die eine der (OH)-Gruppen dieselbe Funktion wie die (OH)-Gruppe des Phenols hat, während die andere Alkohol-Funktion hat. Nach der Ansicht derselben Autoren hat das Pyrogallol seine (OH)-Gruppen in 1:2:3-Stellung, das Phloroglucin in 1:2:4-Stellung, so dass für das dritte isomere Phenol, in welchem wahrscheinlich sämmtliche Hydroxylgruppen Phenol-Funktion haben, nur die 1:3:5-Stellung übrig bleibt. Die Untersuchungen von A. LAMBERT[2]) haben gezeigt, dass mehrwerthige Alkohole, wie Glycerin, Lävulose, Dextrose, sich mit Borsäure zu ausgeprägten Säuren verbinden, welche stärker als die Borsäure selbst sind (vergl. S. 42). Dieselbe Reaktion findet statt bei Pyrogallol, Pyrokatechin und Alkalisalzen der Gallussäure und Gallusgerbsäure (Tannin), dagegen nicht bei Resorcin und Hydrochinon.

Sämmtliche Pflanzengerbstoffe liefern beim Erhitzen auf 180—200° C. entweder Pyrokatechin oder Pyrogallol oder beide, zugleich mit sekundären Zersetzungsprodukten, und zwar häufig mit Phloroglucin. Es sind aber auch aus anderen Phenolen Verbindungen künstlich hergestellt worden, die ebenfalls die meisten Reaktionen der Gerbstoffe zeigten. Die meisten Phenole und die sich von diesen ableitenden Säuren geben mit Eisensalzen purpur- oder grünschwarze Niederschläge.

Man hat für die Gerbstoffe schon die verschiedensten Eintheilungen aufgestellt. Die für den Gerber begreiflichste Trennung ist die in solche, welche auf der Oberfläche des Leders einen weisslichen Belag, die sogen. „Blume“, hervorrufen, und in solche, die dies nicht thun. STENHOUSE theilt seit einigen Jahren die Gerbstoffe in zwei Klassen ein, von denen die eine blauschwarze, die andere grünschwarze Niederschläge mit Eisenverbindungen liefert. In der Hauptsache entspricht diese Eintheilung den beiden vorher aufgeführten, indem die meisten Gerbstoffe, welche mit essigsaurem

---

[1]) Compt. Rend., Bd. 100, S. 586; Chem. Soc. Abst. 1885, S. 628.
[2]) Compt. Rend., Bd. 108, S. 1017; Chem. Soc. Abst. 1889, S. 864.

Eisen blauschwarze Fällungen geben, auch Blume auf Leder erzeugen und Abkömmlinge des Pyrogallols sind, während die mit grünschwarzen Niederschlägen sich vom Pyrokatechin ableiten. In manchen Fällen ist jedoch die Verschiedenheit in der Farbe der Niederschläge auf zufällige Verunreinigungen zurückzuführen, ferner ist dieselbe davon abhängig, ob die Lösung sauer oder alkalisch ist; selbst Gallusgerbsäure giebt mit stark saurem Eisenchlorid eine grüne Fällung. Diese Eintheilungen entsprechen den Unterschieden in der Konstitution, und es ist zweifellos wissenschaftlicher, die Gerbstoffe nach den Produkten einzutheilen, welche sie bei ihrer Zersetzung liefern und welche gestatten, einen Schluss auf die Konstitution zu ziehen, als irgend einen weniger wichtigen Punkt als Grundlage zu wählen.

Werden Gerbstoffe mit verdünnter Schwefelsäure oder Salzsäure gekocht oder werden dieselben der Einwirkung von Fermenten oder Mikroorganismen, die sich gewöhnlich auf pflanzlichen Gerbstoffen vorfinden, überlassen, so gehen verschiedene Arten von Zersetzungen vor sich. Viele Gerbstoffe liefern Glykose (Stärkezucker) oder eine andere dieser nahe verwandte Substanz als Zersetzungsprodukt; es wird hierüber später ausführlich berichtet werden. Die vom Pyrokatechin sich ableitenden Gerbstoffe geben unlösliche, rothbraune Körper, welche als Phlobaphene bezeichnet werden und welche sich von den ursprünglichen Gerbstoffen dadurch unterscheiden, dass sie ein oder mehrere Moleküle weniger Wasser enthalten; dieselben stellen also chemisch ausgedrückt, Anhydride ihrer zugehörigen Gerbstoffe dar. Die Pyrogallol-Gerbstoffe liefern dagegen Gallussäure oder Ellagsäure (d. i. die Verbindung, aus welcher die „Blume“ auf Leder besteht), und zwar entweder eine dieser beiden oder beide zugleich. Eichenrinde und Valonea bilden sowohl Blume als auch Phlobaphene, ferner auch Spuren von Gallussäure. Es ist wohl möglich, dass dieses Verhalten auf Vorhandensein eines Gemisches von Pyrokatechin- und Pyrogallol-Gerbstoffen zurückzuführen ist.

Wenn die Phlobaphene, welche aus den Pyrokatechin-Gerbstoffen hervorgehen, mit Aetzkali geschmolzen oder — in manchen Fällen genügt es — einfach mit koncentrirter Kalilauge gekocht werden, so erfolgt eine weitere Spaltung, und aus der geschmolzenen Masse kann Protokatechusäure (dieselbe steht zum Pyrokatechin in demselben Verhältniss wie die Gallussäure zum Pyrogallol) abgeschieden werden. Dieselbe wird zuweilen von Phloroglucin begleitet, welches süss wie Zucker schmeckt und, wie aus der auf S. 49 befindlichen Zusammenstellung ersichtlich ist, ein mit dem Pyrogallol isomeres Phenol darstellt. Katechu, Gambier, Mimosenrinde, Quebrachoholz und viele andere Gerbmaterialien enthalten Phloroglucin-Gerbstoffe. Gerbstoffe, welche kein Phloroglucin bilden, liefern häufig Essigsäure und andere Säuren der Fettreihe, und ausserdem Protokatechusäure. Unter Berücksichtigung dieses Verhaltens kann man die Gerbstoffe in folgender Weise klassificiren:

Die mit verdünnter Schwefelsäure gekochten Gerbstoffe liefern (häufig auch Glykose und):

I. Phlobaphene, welche beim Schmelzen mit Kali liefern Protokatechusäure und	Phloroglucin; es sind dies Gambier-, Kino-, Katechu-, Quebracho-, Rhatania-, Fustik-, Rosskastanien-, Tormentilla- und andere Gerbstoffe. Fettsäuren; es sind dies Kaffeebohnen-, Chinarinden- und andere Gerbstoffe.
II. Phlobaphene, Gallussäure und Ellagsäure, aber keine Glykose	Eichenrinden-, Eichenholz-, Kastanienholz- und Valonea-Gerbstoff. Es sind dies wahrscheinlich Gemische von Gerbstoffen der ersten und der übrigen Klassen.
III. Keine Phlobaphene, aber Gallussäure u. Ellagsäure	Gallen-, Myrobalanen-, Sumach-, Dividivi-, Granatapfelrinden- und andere Gerbstoffe. Diese sind wahrscheinlich Gemische von zwei Gerbstoffen, welche liefern:
IV. Nur Gallussäure.	Digallussäure oder reine Gallusgerbsäure, giebt keine Blume.
V. Nur Ellagsäure.	Reine Ellagengerbsäure, liefert Blume.

Gruppe I erzeugt keine Blume, aber mit Eisenalaun grünschwarze (zuweilen auch violettschwarze) Niederschläge, und liefert beim Erhitzen Pyrokatechin. Die Gruppen IV und V liefern mit Eisenalaun blauschwarze Fällungen und geben beim Erhitzen lediglich Pyrogallol und Kohlendioxyd.

Diese Klassifikation ist vorläufig noch sehr unvollständig, denn es giebt viele Gerbstoffe, deren Zersetzungsprodukte überhaupt noch nicht untersucht sind, während unsere Kenntnisse über die bereits klassificirten Gerbstoffe äusserst begrenzt sind. Um nun die vorhandenen Unterlagen für weitere Forschungen verwerthen zu können, müssen die charakteristischen Unterscheidungsmerkmale und die Reaktionen der Zersetzungsprodukte der verschiedenen Gerbstoffe in einer möglichst übersichtlichen Form zusammengestellt werden. Der Nachweis derartiger Verbindungen, zumal in Gemisch mit anderen Substanzen, bietet allerdings grosse praktische Schwierigkeiten; der Gerber wird sich dagegen mehr mit einfacheren, wenn auch weniger genauen Proben, die auf Farbenreaktionen der ungereinigten Gerbstoffe beruhen, begnügen wollen. Derartige Proben werden später beschrieben werden (VIII. Abschnitt).

Trimble[1]) führt aus, dass die Gerbstoffe in zwei Gruppen eingetheilt werden können, wobei die der ersten etwa 52 % Kohlenstoff, die der zweiten etwa 60 % enthalten. Die erstere umfasst

[1]) The Tannins, Bd. 2, S. 131.

die Gallusgerbsäure und die ihr verwandten Gerbstoffe des Sumachs, des Kastanien- und des Granatapfelbaumes; dieselben gehören den Pyrogallol-Gerbstoffen an, während die anderen Pyrokatechin-Gerbstoffe sind, und zwar Katechu, Gambier, Eichenrinde, Mangrove, Canaigre etc. Zur besseren Uebersicht und zum Vergleiche sind in der folgenden Tabelle einige der von TRIMBLE angeführten Analysen gemeinsam mit der Zusammensetzung mehrerer bekannter, mit den Gerbstoffen verwandter Körper, zusammengestellt.

Gruppe I. Pyrogallolsäure-Gerbstoffe.

	Kohlenstoff	Wasserstoff	Sauerstoff
	%	%	%
Sumach-Gerbstoff (LÖWE)	52.42	3.56	
Kastanien-Gerbstoff (NASS)	52.07	3.97	
Kastanienrinden-Gerbstoff	52.42	4.67	
Kastanienholz-Gerbstoff	52.11	4.40	
Granatapfelrinden-Gerbstoff (CULLEY)	50.49	3.99	
Gallusgerbsäure, $C_{14}H_{10}O_9$	52.10	3.52	44.38
Gallussäure, $C_7H_6O_5$	49.41	3.53	47.06
Ellagsäure, $C_{14}H_8O_9$	52.50	2.50	45.00
Tannin (Glykosid), $C_{34}H_{28}O_{22}$	51.78	3.55	44.67

Gruppe II. Pyrokatechin-Gerbstoffe.

	Kohlenstoff	Wasserstoff	Sauerstoff
	%	%	%
Eichenrinden-Gerbstoff (Durchschnitt von 9 Arten)	59.79	5.08	
Eichenrinden-Gerbstoff (ETTI)	59.29	4.99	
Weisseichenrinden-Gerbstoff (KRÄMER)	59.65	4.65	
Mangroven-Gerbstoff	59.76	4.69	
Canaigre-Gerbstoff	58.10	5.33	
Rhatania-Gerbstoff (OHMEYER)	59.20	4.72	
Kino-Gerbstoff (BERGHOLZ)	59.65	4.87	
Katechu-Gerbstoff (LÖWE)	61.93	4.80	
Tormentilla-Gerbstoff (REMBOLD)	60.75	4.65	
Diprotokatechusäure, $C_{14}H_{10}O_7$	57.93	3.45	38.62
Protokatechusäure, $C_7H_6O_4$	54.54	3.90	41.56
Katechin (ETTI), $C_{18}H_{18}O_8$	59.67	4.97	35.36
Pyrokatechin, $C_6H_6O_2$	65.45	5.45	29.10
Phloroglucin und Pyrogallol, $C_6H_6O_3$	57.14	4.76	38.10

Allgemeine Methoden zur Prüfung der Gerbstoffe.

Zerlegung durch Hitze. Der Gerbstoff oder der getrocknete Extrakt wird in einer kleinen Retorte der Destillation unterworfen, und das Destillat wird auf Pyrokatechin und Pyrogallol geprüft. Wenn hierbei die Temperatur auch sorgfältig regulirt werden kann, so entstehen doch durch Zersetzung des Pyrokatechins und des Pyrogallols in Melangallussäure grosse Verluste; der Nachweis ist alsdann infolge der Gegenwart dieser sekundären Zersetzungsprodukte sehr erschwert. Diese Schwierigkeit kann dadurch verringert werden, dass während der Destillation ein Kohlendioxydstrom, welcher die Zersetzungsprodukte schnell wegführt, durch die Retorte geleitet wird. Eine noch bessere Methode besteht darin, dass der Gerbstoff in Glycerin[1]) erhitzt wird. Ungefähr 1 g Gerbstoff wird mit 5 ccm reinem Glycerin auf 160° C. erhitzt, alsdann steigert man die Temperatur allmählich auf 200—210° C. und erhält sie 20—30 Minuten auf dieser Höhe. Nach dem Abkühlen fügt man etwa 20 ccm Wasser hinzu und schüttelt diese Lösung ohne vorhergehende Filtration mit dem gleichen Volumen Aether aus. Die ätherische Schicht, welche Pyrokatechin, Pyrogallol und Phloroglucin enthalten kann, wird von der wässrigen Lösung getrennt, zur Trockne verdampft und der Rückstand in 50 ccm Wasser gelöst. Die filtrirte Lösung wird in mehrere Theile getheilt und alsdann nach der auf S. 57 befindlichen Tabelle untersucht. Auf diese Art und Weise ist es leicht zu entscheiden, ob Pyrokatechin oder Pyrogallol vorhanden ist. Es kann auch jedes nachgewiesen werden, wenn eines derselben gegen das andere sehr zurücktritt; der Nachweis ist dagegen schwierig, wenn beide in annähernd gleichen Mengen zugegen sind. Pyrokatechin kann aus Katechin etc. und Pyrogallol aus Gallussäure hervorgegangen sein; es ist deswegen in manchen Fällen nothwendig, diese Körper aus dem zu untersuchenden Material durch vorhergehendes Ausschütteln der wässerigen Lösung mit Aether zu entfernen. Als allgemeine Regel kann jedoch angenommen werden, dass Katechine und Pyrokatechin-Derivate sich nur in geringen Mengen mit Pyrokatechin-Gerbstoffen zusammen vorfinden, dasselbe gilt auch für Gallussäure in Bezug auf Pyrogallol.

Da der Aether beim Schütteln mit der Glycerinlösung eine sehr schwierig zu trennende Emulsion liefert, so empfiehlt Trimble,[2]) das Glycerin ohne vorhergehende Verdünnung mit Wasser mit Aether auszuschütteln oder den trocknen Gerbstoff anstatt in Glycerin in 5 g Paraffin zu erhitzen, dieses durch Behandlung mit

---

[1]) Thorpe, Chem. Soc. Abst., 1881, S. 663.

[2]) The Tannins, Bd. 1, S. 27.

Petroläther zu entfernen, den Rückstand in Wasser zu lösen und wie angegeben weiterzubehandeln.

Zersetzungsprodukte beim Erhitzen von Gerbstoffen.

Pyrogallol, $C_6H_3(OH)_3$ (früher Pyrogallussäure genannt; dieselbe ist aber keine Säure, sondern ein Phenol), hat einen bitteren, aber nicht sauren Geschmack und röthet Lackmuspapier nur ganz schwach; durch Zugabe der geringsten Menge Alkali reagirt es alkalisch. Es ist etwas giftig, aber weniger als andere Phenole. Es ist in weniger als 3 Th. kaltem Wasser löslich und noch leichter in heissem; es ist ferner löslich in Alkohol, Aether, Aceton, Essigäther und Glycerin, aber unlöslich in reinem Chloroform oder Petroläther. Es schmilzt bei 131° C. (ETTI) und sublimirt bei ungefähr 210° C.

Mit reinem Eisenoxydulsulfat giebt Pyrogallol einen weissen Niederschlag, welcher sich bei Gegenwart der geringsten Spur von Eisenoxydsalz mit schöner blauer Farbe auflöst. Durch Mineralsäuren geht dieselbe in Roth über, durch vorsichtige Neutralisation mit Ammoniak wird die blaue Farbe wiederhergestellt; durch einen Ueberschuss von Essigsäure oder anderen organischen Säuren wird sie zwar nicht zerstört, geht aber ins Grünliche über. Ein geringer Ueberschuss von Ammoniak liefert eine amethystrothe Farbe, welche durch Neutralisation mit Essigsäure in's Blaue zurückgeht. Ein Ueberschuss von Eisenoxydsalz ruft sofort eine rothe Farbe hervor. Pyrogallollösung wird durch Spuren salpetriger Säure braun gefärbt; Kalkwasser erzeugt in derselben eine schöne, vorübergehende Purpurfarbe, welche schnell in Braun umschlägt. In Gegenwart von Alkalien absorbirt Pyrogallol begierig Sauerstoff aus der Luft und färbt sich hierbei orange, braun und schliesslich schwarz. Pyrogallol fällt Gelatine nicht; seine Lösung reducirt Permanganat, FEHLING'sche Lösung und Gold-, Silber-,[1]) Quecksilber- und Platinsalze sehr rasch. Es fällt Kupfer- und Bleiacetat und giebt mit ammoniakalischem Kupfersulfat eine intensive purpurbraune Farbe. Wenn Lösungen von Pyrogallol mit Gummi arabicum, Speichel und anderen organischen Verbindungen der Luft ausgesetzt werden, so bildet sich Purpurogallin, welches sich in Form von kleinen gelben, haarförmigen Krystallen abscheidet. Setzt man 0,2 % Pyrogallol zu einer 1procentigen Gummi arabicum-Lösung, so färbt sich dieselbe nach einigen Stunden gelb, und Purpurogallin setzt sich in haarförmigen Krystallen ab, welche bei mehrmonatlichem Stehen beständig weiter wachsen. Befreit man diese Krystalle durch Waschen mit Wasser von anhaftendem Pyrogallol und fügt eine

[1]) Wegen dieser Eigenschaft lässt es sich in der Photographie als „Entwickler“ verwenden.

Spur Alkali hinzu, so lösen sie sich mit intensiv blauer Farbe. Purpurogallin entsteht auch bei der Oxydation mit Silbernitrat, Kaliumpermanganat und vielen anderen Reagentien. Pyrogallol geht Verbindungen mit Aldehyden ein; mit Formaldehyd entsteht ein Körper, welcher wie Gerbstoff reagirt und Gelatine fällt. Wenn Pyrogallol mit Salzsäure und einem Aldehyd, Chloral oder Aceton erhitzt wird, bildet sich eine rothe Substanz. Die wenig flüchtigen Antheile des Buchentheeres enthalten Aether des Pyrogallols, des Methyl- und Propylpyrogallols, aus welchen diese letzteren Substanzen durch Erhitzen mit Salzsäure unter Druck erhalten werden können. Methyl- und Propylpyrogallol unterscheiden sich vom gewöhnlichen Pyrogallol dadurch, dass ein Wasserstoffatom durch die Gruppe CH_3 bezw. C_3H_7 ersetzt ist; es ist sehr wahrscheinlich, dass einige Gerbstoffe Derivate dieser Homologen des Pyrogallols sind.

Wenn Pyrogallol rasch auf 250° C. erhitzt wird, spaltet es die Elemente des Wassers ab und bildet Melangallussäure, $C_6H_4O_2$, ein schwarzer, amorpher, in Wasser unlöslicher, in Alkalien löslicher Körper. Wird Pyrogallol auf gewöhnliche Weise durch Erhitzen von Gallussäure oder von Gerbstoffen auf 210° C. hergestellt, so bildet sich viel Melangallussäure, selbst wenn der Process im Kohlensäurestrome vorgenommen wird; die Ausbeute an Pyrogallol beträgt gewöhnlich nur 5 % der angewandten Gallussäure (vergl. S. 54).

Pyrokatechin (Brenzkatechin), $C_6H_4(OH)_2$, bildet sich nicht nur durch Zersetzung gewisser Gerbstoffe bei höheren Temperaturen (vergl. S. 50), sondern auch durch trockne Destillation von Katechin und einigen diesem nahestehenden Körpern, welche häufig Begleiter der Gerbstoffe sind. Es entsteht ferner gemeinschaftlich mit Pyrogallol und seinen Homologen bei der trocknen Destillation von Holz; Holztheere enthalten infolgedessen beträchtliche Mengen von Estern des Pyrokatechins und seiner Homologen: Methyl- und Propylpyrokatechin. Es findet sich ferner in rohem Holzessig und es ist die Ursache der grünen Farbe des holzessigsauren Eisens. Das Pyrokatechin bildet sich auch bei lang andauerndem Erhitzen von Stärke, Cellulose und anderen Kohlehydraten mit Wasser unter Druck; es findet sich fertig gebildet im wilden Wein (*Ampelopsis haederacea*) und wahrscheinlich auch in anderen Pflanzen vor; ferner kann es auch auf synthetischem Wege dargestellt werden.

Pyrokatechin schmilzt bei 111° C. und sublimirt ungefähr bei derselben Temperatur, sich hierbei in glänzenden Blättchen, ähnlich wie die Benzoësäure, absondernd. Es ist leicht löslich in Wasser, Alkohol und Aether, und kann aus seinen wässrigen Lösungen durch Aether ausgeschüttelt werden. Die wässrige Lösung fällt Bleiacetat, aber nicht Gelatine und Alkaloïde; durch Zusatz von Kalkwasser oder Aetznatronlösung wird sie röthlich, bleibt aber dabei einige Zeit klar. Pyrokatechin bringt in Eisenoxydulsalzlösungen keine Farbenreaktion hervor, giebt aber mit Eisenoxydverbindungen (unter Vermeidung eines Ueberschusses) einen dunkelgrünen, nach einiger Zeit sich schwarz färbenden Niederschlag. Die grüne Farbe geht auf Zusatz von Alkalien oder Natriumbikarbonat in ein schönes Violettroth über und wird alsdann durch Säuren wiederhergestellt. Es erzeugt auf Fichtenholz, welches mit Salzsäure befeuchtet ist, eine Violettfärbung; es hängt dies jedoch mit einer Verunreinigung mit Phloroglucin zusammen; vollständig reines Pyrokatechin giebt diese Reaktion nicht. Pyrokatechin giebt mit Citronensäure eine Rothfärbung; nach längerem Stehen reagirt diese Lösung nicht mehr mit Eisen. Ebenso wie Pyrogallol reducirt Pyrokatechin Silbersalze; es wird deswegen in der Photographie als Entwickler verwendet.

Reaktionen zur Unterscheidung von Pyrogallol, Pyrokatechin und Phloroglucin; 1procentige Lösungen.

Reagens	Pyrogallol	Pyrokatechin	Phloroglucin
Eisenalaun	blauschwarz, alsdann grün und braun	dunkelgrün	keine Reaktion
Kalkwasser	violette Färbung, welche rasch in eine braune übergeht	keine ausgeprägte Reaktion	keine ausgeprägte Reaktion
Mit Salzsäure befeuchteter Fichtenholzspan	keine Färbung	keine Färbung	violettrothe Färbung
Bromwasser	kein Niederschlag	kein Niederschlag	dicker, weisser Niederschlag

Zersetzung der Gerbstoffe durch verdünnte Säuren. Es ist festgestellt worden, dass Gerbstoffe beim Erhitzen mit verdünnter Schwefelsäure oder Salzsäure eine Zersetzung erfahren, indem sie entweder Gallussäure oder Ellagsäure oder Phlobaphene, häufig auch Glykose, liefern. Um zu bestimmen, ob hierbei Glykose gebildet wird, muss der Gerbstoff zunächst sorgfältig von Glykose, Dextrin und anderen störenden Substanzen nach den auf S. 47 ff. beschriebenen Methoden befreit werden. Man erhitzt entweder den Gerbstoff selbst oder das ausgewaschene Bleisalz desselben mit verdünnter Salzsäure (2 % HCl) eine Stunde lang bei 100° C. in einer verschlossenen Druckflasche oder am Rückflusskühler. Nach dem Abkühlen lässt man die Lösung zur Abscheidung schwer löslicher Substanzen einige Zeit stehen und filtrirt alsdann ab. Das Filtrat wird zur Entfernung der Gallussäure mit Aether ausgeschüttelt (S. 58 unten), die wässrige Lösung wird gekocht, mit Natronhydrat neutralisirt, zur Entfernung von Spuren von Gerbstoff und Farbstoffen mit basischem Bleiacetat gefällt, nochmals filtrirt und der Bleiüberschuss mit verdünnter Schwefelsäure gefällt; diese Lösung wird wiederum mit Natronhydrat neutralisirt und das klare Filtrat mit Fehling'scher Lösung gekocht; die Bildung eines rothen Niederschlages von Kupferoxydul zeigt die Gegenwart von Glykose an (vergl. XVI. Abschnitt).

Der beim Abkühlen der salzsauren Lösung sich ausscheidende Niederschlag kann bestehen aus Bleichlorid, wenn das Bleisalz verwendet worden ist, aus Ellagsäure oder aus Phlobaphenen. Das Bleichlorid kann durch Waschen mit kochendem Wasser entfernt werden, die Phlobaphene durch kalten Alkohol, aus welchem sie durch Verdampfen oder durch Verdünnen mit Wasser gewonnen werden können. Ist der Niederschlag hellgelb oder rehfarben, so besteht er voraussichtlich aus Ellagsäure (vergl. S. 60), welche aus heissem Alkohol umkrystallisirt werden kann. Die Ellagsäure ist löslich in Ammoniak, leicht löslich in starker Salpetersäure, wobei die betreffenden Lösungen eine hochrothe, bez. dunkelgelbe Farbe annehmen.

Die ätherische Schicht, welche die ev. gebildete Gallussäure enthält, wird zur Trockne verdampft, der Rückstand wird mit kaltem Wasser aufgenommen und filtrirt. Durch Zugabe einiger Tropfen Cyankaliumlösung entsteht bei Gegenwart von Gallussäure eine schöne rothe Färbung, welche zwar rasch vergeht, aber beim Schütteln durch die Einwirkung der Luft wieder auftritt. Die Natriumarsenatprobe (vergl. S. 59) ist auch sehr empfindlich.

Zersetzungsprodukte der Gerbstoffe bei der Einwirkung von Säuren.

Gallussäure, Dioxysalicylsäure, $C_6H_2(OH)_3.COOH$, welche sich in einigen Pflanzen fertiggebildet vorfindet, ist ein aus Gallusgerbsäure unter der Einwirkung von unorganisirten Fermenten oder durch Kochen mit Säuren oder Alkalien hervorgegangenes Produkt der Hydrolyse. Sie krystallisirt in weissen oder gelblichweissen Nadeln mit 1 Molekül Krystallwasser (9·5 %), welches sie bei 100° verliert. Sie ist in 100 Th. kaltem und 3 Th. siedendem Wasser löslich, ferner in Alkohol, Glycerin, wenig in Aether; durch Schütteln mit diesem kann sie trotzdem einer wässrigen Lösung entzogen werden. Gallussäure schmilzt ungefähr bei 232° C.;[1]) aber bereits bei 210° C. beginnt sie Kohlen-

---

[1]) Etti, Chem. Soc. Abst., 1879, S. 160.

dioxyd abzuspalten, hierbei ein krystallinisches Sublimat von Pyrogallol liefernd (S. 55). Wenn die Temperatur rasch auf 250° C. gesteigert wird, bildet sich eine beträchtliche Menge schwarzglänzender Melangallussäure.

Wird Gallussäure mit konc. Schwefelsäure erhitzt, so bildet sich dunkelrothe Rufigallussäure, welche beim Verdünnen mit Wasser ausfällt. Rufigallussäure ist ein Hexaoxyanthrachinon, ein Verwandter des Alizarins; sie giebt mit Alkalien eine blaue Lösung und erzeugt auf chromgebeizten Stoffen eine blaue Farbe.

Wässerige Lösungen der Gallussäure geben folgende Reaktionen: Eisenchloridlösung erzeugt eine tiefblaue Färbung, welche beim Kochen wieder verschwindet; Eisenoxydulsulfat, welches keine Eisenoxydsalze enthält, giebt in verdünnten Lösungen keine Reaktion, in koncentrirten einen weissen Niederschlag. Dieses Gemisch dunkelt infolge Oxydation rasch nach. In alkalischer Lösung absorbirt Gallussäure schnell Sauerstoff aus der Luft und färbt sich unter Bildung von Galloflavin dunkel. Kalkwasser bildet einen weissen Niederschlag, welcher infolge von Oxydation sich rasch blau färbt (zum Unterschied von Pyrogallol). Dieselbe Reaktion wird durch Barytwasser oder durch Baryum- bez. Calciumchlorid und Ammoniak hervorgebracht. Die Gallussäure unterscheidet sich von der Gallusgerbsäure durch folgende Reaktionen: sie fällt Gelatine nicht, mit Ausnahme bei Gegenwart von Gummi. Sie fällt Brechweinstein bei Gegenwart von Chlorammonium nicht, während sowohl Tannin als auch Gallussäure von Brechweinstein allein gefällt werden. Sie fällt Bleiacetat, aber nicht Bleinitrat, während Tannin beide fällt. Eine verdünnte Cyankaliumlösung erzeugt eine rothe Färbung, welche beim Stehen verschwindet, beim Schütteln aber wieder kommt. Wenn zu einer selbst sehr verdünnten Gallussäurelösung Natriumarsenat oder irgend ein anderes schwach alkalisches Salz zugefügt wird, so absorbirt die Mischung Sauerstoff und färbt sich dunkelgrün. Wässrige Pikrinsäurelösung, welche zuvor mit einem Ueberschuss von Ammoniak versetzt worden ist, erzeugt eine rothe Färbung, die bald in Grün übergeht. Tannin und Pyrogallol geben mit Cyankalium keine Reaktion und mit Ammoniumpikrat nur eine röthliche Färbung. Gallussäure reducirt in der Hitze Silbernitrat und Goldchlorid schnell, aber nicht Fehling'sche Lösung, und entfärbt angesäuertes Kaliumpermanganat. Nach Entfernung von Gerbstoff und anderen oxydirbaren Verbindungen aus der betreffenden Lösung kann die Gallussäure durch Titriren mit Permanganat bei Gegenwart von Indigo quantitativ bestimmt werden (vergl. XII. Abschnitt). Von Gerbstoff kann sie mit Hilfe von Gelatine oder Hautpulver getrennt werden (vergl XI. u. XII. Abschnitt). Gallusgerbsäure und Eichenrindengerbsäure können auch durch Fällung mit ammoniakalischer Kupfersulfatlösung oder mit Kupferacetat bei Gegenwart eines Ueberschusses von Ammonkarbonat entfernt werden (vergl. auch IX. Abschnitt). Viele andere Gerbstoffe geben jedoch mit Kupfersalzen auch Niederschläge, die in Ammoniak und Ammonkarbonat löslich sind. Gallussäure kann vom Gerbstoff auch durch Bleiacetat, welches mit Essigsäure stark angesäuert ist, getrennt werden; Gerbstoff wird hierbei gefällt, während das gallussaure Blei gelöst bleibt. Keine dieser Trennungsmethoden bietet vollständig befriedigende Resultate.

Ellagsäure, $C_{14}H_8O_9$, ist im reinen Zustande ein schwefelgelber, krystallinischer, sogar in heissem Wasser fast unlöslicher Körper, wenig löslich in Alkohol und in Aether; trotzdem kann man die Ellagsäure wässrigen Lösungen derselben durch Ausschütteln mit Aether vollständig entziehen. In heissem Alkohol löst sie sich mit gelber Farbe und scheidet sich beim Abkühlen wieder ab. Feste Ellagsäure giebt mit Eisenchlorid zuerst eine grünliche und dann eine schwarze Färbung. In starker Salpetersäure ist sie mit tiefkarmesinrother Farbe löslich. Die aus Dividivi hergestellte Ellagsäure giebt nach dieser Behandlung beim Verdünnen mit Wasser eine karmesinrothe Lösung, während die aus anderen Materialien hervorgegangene Ellagsäure mehr orangefarbene Lösungen liefert. Ellagsäure wird erhalten, wenn man den heissen, koncentrirten, alkoholischen Extrakt aus Dividivi in Wasser giesst, den gefällten Niederschlag abfiltrirt und aus heissem Alkohol umkrystallisirt. Ellagsäure kann ferner durch Kochen von Dividivi, Myrobalanen, Granatapfelbaumrinde etc. mit verdünnter Salzsäure und durch Ausziehen des gewaschenen und getrockneten Rückstandes mit heissem Alkohol hergestellt werden; aus dem letzteren krystallisirt beim Erkalten die Säure in beträchtlicher Menge aus. Sie wird ferner durch Erhitzen von Gallussäure mit trockner Arsensäure auf 160^0 hergestellt; hierbei ist es aber schwierig, aus der Säure die letzten Spuren von Arsen zu entfernen. Ellagsäure hat bis jetzt noch nicht wieder in Gallussäure übergeführt werden können. Die Konstitutionsformel ist noch nicht genügend festgestellt; nach Schiff unterscheidet sich die Ellagsäure von der Gallusgerbsäure wahrscheinlich nur durch ein Minus von zwei Atomen Wasserstoff. Nach neueren Untersuchungen scheint sie als ein Derivat des Diphenylenmethans oder Fluorens, $C_{13}H_{10}$, angesprochen werden zu können. Sie ist ein schwacher Farbstoff; mit Zinn- und Chrombeizen liefert sie gelbe Farben.

Lufttrockne Ellagsäure, $C_{14}H_8O_9 + H_2O$, enthält 1 Molekül Krystallwasser, welches sie bei 100^0 C. verliert, in feuchter Luft aber wieder aufnimmt. Beim Erhitzen auf $200—210^0$ C. liefert sie unter Verlust eines weiteren Moleküles Wasser ein Anhydrid; dieses wird in feuchter Luft nicht, wohl aber beim Kochen mit Wasser unter Rückbildung von Ellagsäure wieder aufgenommen.

Die Phlobaphene sind in chemischer Beziehung die Anhydride der verschiedenen Gerbstoffe, aus welchen sie hervorgegangen sind, oder mit anderen Worten ausgedrückt: sie bilden sich aus den Gerbstoffen durch Abspaltung von ein oder mehreren Molekülen Wasser. Sie gehen auf diese Weise durch Einwirkung von Säuren auf die Gerbstoffe hervor; in ähnlicher Weise bilden sie sich häufig auch, wenn alkoholische oder hoch koncentrirte wässrige Extrakte in kaltes Wasser gegossen werden; es scheint hierbei ein Theil des Gerbstoffes unfähig zu sein, Wasser aufzunehmen, derselbe scheidet sich infolgedessen als dunkelrothgefärbter Niederschlag ab. Die meisten Lösungen der Pyrokatechin-Gerbstoffe werden durch lang andauerndes Kochen oder Erhitzen unter Druck unter Bildung von Phlobaphenen zersetzt; dieselben sind in diesen Gerbmaterialien übrigens auch fertig gebildet vorhanden. Sie sind löslich in Alkohol, mit Hilfe dessen sie aus den Gerbmaterialien oder aus den aus diesen hergestellten Trockenrückständen extrahirt werden können. Sie werden gelöst von verdünnten Alkalien und Alkalikarbonaten, ferner von Borax, welcher auch bei der Herstellung mancher Extrakte Verwendung findet und nach den Versuchen SADLON's geeignet sein soll, die Phlobaphene für den Gerbprocess verwendbar zu machen; dieser letztere Vorschlag ist jedoch ohne praktischen Erfolg gewesen. Viele derselben sind selbst in kochendem Wasser kaum löslich; sie lösen sich aber besser bei Gegenwart von Zucker, Gerbstoffen und anderen Substanzen. Ihre Löslichkeit in Wasser hängt von dem Grade der Anhydridbildung ab; viele Gerbstoffe bilden eine Reihe von Anhydriden, von welchen diejenigen, die nur ein Molekül Wasser weniger als der ursprüngliche Gerbstoff enthalten, in Wasser vollständig löslich sind, während die höheren Glieder der Gruppe um so weniger löslich sind, je mehr Moleküle Wasser abgespalten sind. Die löslichen Phlobaphene stellen hauptsächlichst die gefärbten Substanzen der Gerbmaterialien dar und sind hinsichtlich der Verwendbarkeit auch als Gerbstoffe aufzufassen; sie fällen Gelatine und vereinigen sich unter Lederbildung mit Hautsubstanz. Hemlockrinde liefert mehrere derartige Phlobaphene, von denen die niedrigeren Glieder tiefrothe lösliche Gerbstoffe darstellen, während die höheren Glieder den den amerikanischen Extraktgerbern wohlbekannten dunklen Satz bilden. Es ist also chemisch unmöglich, Hemlockextrakte ohne gleichzeitigen grossen Verlust an Gerbstoff zu entfärben; es ist aber sehr wohl möglich, den Gehalt an diesen höheren Anhydriden durch Auslaugen und Eindampfen bei niedriger Temperatur auf ein Minimum herabzudrücken. In manchen Fällen, wie z. B. bei Gambier, ist es bereits bekannt, und in anderen ist es wahrscheinlich, dass der Gerbstoff selbst das erste Anhydrid der Gruppe ist und sich vom Katechin ableitet, welches selbst ein weisser krystallinischer Körper ohne gerbende Eigenschaften ist (vergl S. 68). Die löslicheren Phlobaphene sind identisch mit den sog. „Farbstoffen“ oder „schwerlöslichen Gerbstoffen“.

Zersetzungen der Phlobaphene beim Schmelzen mit Aetzalkalien. Es wurde bereits erwähnt (S. 51), dass die Phlobaphene der verschiedenen Gerbstoffe ausser Protokatechusäure entweder Phloroglucin oder Essigsäure oder eine andere Fettsäure liefern. Einige Gerbstoffe, z. B. die der Erle und des Hopfens, liefern sowohl Phloroglucin als auch Essigsäure; aber es ist möglich, dass dies durch die Gegenwart von zwei verschiedenen Gerbstoffen in jedem dieser Materialien bedingt wird. Es ist festgestellt, dass alle jene Gerbstoffe, welche beim Schmelzen mit Aetzkali Essigsäure liefern, beim Kochen mit verdünnten Säuren beträchtliche Mengen Glykose ergeben, während dies bei Phloroglucin-Gerbstoffen nicht der Fall ist. Nach Barth und Schreder[1]) erhält man beim Schmelzen von Gallussäure mit Aetznatron eine geringe Menge Phloroglucin, wie in ähnlicher Weise auch Resorcin und Phenol gebildet werden. Es ist deswegen möglich, dass in manchen Fällen, wo Phoroglucin nachgewiesen wurde, dasselbe durch die Einwirkung des Alkalis entstanden ist, nicht aber ursprünglich ein Bestandtheil des Gerbstoffes gewesen ist.

Die beste Methode zum Nachweise der durch Einwirkung der Alkalien hervorgegangenen Produkte ist die folgende: 20 g des Phlobaphens oder des Gerbstoffes, von welchem dasselbe sich ableitet, oder seines Bleisalzes werden drei Stunden mit 150 ccm einer Aetzkalilösung vom spec. Gew. 1.20 gekocht; diese Flüssigkeit wird hierauf unter beständigem Umrühren eingekocht, bis sie anfängt teigförmig zu werden; man kühlt sie dann ab und versetzt sie mit etwas mehr verdünnter Schwefelsäure, als zur Neutralisation des vorhandenen Alkalis erforderlich ist. Nach dem Abkühlen filtrirt man vom Kaliumsulfat und von anderen ausgefällten Substanzen ab und versetzt das Filtrat mit Natriumbikarbonatlösung, bis die Lackmuspapierreaktion anzeigt, dass die Schwefelsäure eben neutralisirt ist. Die Flüssigkeit wird alsdann mit einem gleich grossen Volumen Aether ausgeschüttelt, die Aetherschicht wird abgehoben und das Ausschütteln noch mehrmals wiederholt. Nach dem Abdestilliren des Aethers hinterbleibt das Phloroglucin, welches nach dem Auflösen in Wasser weiter gereinigt werden kann; etwa vorhandene Protokatechusäure und andere Produkte werden durch neutrales Bleiacetat gefällt und abfiltrirt; das Phloroglucin wird aus der wässerigen Lösung wieder mit Aether ausgeschüttelt und im Destillationsrückstand durch die Reaktion mit einem Fichtenholzspan und Salzsäure oder durch seinen süssen Geschmack nachgewiesen.[2])

Phloroglucin, $C_6H_3(OH)_3$, ist ein dreiwerthiges, mit dem Pyrogallol isomeres Phenol. Es krystallisirt mit 2 Molekülen Wasser, welche es bei 100° verliert. Es schmilzt bei ungefähr 220° C.,

---

[1]) Chem. Soc. Journ. Abst., 1883, S. 60.

[2]) Vergl. Allen, Commercial Organic Analysis, Bd. III, S. 86.

sublimirt ohne Geruch und wird beim Abkühlen wieder fest. Es ist löslich in Wasser, Alkohol und Aether. Der wässerigen Lösung kann es durch Ausschütteln mit Aether entzogen werden. Es wird durch kein Metallsalz, mit Ausnahme des basischen Bleiacetates, gefällt. Im reinen Zustande giebt es mit Eisenoxydsalzen keine Reaktion. Bringt man Brom zu seiner koncentrirten wässerigen Lösung, so absorbirt es 3 Atome unter Bildung von Tribromphloroglucin, $C_6H_6Br_3O_3$, welches unter Wärmeentwicklung und unter Auftreten eines unangenehmen Geruches in nadelförmigen Krystallen sich ausscheidet. In verdünnter Lösung giebt es mit Bromwasser einen dichten weissen Niederschlag. Wird ein Fichtenspan mit Phloroglucinlösung und dann mit konc. Salzsäure befeuchtet, so nimmt er bald eine dunkelviolette Farbe an, hervorgerufen durch Phloroglucin-Vanillin, dessen Bildung durch das Vorhandensein von Spuren Vanillin in jedem Koniferenholz bedingt wird. Weder Pyrokatechin noch Pyrogallol geben im vollständig reinen Zustande diese Reaktion. Etti[1]) hat zwar festgestellt, dass Pyrogallol eine einigermassen ähnliche bläuliche Verbindung bildet, wenn es mit Vanillin und Salzsäure gemischt wird. Es kann übrigens diese Reaktion auch zum Nachweise von Phloroglucin-Gerbstoffen unter Weglassung der umständlichen Kalischmelze benutzt werden. Gambier und Katechu geben dieselbe sehr deutlich, während sie bei vielen anderen Gerbstoffen weniger ausgeprägt auftritt (vergl. VIII. Abschnitt). Bringt man zu einer verdünnten Phloroglucinlösung Anilin- oder Toluidin-Nitrat-Lösung und dann eine Spur Kalisalpeter, so wird die Flüssigkeit erst gelb oder orange, dann trübe und schliesslich scheidet sie einen zinnoberrothen Niederschlag ab. Diese Reaktion geben viele Gerbmaterialien, aber sie ist nicht ausschlaggebend, da Galläpfelgerbstoff, Pyrogallol und andere Substanzen ähnliche, aber braunere Niederschläge liefern.

Protokatechusäure, $C_6H_3(OH)_2 . COOH$, ist eine der sechs isomeren Dioxybenzoësäuren (vergl. S. 49); dieselbe krystallisirt in Nadeln und Blättchen mit einem Molekül Wasser, welches sie bei 100^0 abgiebt. Sie schmilzt bei 109^0 C. und spaltet sich bei höherem Erhitzen in Pyrokatechin und Kohlendioxyd. Sie ist etwas löslich in kaltem Wasser, leicht in heissem Wasser, in Alkohol und Aether. Sie wird durch Eisenchlorid und Eisenalaun bläulichgrün gefärbt; diese Farbe geht durch Zusatz von Alkalien in Roth über. Lösungen von protokatechusauren Salzen geben mit Eisenoxydsalzen eine Violettfärbung. Sie wird durch Bleiacetat gefällt, reducirt ammoniakalische Silbernitratlösung, aber nicht Fehling'sche Lösung.

---

[1]) Chem. Soc. Abst. 1883, S. 61.

Konstitution der Gerbstoffe.

Nach Besprechung der Spaltungsprodukte wollen wir kennen lernen, in welcher Weise die Gerbstoffe sich aus denselben zusammensetzen. Der einzige Gerbstoff, von welchem wir eine einigermassen vollständige Kenntniss besitzen, ist der aus den Gallen, dem Sumach und den Myrobalanen erhaltene, welcher als Gallusgerbsäure bezeichnet wird.

Gallusgerbsäure, Digallussäure oder Tannin findet sich als vorherrschender Gerbstoff in den Gallen der Eiche, Tamariske etc., in Gemisch mit mehr oder weniger Ellagengerbsäure in den Myrobalanen, im Dividivi, Sumach, in der Granatbaumrinde und vielen anderen vegetabilischen Gerbstoffen. Dieselbe ist zuerst im Jahre 1867 von Lowe durch Einwirkung von Silbernitrat auf gallussaures Baryum synthetisch dargestellt worden.[1] Sie wurde ferner im Jahre 1871 von Schiff[2] aus Gallussäure hergestellt; dieselbe wird nach dem Trocknen bei 110° C. mit Phosphoroxychlorid zu einem dünnen Brei angerührt und erst auf 110° C., dann auf 120° C. erhitzt. Unter reichlicher Chlorwasserstoffentwicklung wird die Gallussäure in ein gelbes Pulver umgewandelt, aus welchem nach erfolgter Reinigung ein Produkt erhalten wird, welches vollständig die Reaktionen des Galläpfelgerbstoffes zeigt und beim Kochen mit Salzsäure ohne Bildung einer Spur von Ellagsäure oder Glykose vollständig wieder in Gallussäure übergeführt wird. Zum Zwecke der Reinigung wird das Reaktionsprodukt mit absolutem Aether gewaschen und in Wasser gelöst, um die Gallussäure alsdann auskrystallisiren zu lassen; die Lösung wird mit Kochsalz gesättigt, die ausgesalzene Gallusgerbsäure mit Salzlösung gewaschen und wieder in Alkohol und Aether aufgelöst. Die Analyse der Gallusgerbsäure und ihrer Acetylverbindungen hat ergeben, dass dieselbe eine Digallussäure ist und dass die Konstitutionsformel wahrscheinlich folgendermassen ist (diese Art der Kondensation kann noch nicht als erwiesen betrachtet werden):

$$C_{14}H_{10}O_9 = \begin{matrix} C_6H_2 \begin{cases} COOH \\ OH \\ OH \\ O \end{cases} \\ C_6H_2 \begin{cases} CO \\ OH \\ OH \\ OH \end{cases} \end{matrix}$$

---

[1]) J. pr. Chem., Bd. 102, S. 111.

[2]) Ber. d. D. chem. Ges., IV, S. 231.

B. HUNT[1]) glaubte durch eine 5stündige Behandlung von gallussaurem Kalium und Monobromprotokatechusäure mit Alkohol auf dem Wasserbade ein Tannin dieser Konstitution synthetisch dargestellt zu haben, aber seine Angaben haben sich nicht bestätigt:

$$C_6H_2(OH_3) . COOK + C_6H_2 . Br(OH)_2 . COOH = C_6H_2(OH)_3COO . C_6H_2(OH)_2 . COOH + KBr.$$

Beim Kochen einer wässerigen Lösung von Gallussäure mit einer geringen Menge Arsensäure, welche während des Processes selbst keine Veränderung erleidet, fand SCHIFF eine frühere Beobachtung LÖWE's bestätigt; er erhielt hierbei ein Produkt, welches Gelatine fällte, sich auch in anderer Weise wie Tannin verhielt und welches er als Digallussäure ansprach. Einige andere Autoren erhielten jedoch auf diese Weise keine Gallussäure und sie fanden ferner, dass die betreffende Verbindung bei dem Versuche, das Arsen vollständig zu entfernen, wieder in Gallussäure übergeführt wurde. Es war daher fraglich, ob Digallussäure wirklich gebildet und durch die längere Einwirkung des Schwefelwasserstoffes zur Entfernung des Arseniks wieder in Gallussäure umgewandelt worden war, oder ob das vermeintliche Tannin nur eine Arsenverbindung der Gallussäure war. Es hätte übrigens die Digallussäure im arsenfreien Zustande durch Ausschütteln mit Essigäther isolirt werden können.

Eine zu Sumachbrühen zugesetzte geringe Menge As_2O_5 erhält deren Gerbstoffgehalt; diese Substanz ist übrigens der wirksame Bestandtheil des „Antigallin“, welches der Verfasser vor einigen Jahren für diesen Zweck in Vorschlag gebracht hat.

Die aus Pflanzen hergestellte Gallusgerbsäure liefert beim Kochen mit verdünnten Säuren stets Spuren von Glykose und von Ellagsäure. Es ist noch eine offene Frage, ob in den Pflanzen die Glykose als ein Glykosid der Gallusgerbsäure vorhanden ist oder ob sie als Verunreinigung auftritt (was ETTI für die Eichenrinde, in welcher stets Lävulose auftritt, nachgewiesen hat). Es erscheint jedoch als sehr wahrscheinlich, dass die natürliche Gallusgerbsäure thatsächlich ein Glykosid der Digallussäure oder, nach der Theorie von HLASIWETZ, vermuthlich eine Verbindung mit Dextrin oder Gummi ist, welche bei der Einwirkung von Säuren leicht in Glykose übergehen. SCHIFF formulirt diesen Process in folgender Weise:

$$C_{34}H_{28}O_{22} = C_6H_{12}O_6 + 2\,C_{14}H_{10}O_9 - 2\,H_2O.$$

Es entspricht dies 23 Proc. Glykose, welcher Gehalt das wirklich ermittelte Maximum nur wenig übersteigt. Er führt aus, dass natürliche Gallusgerbsäure in Aether-Alkohol und absolutem

[1]) Ch. News., Bd. 52, S. 49.

Alkohol, welche Glykose nicht leicht lösen, löslich ist. Was in dieser Beziehung von der Gallusgerbsäure gesagt worden ist, gilt übrigens auch für viele andere Gerbstoffe, welche in gleicher Weise bei der Behandlung mit Säuren Glykose liefern.

Günther[1]) hat angegeben, dass die Lösungen von natürlicher Gallusgerbsäure ausgesprochen rechtsdrehend sind. Man nimmt allgemein an, dass die Eigenschaft, die Polarisationsebene zu drehen, abhängig ist von der Gegenwart einer Verbindung mit einem asymmetrischen Kohlenstoffatom oder mit einem solchen, welches an vier Gruppen von verschiedenem Charakter gebunden ist. Günther bemerkt, dass diesen Bedingungen die Schiff'sche Formel nicht genügt. Schiff[2]) bestätigt dies, zeigt aber, dass das Drehungsvermögen bei verschiedenen Proben sehr verschieden ist und dass Gallussäure und künstlich hergestellte Digallussäure (durch Behandlung von Gallussäure mit Arsensäure erhalten) keine Drehung zeigen. Er stellt noch mehrere neue Formeln auf und stellt weitere Untersuchungen in Aussicht. Schiff hat ausserdem zwei Gerbstoffe synthetisch hergestellt, welche mit Gallusgerbsäure identisch sind und in ihren Eigenschaften einander sehr ähneln.

Gallusgerbsäure findet sich im Handel in Form von lichtlederbraunen Schuppen, welche sich durch einen schwachen, charakteristischen Geruch und durch einen stark zusammenziehenden Geschmack auszeichnen. Sie ist löslich in 6 Th. kaltem Wasser oder Glycerin und noch leichter in heissem Wasser; ebenso ist sie leicht löslich in wasserhaltigem Alkohol, aber viel weniger in absolutem. Sie ist in geringer Menge in wasserhaltigem, dagegen kaum löslich in wasserfreiem Aether, in Chloroform, Benzin oder Petroläther.

Das Handelstannin enthält gewöhnlich mehr oder weniger Gallussäure, welche in der Weise nachgewiesen werden kann, dass man die betreffende Substanz in Wasser löst, mit Aether ausschüttelt, den letzteren alsdann abdampft und den Rückstand in der unter Gallussäure angegebenen Weise prüft (S. 59). Sie kann ferner auch direkt in der wässerigen Lösung des Handelsproduktes nach einer der angegebenen Methoden nachgewiesen werden. Die Menge derselben kann (bei Abwesenheit anderer Verunreinigungen) nach der Lowenthal'schen Methode (XII. Abschnitt) bestimmt werden, indem man die Gallusgerbsäure nach Hunt's Vorschlag mit Gelatinelösung entfernt und die Nichtgerbstoffe (unter Zugrundelegung eines auf reine Gallussäure gestellten Titers) als Gallussäure in Rechnung stellt.

Das Handelstannin wird zuweilen mit Stärke verfälscht, welche bei der Behandlung einer Probe mit gewöhnlichem Alkohol ungelöst zurückbleibt.

---

[1]) Ber. Pharm. Ges. 1895, S. 179.

[2]) Chem. Zeit. 1895, S. 1680; 1896, S. 865.

Bezüglich der Bestimmung der Gallusgerbsäure vergl. IX. u. XI. Abschnitt, und bezüglich der wichtigsten Reaktionen, Tab. VII des VIII. Abschnittes.

Ellagengerbsäure, wahrscheinlich $C_{14}H_{10}O_{10}$, findet sich gemeinschaftlich mit Gallusgerbsäure in Dividivi, Myrobalanen, Granatbaumrinde, und in geringeren Mengen im Sumach und in den Gallen, und wahrscheinlich in allen Gerbmaterialien, welche auf Leder „Blume“ zu bilden vermögen. Beim Kochen mit verdünnten Säuren oder bei der Behandlung mit Wasser bei 110° C. in einer verschlossenen Flasche liefert sie Ellagsäure, $C_{14}H_8O_9$ (vergl. S. 60). In ihren Reaktionen ähnelt die Ellagengerbsäure sehr der Gallusgerbsäure, welcher sie auch in Bezug auf die Struktur nahe steht. Es ist sehr wahrscheinlich, dass die auf S. 78 beschriebene Reaktion mit salpetriger Säure charakteristisch für die Ellagengerbsäure ist.

Die Pyrokatechin-Gerbstoffe bilden, ebenso wie die Pyrogallol-Gerbstoffe, eine besondere Gruppe, welche vermuthlich mehr als ein Glied enthält; es ist allerdings wahrscheinlich, dass die meisten derselben, welche zwar verschiedene Bezeichnungen führen, Gemische von verhältnissmässig wenig Individuen sind.

H. Schiff hat kürzlich gezeigt, dass eine wässerige Lösung von Protokatechusäure nach mehrstündigem Kochen mit Arsensäure und nach der Behandlung mit Aether sich in drei Schichten trennt, von welchen die mittlere Diprotokatechusäure, $C_{14}H_{10}O_7$, enthält: dieselbe ist eine der Digallussäure analoge Verbindung und ähnelt ihr in den meisten ihrer Eigenschaften, giebt jedoch mit Eisenchlorid eine grüne Färbung.[1]) Er erhielt auch eine „Tetraprotokatechusäure“ durch Einwirkung von Phosphoroxychlorid auf eine ätherische Lösung von Protokatechusäure. Er liess ferner Phosphoroxychlorid auf Pyrogallolkarbonsäure und Phloroglucinkarbonsäure (die beiden mit Gallussäure isomeren, nach Will und Albrecht[2])) hergestellten Säuren) einwirken und erhielt zwei mit Digallussäure isomere Säuren. Dipyrogallolkarbonsäure wird durch Kochen zersetzt und liefert Pyrogallol. Diphloroglucinkarbonsäure zersetzt sich bei 160—175° C. und liefert einen phlobaphenähnlichen Körper, welcher in alkalischer Lösung fluorescirt.[3]) Es ist nicht unwahrscheinlich, dass derartige Kondensationsprodukte, welche zwei verschiedene Säuren enthalten, existiren und daher, ähnlich wie bei den natürlichen Gerbstoffen, bei der Zersetzung mehr als ein Phenol liefern. Ob die natürlichen Pyrokatechin-Gerbstoffe von so verhältnissmässig einfacher Konstitution sind, ist noch sehr zweifelhaft. Die Lösung dieser Frage wird namentlich dadurch erschwert, dass es sich hierbei um die Trennung von amorphen

---

1) Ber. d. D. chem. Ges., XV, S. 2588.
2) Ber. d. D. chem. Ges., XVII, S. 2098.
3) Ann., Bd. 244, S. 35; Bd. 252, S. 87.

und nahe verwandten Körpern handelt. Alle Pyrokatechin-Gerbstoffe enthalten eine Protokatechusäure-Gruppe; einige derselben liefern auch Phloroglucin, andere dagegen nicht. Zu den ersteren gehören die Gerbstoffe des Gambiers und des Katechu, von welchem sich auch der Name ableitet.

Katechugerbsäure kann aus dem Gambier und Katechu erhalten werden. Es ist übrigens wahrscheinlich, dass diese zwei Produkte miteinander identisch sind; es ist vorläufig noch unsicher, ob die vorhandenen Unterschiede auf Verunreinigungen oder auf Abweichungen in der Konstitution zurückzuführen sind. Nahe verwandte Gerbstoffe finden sich im Kino und in vielen anderen Pflanzen. Der Gerbstoff des Gambier scheint sich von anderen Pyrokatechin-Gerbstoffen dadurch zu unterscheiden, dass er weniger adstringirend ist und aus dem Leder durch Auswaschen leichter wieder entfernt werden kann.

Katechugerbsäure scheint ein Anhydrid oder ein Gemisch von Anhydriden des Katechins zu sein. Es ist übrigens noch nicht nachgewiesen, ob Katechin ein chemisches Individuum darstellt; manche Chemiker nehmen an, dass es blos ein Katechin giebt, welches bei den einzelnen Präparaten nur mehr oder weniger verunreinigt ist, während andere unter Katechin eine Gruppe von chemisch nahe verwandten Verbindungen verstehen.

Katechin ist eine weisse krystallinische Substanz, welche in Würfelgambier bis zu einem Gehalte von 30 Proc., in geringeren Mengen im Block-Gambier und im Katechu und wahrscheinlich ausserdem in allen Gerbmaterialien, welche Pyrokatechin-Gerbstoffe enthalten, sich vorfindet. Es schmilzt bei 204—205° C.[1]), liefert bei höherem Erhitzen eine Reihe von Anhydriden und endlich ein Sublimat von Pyrokatechin, gemischt mit Phloroglucin. Es ist leicht löslich in Alkohol und kochendem Wasser, erfordert dagegen 1100 Th. kalten Wassers zu seiner Lösung. Es scheidet sich infolgedessen beim Abkühlen einer heissen Gambierlösung aus und kann dann durch Wiederauflösen in heissem Wasser, Behandlung mit Thierkohle und Umkrystallisiren aus heissem Wasser gereinigt werden. Aus seiner wässerigen Lösung kann es auch durch Ausschütteln mit Aether gewonnen werden. Es besitzt keine sauren Eigenschaften; einige Autoren haben es allerdings fälschlicherweise als Katechusäure bezeichnet. Die wässerige Lösung giebt mit Eiweiss, Bleiacetat und Quecksilberchlorid Niederschläge und reducirt ammoniakalische Silbernitratlösung; im Gegensatz zu den Gerbstoffen fällt es Gelatine, Alkaloïde und Brechweinstein nicht. Bei Gegenwart von freier Säure wird es von Chamäleonlösung oxydirt; befindet es sich in Lösung, so wird es infolge-

[1]) Es ist noch ein zweiter Körper vorhanden, welcher leichter löslich in Wasser ist und bei 234—235° C. schmilzt. Ob derselbe eigentliches Katechin darstellt, ist jedoch unsicher.

dessen bei der LÖWENTHAL'schen Methode (wenn der Gerbstoff mit Gelatine gefällt wird) als „Nichtgerbstoff" bestimmt. Zum Theil wird es auch vom Hautpulver aufgenommen, so dass die Analyse des Gambier nach dieser Methode schwierig und unsicher ist. Es löst sich in konc. Schwefelsäure mit tief purpurrother Farbe. Beim Erhitzen mit verdünnter Schwefelsäure (1 : 8) in einer verschlossenen Flasche auf 140° C. werden Pyrokatechin und Phloroglucin, gemeinsam mit einem rothen Anhydrid, gebildet. Beim Schmelzen mit Alkalien liefert das Katechin zunächst nur Protokatechusäure und Phloroglucin; setzt man das Schmelzen fort, so wird auch etwas Pyrokatechin gebildet. ETTI nimmt an, dass es aus 2 Molekülen Phloroglucin und 1 Molekül Pyrokatechin besteht:

$$C_{18}H_{18}O_8 = C_6H_4(OH)_2 + 2\,C_6H_3(OH)_3.$$

Bei der Einwirkung hoher Temperaturen oder verdünnter Säuren liefert das Katechin eine Reihe von Anhydriden. ETTI führt an, dass Katechin bei 100° C. allmählich und bei 110 bis 115° C. sehr schnell Wasser verliert, und dass es bei 140° C. ohne weiteren Wasserverlust schmilzt. Bei höherer Temperatur oder beim Erhitzen von Katechinlösungen unter Druck werden Anhydride gebildet. Die angeführte Formel darf nur als eine vorläufige angesehen werden, zumal diese Ergebnisse durch die neueren Untersuchungen nicht ganz bestätigt worden sind.

Katechin, $2\,C_{18}H_{18}O_8 = C_{36}H_{36}O_{16}$, über Schwefelsäure getrocknet.

Anhydrid, löslich in Wasser, erhalten bei 110—115°, oder allmählich bei 100°.

Anhydrid, unlöslich in Wasser, löslich in Alkohol, $C_{36}H_{34}O_{15}$, erhalten bei 150—160°.

Anhydrid, unlöslich in Wasser, löslich in Alkohol, $C_{36}H_{32}O_{14}$, erhalten bei 170—180°.

Anhydrid, unlöslich in Wasser, löslich in Alkohol, $C_{36}H_{30}O_{13}$, erhalten bei 190—200°.

ETTI untersuchte ferner ein Katechin von anderer Zusammensetzung, aber von ähnlichen Eigenschaften, welches er als Methyl-Katechin, $C_{19}H_{20}O_8$, ansprechen zu können glaubte.

Das wasserlösliche Anhydrid verhält sich wie ein Gerbstoff, also ebenso wie das Eichenrinden-Phlobaphen (Eichenroth) und ist wahrscheinlich identisch mit der im Gambier und Katechu vorkommenden Katechugerbsäure.[1])

---

[1]) Vergl. C. ETTI, Ann., Bd. 186, S. 327; Sitzungsber. d. Wiener Akad., Bd. 74, II, S. 335; Monatsh. d. Ch., (II,) S. 547; A. GAUTIER, Compt. Rend., Bd. 85, S. 752, und Bd. 86, S. 668; LIEBERMANN u. TAUCHERT, Ber. d. D. chem. Ges., XIII, S. 694.

Der weisse Belag, der sich bei ausgedehnter Anwendung von Gambier häufig an den Gefässwandungen und auf der Oberfläche und im Innern des Leders vorfindet, besteht aus krystallisirtem Katechin. Es kann durch warmes Wasser oder warme Brühen gelöst oder durch warme Schwefelsäure zersetzt werden. Die Bildung dieses Belages wird durch die Verwendung heisser Gambierbrühen, aus welchen derselbe beim Abkühlen auskrystallisirt, begünstigt. Das Vorkommen desselben hat man auch auf eine Art Gärung der Gambierbrühen zurückgeführt; diese Erklärung ist jedoch sehr zweifelhaft. Es ist wahrscheinlich, dass durch die Einwirkung der Luft und auch durch Kochen das Katechin während des Gerbeprocesses allmählich in Katechugerbsäure übergeführt wird und dass infolgedessen der praktische Gerbewerth des Gambiers wahrscheinlich grösser ist als der durch die Analyse gefundene. Hunt[1]) hat jedoch mit Hülfe der Löwenthal'schen Methode gezeigt, dass die Menge des Gerbstoffes durch Kochen verringert wird, wahrscheinlich durch Bildung eines unlöslichen Anhydrides. Wenn auch die Gerbstoffe des Gambier und des Katechu so nahe miteinander verwandt sind, so unterscheiden sich diese Gerbmaterialien doch wesentlich in Bezug auf ihre Gerbewirkung.

Eichenrindengerbsäure. Eichenrindengerbstoff. Dieser Gerbstoff kann nach der auf S. 48 beschriebenen Trimble'schen Methode aus Eichenrinde hergestellt werden. Trimble erhielt auf diese Weise den Eichenrindengerbstoff als ein hellgefärbtes, im Aussehen der Gallusgerbsäure ähnliches Pulver, welches in Wasser und den anderen Lösungsmitteln für Gallusgerbsäure leicht löslich ist.

Dieser Gerbstoff kann auch durch Verdampfen des alkoholischen Extraktes und durch Ausziehen des Rückstandes mit Wasser, welches die Phlobaphene oder hoheren Anhydride ungelöst lässt, erhalten werden. Das erste Anhydrid, welches zum Theil löslich ist, kann durch Zusatz von Kochsalz ausgefällt werden; der Eichenrindengerbstoff wird alsdann durch Ausschütteln der filtrirten Lösung mit Essigäther erhalten. Aus einer Lösung in verdünntem Alkohol wird er durch Bleiacetat in Form eines reingelben Niederschlages, aus der wässerigen Lösung als lichtbrauner Niederschlag gefällt. Im reinen Zustande liefert Eichenrindengerbstoff-Lösung mit Eisenoxydsalzen einen grünschwarzen Niederschlag und giebt nichts an Aether oder Benzin ab. Die blauschwarzen Niederschläge, die viele Eichenrindenauszüge mit Eisensalzen liefern, sind nach Trimble auf die Gegenwart von färbenden Stoffen zurückzuführen, welche auch isolirt werden können, und zwar dadurch, dass der Gerbstoff mit neutralem Bleiacetat entfernt und im Filtrat diese färbende Substanz alsdann mit dem basischen Salz gefällt wird.

---

[1]) Journ. Soc. Chem. Ind., 1885, S. 266.

Wenn Eichenrindengerbstoff auf 130—140° C. erhitzt wird, verliert er Wasser und liefert ein rothes, in Wasser wenig lösliches Anhydrid, welches die gleiche Zusammensetzung hat wie der rothe Farbstoff der Eichenrinde, der gewöhnlich als „schwer löslicher Gerbstoff" bezeichnet wird. Dieses Anhydrid fällt Gelatine und ist ein Stoff aus der Klasse, deren Glieder Eitner als „gerbende Farbstoffe" bezeichnet. Dasselbe giebt einen bräunlichrothen Niederschlag mit Bleiacetat und einen blauschwarzen mit Eisenoxydsalzen; es ist schwer löslich in Wasser und Aether, aber leicht in Alkohol jeder Stärke. Es findet sich fertig gebildet, gemeinsam mit anderen Anhydriden, in der Eichenrinde vor. Bei höheren Temperaturen oder beim Kochen mit Säuren wird eine Reihe von höheren Anhydriden gebildet, welche vollständig unlöslich in Wasser, aber löslich in Alkohol und kaustischen Alkalien sind. Bei der Behandlung von reiner Eichenrindengerbsäure mit Säuren wird keine Glykose gebildet. Werden die Eichenrinden-Phlobaphene mit Aetzkali geschmolzen, so liefern sie nach Johansen[1]) Protokatechusäure und Buttersäure, während sowohl Etti als auch Bottinger Protokatechusäure und mehr oder weniger Phloroglucin erhielten. Werden diese Phlobaphene in verschlossenen Gefässen mit rauchender Salzsäure erhitzt, so wird Chlormethyl entwickelt und ausserdem entstehen rothe Anhydride und Spuren von Gallussäure. Die Konstitutionsformel der Eichenrindengerbsäure ist vorläufig noch sehr unsicher. Es ist bekannt, dass der Gerbstoff des Eichenholzes sich von dem der Rinde wesentlich unterscheidet; der erstere ist ein Pyrogallol- und der letztere ein Pyrokatechin-Abkömmling; es ist übrigens zweifelhaft, ob jeder dieser beiden schon in vollständig reinem Zustande und frei von färbenden Stoffen dargestellt worden ist. Trimble wies nach dem Erhitzen von Eichenrindengerbstoff in Glycerin in dem Reaktionsprodukt Pyrokatechin nach; ferner Protokatechusäure, wenn dieser Gerbstoff mit Salzsäure erhitzt oder mit Aetzkali geschmolzen worden war. Pyrogallol, Gallussäure und Phloroglucin konnten nicht entdeckt werden, obwohl die Gegenwart mindestens von Spuren des letzteren als wahrscheinlich betrachtet werden muss, und zwar wegen der Thatsache, dass der ursprüngliche Gerbstoff mit einem Fichtenholzspan die charakteristische Reaktion giebt. Trimble giebt als Mittel aus 19 Analysen der Gerbstoffe der verschiedenen Eichenarten folgende Zahlen an: C = 59.79, H = 5.08 und O = 35.13 Proc. Dies stimmt sehr gut mit Etti's Formel für den Gerbstoff von *Quercus pubescens*, $C_{24}H_{20}O_9$, überein, aber Trimble führt an, dass sein Gerbstoff in Wasser unlöslich war (deswegen wahrscheinlich ein Anhydrid). Sorgfältige Untersuchungen über die Konstitution der Eichengerbstoffe sind, allerdings mit theilweise widersprechenden Resultaten, von Löwe, Etti und Böttinger

[1]) Arch. Pharm. [3], IX, S. 210; Chem. Soc. Journ. 1877, 1, S. 721.

ausgeführt worden. Zum specielleren Studium ist es nothwendig, die Originalarbeiten einzusehen, auf welche unten[1]) verwiesen ist. Eine gute Zusammenstellung hat TRIMBLE vorgenommen.[2]) Bezüglich der Reaktionen der verschiedenen Eichengerbstoffe und deren Lösungen vergl. Tab. IX im VIII. Abschnitt.

Es erscheint im übrigen als wahrscheinlich, dass der Hauptgerbstoff der Eichenrinde ein echter Pyrokatechin-Gerbstoff ist und dass die in ihm nachgewiesene Gallussäure und Ellagsäure auf eine Beimischung von Gallusgerbsäure und Ellagengerbsäure, welche im Eichenholz, in den Gallen und wahrscheinlich mehr oder weniger in allen Baumtheilen vorhanden sind, zurückgeführt werden müssen. Muthmasslich treten auch Phloroglucin-Gerbstoffe auf, aber in viel kleinerer Menge als im Gambier. Es ist nicht unwahrscheinlich, dass die Gerbstoffe der Hemlock- und Mimosenrinde mit dem Pyrokatechin-Gerbstoff der Eichenrinde[3]) identisch sind.

Ueber den chemischen Nachweis der einzelnen Gerbmaterialien siehe weiter unten.

---

[1]) 1880. ETTI, Monatsh. f. Chemie, I, S. 262; C. BÖTTINGER, Ann. d. Chem., 202, S. 269.

1881. ETTI, Ber. d. Deutsch. chem. Ges., XIV, S. 1398, 1826; ibid., S. 2390; DINGL. Polyt. J., 241, S. 69; J. LÖWE, Zeitschr. f. anal. Chem., 20, S. 208.

1883. BÖTTINGER, Ber. d. Deutsch. chem. Ges., XVI, S. 2710; ETTI, Monatsh. f. Chem., IV, S. 512.

1884. ETTI, Ber. d. Deutsch. chem. Ges., XVII, S. 1820; BÖTTINGER, Ber. d. Deutsch. chem. Ges., XVII, S. 1041 u. 1123.

1887. BÖTTINGER, Ann. d. Chem., 238, S. 336; ibid., 240, S. 330.

1888. ETTI, Monatsh. f. Chem., X, S. 647 u. 805.

[2]) The Tannins, I, S. 94.

[3]) Vergl. BÖTTINGER, Ber. d. Deutsch. chem. Ges., XVII, S. 1123.

VIII. Abschnitt.

Die qualitative Unterscheidung der Gerbmaterialien.[1])

Die qualitative Unterscheidung der Gerbmaterialien ist ein Gegenstand von grosser Wichtigkeit, weil der Handelswerth eines Extraktes nicht nur von dem durch Analyse festgestellten Gerbstoffgehalt abhängig ist, sondern auch von der Natur des vorhandenen Gerbstoffes, welcher den Charakter des zu erzeugenden Leders wesentlich beeinflusst. Es ist in vielen Fällen auch wünschenswerth festzustellen, mit welchen Gerbmaterialien irgend ein Leder gegerbt ist; bei gemischten Gerbungen ist es allerdings unmöglich, dies mit Sicherheit zu ermitteln, trotzdem werden aber chemische Reaktionen mit dem aus dem Leder hergestellten Auszuge mitunter einigermassen Aufschluss über die Art der Gerbung geben können.

Es ist ohne weiteres klar, dass die Aufstellung eines wirklich wissenschaftlichen Schemas zur Trennung der Gerbstoffe so lange unmöglich ist, als dieselben selbst noch nicht genügend erforscht sind. Wenn wir auch berechtigt sind, anzunehmen, dass die Gerbstoffe eine grosse Gruppe bilden, so wissen wir jedoch nichts Bestimmtes über die Zahl der einzelnen Glieder derselben, welche möglicherweise eine sehr kleine sein kann, da viele Gerbstoffe, welche gegenwärtig als selbstständige Individuen aufgefasst werden, wahrscheinlich lediglich Gemische sind. Die Reaktionen, welche zur Eintheilung der Gerbmaterialien in Gruppen oder einzelne Individuen angegeben werden, sind gewissermassen empirisch aufgefunden worden; in vielen Fällen kommen diese Reaktionen nicht dem Gerbstoff selbst, sondern den regelmässigen Begleitern zu. Die Frage wird ferner noch durch die Thatsache erschwert, dass das Holz, die Rinde und die Früchte desselben

[1]) Vergl. Journ. Soc. Chem. Ind. 1894, S. 487; „Gerber“ 1894, S. 195.

Baumes meist Gerbstoffe von ausgesprochen verschiedenem Charakter liefern. So giebt z. B. die Rinde von *Acacia arabica* die hauptsächlichsten Reaktionen wie die australischen Akacien; sie enthält als vorherrschenden Gerbstoff einen solchen der Pyrokatechingruppe. Die Fruchtschoten (Bablah) desselben Baumes haben einen Gerbstoff, welcher sich ganz anders verhält und anscheinend ein Pyrogallol-Gerbstoff ist. Die Unterschiede zwischen den Gerbstoffen der Eichenrinde, der Gallen und des Eichenholzes sind ebenfalls auffallend. Während der aus dem Holze von *Acacia catechu* hergestellte Katechu deutlich die Reaktion auf Phloroglucin giebt, enthält die Rinde desselben Baumes kaum eine Spur davon.

Es steht fest, dass die Gerbstoffe eine Klasse pflanzlicher Stoffe von verschiedener Konstitution bilden und dass sie durch folgende Eigenschaften charakterisirt sind: sie fällen Gelatine und verwandte Körper aus ihren Lösungen aus, sie gerben thierische Haut und geben mit Eisenoxydsalzen schwarze Fällungen. Soweit bekannt, sind sie sämmtlich Abkömmlinge entweder von dem zweiwerthigen Phenol Pyrokatechin oder von dem dreiwerthigen Pyrogallol, während einige ausserdem auch Phloroglucin enthalten, welches mit dem Pyrogallol isomer und ebenfalls als dreiwerthiges Phenol anzusehen ist. Die Gerbstoffe finden sich in manchen Materialien mit Glykose zusammen vor, aber nicht als wahre Glykoside, denn durch Reinigung kann die Glykose ohne wesentliche Veränderung der Eigenschaften der betreffenden Gerbstoffe entfernt werden.

Der einzige Gerbstoff, über dessen Konstitution wir ziemlich genau orientirt sind, ist die Gallusgerbsäure, das gewöhnliche Handelstannin, welches aus den Gallen und synthetisch nach Schiff's Methode durch Behandlung von Gallussäure mit Phosphoroxychlorid hergestellt werden kann. Gallussäure geht aus dem Pyrogallol durch Einführung einer Karboxylgruppe hervor, in gleicher Weise wie die Salicylsäure aus dem gewöhnlichen Phenol. Gallusgerbsäure scheint eine Digallussäure oder das Anhydrid der Gallussäure zu sein; dieselben stehen in ähnlicher Beziehung zu einander wie die Laktone zu den Oxyfettsäuren. Gallussäure und die von derselben sich ableitenden Gerbstoffe liefern beim Erhitzen infolge Abspaltung von Kohlendioxyd Pyrogallol. Bei der Hydrolyse der Gallusgerbsäure entsteht Gallussäure.

Es giebt noch einen anderen Gerbstoff, die sogenannte Ellagengerbsäure, welche mit der Gallusgerbsäure sicher nahe verwandt ist und fast stets gemeinsam mit dieser in Gerbmaterialien sich vorfindet; dieselbe liefert bei der Hydrolyse einen hellen, krystallinischen, selbst in kochendem Wasser kaum löslichen Körper, der zwei Atome Wasserstoff weniger als die Gallusgerbsäure enthält. Es ist dies die Ellagsäure, welche von einer gewissen technischen Bedeutung ist, weil der weisse, als „Blume“ bezeichnete Belag, welchen das mit derartigen Gerbmaterialien gegerbte Leder aufweist, aus Ellagsäure besteht. Die Konstitution der Ellagengerbsäure ist nicht bekannt; eine ziemlich ausgeprägte Farbenreaktion mit salpetriger Säure scheint für alle Gerbmaterialien, welche dieselbe enthalten, charakteristisch zu sein.

Von der wirklichen Konstitution der grossen Klasse von Gerbstoffen, welche in der Hitze Pyrokatechin liefern, wissen wir sehr wenig. Beim Erhitzen mit Wasser oder verdünnten Säuren findet keine Hydrolyse, sondern in den meisten Fällen die Bildung einer Reihe von rothen Anhydriden statt, deren niedere Glieder dunkel gefärbte, schwer lösliche Gerbstoffe sind, während die höheren Glieder, welche zwar noch sauren Charakters, ganz unlöslich in kaltem Wasser, aber löslich in alkalischen Flüssigkeiten sind, die sogen. „Phlobaphene" darstellen, welche möglicherweise mit den Harzen verwandt sind. Nur nach ziemlich intensiver Behandlung derselben mit Alkalien tritt eine Spaltung ein, und es bildet sich Protokatechusäure (welche sich zum Pyrokatechin wie die Gallussäure zum Pyrogallol verhält), gemeinschaftlich mit Phloroglucin oder anderen Körpern.

Es würde offenbar höchst wissenschaftlich und auch hinreichend sein, wenn man die Gerbstoffe nach diesen Zersetzungsprodukten eintheilen würde, aber unglücklicherweise sind dieselben unbeständig und schwierig zu isoliren, und in vielen Fällen würde es trotzdem nicht gelingen, nahe verwandte Gerbstoffe voneinander zu unterscheiden und zu bestimmen. Wir müssen deswegen auf Reaktionen zurückgreifen, welche nicht die vollständige Isolirung der einzelnen Bestandtheile erfördern. Eine der ältesten dieser Reaktionen ist die Farbenreaktion mit Eisenoxydsalzen, welche mit Pyrokatechin und Protokatechusäure dunkelgrüne Färbungen geben, während Pyrogallol und Gallussäure blauschwarze Färbungen liefern; dieser Unterschied erstreckt sich gewöhnlich auch auf die Abkömmlinge. Als Reagens für diesen Zweck verwendet man am besten

Eisenalaun. Eine 1procentige Lösung dieses Salzes ist leicht herzustellen; dieselbe ist neutral und längere Zeit haltbar. Dieses Salz bildet hellviolette Krystalle und liefert eine hellgelbbraune Lösung. Eisenchlorid, welches auch häufig angewendet wird, ist fast immer stark sauer; im Ueberschuss giebt es selbst mit Gallusgerbsäure einen grünschwarzen Niederschlag, und die mit demselben erhaltenen Ergebnisse sind oft trügerisch. Essigsaures Eisenoxyd, welches auch oft benutzt wird, giebt mit den meisten Materialien dicke Niederschläge; wegen seiner dunkeln Farbe eignet es sich als Reagens weniger gut als Eisenalaun. Da die Färbungen im allgemeinen sehr stark auftreten, ist es empfehlenswerth, die Gerbstofflösung stark zu verdünnen und die Eisenlösung vorsichtig zuzufügen. In manchen Fällen geht die zuerst hervorgebrachte und charakteristische Färbung infolge eines

Ueberschusses von Eisen in eine dunkelolive oder braune Farbe über, wahrscheinlich durch Oxydation und Zerstörung des Gerbstoffes.

Es kann als ziemlich sicher angenommen werden, dass jeder Gerbstoff, der mit Eisensalzen eine ausgesprochen grünschwarze Färbung giebt, ein Pyrokatechin-Derivat ist; es giebt aber auch eine grosse Menge von Materialien, besonders unter den Akacien oder Mimosen, welche purpurschwarze Färbungen liefern und doch ziemlich sicher als Pyrokatechin-Gerbstoffe angesprochen werden können. Andererseits bilden die Eichenrinden, welche Trimble als Pyrokatechin-Gerbstoffe betrachtet und von welchen die meisten mit Eisensalzen grünschwarze Färbungen geben, auch Blume bezw. Ellagsäure; dieselben müssen also auch Ellagengerbsäure enthalten. Ein anderes, zur näheren Unterscheidung geeignetes Reagens ist Bromwasser.

Bromwasser-Reaktion. Es ist am besten, wenn das Bromwasser zu 2—3 ccm der in einem Probirrohr befindlichen Gerbstofflösung tropfenweise so lange zugefügt wird, bis dieselbe stark danach riecht. In manchen Fällen ist der Niederschlag schwach oder er bildet sich nur langsam, zuweilen ist er auch krystallinisch und deswegen weniger gut sichtbar; gewöhnlich ist er aber flockig und von ausgesprochener gelber oder brauner Farbe. Im allgemeinen kann Bromwasser als ein Reagens auf Pyrokatechin-Gerbstoffe angesehen werden; dasselbe fällt alle diejenigen, welche mit Eisensalzen grünschwarze Färbungen geben, und auch viele von denen mit blau- oder violettschwarzen Färbungen; es sind dies solche, welche auch Pyrokatechin enthalten. Es fällt nicht die ausgesprochenen Pyrogallol-Gerbstoffe, mit Ausnahme einiger, welche Ellagsäure (Blume) bilden, wie z. B. die Eichenrinden.

Die Gerbstoffe können demgemäss in drei Klassen getheilt werden, vergl. Tabelle I: 1. diejenigen, welche mit Bromwasser einen Niederschlag und mit Eisenalaun eine grünschwarze Färbung geben und welche mit ziemlicher Sicherheit als Pyrokatechin-Gerbstoffe anzusehen sind; 2. diejenigen, welche mit Bromwasser einen Niederschlag, mit Eisenalaun aber eine blau- oder violettschwarze Färbung geben und welche vorläufig als gemischte oder unbestimmte Gerbstoffe betrachtet werden müssen; 3. solche, welche mit Bromwasser keinen Niederschlag und mit Eisenalaun eine blauschwarze Färbung liefern und welche als Pyrogallol-Gerbstoffe anzusprechen sind.

Die bei weitem grösste Zahl der Gerbstoffe fällt in die erste Klasse, welche wieder weiter zergliedert werden kann, und zwar mit Hilfe der Reaktion mit

Kupfersulfat und Ammoniak. Wird zu einem Gerbmaterialauszug Kupfersulfatlösung zugefügt, so erhält man in manchen Fällen einen Niederschlag, in anderen nicht. Zuweilen kann diese Reaktion Werth haben; sie wird aber nicht ausschlaggebend sein können, weil bei Gegenwart eines Salzes einer schwachen organischen Säure stets ein Niederschlag gebildet wird, indem dann die Schwefelsäure des Sulfates neutralisirt wird. Kupferacetat erzeugt, soweit ich beobachtet habe, in allen Gerbstofflösungen eine Fällung; es ist nun von Wichtigkeit, dass in diesem Falle, wie in vielen anderen von ähnlichem Charakter, der Gerbstoff sich mit dem Salze verbindet und dieses als solches ausfällt. Bei Zusatz von Ammoniumkarbonat findet ein Aufbrausen statt, der Niederschlag färbt sich dunkler und wird nun erst ein eigentliches gerbsaures Salz.

Setzt man Ammoniak zu einer Mischung einer Gerbstoff- und Kupfersulfatlösung, so bildet sich stets sofort ein Niederschlag, welcher aus gerbsaurem Kupfer mit wechselnden Mengen Kupferhydroxydes besteht. Bei Ammoniaküberschuss löst sich in manchen Fällen der Niederschlag wieder auf, während in anderen ein unlösliches gerbsaures Salz hinterbleibt. Das letztere ist der Fall bei allen Gerbstoffen, die sich von der Gallusgerbsäure ableiten, und bei vielen, welche Protokatechusäure enthalten; diese Reaktion bildet ein nützliches Mittel zur Unterscheidung der Gerbstoffe. Die Thatsache, dass Hemlock- und andere Nadelholzrinden, ebenso auch Katechu und Gambier, ammoniaklösliche Kupfertannate bilden, ist übrigens ein lehrreicher Kommentar zu dem Vorschlag, die Fällung mit ammoniakalischer Kupfersulfatlösung zur quantitativen Gerbstoffbestimmung heranzuziehen.

Diejenigen Gerbstoffe, deren Kupferniederschläge sich wieder lösen, geben dann gewöhnlich eine grünlichbraun oder purpurbraun gefärbte Lösung, welche durch die Gegenwart einer geringen Menge des blauen Kupferammoniumsulfats entweder grün- oder rothviolett erscheint. Es braucht wohl kaum erwähnt zu werden, dass der Kupferüberschuss möglichst klein gemacht werden muss, um die Färbung deutlich zu erkennen. Es ist daher wünschenswerth, eine sehr schwache, etwa 1 procentige Kupferlösung zu verwenden.

Wir erhalten auf diese Weise zwei Unterabtheilungen; Iα (Tabelle II), in welchen Kupfersulfat ammoniaklösliche Niederschläge erzeugt, und Iβ (Tabelle III), in welchen unlösliche Niederschläge gebildet werden.

Es ist noch kein Versuch gemacht worden, die Gerbstoffe nach den Ergebnissen der anderen Reaktionen, welche zur Bestimmung der Einzelgerbstoffe vorgeschlagen worden sind, systematisch zu gruppiren. Der Grund hierzu ist der, dass die Unterschiede meist zu wenig charakteristisch sind, um sichere Schlüsse daraus ziehen zu können. Dies ist besonders der Fall bei der Vanillinreaktion auf Phloroglucin, welche scharf bei Katechu und Gambier, deutlich bei mehreren anderen Gerbmaterialien, bei vielen anderen dagegen so schwach auftritt, dass man hieraus nichts Bestimmtes ersehen kann. Die folgenden Reaktionen habe ich zur weiteren Unterscheidung benutzt:

Salpetrigsäure-Reaktion. Diese Reaktion wird ausgeführt, indem man zu einigen in einer Porzellanschale befindlichen ccm eines sehr verdünnten Auszuges einen deutlichen Ueberschuss einer frisch bereiteten Lösung oder einige Krystalle von Kalium- oder Natriumnitrit und dann 3—5 Tropfen $^{N}/_{10}$-Schwefelsäure oder -Salzsäure zufügt. In typischen Fällen wird die Lösung augenblicklich rosen- oder karmesinroth und geht dann langsam durch Purpur in Indigoblau über, während in anderen Fällen, wie z. B. bei Sumach, wo die Reaktion schwach ist oder durch andere Substanzen beeinflusst wird, die Endfarbe grün oder sogar bräunlich ist. In einer grossen Anzahl von Fällen liefert salpetrige Säure eine gelbe oder braune Färbung oder Fällung; die Bezeichnung „Reaktion“ in den folgenden Tabellen bedeutet, dass die Lösung, wie oben beschrieben, nacheinander verschiedene Färbungen annimmt. Ueber die chemische Natur der hierbei entstehenden Verbindungen ist nichts Näheres bekannt. Diese Reaktion geben alle Gerbmaterialien, welche Ellagsäure oder „Blume“ bilden, dagegen nicht die Ellagsäure selbst oder die reine Gallusgerbsäure. Dieselbe ist wahrscheinlich eine Reaktion der Ellagengerbsäure und ist verwendbar, um die gemischten und die Pyrogallol-Gerbstoffe in Unterabtheilungen zu scheiden. Sie tritt auch bei einigen Eichenarten (Gruppe 1α und 2β), aber nur schwach auf.

Zinnchlorür und Salzsäure. Dieses Reagens besteht aus einer starken Lösung von Zinnchlorür in konc. Salzsäure. Wenn man ca. 10 ccm derselben zu 1 ccm des in einer Porzellanschale befindlichen Gerbmaterialauszuges bringt und 10 Minuten stehen lässt, geben die Koniferen- und Mimosen-Gerbstoffe, sowie einige andere eine sehr deutliche, rosenrothe Färbung; ganz besonders charakteristisch tritt diese Reaktion bei Fichtenrinde auf. Wird ein kleines Stück fichtenlohgaren Leders in dieses Reagens eingetaucht, so tritt die Färbung sehr intensiv auf.

Fichtenspan und Salzsäure, Phloroglucin-Reaktion. Ein Span oder Splitter von Fichtenholz wird mit dem Auszuge befeuchtet und dann entweder vor oder nach dem Trocknen mit konc. Salzsäure betupft. Bei Katechu, Gambier und bei einigen anderen Materialien, sowie bei Phloroglucinlösung selbst, wird der Fleck sofort prächtig roth oder violett; in manchen Fällen ist die Reaktion schwach und erscheint erst nach einigen Stunden. Es wird hierdurch wahrscheinlich immer die Gegenwart von Phloroglucin angezeigt. Die Angabe, dass Pyrokatechin eine ähnliche Reaktion giebt, scheint ein Irrthum zu sein.

Natriumsulfit. Es wird hierbei ein Natriumsulfitkrystall in einer Porzellanschale oder auf einer Platte mit einigen Tropfen der Gerbstofflösung benetzt. Bei Valonea entsteht sofort, wahrscheinlich durch Oxydation, eine prächtige purpurrothe Färbung. Viele andere Gerbmaterialien erzeugen rothe Färbungen, aber in keinem Falle ist die Reaktion so ausgeprägt wie bei Valonea.

Konc. Schwefelsäure. In ein Reagensrohr kommen einige Tropfen des Gerbmaterialauszuges, dann schüttet man dasselbe aus, so dass nach dem Zusammenfliessen nur etwa ein Tropfen zurückbleibt; man lässt alsdann vorsichtig etwa 1 ccm der konc. Säure so einfliessen, dass dieselbe sich unter die Gerbstofflösung schichtet. Man beobachtet die Farbe des an der Berührungsfläche der beiden Flüssigkeiten befindlichen Ringes, mischt durch Schütteln gut durcheinander und verdünnt mit Wasser. Fast die Hälfte aller Materialien geben ein tiefes Purpurkarmesinroth, welches in den folgenden Tabellen einfach als „karmesinroth“ bezeichnet werden wird, und in vielen Fällen ist die Flüssigkeit beim Verdünnen entschieden hellroth, während sie in anderen Fällen durch braune Körper, welche sich bei der durch das Mischen hervorgerufenen hohen Temperatur gebildet haben, dunkel erscheint. Eine grosse Anzahl anderer Materialien geben nur braune oder gelbe Färbungen, welche, wenn sie intensiv auftreten, roth erscheinen können, während im verdünnten Zustande die gelbe oder gelbbraune Farbe zum Ausdruck kommt. Allen empfiehlt die Säure erst dann hinzuzufügen, nachdem die gerbstoffhaltige Lösung vorsichtig zur Trockne verdampft worden ist, um dadurch die beim Mischen von Wasser und Säure sich entwickelnde Hitze zu vermeiden; die in der Tabelle aufgeführten Reaktionen beziehen sich aber auf die Lösung.

Kalkwasser ist ein sehr geeignetes Reagens, weil es sehr verschieden gefärbte Niederschläge erzeugt, die infolge von Oxydation mannigfache Farbenübergänge durchmachen. Diese Reaktion wird am besten in einer flachen Porzellanschale ausgeführt; man lässt die Flüssigkeit zur Beobachtung der Farbenumschläge ruhig stehen. Das Kalkwasser kann unbeschadet in beträchtlichem Ueberschuss zugegeben werden. Allen empfiehlt für diese und ähnliche Versuche den Gebrauch eines Nitrometers; man kann hierbei die Reaktion erst unter Abschluss, und dann unter Zutritt des Sauerstoffes der Luft beobachten.

Die zur Ausführung dieser Reaktionen erforderlichen Gerbmaterialauszüge sollen ungefähr dieselbe Koncentration wie die zur Analyse benutzten besitzen, also ca. 0,7 g Trockenrückstand pro 100 ccm; geringe Abweichungen beeinflussen das Resultat nicht. Wenn die Reaktionen an und für sich schwach sind, können sie bei sehr verdünnten Lösungen natürlich unmerklich sein, während auf der anderen Seite dort, wo schwache Lösungen ausgesprochene Färbungen liefern, mit starken Lösungen Niederschläge erhalten werden können. Da einige dieser Reaktionen mehr oder weniger von der Koncentration der Lösung abhängen, ist es empfehlenswerth, dieselben zuerst mit den bekannten Materialien auszuführen, um Erfahrungen hinsichtlich der Versuchsbedingungen zu sammeln.

In einigen Fällen wird man mit Hilfe dieser Reaktionen die Bestandtheile von Gemischen bestimmen können, in anderen Fällen wird dies nicht möglich sein, da sich die Reaktionen gegenseitig verdecken.

Diese Reaktionen können natürlich auch zum Nachweis der Art der Gerbung verwendet werden, wenn ein Gerbstoffüberschuss im Leder vorhanden ist und wenn derselbe mit Wasser ausgewaschen werden kann; für diese Versuche lassen sich auch die mit verdünnten Alkalien oder anderen Lösungsmitteln erhaltenen Auszüge verwenden. Für diesen Zweck sind die ANDREASCH'schen Reaktionen mit alkalischen Auszügen (vergl. die Tabellen am Schluss dieses Abschnittes) oft noch besser verwendbar.

Es wurde erwähnt, dass man sich ein Urtheil über den Werth der besprochenen Reaktionen verschaffen kann, wenn man dieselben unter den gleichen Versuchsbedingungen mit den reinen Spaltungsprodukten der Gerbstoffe ausführt. Die Zusammenstellung der Ergebnisse befindet sich in Tabelle VIII. Es ist ohne weiteres klar, dass die blauschwarze Reaktion mit Eisen charakteristisch ist für die Pyrogallol-Gruppe, ebenso wie die grünschwarze für die Pyrokatechin-Gruppe. Phloroglucin giebt, entgegen den in Handbüchern gemachten Angaben, mit Eisen keine ausgesprochene Reaktion; dasselbe ist aber andererseits durch die sehr empfindliche Vanillinreaktion charakterisirt.

Es giebt für die Gerbstoffe noch ein oder zwei Specialreaktionen, welche nicht in die Tabellen eingereiht werden konnten und deshalb an dieser Stelle aufgeführt werden sollen. Die Rinde der Kastanieneiche (*Quercus Prinus*) enthält eine Substanz von starker blauer Fluorescenz, besonders in alkalischer Lösung. Dieselbe wird gut sichtbar, nachdem der Gerbstoff und die färbenden Substanzen mit ammoniakalischer Zinklösung ausgefällt worden sind. Ein ähnlicher Körper, das Aesculin, befindet sich in der Rinde der Rosskastanie.

Wird nach DIETERICH eine alkalische Lösung von Gambier aus *Nauclea* (*Uncaria*) *gambir* mit Natron- oder Kalihydrat stark alkalisch gemacht und mit Petroläther ausgeschüttelt, so zeigt der letztere eine starke grüne Fluorescenz. Das gleiche Resultat wird erhalten, wenn man Alkohol zu einer unfiltrirten wässerigen Lösung bringt; bei Verwendung eines klaren Filtrates oder bei Weglassung des Alkoholes tritt diese Reaktion nicht auf. Es ist dieselbe demnach weder dem Gerbstoff noch dem Katechin, sondern einem in Wasser unlöslichen, aber in Alkohol löslichen Körper zuzuschreiben. Nach des Autors Erfahrung ist diese Reaktion ganz charakteristisch für Nauclea-Gambier, während EITNER anführt, dass er dieselbe auch bei einer vermeintlich unverfälschten Probe von *Acacia catechu* erhalten hat.

Tabelle I.

Vorläufige Eintheilung der Gerbmaterialien.

Gruppe I (Pyrokatechin-Gerbstoffe).

Bromwasser erzeugt einen Niederschlag.
Eisenalaun giebt grünschwarze Fällungen.

Kupfersulfat und dann Ammoniak im Ueberschuss.

Der Niederschlag löst sich wieder auf.	Der Niederschlag löst sich nicht wieder auf.
I α	I β
Tabelle II.	Tabelle III.

Gruppe II (gemischte und unbestimmte Gerbstoffe).

Bromwasser erzeugt einen Niederschlag.
Eisenalaun giebt blau- oder purpurschwarze Fällungen.

Natriumnitrit und fünf Tropfen $^{N}/_{10}$-HCl.
(Salpetrigsäure-Reaktion.)

Keine Reaktion oder höchstens Dunkelfärbung.	Die Farbe verändert sich und geht durch Roth nach Blau oder Grün.
II α	II β
Tabelle IV.	Tabelle V.

Gruppe III (Pyrogallol-Gerbstoffe).

Bromwasser erzeugt keinen Niederschlag.
Eisenalaun giebt blauschwarze Fällungen.

Natriumnitrit und fünf Tropfen $^{N}/_{10}$-HCl.

Die Farbe verändert sich und geht durch Roth nach Blau.	Keine Reaktion.
III α	III β
Tabelle VI.	Tabelle VII.

Tabelle II.

Gruppe I α	Eisenalaun	Bromwasser	Salpetrige Säure	Kupfersulfat und Ammoniak	Zinnchlorür und Salzsäure	Fichtenspan und Salzsäure	Natriumsulfit	Schwefelsäure	Kalkwasser
Katechu (aus dem Holze von *Acacia catechu*)	grünschwarz	Niederschl.	keine Reaktion, Dunkelfärbung	Niederschl., löst sich mit röthlicher Farbe	keine Reaktion	dunkelviolettroth	schwache Röthung	rothbraune Färbung	sich langsam bildender röthl. Niederschl.
„Thann-Blätter“-Extrakt (Katechu-Surrogat), aus *Terminalia Oliveri*	olivschwarzer Niederschl.	desgl.	desgl.	Niederschl., löst sich mit bräunlicher Farbe	desgl.	keine Reaktion	keine Reaktion	karmesinroth, verdünnt blassroth	kein Niederschl.
„Turwar“-Rinde (*Cassia auriculata*)	grünschwarze Färbung	desgl.	desgl.	Niederschl., löst sich mit rothviolet. Farbe	desgl.	Spur	blassrothe Färbung	karmesinroth	röthlicher Niederschl.
„Gambene“, ein Quebracho-Extrakt	desgl.	desgl.	desgl.	desgl.	desgl.	keine Reaktion	schwache blassrothe Färbung	karmesinroth, verdünnt blassroth	desgl.
„Tengah“-Rinde (*Ceriops Candolleana*)	desgl.	desgl.	keine Reaktion, dunkelfarbiger Niederschl.	desgl.	blassrothe Färbung	desgl.	blassrothe Färbung	karmesinroth	lichtrother Niederschl.
Gerberinde (*Acacia leucophloea*)	desgl.	desgl.	keine Reaktion	desgl.	desgl.	träge violette Reaktion	desgl.	karmesinroth, verdünnt blassroth	mattbrauner Niederschl.
Gerberinde (*Soymida febrifuga*)	desgl.	desgl.	desgl.	Niederschl., löst sich mit brauner Farbe	desgl.	keine Reaktion	desgl.	karmesinroth	rothbrauner Niederschl.

Gruppe I *α*	Eisenalaun	Bromwasser	Salpetrige Säure	Kupfersulfat und Ammoniak	Zinnchlorür und Salzsäure	Fichtenspan und Salzsäure	Natriumsulfit	Schwefelsäure	Kalkwasser
Korkeichenrinde (*Quercus suber*)	grünschwarze Färbung	Niederschl.	schwache Reaktion	Niederschl., löst sich mit brauner Farbe	keine Reaktion	keine Reaktion	Röthung	karmesinroth, verdünnt blassroth	röthlichbrauner Niederschl.
Grüneichenrinde (*Quercus Ilex*)	desgl.	desgl.	desgl.	desgl.	desgl.	desgl.	desgl.	desgl.	desgl.
Garouille (Wurzelrinde der Kermeseiche, *Quercus coccifera*)	desgl.	desgl.	reagirt?	desgl.	desgl.	desgl.	desgl.	desgl.	desgl.
Quercitronrinde[1]) (*Quercus tinctoria*)	desgl.	desgl.	reagirt etwas	desgl.	lichtgrüne Färbung	desgl.	unbestimmt	desgl.	desgl.
Gambier[2]) (Extrakt der Blätter von *Nauclea gambir*)	tiefgrüne Färbung	desgl.	keine Reaktion, Dunkelfärbung	Niederschl., löst sich mit olivgrüner Farbe	gelbe Färbung	tief violettroth	gelbe Färbung	karmesinroth, verdünnt braun	kein Niederschl.
„Pruim-Bast“[3]) (Blätter von *Colpoon* oder *Osyris compressa*)	grünschwarze Färbung	desgl.	keine Reaktion	Niederschl., löst sich mit grüner Farbe	keine Reaktion	blassroth	desgl.	desgl.	lichtgelber Niederschl.
„Koko“[4]) (Blätter von *Celastrus buxifolia*)	desgl.	desgl.	desgl.	desgl.	desgl.	keine Reaktion	desgl.	dunkelbraun	intensiv gelber Niederschl.
Lärchenrinde (*Laryx europaea*)	desgl.	desgl.	keine Reaktion, Dunkelfärbung	Niederschl., löst sich mit olivgrüner Farbe	blassrothe Färbung	desgl.	keine Reaktion, Dunkelfärbung	tiefrothbraun	rostbrauner Niederschl.

[1]) Giebt mit Thonerde- und Zinnbeizen gelbe Farblacke. [2]) Vergl. S. 80. [3]) Wird im Kapland anstatt Sumach angewendet. [4]) Wird in Natal als Sumach-Surrogat benutzt.

Gruppe I α	Eisenalaun	Bromwasser	Salpetrige Säure	Kupfersulfat und Ammoniak	Zinnchlorür und Salzsäure	Fichtenspan und Salzsäure	Natriumsulfit	Schwefelsäure	Kalkwasser
Hemlockrinde (*Tsuga* oder *Abies canadensis*)	olivgrüner röthlicher Niederschl.	Niederschl.	keine Reaktion, blassroth mit $NaNO_2$	Niederschl., löst sich mit unbest. Farbe	blassrothe Färbung	keine Reaktion	Röthung	karmesinroth, verdünnt röthlich	rothbrauner Niederschl.
Fichtenextrakt (aus der Rinde von *Abies excelsa*[1])	grün-schwarze oder braune Färbung	desgl.	keine Reaktion	Niederschl., löst sich mit olivgrüner Farbe	desgl.	desgl.	Dunkelfärbung	tiefrothbraun	brauner Niederschl.

Tabelle III.

Gruppe I β	Eisenalaun	Bromwasser	Salpetrige Säure	Kupfersulfat und Ammoniak	Zinnchlorür und Salzsäure	Fichtenspan und Salzsäure	Natriumsulfit	Schwefelsäure	Kalkwasser
Weidenrinde (russische, Species nicht bekannt)	Grün-schwarze Färbung	Niederschl.	keine Reaktion	dicker Niederschl.	keine Reaktion	schwach-violette Färbung	blassrothe Färbung	rothbraun, nicht intensiv	hellgrünlicher Niederschl.
Rinde von *Acacia Angica* oder *Piptadenia macrocarpa*	desgl.	desgl.	desgl.	dicker chokoladenbrauner Niederschl.	blassrothe oder violette Färbung	desgl.	schwache Röthung	karmesinroth, verdünnt blassroth	röthlicher Niederschl.
Rinde von *Acacia catechu*	desgl.	desgl.	desgl.	dicker violett-schwarzer Niederschl.	Spur	Spur	blassrothe Färbung	rothbraun	fleischfarbener Niederschl.

[1]) Fichte oder Rothtanne; *Abies pectinata*, Weiss-, Edel- oder Silbertanne giebt mit Eisen eine blauschwarze Fällung.

Gruppe I β	Eisenalaun	Bromwasser	Salpetrige Säure	Kupfersulfat und Ammoniak	Zinnchlorür und Salzsäure	Fichtenspan und Salzsäure	Natriumsulfit	Schwefelsäure	Kalkwasser
„Thorn"-Baumrinde (*Acacia horrida*), Kapland	grünschwarze Färbung	Niederschl.	keine Reaktion, Dunkelfärbung	dicker Niederschl.	keine Reaktion	unbestimmt	blassrothe Färbung	stumpfkarmesinroth, nicht intensiv	kein Niederschl.
Mangrovenrinden-Extrakt (*Rhizophora mangle*)	desgl.	desgl.	keine Reaktion	röthlich-schwarze Färbung	schwache Reaktion	keine Reaktion	schwache Rötung	rothbraun	rother Niederschl., dunkelt nach lichtbrauner Niederschl.
Quebracho-Extrakt (*Quebracho* oder *Loxopterigium Lorentzii*)	desgl.	desgl.	desgl.	dicker Niederschl.	blassrother Niederschl.	Spur	unbestimmt	karmesinrothe Färb., verdünnt blassroth	
Rinde von *Protea mellifera*, Kapland („Sugar bush"-Rinde)	desgl.	desgl.	keine Reaktion, Dunkelfärbung	desgl.	keine Reaktion	desgl.	desgl.	roth	gelbbrauner Niederschl.
Rinde von *Protea grandiflora*, Kapland („Waagenboom"-Rinde)	desgl.	desgl.	desgl.	desgl.	desgl.	desgl.	blassrothe Färbung	karmesinroth, verdünnt blassroth	lichtgelber Niederschl.
Rinde von *Leucospermum conocarpum*, Kapland („Kruppelboom"-Rinde)	desgl.	desgl.	desgl.	desgl.	desgl.	deutlich violett	desgl.	desgl.	schwacher grüner Niederschl.
Rinde von *Leucodendron argentea*, Kapland	desgl.	desgl.	desgl.	desgl.	desgl.	keine Reaktion	desgl.	desgl.	fleischfarb. Niederschl.
Rinde von Kastanieneiche[1]) (*Quercus Prinus*)	olivgrüne Färbung	desgl.	reagirt deutlich	deutlicher Niederschl., unlöslich im Uebersch.	desgl.	desgl.	Röthung	desgl.	röthlichbrauner Niederschl.

[1]) Die Lösungen fluoresciren, besonders auf Zusatz von Ammoniak.

Tabelle IV.

Gruppe II α	Eisenalaun	Bromwasser	Salpetrige Säure	Kupfersulfat und Ammoniak	Zinnchlorür und Salzsäure	Fichtenspan und Salzsäure	Natriumsulfit	Schwefelsäure	Kalkwasser
„Skino", Cypressensumach[1]) (*Pistacia lentiscus*)	blauschwarzer Niederschl.	Niederschl.	keine Reaktion	dunkler Niederschl.	keine Reaktion	keine Reaktion	gelb	gelbbraun	gelber Niederschl., nachdunkelnd
Rinde[2]) von *Rhus Thunbergi* („Kliphaut"-Rinde)	blauschwarze Färbung	desgl.	desgl.	dicker dunkler Niederschl.	desgl.	desgl.	blassroth	dunkelkarmesinroth, beim Verdünnen orange	blassröthlicher Niederschl.
Canaigre (Wurzel von *Rumex hymenosepalus*)	blauschwarzer Niederschl.	desgl.	desgl.	desgl.	keine Reaktion, trübt sich	violette Spur	etwas dunkelwerdend	gelbbraun	blassrothe Färbung, grauer Niederschl.
Wurzel von *Elephantorrhiza Burchellii*	desgl.	desgl.	keine Reaktion, Dunkelfärbung	desgl.	keine Reaktion	desgl.	blassroth	roth	röthlichbrauner Niederschl.
Mimosarinde (Wattle-Rinde, von verschiedenen australischen *Acacia*-Arten)	schmutzig violetter Niederschl.	desgl.	keine Reaktion	dicker purpurbrauner Niederschl.	schwache Röthung	manchmal Spuren	Röthung	karmesinroth, verdünnt blassroth	röthlich- oder gelbbrauner Niederschl.
Rinde von *Acacia arabica*	desgl.	desgl.	desgl.	dicker dunkler Niederschl.	geringe Spur	geringe Spur	schwache Nachdunkelung	karmesinroth, verdünnt orange	dunkelröthlichbrauer Niederschl.

[1]) Gebraucht zur Sumachverfälschung. [2]) Im Kapland gebraucht.

Gruppe II α	Eisenalaun	Bromwasser	Salpetrige Säure	Kupfersulfat und Ammoniak	Zinnchlorür und Salzsäure	Fichtenspan und Salzsäure	Natriumsulfit	Schwefelsäure	Kalkwasser
Dunkelrothe austral. Rinde, wahrscheinlich von einer *Acacia*	schmutzig violetter Niederschl.	Niederschl., nadelförmige Krystalle	keine Reaktion	dunkelvioletter Niederschl.	keine Reaktion	geringe Spur	orangeroth	karmesinroth, verdünnt blassroth	lichtvioletter Niederschl.
Rinde von *Algaroba blanca* (Südamerika; von einer *Prosopis*- oder *Acacia*-Art	desgl.	Niederschl.	desgl.	röthlichschwarzer Niederschl	desgl.	violett	starke Röthung	desgl.	rother Niederschl., violett werdend

Tabelle V.

Gruppe II β	Eisenalaun	Bromwasser	Salpetrige Säure	Kupfersulfat und Ammoniak	Zinnchlorür und Salzsäure	Fichtenspan und Salzsäure	Natriumsulfit	Schwefelsäure	Kalkwasser
Eichenrinde (*Quercus Robur*)	blauschwarz, im Ueberschr. grün	Niederschl.	schwache Reaktion	geringer dunkelbrauner Niederschl.	keine Reaktion	schwache Reaktion	Röthung	karmesinroth, verdüunt blassroth	röthlichbrauner Niederschl.
Jaft oder Dchift; vermuthlich ein Eichenprodukt[1])	blauschwarzer Niederschl.	desgl.	rothblaue Reaktion	dunkelbrauner Niederschl.	keine Reaktion, dunkelbrauner Niederschl.	desgl.	geringe Nachdunkelung	desgl.	desgl.

[1]) Ein persisches Produkt, dunkle sehr gerbstoffreich Schuppen (ca. 40 %).

Tabelle VI.

Gruppe III *a*	Eisenalaun	Bromwasser	Salpetrige Säure	Kupfersulfat und Ammoniak	Zinnchlorür und Salzsäure	Fichtenspan und Salzsäure	Natriumsulfit	Schwefelsäure	Kalkwasser
Aleppo-Gallen (von *Quercus infectoria*)	Blauschwarzer Niederschl.	kein Niederschl., schwache Trübung	rothblaue Reaktion	dunkler Niederschl., unlöslich	lichtgelber Niederschl.	keine Reaktion	keine Reaktion	grünlich bis schmutzig gelb	lichter Niederschl., wird blaugrün
Sumach[1]) (Blätter von *Rhus coriaria*)	desgl.	kein Niederschl.	schwache Reaktion	dunkelbrauner unlöslicher Niederschl.	keine Reaktion	desgl.	desgl.	gelb	gelber Niederschl., wird hellgrün
Myrobalanen[1]) (Früchte von *Terminalia chebula*)	desgl.	desgl.	rothblaue Reaktion	dunkler unlöslicher Niederschl.	desgl.	desgl.	gelb	desgl.	gelber, grünlich werdender Niederschl.
Granatbaumrinde (*Punica granatum*)	desgl.	desgl.	desgl.	dunkelbrauner Niederschl.	desgl.	desgl.	keine Reaktion	orangebraun	lichtgelber Niederschl., mit Ueberschuss roth werdend
Algarobilla (Schote von *Caesalpinia brevifolia*)	desgl.	desgl.	desgl.	dicker dunkler Niederschl.	desgl.	desgl.	dunkelgelb	dunkelgelbbraun	lichtgelber, etwas nachdunkelnder Niederschl.
Dividivi[2]) (Schote von *Caesalpinia coriaria*)	desgl.	desgl.	desgl.	desgl.	desgl.	desgl.	keine Reaktion	karmesinroth	gelber Niederschl., wird purpurroth

[1]) Giebt mit Zinnbeizen gelbe Farblacke.

[2]) Mässig koncentrirte Kaliumnitritlösung fällt Dividivi, aber nicht verdünnte Eichenholzaufgüsse: der Niederschlag ist löslich in heissem Wasser oder auch in einer grossen Menge kalten Wassers.

Gruppe III *α*	Eisenalaun	Bromwasser	Salpetrige Säure	Kupfersulfat und Ammoniak	Zinnchlorür und Salzsäure	Fichtenspan und Salzsäure	Natriumsulfit	Schwefelsäure	Kalkwasser
Algarobo (wahrscheinlich die Schote von *Prosopis dulcis*)	Blauschwarzer Niederschl.	kein Niederschl.	rotholive Reaktion	dicker dunkler Niederschl.	keine Reaktion	keine Reaktion	gelb	gelb bis olive	gelber Niederschl., wird schwarz
Valonea (Becher von *Quercus Vallonea* und *Quercus Graeca*)	desgl.	desgl.	rothblaue Reaktion	dunkler röthlicher Niederschl.	desgl.	desgl.	purpurröthlich	dunkelgelb	gelber Niederschl., wird purpurroth
„Eichenholz"-Extrakt[1])	desgl.	desgl.	desgl.	purpurbrauner Niederschl.	desgl.	desgl.	Röthung	gelbbraun	desgl.

Tabelle VII.

Gruppe III *β*	Eisenalaun	Bromwasser	Salpetrige Säure	Kupfersulfat und Ammoniak	Zinnchlorür und Salzsäure	Fichtenspan und Salzsäure	Natriumsulfit	Schwefelsäure	Kalkwasser
Reine Gallusgerbsäure	blauschwarzer Niederschl.	kein Niederschl.	keine Reaktion	dunkler Niederschl.	keine Reaktion	keine Reaktion	keine Reaktion	gelb	heller, blauwerdender Niederschl.
Bablah (Schoten von *Acacia arabica*)	blauschwarz	desgl.	keine Reaktion, Nachdunkelung	dunkelgrüne Färbung	desgl.	schwach violett	desgl.	röthlichviolett	blassrote Färbung, kein Niederschl.

[1]) Roher Kastanienholzextrakt unterscheidet sich vom Eichenholzextrakt durch die violette Reaktion mit Schwefelammonium (vergl. „Gerber", 1885, S. 157).

Tabelle VIII.

	Eisenalaun	Bromwasser	Salpetrige Säure	Kupfersulfat und Ammoniak	Zinnchlorür und Salzsäure	Fichtenspan und Salzsäure	Natriumsalfit	Schwefelsäure	Kalkwasser
Pyrokatechin	dunkelgrüne Färbung	kein Niederschl.	gelb	grüne Färbung	keine Reaktion	keine Reaktion	keine Reaktion	grüne Färbung	kein Niederschl.
Protokatechusäure	desgl.	desgl.	braun	kein Niederschl.	desgl.	desgl.	desgl.	keine Reaktion	desgl.
Phloroglucin	keine Reaktion	dicker, weisser Niederschl.	olivgrün	desgl.	desgl.	rothviolette Färbung	desgl.	hellgelb	desgl.
Pyrogallol	blauschwarz, dann grün und braun werdend	kein Niederschl.	gelb	braune Färbung	desgl.	keine Reaktion	desgl.	braune Färbung	violette Färbung, wird schnell braun
Gallussäure	blauschwarze Färbung	desgl.	braun	desgl.	desgl.	desgl.	desgl.	keine Reaktion	weisser Niederschl., wird schnell blau

Tabelle IX.

Reaktionen der von Prof. Trimble rein dargestellten Eichenrinden-Gerbstoffe.

(„A Monograph of the Tannins", Bd. II, S. 88.)

	Eisenalaun	Bromwasser	Salpetrige Säure	Kupfersulfat und Ammoniak	Zinnchlorür und Salzsäure	Fichtenspan und Salzsäure	Natrium-sulfit	Kalkwasser
Schwarzeiche (Quercitron, *Quercus tinctoria*)	grüne Färbung und Niederschlag	gelber Niederschl.	bräunlich-gelber Niederschlag	Niederschlag, grüne Färbung	gelb und etwas blassroth	violette Färbung	gelbe Färbung	Niederschlag, erst röthlich, dann roth
Sumpfeiche (*Quercus palustris*)	desgl.	desgl.	blassröthliche Färb., alsdann br. Niederschl.	Niederschlag, bräunlich-grüne Färb.	blassrothe Färbung	desgl.	blassrothe Färbung	desgl.
Scharlacheiche (*Quercus coccinea*)	bläulichgrüne Färb., grüner Niederschlag	desgl.	brauner Niederschlag	Niederschlag, grüne Färbung	blassröthliche Färbung	desgl.	röthlichgelbe Färbung	Niederschlag röthlich werdend
Spanische Eiche (*Quercus falcata*)	grüne Färbung und Niederschlag	desgl.	desgl.	Niederschlag, rothbraune Färbung	gelbe Färbung, etwas blassroth	desgl.	gelb mit einem Stich in's Röthliche	desgl.
Weisseiche (*Quercus alba*)	desgl.	desgl.	desgl.	Niederschlag, braungrüne Färbung	röthliche Färbung	desgl.	röthliche Färbung	desgl.
Weidenblättrige Eiche (*Quercus phellos*)	desgl.	desgl.	desgl.	Niederschlag, rothbraune Färbung	gelbe Färbung	desgl.	gelb mit einem Stich in's Röthliche	Niederschlag wird grün, die Lösung röthl.
Kastanieneiche (*Quercus Prinus*)	desgl.	desgl.	desgl.	kein Ndschl., grünlich-braune Färb.	desgl.	desgl.	desgl.	Niederschlag wird blassroth
Quercus bicolor	desgl.	desgl.	desgl.		desgl.	desgl.	desgl.	desgl.
Stein- oder Wintereiche (*Quercus Robur*)	bläulichgrüne Färb., grüner Niederschlag	desgl.	desgl.	rothbrauner Niederschlag	ausgesprochen rothe Färbung	desgl.	röthliche Färbung	desgl.
Indische Eiche (*Quercus semicarpifolia*)	grüne Färbung und Niederschlag	desgl.	desgl.		blassrothe Färbung	desgl.	gelbe Färbung	desgl.

Die folgende von ANDREASCH („Gerber“, 1894, S. 195) herrührende Tabelle bezieht sich auf alkoholische Auszüge. Dieselbe lässt sich auch zur Prüfung von alkoholischen Auszügen aus Leder verwenden.

Reagens	Fichtenrinde	Eichenrinde	Weidenrinde	Mimosarinde	Hemlockrinde	Eichenholz
Wasser	orangefarbige Trübung	weissgelber Niederschlag, theilw. löslich	grünlichweisse Trübung	weissgelber Nied., braune Lösung	dunkelbraunrother Niederschl.	lichtgelbe Trübung
Wasserstoffsuperoxyd	desgl.	desgl.	apfelgrüner Niederschl.	desgl.	lichtbrauner Niederschl. u. Lösung	weissgelber flock. Nied.
Salzsäure	braunrothe Lösung	braungelber Nied., braune Lösung	weissgelber Nied., rosenrothe Zone	desgl.	dunkelbrauner Niederschl. u. Lösung	lichtrothgelber flock. Nied.
Schwefelsäure	Niederschl. u. Lösung rostbraun	weissgelber Nied., braune Lösung	lichtbr. gelber Nied., oben kirschr. Zone	geringer rostbrauner Nied., Lösg. dunkel	dunkelrostbraune Lösung	brauner Nied. u. Lösung
Salpetersäure	braungelber Nd., dunkelbraune Lösung	desgl.	Nied. u. Lösg. gelb	desgl.	rothbrauner Niederschl. u. Lösung	gelber flock. Niederschl.
Essigsäure	weissgelber Niederschlag					
Ammoniak	brauner Nied., im Ueberschuss theilw. löslich	dunkelgelber Niederschl. im Uebersch. lösl.	Trübung	violettroth im Uebersch. lösl. Niederschl.	dunkelbr. im Uebersch. unlösl. Nied.	Nied. im Uebersch. roth gelöst
Chloroform	rothgelb. flock. Niederschl., Lösung braun	weissgelber Nied., gelbliche Lösung	weissliche Trübung			dunkelbrauner Aussch.
Schwefeläther	lichtbrauner Niederschlag	lichtgelber Niederschlag		grauvioletter Niederschl.	brauner Niederschl.	geringer weissgelber Nied.
Essigäther	Trübung					
Benzol	rothbrauner Bodensatz	brauner flock. Niederschlag		schwarzrote Schichte am Boden	braune Schichte am Boden	geringer rothbrauner Nied.
Petroläther	Aether ungefärbt	Aether schwachgelb			Aether schwachrt. gef.	
Schwefelkohlenstoff	CS, gelb gefärbt	CS, gelb gefärbt	CS, grün gefärbt	CS, schwach gelb		
Naphtol	brauner Nied. u. Lösung	brauner Nied. u. Lösung	gelbbr. Nied., dunkelbraunrothe Lösung	brauner Nied. u. Lösung		gelbbr. Nied., dunkle Lösung
Glycerin	gelber flockiger Niederschlag		weissgrüner flockiger Niederschl.		rother flock. Niederschl.	schwache Trübung
Weinsäure	weissgelbe Trübung	geringer weissgelber Nied.	grüngelbe Flocken	braungelber Niederschl.	rothbrauner Niederschl.	weissgelber flock. Nied.
Citronensäure	desgl.	desgl.	desgl.	desgl.	desgl.	desgl.
Oxalsäure	desgl.	desgl.	desgl.	desgl.	volumin. rothbr. Nied.	desgl.
Trinitrophenol	gelbl. Nied. u. Lösung	gelbl. Nied., braune Lösg.			gelbbrauner Niederschl.	
Salicylsäure	lichtbrauner Niederschlag	weissgelber flockiger Nied.	grünl.gelber Niederschl.	geringer brauner Nied.	starker rothbrauner Nied.	weissgelber Niederschl.
Brechweinstein	falbfarb. Nied.	graugelber Niederschl.	weissgr.Nd.,ob. tiefgr. Schichte	violettrother Niederschl.	schmutzigbr. Niederschl.	desgl.
Blutlaugensalz, gelbes	weissgelber Niederschl.	weissgelber Niederschl.	weissgrüner Niederschl.	fleischrother Niederschl.	rothbrauner Niederschl.	geringer weisser Nied.
Rhodankalium	braungelb. flock. Nied., in der Wärme löslich	braungelber flockiger Niederschl.	blattgrüner Niederschl.	chokoladebrauner Niederschl.	rothbr., in der Wärme lösl. Nied.	weissgelber Nied., lichtgelbe Lösung
Cyankalium	lichtbraune Trübung	lichtbraune Trübung	blattgrüner Niederseh., gelbl. Lösung		desgl.	Nied. unten braun, oben weissgelb
Kalk	braungelb. Nied., an der Oberfläche glänzend	br.gelb., ob.chokoladfarb. Nd., gelbe Lösung	schmutzigschwefelgelber Niederschl.	blauvioletter, oben brauner Niederschl.	violettbr.Nied., oben glänzend, erdbraun	Nied. unten weiss, ob. blau. dann braun
Baryt	schmutziggelber Nied., weissgelbe Lösung	desgl.	desgl.	blaugrün, oben brauner Niederschl.	desgl.	bläul., spät. br. Nied., oben glänz. rothbr.
Strontian	desgl.	desgl.	desgl.	schmutzigblauer Niederschl.	desgl.	Nied.unt.weiss, ob. blau, dann lichtbraun
Magnesia	lichtbrauner Niederschl.	schmutzigweisser Nied.	violettr. Nied., Lösung grün	grauer Nied.	rother Niederschl.	weissgelber Niederschl.
Kaliumchromat	erdbrauner Niederschl.	gelbbrauner Niederschl.	chromgelber Niederschl.	brauner Nied.	brauner Niederschl.	braungrüner, spät. br. Nied.
Quecksilberchlorid	lichtrothbrauner Niederschl.	weissgelbe Trübung	weisser Nied.	lichtblauer Niederschl.	blutrother Niederschl.	weissgelber flock. Nied.
Quecksilberoxydul, salpetersaures	schmutziggraubrauner Niederschl.	röthlichgelb, dann graubr. Niederschl.	nach länger. Stehen schm.-gelber Nied.	schmutzigbrauner Niederschl.	braunroth, dann erdfarb. Niederschl.	anfangs ziegelr. dann braunr. bis grauglb. Nd.

Die Reagentien müssen stets im Ueberschuss zugesetzt und die Lösungen dann über Nacht stehen gelassen werden. Wo keine näheren Angaben gemacht sind, treten keine merklichen Reaktionen auf.

Quebrachoholz	Valonea	Myrobalanen	Dividivi	Sumach	Knoppern	Birkenrinde
Trübung	schmutziggelbe Trübung, oben dunkle Zone	schmutziggelbe Trübung	starke gelbbraune Trübung	schmutziggrüner Niederschl.	weissgelber Nied.	braungelbe Trübung
braungelber flockiger Niederschl.	desgl.	gelblicher Nied.	gelblicher Nied.	grüner Nied.	desgl.	rostbrauner Niederschl.
desgl.	lichtbraune Trübung	lichtbraune Trübung	weissgelber Nied., rothbraune Lösung	dunkelgrüner Niederschl.	desgl.	gelbbrauner Niederschl.
dunkelbraune Lösung	geringer gelbl. Nied., lichte Lösung	geringe gelbbr. Trübung	schmutzigröt Niederschl.	lichtgrüner Satz, grüne Lösung	graugelber Niederschl.	stark. rothbr. Nied., dunkle Lösung
geringer Nied., rothbraune Lösung	geringer lichtbr. Nied., dunkle Lösung	schmutzigrothe Färbung	schmutzigbraune Trübung	schwarzgrüner Niederschl.	dunkelgelber Niederschl.	rostbrauner Niederschl. u. Lösung
	gelbliche Trübung	dunkelgelbe Trübung	lichtbraune Trübung	dunkelschmutz.-grüner Nied.	gelbbrauner Niederschl.	
dunkelbrauner Niederschl.	gelbl.weisser Nd., teilw. lösl., beim Stehen kirschr., dann br. Schauer	gelblichweisser, später br. Nied., im Ueberschuss löslich	gelbl weiss.Nied., im Uebersch. theilw. lösl., beim Stehen braun	ursprüngl. heller, dann schmutziggrüner Nied.	dicker grauweisser Nied., roth nachdunkelnd	dunkelfleischrother im Uebersch. lösl. Niederschl.
Lösg. schwachgelb, oben rothbraun	gelbgraue Flocken	gelbgraue Flocken	gelblichbraune Flocken	geringe grüne Ausscheidung	starker weissgelber Nied.	geringer brauner Nied.
					graubrauner Niederschl.	Spur innen fleischrother Niederschl.
	schmutziggelbweiss, dann schwarzbr. Nied.	lichtgelbe Flocken	rostbrauner Nied.	nach längerem Stehen geringer gelblicher Nied.	röthlich gelbe Flocken	
					Aether gelbgrün gefärbt	
	an der Grenzzone dichte gelbe Flocken	CS, fast ungef., an der Grenzzone gelbe Flocken	CS, fast ungef., an der Grenzzone gelbe Flocken	CS, grün gefärbt	CS, gelbgrün gefärbt	
gelbbr. Nied., dunkelbr. Lösg.	geringer gelbbr. Niederschl.	geringer gelbbr. Niederschl.	geringer gelbbr. Niederschl.	grünbrauner Niederschl.	nach längerem Stehen geringer grauer Nied.	gelbbr. Nied., dunkelrothe Lösung
	nach längerem Stehen gelblicher Niederschl.	nach längerem Stehen gelbe Flocken	nach langem Stehen sehr geringe Trübung	nach langem Stehen schwarzgrüner Nied.	schwache Trübung	Trübung
bräunlglb. flock. Nd., dklr. Lösg.	gelbgrauer Nied.	gelblicher Nied.	gelblicher Nied.	grüner Nied.	grünl. gelber Niederschl.	lichtrostbr. Niederschl.
desgl.	desgl.	desgl.	desgl.	desgl.	desgl.	desgl.
desgl.	schwefelgelber Niederschl.	desgl.	gelbbr. Nied., lichtbr. Lösung	desgl.	desgl.	desgl.
	schmutziggelbbr. spät. citrong. Nd.	lichtgelber, spät. gelber Nied.	rostbraun, spät. orangeg. Trüb.	apfelgrüner Nied.		
bräunlichgelb. Nied., dunkelrothbr. Lösg.	gelbgrauer Nied.	gelblicher Nied.	gelblichbr. Nied.	grüner Nied.	graugelber Niederschl.	desgl.
falbfarb. Nied.	lichtgelber graul. Niederschl.	lichtcrêmefarb.	ockergelber käsiger Nied.	grünlichgelber käsiger Nied.	schmutzigweisser käs. Nd.	starker rostbr. Niederschl.
lichtrothbr. Niederschl.	lichtgelbweisser Niederschl.	crêmegelber Niederschl.	orangefarb. Nied.	lichtgrüner Nied.	grünlichgelber Niederschl.	starker lichtrostbr. Nied.
	gelbgrauer Nied.	gelber Nied.	dunkelgelber Niederschl.	grüner Nied.	orangegelber Niederschl.	Trübung
geringer Nied., amaranthrothe Lösung	desgl.	desgl.	desgl.	desgl.	käs. röthlichw. nachdunkelnd. Niederschl.	weissgelb. Nd., oben erdbraun u. glänzend
Nied. violettbr., oben dunkelbr.	lichtchokoladebr. Niederschl.	eigelber Nied., farblose Lösung	isabellfarb. nachdunkelnd. Nied.	erst grüner, dann gelber Nied.	grünbrauner Niederschl.	fleischrother, oben zinnoberrother Nied.
Nied. weissgrau, ob. chokoladbr. glänzend	desgl.	desgl.	desgl.	erst grüner, dann schwefelgelber Niederschl.	grüner Nied., über Nacht graubraun	weissgrauer, oben brauner Niederschl.
desgl.	chokoladebr. Nied., später schwarz	schmutziger,auch grüner, dann brauner Nied.	schwachröthl. Nied., oben schmutziggrau	desgl.	desgl.	weissgrauer, oben zinnoberrother Nied.
Nied. violettr., Lösung dunkel	gelblicher Nied.	gelblicher Nied.	graubr. Nied.	schmutziggrüne Masse	gelblichweisser Niederschl.	lichtfleischrother Nied.
dunkelbrauner Niederschl.	gelbbrauner Niederschl.	schmutzigbraun. Niederschl.	dunkelbr. Nied.	schmutzigbr. Niederschl.	dunkelrothviol. dann chok. Nd.	kastanienbrauner Nied.
dunkle Trübung	schmutziggelber Nied., theilweise löslich	gelbbrauner Nied., im Ueberschuss löslich	brauner Nied., grösstentheils löslich im Ueberschuss	schmutziggr.Nd., im Ueberschuss theilw. löslich u. beim Stehen gelb ausfallend	gelbgrüner Niederschl.	rothgelber Niederschl.
nach längerem Stehen chokoladebr. Nied.	orangegelber Nied., später schmutziggrau	orangegelber, dann graugelber Niederschl.	orangegelber, spät. schmutz. Niederschl.	laubgrüner Nied.	orangefarb., grauwerdender Niederschl.	grauer Niederschl.

IX. Abschnitt.

Die Analyse der Gerbmaterialien.

Geschichtliche Notizen.

Es giebt wohl kaum andere organische Verbindungen, zu deren Bestimmung man soviel Verfahren in Vorschlag gebracht hat, als wie zur Gerbstoffbestimmung in den Gerbmaterialien, und es kann ruhig gesagt werden, dass dieses Problem auch jetzt noch nicht vollständig befriedigend gelöst ist. Von den vielen vorgeschlagenen Methoden sind nur diejenigen, welche auf der indirekten Gewichtsermittelung der durch Haut aufnehmbaren Gerbstoffe und auf der maassanalytischen Bestimmung mit einer oxydirenden Lösung von Permanganat in Gegenwart von Indigo beruhen, zweckmässig, genügend genau und für den allgemeinen Gebrauch geeignet. In den meisten Fällen ist das indirekt gewichtsanalytische Verfahren jedem anderen vorzuziehen; es giebt aber auch Ausnahmen, bei welchen die Permanganatmethode noch besser ist.

Vor der ausführlichen Beschreibung dieser empfohlenen Methoden will ich eine kurze Uebersicht der wieder verlassenen Verfahren geben; nur in der Absicht, jüngeren Chemikern Arbeit zu ersparen, damit dieselben nicht etwa Methoden wieder erfinden, welche sich schon früher nicht bewährt haben.

Zuerst sollen die Fällungsmethoden besprochen werden; die älteste ist die von H. Davy,[1]) welche von Stoddart und Anderen etwas verbessert worden ist und welche darin besteht, den Gerbstoff mit Gelatine zu fällen, den Niederschlag zu trocknen und zu wägen. In den meisten Fällen ist es fast unmöglich, in der von Davy angegebenen Weise abzufiltriren; durch Anwendung einer geringen Menge Alaun und durch Aufgiessen von heissem Wasser auf den Niederschlag vereinigt sich derselbe jedoch zu

[1]) Phil. Trans., 93, S. 233.

einer Masse, welche durch Dekantiren ausgewaschen werden kann. Da der Niederschlag entsprechend der Stärke der angewandten Lösung und der zum Auswaschen verwendeten Wassermenge wechselnde Mengen Gerbstoff enthält und da derselbe in einem Ueberschusse der Gelatine löslich ist und durch Auswaschen nicht vollständig von ungebundener Gelatine und vom Alaun befreit werden kann, so vermag diese Methode auch keinen Anspruch auf grosse Genauigkeit zu machen. Eine etwas bessere Methode (Warington, Müller) beruht darauf, dass man eine Normal-Gelatinelösung mit einer geringen Menge Alaun verwendet; das Ende der Reaktion wird bestimmt, indem man einen Theil der Gerbstofflösung abfiltrirt und das Filtrat darauf prüft, ob einige Tropfen des Reagens noch einen Niederschlag erzeugen. Diese Methode ist sehr ermüdend und der Endpunkt ist schwer zu treffen, weil die neutrale Lösung sowohl mit Gelatine als auch mit Gerbstoff Fällungen giebt; sie ist bei vielen Materialien nicht anwendbar, namentlich bei Gambier und Katechu, weil das Gemisch der Lösungen sich nicht klar filtriren lässt; die Ergebnisse sind nicht übereinstimmend, wahrscheinlich wegen der Eigenschaft des Gerbstoffes, sich mit der Gelatine in verschiedenen Verhältnissen zu verbinden. Die Normallösung ist ferner auch sehr unbeständig. Wenn die Lösungen mit Chlorammonium gesättigt werden, erhält man in manchen Fällen bessere Ergebnisse. Versuche, als Indikator einen Zusatz von basischen Anilinfarbstoffen (welche ebenfalls durch die Gerbstoffe gefällt werden) zu der Gelatinelösung zu benutzen, sind ebenfalls misslungen, und zwar einerseits, weil bei vielen Gerbstoffen die Fällung eine unvollständige ist, und andererseits, weil der Farbstoff auch von dem Gerbstoff-Leimniederschlag absorbirt wird.

Die Gerbstoffe werden durch die meisten Alkaloïde ausgefällt; Wagner[1]) benutzte deswegen eine Normallösung von Cinchoninsulfat, welche mit essigsaurem Rosanilin als Indikator gefärbt wird; aber die hierbei erhaltenen Resultate waren zu niedrig und ganz unzuverlässig. Viele Metallsalze sind ebenfalls als Fällungsmittel sowohl für gewichtsanalytische als auch für maassanalytische Verfahren verwendet worden, aber in den meisten Fällen ohne zufriedenstellende Ergebnisse, weil entweder die Fällung eine unvollständige ist oder andere Substanzen, wie Gallussäure oder Farbstoffe, mit den Gerbstoffen zugleich niedergeschlagen werden.

Eine weitere Schwierigkeit bei allen diesen Methoden liegt darin begründet, dass die Gerbstoffe eine Gruppe von Körpern von sehr grosser chemischer Mannigfaltigkeit bilden und dass deswegen Methoden, welche bei dem einen Gerbstoffe genaue Zahlen liefern, bei anderen entweder vollständig versagen oder ganz verschiedene Resultate geben. Ein Universalfehler dieser Methoden besteht

---

[1]) Zeitschr. f. anal. Chem. V, S. 1.

darin, dass dieselben, wenn sie bei einem Gerbmaterial konstante Zahlen liefern, bei einem anderen, welches einer anderen Gruppe angehört, nicht Resultate geben, die ohne weiteres mit den ersteren verglichen werden können. Diese Schwierigkeit wird bei der gewichtsanalytischen Hautpulver-Methode, welche das thatsächliche Gewicht des von der Haut aufgenommenen Gerbstoffes angiebt und deswegen einen wenigstens annähernden Vergleich des Gerbewerthes vollständig verschiedener Materialien gestattet, zum grössten Theile umgangen.

Von den Verfahren, welche auf der Fällung mit Metallsalzen beruhen und gute Resultate geben, ist das von GERLAND[1]) zu erwähnen, bei welchem eine Lösung von weinsaurem Antimon-Kali in Verbindung mit Chlorammonium verwendet wird. Das letztere hat den Zweck, das Absetzen des Niederschlages zu befördern und die gleichzeitige Ausfällung der Gallussäure zu verhindern. Diese Methode ist durch RICHARDS und PALMER[2]) verbessert worden; dieselben verwendeten Ammoniumacetat anstatt des Chlorids, fügten 4 $^0/_0$ der konc. Lösung desselben zu der Gerbstofflösung und lösten 6.730 g des Kaliantimontartrates (vorsichtig bei 100° C. getrocknet) pro Liter; 1 ccm dieser Lösung entspricht 0.01 g Gallusgerbsäure. Der Endpunkt der Reaktion lässt sich erkennen, wenn man einen Tropfen der klaren, über dem Niederschlag befindlichen Flüssigkeit auf eine weisse Porzellanplatte bringt, einen Tropfen Natriumthiosulfatlösung hinzufügt und erwärmt; der geringste Ueberschuss an Tartrat macht sich durch die Bildung von rotem Schwefelantimon bemerkbar. Diese Methode giebt gute Resultate bei Sumach und solchen Materialien, welche Gallusgerbsäure enthalten; aber sie ist etwas umständlich und eignet sich für viele Gerbstoffe nicht. Die Brechweinsteinlösung verändert sich unter dem Einflusse von Schimmelpilzen; sie hält sich dagegen besser, wenn man ihr ein Antisepticum, wie Phenol oder eine Spur Quecksilberchlorid, zusetzt. Kupferacetat[3]) giebt, bei gleichzeitigem Zusatz von Ammoniumkarbonat zur Entfernung der Gallussäure, auf gewichtsanalytischem Wege bei Gallusgerbsäure und einigen anderen Gerbstoffen auch gute Resultate; dieses Verfahren ist aber auf die Gerbstoffe, deren Kupfersalze in Ammoniak löslich sind (vergl. S. 76 u. 77), nicht anwendbar. Diese Einschränkung erstreckt sich auch auf den DANTON'schen Vorschlag, bei dem Permanganatverfahren Kupfersalze zur Ausfällung des Gerbstoffes zu benutzen. Dieses verschiedene Verhalten der Gerbstoffe ist insofern bemerkenswerth, als es die Grundlage zur quantitativen Bestimmung derselben in Gemischen abgeben kann

Eine andere Gruppe von Verfahren beruht auf der Ermitt-

---

[1]) Chem. News, VIII, S. 54.
Amer. Journ. Science and Arts (3), XVI, S. 196, 361.
H. FLECK, Bayr. Kunst- u. Gewerbeblatt, 1860, S. 209.

lung der Menge irgend eines Oxydationsmittels, welche zur Zerstörung des vorhandenen Gerbstoffes erforderlich ist. Die theoretisch einfachste derselben ist die von TERREIL, bei welcher man die mit Kali oder Natron alkalisch gemachte Gerbstofflösung behufs Oxydation mit einem abgemessenen Quantum Luft zusammenbringt, dessen Volumenverminderung alsdann gemessen wird.[1]) Die Absorption geht langsam vor sich; diese Methode lässt sich überhaupt schwierig ausführen und besitzt mehrere Fehlerquellen. Dieselbe macht keinen Unterschied zwischen Gerbstoffen und anderen adstringirenden Substanzen, welche nicht gerben, wie z. B. Gallussäure, so dass sich nach der Entfernung des Gerbstoffes noch eine zweite Bestimmung nothwendig macht, der Gerbstoff also aus der Differenz ermittelt werden muss. COMMAILLE[2]) oxydirte mit einer bekannten Menge Jodsäure in Gegenwart einer Spur von Cyanwasserstoffsäure und bestimmte alsdann die unveränderte Jodsäure. Dieses Verfahren war mühsam, nicht sehr genau und erforderte, wie alle Oxydationsmethoden, eine gesonderte Bestimmung der Gallussäure. Die Eigenschaft des Jods, sich mit dem Gerbstoff zu verbinden, ist von F. JEAN[3]) zur Bestimmung desselben herangezogen worden; derselbe verwendet eine Normal-Jodlösung, welche mit der durch Soda alkalisch gemachten Gerbstofflösung titrirt wird. Da die Farbe des Lösungsgemisches zur Beobachtung der bekannten Stärkereaktion zu dunkel ist, tüpfelt man die Lösung auf Filtrirpapier, welches mit Stärkemehl eingerieben ist. Diese Methode ist zeitraubend, nicht sehr genau und macht keinen Unterschied zwischen Gallussäure und Gerbstoff.

Die Anwendung des Kaliumpermanganates zur Gerbstoffbestimmung wurde zuerst von MONIER[4]) vorgeschlagen; dieselbe ist in ihrer einfachsten Form des direkten Zusatzes des Permanganates nicht anwendbar, weil die Reaktion sehr langsam vor sich geht und bei gewöhnlicher Temperatur überhaupt niemals ihre theoretische Grenze erreicht. GANTTER[5]) hat später gezeigt, dass es möglich ist, bessere Resultate zu erhalten, wenn man die Titration in kochender Lösung vornimmt; dieses Verfahren unterscheidet sich im Princip nicht von der MONIER'schen Methode. Das GANTTER'sche Verfahren hat eine Prüfung durch VON SCHROEDER und PÄSSLER[6]) erfahren. Die ursprüngliche LÖWEN-

[1]) MITTENZWEY, Journ. f. prakt. Chem., II (1864), S. 815; TERREIL, Compt. Rend., 78 (1874), S. 990.

[2]) Compt. Rend., 59, S. 398.

[3]) Compt. Rend., 82, S. 982; Berichte d. Deutsch. chem. Ges., 1877, S. 730.

[4]) Compt. Rend., 1858, S. 577.

[5]) Zeitsch. f. angew. Chem., 1889, S. 20; vergl. PROCTER, Journ. Soc. Ch. Ind., 1890, S. 260.

[6]) DINGL. polyt. Journ., 277, 1890, H. 8.

THAL'sche[1]) Methode brachte in dem Zusatz von Indigolösung zu der zu titrirenden Gerbstofflösung eine wesentliche Verbesserung; der Indigo dient nicht nur als Indikator, sondern derselbe bewirkt auch, dass die Oxydation des Gerbstoffes sich innerhalb gewisser Grenzen bewegt. LÖWENTHAL nahm zuerst an, dass nur der Gerbstoff in Mitleidenschaft gezogen würde; da aber auch die Gallussäure durch das Permanganat in ähnlicher Weise oxydirt wird, so macht sich in den Fällen, wo beide vorhanden sind, eine doppelte Titration erforderlich, wobei der Gerbstoff vor der zweiten entfernt werden muss; um dies zu erreichen, sind mehrere Vorschläge gemacht worden. Von der Zeit an, wo LÖWENTHAL vorschlug, den Gerbstoff durch Gelatine bei Gegenwart einer angesäuerten Salzlösung zu fällen, bis zur Einführung der indirekt-gewichtsanalytischen Hautpulver-Methode[2]) im Jahre 1886 war kaum eine andere Methode als die LÖWENTHAL'sche (und zwar mit der Entfernung des Gerbstoffes mit Gelatine oder Hautpulver) zur Gerbstoffbestimmung in Gebrauch; in gewissen speciellen Fällen ist sie auch jetzt noch von Werth.

Die „indirekt gewichtsanalytische Methode" ging von der Wiener Versuchsstation für Lederindustrie aus und wurde in deren Organ „Der Gerber" von F. SIMAND und B. WEISS[3]) veröffentlicht; dieselben wandten diese Methode zunächst nur bei Extrakten an, später dehnten sie, in Verbindung mit EITNER und MEERKATZ,[4]) dieselbe auch auf feste Gerbmaterialien aus. Aeltere Methoden, welche gewissermassen auf denselben Principien beruhten, waren die von HAMMER[5]) und MUNTZ und RAMSPACHER.[6]) Bei der ersteren derselben wurde das spec. Gew. einer verdünnten Gerbstofflösung mit einem Pyknometer oder einem sehr empfindlichen Aräometer vor und nach der Entfernung des Gerbstoffes mit Hautpulver bestimmt. Aus einer Tabelle konnte die Gerbstoffmenge, welche der Differenz der ermittelten specifischen Gewichte entsprach, abgelesen werden; dieser Tabelle diente die Thatsache, dass eine 10procentige Gallusgerbsäure bei 15^0 C. ein spec. Gew. von 1.0040 besitzt, als Grundlage. Man kann annehmen, dass bis zu einem Gehalte von $5^0/_0$ das spec. Gew. proportional der Gerbstoffmenge ist; der Procentgehalt wird also gefunden, indem man beim spec. Gew. die hinter dem Komma stehenden Zahlen durch 0.004 dividirt. Auch bei der peinlichsten Bestimmung des spec. Gew. und der Temperatur der Lösung werden hierbei nur annähernde Ergebnisse erhalten; es sind übrigens bis jetzt nur die spec. Gewichte der Lösungen von

---

[1]) Journ. f. prakt. Chem., III (1860), S. 150.
[2]) Zeitschr. f. anal. Chem., 1877, S. 33 u. 201.
[3]) „Gerber", 12 (1886), S. 1, 26 u. 35; DINGL. polyt. Journ.. 260, S. 564.
[4]) „Gerber", 13 (1887), S. 2.
[5]) DINGL. polyt. Journ., 49, S. 300.
[6]) Compt. Rend., 79, S. 300.

Gallusgerbsäure, aber nicht von anderen Gerbstoffen veröffentlicht worden. Bei dem MÜNTZ- und RAMSPACHER'schen Verfahren wird die Lösung durch Filtriren durch ein Stück rohe Haut unter Druck vom Gerbstoff befreit; der Gerbstoff wird alsdann nach der HAMMER'schen Methode oder durch Eindampfen der Lösungen, also in beiden Fällen indirekt, bestimmt. Die schwache Seite dieses Verfahrens besteht darin, dass die Lösung, nachdem zur Entfernung des in der Haut vorhandenen Wassers genügend Gerbstofflösung durch dieselbe hindurchgegangen ist, alsdann meist nicht mehr gerbstofffrei abläuft. Bei Versuchen, die der Autor mit grösster Vorsicht anstellte, variirten bei derselben Lösung die Zahlen bis zu 10% der vorhandenen Gerbstoffmenge.

Die Methode von WEISS und SIMAND wurde ursprünglich in folgender Weise ausgeführt: „Das „Gesammt-Lösliche" oder der „Gesammt-Rückstand" wurde durch Eindampfen von 100 ccm der klar filtrirten Extraktlösung in einer Platinschale und durch Trocknen bei 100° C. bis zur Gewichtskonstanz ermittelt; die Lösung war von einer derartigen Koncentration, dass dieser Rückstand 1.0—1.2 g betrug. 250 ccm derselben Lösung wurden in einer trockenen Flasche mit 1 g trockenem, gereinigtem Hautpulver zusammengebracht und mehrere Stunden an einem kühlen Orte stehen gelassen, während welcher Zeit häufig und kräftig durchgeschüttelt wurde. Die Lösung wurde dann durch Leinewand filtrirt, nochmals mit 2 g Hautpulver zusammengebracht und während der nächsten 12—16 Stunden öfters geschüttelt, während welcher Zeit noch weitere 2 g Hautpulver zugesetzt wurden. Hierauf wurde die Flüssigkeit durch ein Papierfilter filtrirt; 100 ccm des vollständig klaren Filtrates wurden eingedampft. Der Rückstand bestand aus „löslichen Nichtgerbstoffen"; werden dieselben vom Gesammt-Rückstand abgezogen, so verbleibt die „gerbende Substanz".

Wenn die ganze Hautpulvermenge auf einmal zu einer verhältnissmässig starken Gerbstofflösung gebracht wird, so wird die Oberfläche sehr rasch gegerbt, ist aber dann nicht fähig, noch grössere Mengen von Gerbstoff aufzunehmen. Fügt man dagegen das Hautpulver allmählich hinzu, so wird der grössere Theil des Gerbstoffes durch die ersten Hautpulvermengen absorbirt, die letzten Spuren alsdann durch die weiteren Zusätze. Bei Anwendung sorgfältig gereinigten Hautpulvers, welches möglichst frei von löslichen Substanzen ist, kann man mit dieser Methode sehr genaue Resultate erhalten; die principiellen Fehler liegen in der für die Absorption einigermassen langen Zeit und in der hiermit verbundenen Gefahr des Eintrittes von Fäulnisserscheinungen, wodurch die Löslichkeit des Hautpulvers, besonders bei heissem Wetter, erhöht wird. Diese Gefahr kann herabgesetzt werden, wenn man die betreffenden Gefässe unter fliessendes kaltes

Wasser setzt oder wenn man den Lösungen nach dem Vorschlage von Dr. Hellon eine geringe Menge Phenol oder ein anderes Antisepticum zusetzt.

Bald nach der Publikation von Simand und Weiss kam der Autor[1]) (wahrscheinlich durch die Muntz- und Ramspacher'sche Methode veranlasst) auf die Idee, dass die Bestimmung durch den Gebrauch eines cylindrischen, mit Hautpulver gefüllten Filters wesentlich schneller ausgeführt werden könnte; die Gerbstofflösung sollte hierbei die Hautpulverschicht langsam durchdringen, so dass die Hauptmenge des Gerbstoffes bereits durch die ersten Schichten des Filters absorbirt wird. Diese Methode wurde von der Wiener Versuchsstation angenommen, und zwar mit einer Verbesserung der Filterform;[2]) dieselbe ist seitdem die hauptsächlichst angewandte Gerbstoffbestimmungsmethode geblieben (S. 111).

Neuerdings ist eine Methode von Dr. Yokum[3]) veröffentlicht worden; dieselbe greift auf die ursprüngliche Form der Methode von Simand und Weiss zurück, verkürzt aber durch Anwendung kräftigen mechanischen Schüttelns die Schütteldauer auf ungefähr eine halbe Stunde. Die Resultate stimmen sehr gut mit denen der Filtermethode überein; gewöhnlich sind sie nur einen Bruchtheil eines Procentes niedriger. Nur bei einigen Gerbmaterialien, besonders bei Gambier, sind die Unterschiede wesentlich grösser.

[1]) Journ. Soc. Chem. Ind., 1887, S. 94.

[2]) „Gerber", 1887, S. 65.

[3]) „Leather Manufacturer", 1894, Nr. 9; Journ. Soc. Chem. Ind., 1894, S. 494.

X. Abschnitt.

Die Probenahme, Zerkleinerung und Extraktion der Gerbmaterialien.[1]

Bevor die Ausführung der Gerbmaterialanalyse ausführlich beschrieben werden kann, ist es nothwendig, die Probenahme, Zerkleinerung und Extraktion der Gerbmaterialien zu besprechen. Durch Vernachlässigung dieser Faktoren können ausserordentlich grosse Fehler begangen werden. Bei Extrakten müssen die Proben aus mindestens 6—10 Fässern entnommen werden; diese Proben werden dann sorgfältig gemischt, und hiervon werden mindestens 100—150 g in eine reine kleine Flasche gebracht. Wenn der Extrakt bereits längere Zeit in den Fässern aufbewahrt worden ist, muss grosse Sorgfalt darauf verwendet werden, dass der entmischte Extrakt vor der Probenahme durch Umrühren und Rollen gleichmässig durchmischt wird; diese Operation ist aber sehr schwierig, zuweilen sogar unmöglich. Von ebenso grosser Wichtigkeit ist es, dass die in Flaschen oder Büchsen befindlichen, zur Untersuchung bestimmten Proben vor dem Auswägen für die Analyse gründlich durchmischt werden. PARKER[2]) hat gezeigt, dass durch Vernachlässigung dieser letzteren Massregel Differenzen bis zu 2 Proc. entstehen können.

Die Probenahme von Block-Gambier ist eine der schwierigsten. Es muss zunächst ein grösseres Muster gezogen werden, entweder indem man die Blöcke mit einem cylindrischen, korkbohrerähnlichen Instrumente durchbohrt oder indem man aus denselben mit einem trockenen Beile dünne Scheiben herausschneidet; diese Theile werden alsdann durch Zerschneiden und Zusammenkneten gut gemischt, wobei man Feuchtigkeitsverluste möglichst zu vermeiden sucht. Bei festen Gerbmaterialien sollen die Muster immer aus wenigstens zehn Sack oder getrennten Theilen der ganzen Masse

---

[1]) Vergl. auch den Anhang zum XI. Abschnitt.

[2]) Leather Trades Circ., 1887, S. 489.

entnommen werden; bei Valonea z. B. muss darauf geachtet werden, dass die Schuppen, der „Trillo“, in dem richtigen Verhältnisse gezogen werden. Diesem Punkte wird seitens der Händler viel zu wenig Beachtung geschenkt; das Verhältniss der einzelnen Bestandtheile wechselt in verschiedenen Theilen der ganzen Ladung ausserordentlich. Die Probenahme wird am besten so vorgenommen, dass man mehrere Säcke auf einem reinen, ebenen Boden ausschüttet, die ganze Masse gleichmässig durchmischt und nun an mehreren Stellen Proben entnimmt, wobei man von oben bis nach unten geht. Wenn es sich um Muster handelt, welche nicht speciell für die Analyse gezogen worden sind, ist es das Sicherste, das Verhältniss zwischen Becher und Schuppen, welche letztere den gerbstoffreicheren Theil der Valonea darstellen, zu bestimmen und diese Bestandtheile in dem gleichen Verhältnisse zur Analyse auszuwägen oder die Analyse nur von den Bechern auszuführen. Bei der Musterziehung von Myrobalanen ist zu berücksichtigen, dass die geringwerthigen und leichten Früchte nach oben gehen; man soll daher die Proben nicht nur von oben wegnehmen. Das gezogene Muster kann auf einer kleinen Gerbmaterialmühle und, wenn nöthig, hiervon ein kleines Muster zum zweiten Male auf einer für diesen Zweck bestimmten Mühle gemahlen werden; die gewöhnlichen Kaffeemühlen sind hierzu meist zu schwach gebaut. Die Droguenmühle, Nr. 3 oder 4, von Burroughs, Wellcome & Co. eignet sich hierzu recht gut. Eine kleine, für diesen Zweck gebaute Mühle wird unter dem Namen „Tannina“ von Robert Paessler in Freiberg i. Sachsen in den Handel gebracht. Wenn eine geeignete Mühle zur Zerkleinerung des Materiales zu einem groben Pulver nicht zur Hand ist, ist es nothwendig, dasselbe durch Stossen oder Brechen zu kleinen Stücken für die weitere Zerkleinerung in den kleinen Mühlen vorzubereiten. Bei vielen Materialien lässt sich dies durch Zerschlagen mit einem Hammer auf einer gusseisernen Platte erreichen; um das Wegfliegen von Bruchstücken zu vermeiden, soll dieselbe an drei Seiten vorstehende Ränder besitzen. Viele Rinden lassen sich wegen ihrer Zähigkeit nicht auf diese Weise zerkleinern; man schneidet in solchen Fällen mit einer kräftigen Scheere oder mit einer Säge von einer grossen Anzahl Rindenstücke kleine Stücke ab. Wenn die Rinde gebündelt ist, kann auf diese Weise mit einem Male eine grosse Anzahl kleiner Stücke erhalten werden. Viele Materialien lassen sich gewöhnlich im stark getrockneten Zustande viel leichter zerkleinern; es machen sich aber dann Wasserbestimmungen sowohl in dem ursprünglichen Muster, als auch in der für die Analyse getrockneten und gemahlenen Probe nothwendig.

Extraktion. Extrakte lassen sich in einer für die Analyse geeigneten Weise auflösen, wenn man die Porcellanschale, in welcher sie ausgewogen worden sind, in einen im Hals einer Literflasche befindlichen grossen Trichter bringt und nunmehr den

Extrakt mit mindestens 500 ccm kochenden Wassers ohne Verlust überspült. Nach dem Auffüllen mit heissem Wasser bis zum Hals wird die Flasche mit einem kleinen Becherglase bedeckt, alsdann der Inhalt unter fliessendem Wasser schnell abgekühlt und mit Wasser von gewöhnlicher Temperatur bis zur Marke genau aufgefüllt. Feste Extrakte werden am besten in einem Becherglase mit kochendem Wasser gelöst, in den Literkolben übergespült und in der beschriebenen Weise weiter behandelt. Man muss hierbei darauf achten, dass feste ungelöste Theile nicht in den Kolben übergespült werden. Wenn der Gehalt an unlöslichen Bestandtheilen, wie z. B. bei Gambier, gross ist, ist es empfehlenswerth, durch ein Gewebe zu filtriren oder in gleicher Weise wie bei der Extraktion fester Gerbmaterialien zu verfahren. Ein kurzes Kochen des Rückstandes, nachdem die Hauptmenge des Gerbstoffes gelöst ist, ist im allgemeinen nicht nachtheilig; aber lang andauerndes Kochen der meisten Gerbstofflösungen, besonders bei Luftzutritt, bedingt gewisse Gerbstoffzersetzungen und ruft ausserdem fast immer eine wesentliche Dunkelfärbung der Brühen hervor. Der Autor ist der Meinung, dass bei den meisten Extrakten besser übereinstimmende Ergebnisse erhalten werden, wenn man anstatt des raschen Abkühlens allmählich auf Zimmertemperatur erkalten lässt, aber die Resultate sind dann niedriger im Gerbstoffgehalt und höher im Gehalt an Unlöslichem; in manchen Fällen kann man jedoch aus Mangel an Zeit das langsamere Verfahren nicht anwenden, sodass es im Interesse einer besseren Uebereinstimmung liegt, wenn man unter fliessendem Wasser abkühlt. Aus dem gleichen Grunde ist es auch das Beste, die Extrakte immer in siedend heissem Wasser zu lösen, obgleich viele derselben auch bei niedrigeren Temperaturen sich vollständig lösen und dann auch leichter filtriren, während in anderen Fällen die Anwendung niedriger Temperaturen einen höheren Gehalt an „Unlöslichem“ verursachen würde (vergl. auch den Anhang zum XI. Abschnitt).

Der in einem Extrakt gefundene Gehalt an Unlöslichem wird durch die zum Lösen verwendete Wassermenge bedeutend beeinflusst. Dies ist schon vor längerer Zeit von VON SCHROEDER festgestellt worden; die folgende Tabelle zeigt die von CERYCH[1]) bei einem Eichenholz-Extrakt festgestellten Zahlen:

Gelöst pro Liter	Unlösliches	Nicht-gerbstoffe	Gerbende Substanz
g	%	%	%
5	0.12	18.44	28.56
15	1.22	18.50	27.40
30	1.65	18.40	27.07

[1]) „Gerber“, 1895, S. 242.

Da mit der Zunahme des Unlöslichen der Gerbstoffgehalt sich in gleichem Maasse vermindert, so muss gefolgert werden, dass dasselbe aus rothen Anhydriden oder „schwerlöslichem Gerbstoff" besteht. Bei Materialien, welche, wie die Hemlockrinde und das Quebrachoholz, diese Körper in grösserer Menge als das Eichenholz enthalten, tritt dieser Unterschied in noch viel stärkerem Masse auf. Es ist daher sehr wichtig, dass man zur Erzielung einheitlicher Resultate die Ansatzmengen nicht beliebig wählt und dass die Gerbereichemiker hierfür feste Normen aufstellen.

Die Löslichkeit dieses „schwerlöslichen Gerbstoffes" wird durch die Temperatur stark beeinflusst; infolgedessen wird die gefundene Menge desselben von der Temperatur abhängig sein, bei welcher die für die Analyse bestimmte Lösung filtrirt worden ist. Cerych[1]) fand, dass ein Eichenholz-Extrakt, welcher bei 16° C. 1.68 Proc. Unlösliches ergab, bei 34° C. vollständig löslich war, noch grössere Differenzen hat Paessler[2]) bei der Analyse von Quebrachoextrakten gefunden. Diese Angaben erstrecken sich auch auf feste Gerbmaterialien.

Die Extraktion der festen Gerbmaterialien ist nicht so einfach als das Auflösen der Extrakte. A. N. Palmer und J. E. Hughes haben gezeigt, dass jedes Gerbmaterial in Bezug auf die Extraktionstemperatur ein Optimum hat und dass in vielen Fällen bei Anwendung von Siedehitze eine geringere Gerbstoffmenge als bei etwas niedrigerer Temperatur gefunden wird. Nähere Aufschlüsse hierüber haben die Untersuchungen von Dr. Parker und dem Autor[3]) gegeben. In vielen Fällen ist es nicht möglich, die Extraktion mit der sonst üblichen Wassermenge zu Ende zu führen; da man alsdann ein grösseres Quantum Lösung erhält, deren Koncentration schwächer als die für die gewichtsanalytische Methode zulässige ist, so muss die Lösung durch Eindampfen koncentrirt werden. Meistens genügt für die vollständige Extraktion ein mehrstündiges Einweichen in Wasser von gewöhnlicher Temperatur und darauffolgendes Auslaugen mit Wasser, dessen Temperatur allmählich auf 100° C. erhöht wird; wird die Koncentration nur bei der zuletzt ablaufenden, sehr stark verdünnten Lösung ausgeführt, so sind keine Verluste durch Zersetzungen zu befürchten. Grosse Schwierigkeiten entstehen häufig dadurch, dass manche Gerbmaterialien die Neigung haben, das Filtermaterial, auf welchem sie sich zum Zwecke der Auslaugung befinden, zu verstopfen; es wird diese Erscheinung am besten durch Anwendung von Sandfiltern vermieden. Einer der besten Extraktionsapparate für diesen Zweck ist der von Dr. R. Koch[4]) vorgeschlagene, welcher als

---

[1]) „Gerber", 1895, S. 242.

[2]) Deutsche Gerberzeitung, 1899, Nr. 116 ff.; Zeitschr. f. angew. Chem., 1900, S. 323.

[3]) Journ. Soc. Ch. Ind., 1895, S. 635.

[4]) Dingl. Polyt. Journ. 1887, 267, S. 513.

eine Verbesserung und Vereinfachung der sog. „Real'schen Presse" angesehen werden kann. Dieser Apparat (Fig. 4) besteht aus einer weithalsigen Glasbüchse von 2—300 ccm Inhalt, welche dünnwandig und gut gekühlt sein muss, damit sie das längere Kochen im Wasserbade aushält. Es ist räthlich, dieselbe vor dem Gebrauche im Wasserbade bis auf 100° C. zu erhitzen und alsdann in demselben abkühlen zu lassen, um die Gefahr des Zerspringens bei der Extraktion zu vermindern. Die Büchse wird mit einem

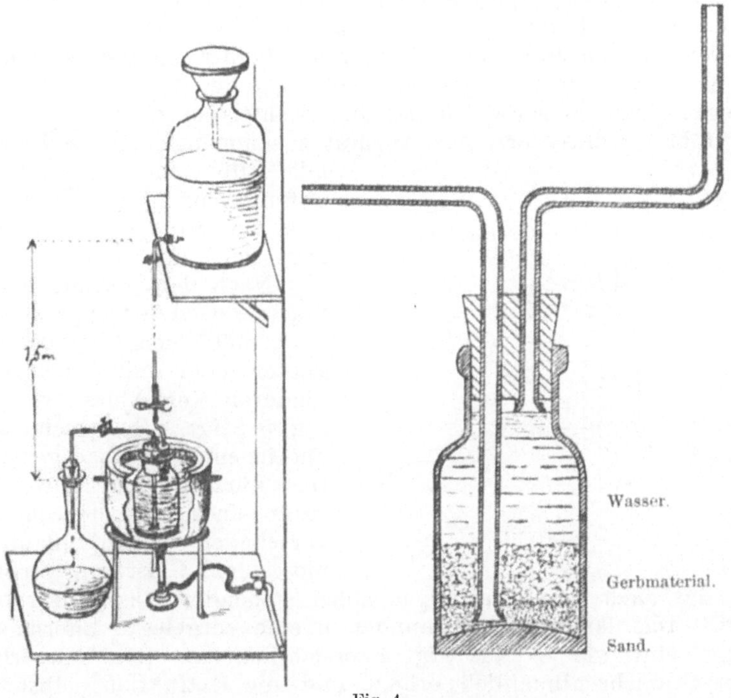

Fig. 4.

Gummistopfen, durch welchen zwei Glasröhren gehen, verschlossen; die eine, durch welche das Wasser zugeführt wird, reicht etwa 1 cm unter den Stopfen, um die direkte Berührung des zufliessenden kalten Wassers mit den heissen Gefässwandungen zu verhüten; die andere, welche als Ausfluss dient, geht fast bis auf den Boden der Büchse, wo sie trichterförmig erweitert und mit einem Stück seidener Müllergaze umbunden ist. Oberhalb des Korkes sind beide rechtwinklig gebogen und mit anderen Röhren verbunden. Für den Gebrauch kommt zunächst eine ca. 2 cm hohe Schicht feinen Seesandes (mit Salzsäure und durch Waschen mit Wasser gereinigt) und dann das abgewogene gemahlene Gerbmaterial in die Büchse. Der Stopfen mit den Glasröhren wird eingesetzt; eine geringe Durchmischung der Schichten ist ohne Belang, weil sich der Sand beim Füllen des Apparates mit Wasser schnell wieder zu Boden setzt. Zum Füllen wird das bis auf den Boden reichende Rohr mit Hilfe eines mit einem Schraubenquetschhahne versehenen Gummischlauchstückes mit einem rechtwinklig gebogenen Glasrohr verbunden, das in ein mit Wasser gefülltes Becherglas eintaucht, und dann wird an der anderen Röhre angesaugt. Dieses Glasrohr dient auch dazu, die während der Extraktion aus dem Apparat abfliessende Lösung in eine Maassflasche einlaufen zu lassen. In besonderen Fällen, wo man das extrahirte Material frei von anderen Substanzen haben will, kann der Sand weggelassen werden. Wo es wegen der faserigen Beschaffenheit des Materials oder aus anderen Gründen schwierig ist, das Trichterrohr nach dem Füllen einzuführen, muss erst der Apparat zusammengestellt und dann mit Hilfe einer besonderen Oeffnung und eines Fülltrichters der Sand und das Material eingefüllt werden.

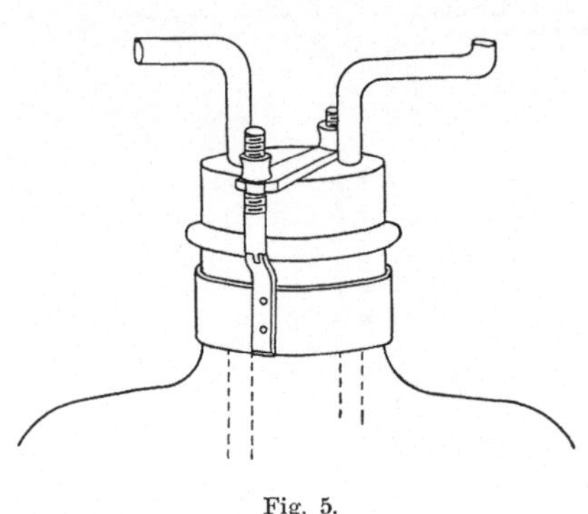
Fig. 5.

Nach dem Ansaugen des Wassers wird der Apparat entweder mit einem Champagnerknoten oder mit einem besonderen Verschluss, wie ihn Fig. 5 zeigt, gut verschlossen und in ein Wasserbad gestellt. Das kürzere Rohr wird mit Hilfe eines mit Quetschhahn versehenen Gummischlauches mit einem Glasrohre verbunden, das nach einem ca. $1^1/_2$ m höher stehenden Wasserreservoire führt. Das längere Rohr mündet in eine vorgelegte Litermaassflasche ein, wie es aus Fig. 4 ersichtlich ist. Das Wasserbad kann nunmehr allmählich erhitzt und die Extraktion selbst bei irgend einer Temperatur vorgenommen werden.

Eine kleine Abänderung, welche sich nach den Erfahrungen des Autors als zweckmässig erwiesen hat und welche mindestens den Vorzug grosser Einfachheit besitzt, ist aus Fig. 6 und 7 (aus dem Katalog von Reynolds & Branson in Leeds, welche diesen Apparat liefern) ersichtlich. An Stelle einer geschlossenen Flasche verwendet man hier ein gewöhnliches offenes Becherglas, welches in ein Wasserbad eingesetzt wird. Ein gewöhnliches Trichterrohr wird heberförmig zweimal rechtwinklig gebogen. Der mit Seidengaze (*C*) überzogene Trichter wird in ein Becherglas gesetzt, während das andere Ende mit Hilfe eines mit Schraubenquetschhahn (*A*) versehenen Gummischlauches mit einem dünnen Glasrohr verbunden ist; das Ganze wird durch eine Klemme festgehalten.

In das Becherglas wird, ebenso wie in den KOCH'schen Apparat, Sand und das Gerbmaterial eingefüllt und alsdann wird Wasser zugegossen; man erwärmt hierauf das Ganze im Wasserbad bis auf die gewünschte Temperatur, saugt an und ersetzt beständig die abgelaufene Flüssigkeitsmenge. Im Vergleich zum KOCH'schen Apparat hat dieser Apparat den Vorzug, dass er offen ist und dass der Inhalt bei etwaigem Verstopfen mit Hilfe eines Glasstabes umgerührt werden kann; aber auf der anderen Seite erfordert er mehr Aufsicht und Bedienung, weil wegen des Fehlens eines Wasserreservoirs,

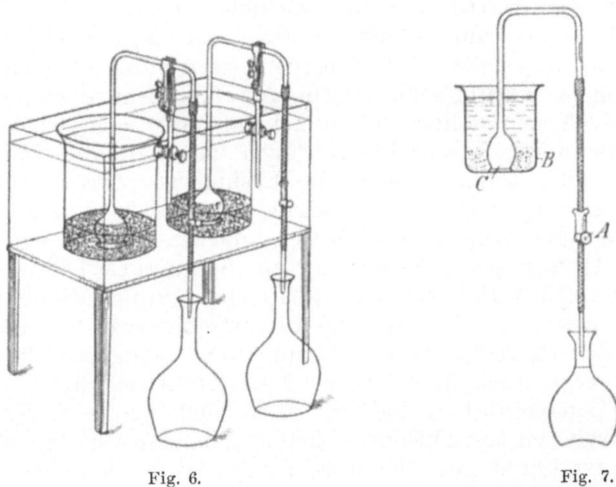

Fig. 6. Fig. 7.

welches das Nachfüllen automatisch ausführt, das Wasser durch Nachgiessen ersetzt werden muss. Im Laboratorium des Yorkshire College wird so gearbeitet, dass man das Gerbmaterial (und zwar so viel, dass dasselbe beim Auslaugen auf 1 l 6—8 g Extrakt liefert) in das Becherglas bringt und dann mit Wasser von gewöhnlicher Temperatur mehrere Stunden stehen lässt. Die Temperatur wird hierauf allmählich erhöht und die Extraktion bei ca. 30° C. begonnen. Nachdem in etwa 1—1½ Stunden ca. 800 ccm abgelaufen sind, wird die Temperatur auf 100° C. gebracht. Die Flasche mit dem ersten Auszug wird bei Seite gestellt und der letzte Auszug alsdann getrennt aufgefangen, und zwar so lange, bis die Lösung farblos und frei von Gerbstoff ist. Dieser zweite Auszug wird in einer mit Trichter bedeckten Flasche über freier Flamme so weit eingeengt, dass er beim Vereinigen mit dem ersten Auszug nicht ganz 1 l liefert; nach dem Erkalten wird genau auf 1 l aufgefüllt. Wenn es auf schnelle Ausführung der Analyse ankommt, kann auch so verfahren werden, dass man zunächst auf 1 l extrahirt und diese Lösung analysirt; der zweite Auszug wird zur Trockne verdampft, gewogen und der Rückstand unter der ziemlich gewagten Annahme, dass er Gerbstoff und Nichtgerbstoff in dem gleichen Verhältniss wie der erste Auszug enthält, bei der Analyse in Anrechnung gebracht. Die anzubringende Korrektur ist gewöhnlich sehr gering. Wird die Lösung nur für die LOWENTHAL'sche Methode gebraucht, so genügt es, wenn der Auszug auf 2 l aufgefüllt wird, da für diesen Zweck verdünntere Lösungen verwendet werden.

Nach dem Auffüllen auf 1 l müssen die Lösungen, sowohl solche von Extrakten als auch solche aus festen Gerbmaterialien, auf jeden Fall filtrirt werden. Zuweilen ist es sehr schwierig, vollständig klare und blanke Filtrate zu erhalten; man muss alsdann besonders dicke Filtrirpapiere verwenden; hierfür ist das SCHLEICHER & SCHÜLL'sche Papier Nr. 602 sehr geeignet; aber selbst bei diesem gelingt es manchmal erst nach wiederholtem Zurückgiessen ein absolut klares Filtrat zu erhalten.[1]) Wenn alles dies nicht hilft, schüttelt man die Lösung vor der Filtration mit einem Theelöffel voll gut gereinigten Kaolins; VON SCHROEDER[2]) warnt allerdings vor diesem Mittel, da dasselbe einen kleinen Theil des Gerbstoffes absorbirt.[3]) VON SCHROEDER hat ferner festgestellt, dass das Filtrirpapier selbst auch geringe Mengen Gerbstoff absorbirt; es ist deswegen empfehlenswerth, die ersten Antheile des Filtrates zur Bestimmung der Nichtgerbstoffe zu verwenden (vergl. auch den Anhang zum XI. Abschnitt).

Der Vollständigkeit halber sollen auch einige Mittheilungen über die früheren Extraktionsmethoden gemacht werden; dieselben werden jetzt kaum noch benutzt, besonders seitdem man erkannt hat, dass man in der Anwendung hoher Temperaturgrade sehr vorsichtig sein muss. Ursprünglich wurden die für die LOWENTHAL'sche Methode erforderlichen schwachen Lösungen auf sehr einfache Weise hergestellt, indem man die abgewogene Gerbmaterialmenge mit 1 l Wasser eine halbe Stunde oder länger kochte und dann das Ganze auf 1 l auffüllte. Dieses Verfahren giebt meistens sehr konstante Resultate, welche aber niedriger als bei der sonst üblichen Extraktion sind; wegen seiner Einfachheit kann dasselbe dort, wo es nur auf die Erzielung vergleich-

---

[1]) Seit neuester Zeit stellt die Firma SCHLEICHER & SCHULL ein Filtrirpapier unter der Bezeichnung **Nr. 602, extrahart,** her; dasselbe filtrirt zwar sehr langsam, liefert aber in den allermeisten Fällen vollständig blanke klare Filtrate. Ist das Filtrat nicht absolut blank, sondern ganz schwach opalisirend, so muss das Filtrat wiederholt auf das Filter zurückgegossen werden; geschieht dies nicht, so werden, namentlich bei den schwer löslichen Quebrachoextrakten, Gerbstoffgehalte erhalten, die um mehrere Procente zu hoch sein können. Anmerk. von Dr. Pässler.

[2]) DINGL. Polyt. Journ. 1888, 269, S. 38.

[3]) Auf der Freiberger Konferenz des „Internat. Vereins der Lederindustrie-Chemiker" ist die Verwendung von Kaolin zum Klären von Gerbstofflösungen für die Zwecke der Analyse verboten worden.

barer Zahlen ankommt, recht gut herangezogen werden. Eine viel genauere Methode war die früher von VON SCHROEDER angewandte, welcher dieselbe zu Gunsten der KOCH'schen wieder verliess.

Prof. VON SCHROEDER's Extraktionsapparat besteht aus einem cylindrischen Zinngefäss von ca. 12.5 cm Tiefe und 7 cm Durchmesser. In dieses Gefäss passt ein mit dünnem Stoff überzogener Siebeinsatz, welcher mittelst eines Griffes wie ein Kolben sich auf und ab bewegen lässt. Das gepulverte Material wird in dieses Gefäss gebracht und mit 200 ccm Wasser von gewöhnlicher Temperatur angerührt. Nach einer Stunde kann die gebildete Lösung in einfachster Weise von dem Rückstande getrennt werden, indem man den Siebeinsatz langsam in dem Gefäss hinabdrückt und die überstehende Lösung abgiesst. Wenn man diese Operation viermal mit heissem Wasser in Zeiträumen von je einer halben Stunde wiederholt und hierbei das Gefäss in ein siedendes Wasserbad setzt, gelingt die Extraktion leicht und vollständig. Die Lösung wird nach dem Erkalten auf 1 l aufgefüllt und filtrirt.

Um den „leichtlöslichen Gerbstoff" (d. i. der in kaltem Wasser lösliche) getrennt zu bestimmen, wird die REAL'sche Presse verwendet; dieselbe besteht aus einem Metallcylinder, welcher unten mit einem Hahnrohr und oben mit einem wasserdichten, aufschraubbaren Deckel versehen ist; der letztere mündet in ein Rohr aus, um den Cylinderinhalt unter den Druck einer Wassersäule setzen zu können. Man bringt auf den Boden des Gefässes ein mit Leinwand überzogenes Sieb, füllt alsdann das Gerbmaterial ein, durchtränkt es vorsichtig und vollständig mit Wasser und schraubt den Deckel auf. Das Rohr wird dann mit Wasser gefüllt und der Inhalt des Apparates 15 Stunden lang unter den Druck einer Wassersäule von $1^1/_2$ m Höhe gesetzt. Der am Boden befindliche Hahn wird hierauf geöffnet; man lässt die Flüssigkeit alsdann so in einen Literkolben abtropfen, dass derselbe in ca. 2 Stunden gefüllt ist; die so erhaltene Lösung wird durch Schütteln gut durchmischt. Das auf diese Weise kalt extrahirte Material wird schliesslich zur Auslaugung des schwerlöslichen Gerbstoffes wie ein anderes Gerbmaterial in dem VON SCHROEDER'schen Apparat extrahirt. Diese beiden Apparate sind durch den KOCH'schen Apparat und seine Modifikationen überflüssig geworden.

Ein Apparat, welcher nach dem Principe des SOXHLET'schen Extraktionsapparates (XVIII. Abschnitt), aber aus Kupfer, hergestellt ist, wird an der Wiener Versuchsstation[1]) benutzt; da bei demselben beständig gekocht wird, ist seine Benutzung nicht ganz einwandfrei. Zur Extraktion mit Alkohol und Aether kann derselbe recht gut herangezogen werden.

---

[1]) „Gerber", 1887, S. 3.

XI. Abschnitt.

Die Gerbstoffbestimmung nach der Hautpulvermethode.

Zunächst sollen die am Yorkshire College gebräuchlichen Methoden beschrieben werden; alsdann werden die verschiedenen vorgeschlagenen Modifikationen derselben erwähnt und ihre Vortheile besprochen werden.

Auf die im vorigen Abschnitt beschriebene Weise wird zunächst ein Auszug des Gerbmaterials oder eine Auflösung des Extrakts von einer solchen Koncentration hergestellt, dass ein Liter 6—8 g Substanzen gelöst enthält. Man verwendet 30 bis 50 g bei Eichen- und Fichtenrinde, 20—25 g bei Sumach, 15 bis 20 g bei Valonea, Myrobalanen und Mimosenrinde, etwas weniger bei Dividivi und Algarobilla, 8—12 g bei trockenen und 12—20 g bei teigförmigen und flüssigen Extrakten.

Bestimmung des „Gesammt-Rückstandes". 50 ccm der vollständig klaren filtrirten Lösung werden mit Hilfe einer Pipette in eine gewogene Porzellanschale von ca. 8 cm Durchmesser abgemessen und auf dem Wasserbade zur Trockne verdampft.[1]) Der Rückstand wird alsdann 12 Stunden oder über Nacht in einem Dampftrockenschrank bei 100° oder, noch besser, in einem anderen Trockenschrank bei 105—110° getrocknet, in einem Exsikkator erkalten gelassen und gewogen; alsdann kommt die

[1]) Anstatt der Porzellanschalen können auch Platin-, Nickel- oder Aluminiumschalen verwendet werden; das Eindampfen geht dann schneller vor sich. Platin ist trotz des hohen Preises namentlich dann empfehlenswerth, wenn, wie bei der Untersuchung von Gerbebrühen, die Asche des Rückstandes bestimmt werden soll. Nickel ist weniger zerbrechlich als Porzellan, aber nicht für Veraschungen geeignet; Aluminium bietet zwar wegen des geringen Gewichtes gewisse Vortheile, wird aber durch saure Brühen angegriffen. Bei Verwendung von Aluminiumschalen muss man die Berührung mit dem Kupfer des Wasserbades vermeiden, weil sonst infolge Auftretens eines galvanischen Stromes Oxydation eintritt.

Schale auf etwa eine halbe Stunde in den Trockenschrank zurück und wird nach dem Erkalten wieder gewogen. Wenn dieselbe mehr als 0.002 g abgenommen hat, wird das Trocknen bis zur annähernden Gewichtskonstanz fortgesetzt. Zuletzt nimmt übrigens der Rückstand infolge von Oxydation an Gewicht wieder zu; zweifellos findet diese Zunahme schon vor der vollständigen Trocknung statt, nur entzieht sie sich dann der direkten Beobachtung; der Trocknungsprocess würde deswegen exakter sein, wenn er im Vakuum oder im Strome eines indifferenten Gases vor sich gehen würde. Bei Anwendung höherer Temperaturen erhält man etwas niedrigere Resultate als beim Trocknen im Dampftrockenschranke; die Differenzen betragen jedoch im höchsten Falle nur 0.2—0.3 $^0/_0$. Das nach Abzug des Schalengewichtes erhaltene Gewicht ist die Menge des in $^1/_{20}$ der abgewogenen Substanz vorhandenen „Gesammt-Löslichen" (Gesammt-Rückstand); der Procentgehalt wird gefunden, indem man den in mg ausgedrückten Gesammt-Rückstand durch die Hälfte der in g angegebenen Ansatzmenge dividirt. Bei Benutzung einer Waage, die noch 0.0001 g anzeigt, genügt es, wenn 25 ccm eingedampft werden.

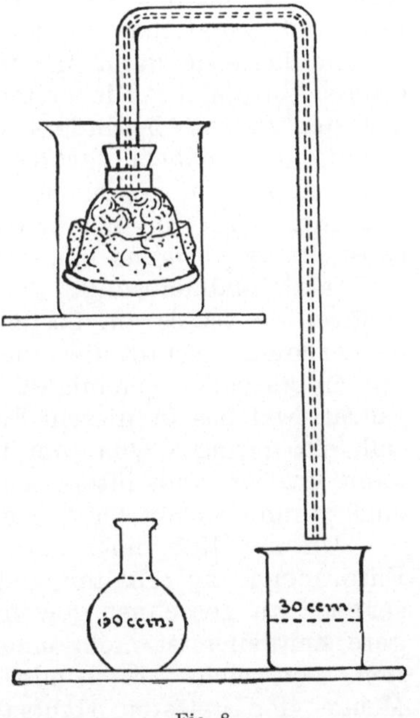

Fig. 8.

Bestimmung der löslichen „Nichtgerbstoffe". Dieselbe erfolgt meist mit Hilfe des Hautpulverfilters.

Das gewöhnlich benutzte Glockenfilter besteht aus einer Flasche von ca. 30 ccm Inhalt und 3 cm Durchmesser, deren Boden abgesprengt worden ist, oder aus einer besonderen, für diesen Zweck hergestellten kleinen Glocke (Fig. 8); durch den den Hals verschliessenden Gummistopfen geht ein ca. 30 cm langes, heberförmig gebogenes Kapillarrohr. Vor das in der Flasche ausmündende Ende wird etwas Baumwolle oder Glaswolle gelegt und alsdann die Flasche nicht zu fest, aber gleichmässig mit einem lockeren, wolligen Hautpulver gestopft. Das richtige Stopfen erfordert einige Uebung. Ist das Filter zu fest gestopft, so quillt das Hautpulver zu sehr und das Filter versagt entweder vollständig oder läuft zu langsam; ist es zu locker, so bilden sich Kanäle und die Flüssigkeit wird nicht genügend vom Gerbstoff befreit. Da die Gerbstofflösung die ausgesprochene Neigung hat, sich an den Glaswandungen hinaufzuziehen, so muss das Hautpulver namentlich an den Wandungen recht fest gestopft werden, während es in der Mitte etwas lockerer sein kann. Nach dem Füllen wird das Hautpulver mit Hilfe eines mit Gummiband befestigten Gazestückchens in der Flasche festgehalten. Das gestopfte Filter wird in ein Becherglas so hineingestellt, dass es mit dem mit Gaze verschlossenen Theil auf dem Boden aufsteht; man giesst alsdann die Gerbstofflösung in dem Maasse, als sie von dem Hautpulver durch Kapillarwirkung aufgesogen wird, in kleinen Portionen zu; es nimmt dies etwa eine Viertelstunde in Anspruch. Wenn das Filter und das Becherglas mit Flüssigkeit gefüllt sind, saugt man die letztere mit Hilfe eines Gummischlauches an und lässt sie dann in einen Messcylinder oder ein ähnliches Gefäss abtropfen. Die ersten 30 ccm werden verworfen und die nächsten 60 ccm besonders aufgefangen. Dieses Filtrat soll vollständig oder nahezu farblos sein; lässt man von diesem einige Tropfen zu den ersten 30 ccm fliessen, so darf keine Trübung entstehen. Die in den ersten 30 ccm enthaltene lösliche Hautsubstanz ist übrigens ein viel empfindlicheres Reagens auf Gerbstoff als Gelatinelösung. Ist das Filtrat nicht vollständig gerbstofffrei, so ist es am besten, die ganze Operation nochmals zu wiederholen; erlaubt dies die Zeit nicht, so kann man die Analyse mit annähernder Genauigkeit zu Ende führen, wenn man zu dem Filtrat, welches in diesem Falle etwas mehr als 60 ccm betragen soll, ein geringes Quantum Hautpulver und etwas Kaolin zufügt, dann kräftig und öfters schüttelt, an einem kühlen Orte etwa eine Stunde stehen lässt und durch ein Papierfilter filtrirt.

Um mit Hilfe eines normal gestopften Filters die erforderliche Filtratmenge zu erhalten, gebraucht man vom Zeitpunkte des Ansaugens an gerechnet gewöhnlich 1—$1^1/_2$ Stunde; eine etwas längere Zeitdauer ist nicht nachtheilig. Eine sehr langsame Filtration, von mehr als 2 oder 3 Stunden, erhöht gewöhnlich die Menge der gelösten Hautsubstanz und infolgedessen die Nichtgerbstoffmenge. Cerych hat gezeigt, dass zu hohe Laboratoriumstemperatur während des Filtrirens auch die Menge der gelösten Hautsubstanz vergrössert, und empfiehlt deswegen, die Temperatur immer zwischen 18 und 20^0 C. zu halten und bei heissem Wetter ev. künstliche Kühlung anzuwenden. Die Temperatur beeinflusst auch den Gehalt an „Unlöslichem“ bez. „schwerlöslichem Gerbstoff“ (vergl. S. 60 u. 61).

50 ccm des klaren gerbstofffreien Filtrates werden in eine gewogene Schale pipettirt, abgedampft, getrocknet und der Rückstand wird genau so wie bei der Ermittlung des Gesammt-Löslichen gewogen und in der gleichen Weise als „lösliche Nichtgerbstoffe“ in Procente umgerechnet. Zieht man diesen Gehalt vom Gesammt-Rückstand ab, so erhält man den Procentgehalt an „gerbender

Substanz". Die Bezeichnung „Gerbstoff" sollte auf die bei dieser Methode erhaltenen Procente nicht angewendet werden, da das Hautpulver ausser den eigentlichen Gerbsäuren zweifellos noch andere Substanzen aufnimmt, wie Farbstoffe und Säuren. Vom praktischen Standpunkte aus betrachtet, ist dies in den meisten Fällen ohne grössere Bedeutung, dagegen bei den Materialien nicht zu vernachlässigen, welche, wie Sumach, einen grösseren Procentgehalt Gallussäure enthalten; dieselbe wird, wenigstens teilweise, ebenso wie alle anderen Säuren (vergl. S. 115) von Haut absorbirt und, da sie nicht flüchtig ist, infolgedessen als gerbende Substanz bestimmt. Ein ähnlicher Fehler, aber von geringerem Einflusse, kommt bei der Untersuchung saurer Brühen, welche Milchsäure enthalten, vor. Es sind zur Vermeidung desselben schon verschiedene Vorschläge (vergl. S. 115) gemacht worden, aber keiner derselben ist bis jetzt praktisch durchführbar und von genügendem Erfolg begleitet gewesen. Bei Sumach werden wahrscheinlich zuverlässigere Ergebnisse erhalten, wenn man anstatt nach der Hautpulvermethode nach der Löwenthal'schen Methode untersucht und hierbei den Gerbstoff mit Hilfe von Gelatine fällt; weil aber der Unterschied in den Ergebnissen bedeutend sein kann, sollte der Analytiker bei der Angabe des Resultates stets die zur Anwendung gebrachte Methode anführen und bei Sumach, wenn derselbe nach der Löwenthal'schen Methode untersucht worden ist, die gefundenen Procente als „Gallusgerbsäure" (Tannin) bezeichnen.

Die in dem Laboratorium der Wiener Versuchsstation angewandte Methode ist fast vollständig identisch mit der oben beschriebenen, nur die Lösungen enthalten mehr, und zwar 10 bis 12 g, Gesammtrückstand pro Liter, und die Form des Filters unterscheidet sich etwas von dem oben beschriebenen. Das Hautpulver befindet sich in einer cylindrischen Röhre von 22—25 mm Durchmesser und 120 mm Länge, welche an dem einen Ende mit einem Kautschukstopfen verschlossen ist, durch welchen das Heberrohr hindurchgeht. Bei dieser Form scheint eine vollständigere Absorption als bei der Glockenform stattzufinden, bei welcher der Gerbstoff die Neigung hat, durch das kürzere Filter hindurchzulaufen. Diese letztere Form ist namentlich für Hautpulver, welches mit Filtrirpapier gemischt ist, empfehlenswerth (vergl. S. 114); die Lösung ist bei dem Glockenfilter immer mehr geneigt sich an den Wandungen hinaufzuziehen, während die Mitte fast unberührt bleibt. Das Wiener Filter fasst etwa 7 g Hautpulver; die ersten 30 ccm des Ablaufes werden verworfen, die folgenden 100 ccm in einer Glasschale auf dem Wasserbade eingedampft, und der Rückstand wird 1 bis $1^1/_2$ Stunden im Vakuumofen bei 100^0 C. getrocknet, im Exsikkator erkalten gelassen und gewogen.

Zur Verbesserung der Gestalt des Filters sind schon viele Versuche ausgeführt worden. Fig. 9 stellt das Filter von Dr.

L. SCHREINER[1]) dar, welches als der gelungenste Versuch zu bezeichnen ist. Bei diesem wird das Ablaufen der gerbstofffreien Lösung aus dem Heberrohr nicht durch Ansaugen, sondern durch Druck hervorgerufen. Die Lösung wird in das Gefäss *a* gegossen, dringt dann in den konischen, mit Hautpulver gefüllten Theil *b* und wird schliesslich durch diesen hindurchgedrückt. Die ersten 25—30 ccm sammeln sich zunächst in der Kugel *c* an, worauf der andere Theil der Lösung in ein unter das Auslaufrohr gestelltes Gefäss abfliesst. Im grossen und ganzen arbeitet dieser Apparat also automatisch; trotzdem muss aber sorgsam darauf geachtet werden, dass sich das Hautpulver an den Wandungen nicht zu schnell anfeuchtet und dass sich keine Kanäle bilden; ausserdem ist der Apparat leicht zerbrechlich und etwas kostspielig. Das gleiche Princip der Filtration unter Druck hat auch J. SCHNEIDER[2]) angewandt, aber ohne die Kugel, welche die ersten wegzugiessenden Antheile aufnimmt, und in einer Form, welche keine Vortheile gegenüber der von der Wiener Versuchsstation vorgeschlagenen bietet.

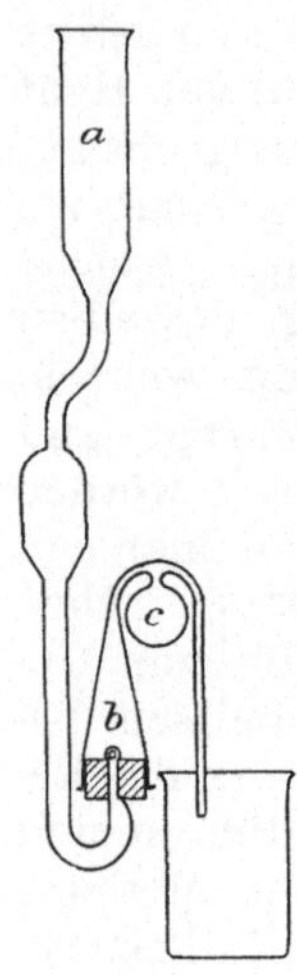

Fig 9.

Um zu verhindern, dass sich die Lösung an den Wandungen hinaufzieht, hat R. L. JENKS[3]) vorgeschlagen, in das Hautpulver einen kleinen Dreifuss aus Glas einzustellen. Die Füsse desselben dienen gewissermassen als Führung für die Lösung und bewirken infolgedessen eine gleichmässigere Vertheilung derselben durch die ganze Masse.

Eine ähnliche, aber noch vortheilhaftere Wirkung wird durch das CERYCH'sche Verfahren[4]) erreicht. Hierbei wird Hautpulver der besten Qualität mit destillirtem Wasser gewaschen, bis das Waschwasser mit Gerbstoff keine Reaktion mehr giebt, und dann demselben im feuchten Zustande 35 % seines Gewichtes Filtrirpapier-Brei zugemischt. Die ganze Masse wird hierauf gut ausgepresst und rasch getrocknet, und zwar entweder an einem kühlen Orte oder in einem grossen Trichter, durch welchen man mit Hilfe einer Luftpumpe einen kalten Luftstrom gehen lässt. Das Pulver wird nachher nochmals gemahlen, bis es wollig ist, und in einem Exsikkator über Schwefelsäure aufbewahrt. Es ist auch empfehlenswerth, das Hautpulver vor dem Trocknen wiederholt mit Alkohol zu behandeln, um das aufgesogene Wasser zu verdrängen und Fäulniss vollständig auszuschliessen. Wenn gewöhnliches

[1]) „Gerber", 1888, S. 243.
[2]) Journ. Soc. Chem. Ind., 1896, S. 385.
[3]) Journ. Soc. Chem. Ind., 1896, S. 426.
[4]) „Gerber", 1895, S. 241 (vergl. auch 1896, S. 62).

Hautpulver auf diese Weise mit Alkohol behandelt wird, verliert es an Absorptionsfähigkeit und lässt sich auch schwerer anfeuchten, aber bei Gegenwart von Filtrirpapier tritt diese Schwierigkeit nicht auf. CERYCH verwendet 9 g des präparirten Hautpulvers, um 100 ccm Filtrat zu erhalten. CERYCH's Pulver, welches über Schwefelsäure getrocknet ist, enthält noch ca. 1.5% Wasser. Nach der Erfahrung des Autors verliert das CERYCH'sche Hautpulver, wenn grössere Mengen der Lösung dasselbe bereits durchlaufen haben, seine Wirksamkeit viel rascher als gewöhnliches Hautpulver; andererseits werden, wenn die ersten 50 ccm zum Eindampfen verwendet werden, hinsichtlich der Nichtgerbstoffe entschieden niedrigere Ergebnisse als bei der Verwendung gewöhnlichen Hautpulvers erhalten. Diese Faktoren werden durch die folgenden Ergebnisse illustrirt, welche bei einem Eichenholz-Extrakte aus der CERYCH'schen Extraktfabrik am Yorkshire College erhalten wurden; die Bestimmung der Nichtgerbstoffe wurde in aufeinanderfolgenden Abläufen von je 30 ccm und mit Hilfe eines 7 g Hautpulver enthaltenden Filters nach Wiener Muster ausgeführt.

	1	2.	3.	4.	5.	6. Antheil
Nichtgerbstoffe (CERYCH's Pulver mit Filtrirpapier)	15.4	16.8	17.4	17.9	18.4	18.7%
Nichtgerbstoffe (gewöhnl. Wiener Hautpulver)	25.6	16.8	16.3	16.7	17.2	16.5%

Keines der Filtrate enthielt nachweisbare Spuren von Gerbstoff.

Die ersten 30 ccm des Ablaufes vom Wiener Hautpulver enthielten beträchtliche Mengen gelöster Hautsubstanz und würden bei der regulären Analyse verworfen worden sein. Die sehr niedrigen Gehalte an Nichtgerbstoffen (und infolgedessen hohen Gehalte an gerbender Substanz) in den ersten Abläufen bei Verwendung des CERYCH'schen Hautpulvers sind ein Beweis der grossen Reinheit desselben; sie sind aber wahrscheinlich nicht nur auf die sehr vollständige Absorption der gerbenden Substanz, sondern auch auf das Zurückhalten anderer Substanzen zurückzuführen, wie Gallussäure und Katechin, welche auch zum Theil, aber nicht vollständig von Haut absorbirt werden. Dieses Verhalten ist von dem Autor schon vor längerer Zeit im „Gerber"[1]) veröffentlicht und später von WEISS[2]) bestätigt worden.

Diese Absorption kommt namentlich in den zuerst durchgelaufenen 30 ccm zum Ausdruck, weswegen dieselben sowohl aus diesem Grunde, als auch wegen des Gehaltes an gelöster Hautsubstanz stets verworfen werden sollen. Bis jetzt ist noch kein geeignetes Mittel zur Vermeidung der Absorption der Säuren durch Hautpulver in Vorschlag gebracht worden. WEISS[3]) fand, dass

[1]) „Gerber", 1887, S. 65.
[2]) „Gerber", 1887, S. 138.
[3]) „Gerber", 1887, S. 139.

ein Zusatz von Kochsalz zu der Lösung die Absorption wohl verringert, aber nicht vollständig beseitigt, auf der anderen Seite die Gegenwart des Kochsalzes das Trocknen der Rückstände beeinträchtigt. Der Autor stellte fest, dass durch einen Zusatz von Alkohol zu der Flüssigkeit die Absorption der Gallussäure verhindert, aber bei Verwendung grösserer Mengen auch diejenige des Gerbstoffes beeinträchtigt wird. MEERKATZ[1]) verwendet Baryumkarbonat zur Neutralisation der in sauren Brühen vorhandenen Säuren. Die Baryumsalze bleiben hierbei in den Brühen gelöst und werden zuerst vom Hautfilter mit aufgenommen; nach Ablauf von 300 ccm sollen sie jedoch nicht mehr absorbirt werden. Abgesehen von der Schwierigkeit, nach Passiren einer so grossen Flüssigkeitsmenge durch ein gewöhnliches Hautfilter noch ein gerbstofffreies Filtrat zu erhalten, werden hierbei die gallussauren Salze rasch durch Oxydation theilweise unlöslich und die Gerbstoffe zuweilen gefällt, so dass die meisten Chemiker bei diesem Verfahren keine befriedigenden Resultate erhalten haben.[2]) Es ist übrigens von dem Verfasser auch festgestellt worden, dass neutrale Salze schwacher Säuren, wie Borax oder Sulfite, die Absorption der Gerbstoffe durch Haut aufheben; es dürfen also aus diesem Grunde derartige Salze zur Neutralisation der Säuren in Gerbbrühen, wie dies beim MEERKATZ'schen Verfahren der Fall ist, nicht verwendet werden. Am Yorkshire College sind noch Versuche über Methoden, welche diesen Fehler umgehen, im Gange; vorläufig bleibt es immer noch das Beste, bei Materialien, welche, wie Sumach, oft grössere Mengen Gallussäure enthalten, die LÖWENTHAL'sche Methode mit Gelatinefällung (XII. Abschnitt) zu verwenden und die Menge der Gallusgerbsäure zu bestimmen. (Ueber die Bestimmung der gerbenden Stoffe in gebrauchten und sauren Brühen vergl. XVIII. Abschnitt.) Für diesen Zweck bietet übrigens die „Schüttelmethode" einige Vortheile.

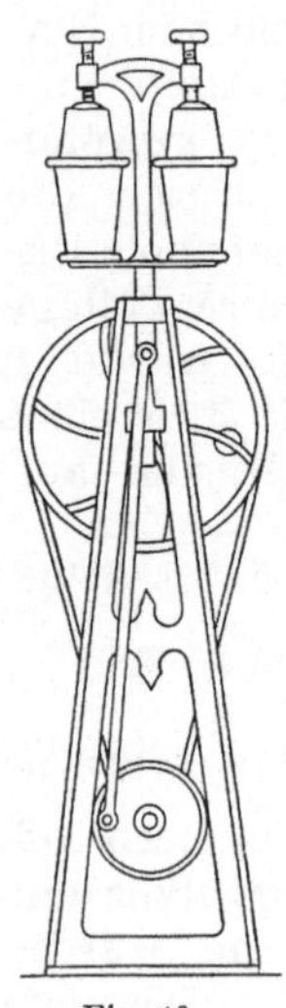

Fig. 10.

Die „Schüttelmethode"[3]) wird im Laboratorium des Yorkshire College in folgender Weise ausgeführt: Zum Schütteln wird der in Fig. 10 abgebildete amerikanische „milk-shaker" (Milchschüttler) verwendet; derselbe besteht aus einer vertikalen Stange, an welcher Scheiben zum Aufstellen von zwei mit Deckel versehenen

[1]) „Gerber", 1889, S. 73.

[2]) Vergl. BARTEL, Zur Bestimmung des Gerbstoffes in sauren Gerbebrühen; DINGL. Polyt. Journ., 1891, 280, H. 10.

[3]) YOKUM, „Leather Manufacturer", 1894, Nr. 9; Journ. Soc. Chem. Ind., 1894, S. 494.

Gläsern angebracht sind; das Ganze lässt sich mit Hilfe einer Kurbel und einer geeigneten Uebersetzung in sehr rasche, auf- und niedergehende Bewegung (etwa 300—400 Auf- und Niedergänge pro Minute) setzen. Wo sehr viele Analysen ausgeführt werden, verwendet man Kraftantrieb; es können natürlich auch irgend welche andere Schüttelapparate benutzt werden, es ist nur wesentlich, dass die Bewegung eine sehr intensive und schnelle ist. Anstatt der zu dem „milk-shaker" gehörigen gläsernen Schüttelgefässe, welche schwer und ziemlich zerbrechlich sind und auch leicht Flüssigkeit austreten lassen, benutzt man zweckmässigerweise Büchsen mit Gummistopfen. Die erforderliche Hautpulvermenge (6—9 g) wird in eine derartige Flasche ausgewogen, mit destillirtem Wasser unter mindestens einmaligem Wasserwechsel gut ausgewaschen und nach jeder Behandlung zwischen Leinwand sorgfältig ausgedrückt. 100 ccm der gerbstoffhaltigen Lösung, welche nicht mehr als 1 % Gesammt-Rückstand enthalten soll, werden in die Flasche einpipettirt und das Ganze gewogen; alsdann fügt man ca. ein Drittel des gewaschenen Hautpulvers zu und schüttelt 10—15 Minuten; man giebt das zweite Drittel hinzu, schüttelt wiederum und führt dies schliesslich auch bei dem letzten Drittel aus. Die Flasche mit Inhalt wird wiederum gewogen; die Differenz der beiden Gewichte ist gleich dem Gewichte des zugegebenen Hautpulvers und Wassers. Für diese Wägungen genügt eine Waage mit einer Empfindlichkeit von 0.1 g. Die Flüssigkeit wird durch Filtrirpapier filtrirt und 50 ccm des Filtrats werden in gleicher Weise wie bei der Filtermethode eingedampft. Um den Rückstand auf die ursprüngliche Lösung umzurechnen, wird derselbe multiplicirt mit 100 plus dem in g ausgedrückten Gewichte des mit dem nassen Hautpulver hinzugebrachten Wassers und dann durch 100 dividirt. Wenn z. B. das ursprüngliche Gewicht der Flasche und der Flüssigkeit 148 g, die gebrauchte Hautpulvermenge 6 g und das Endgewicht 166 g beträgt, so leitet sich der Faktor, mit welchem der Rückstand multiplicirt werden muss, in folgender Weise ab:

$$\frac{100 + 166 - (148 + 6)}{100} = \frac{112}{100} = 1.12.$$

Anstatt durch Auswägen der Flaschen kann die zugegebene Wassermenge auch durch Wägen des nassen Hautpulvers nach dem Auspressen ermittelt werden.

Bei einer kritischen Besprechung dieser Methode[1]) beschreibt Weiss Versuche, bei welchen er 150 ccm Lösung benutzte und dieselbe alsdann unter Vernachlässigung des Hautpulver-Volumens auf 250 ccm auffüllte. Der hierbei begangene Fehler, welcher natürlich leicht berechnet werden konnte, war nicht gross (es ist

[1]) „Gerber", 1895, S. 51 u. 63.

auch möglich, dass das Hautpulver mechanisch eine ebenso grosse Menge an Nichtgerbstoffen zurückhält als in einem seinem eigenen Volumen entsprechenden Wasserquantum vorhanden ist). Die Schlüsse, die er in seiner sehr lesenswerthen Arbeit zieht, sind die, dass diese Methode für gewöhnlich bei Verwendung eines guten Hautpulvers keine Vortheile bietet, dass dieselbe durch Verunreinigungen des Hautpulvers oder durch die Gegenwart von Säuren in den Lösungen weit weniger beeinflusst wird und deswegen für die Analyse gebrauchter Brühen zu empfehlen ist (vergl. XVIII. Abschnitt).

Berechnung und Zusammenstellung der Analysenergebnisse. Es ist üblich, die Bestandtheile der Gerbmaterialien bei der Untersuchung nach der Hautpulvermethode in folgender Weise zusammenzustellen: „Gerbende Substanz", „Lösliche Nichtgerbstoffe", „Unlösliches", „Wasser". Es muss also bei einer vollständigen Analyse stets auch eine Wasserbestimmung ausgeführt werden; zu diesem Zwecke wird eine abgewogene Menge des Materiales bei derselben Temperatur wie die Eindampfrückstände getrocknet, am besten bei 110° C., weil bei niedrigerer Temperatur Gambier und andere Extrakte einer sehr langen Zeit zur Trocknung bedürfen. Bei Benutzung einer Wage von genügender Empfindlichkeit verwendet man hierzu 1—2 g; bei flüssigen Extrakten und Gambier soll sogar die Menge von 1 g nicht überschritten werden.

Die Berechnung wird in folgender Weise vorgenommen: Der Procentgehalt der gerbenden Substanz wird gefunden, indem man den der löslichen Nichtgerbstoffe von dem des Gesammtrückstandes subtrahirt. Das Unlösliche wird in ähnlicher Weise erhalten, indem man den Gesammtrückstand von der Gesammttrockensubstanz abzieht. Bei richtiger Berechnung muss die Summe der vier Bestandtheile nothwendigerweise 100 ergeben. Wenn ein Extrakt überhaupt kein Unlösliches enthält, kommt es zuweilen vor, dass infolge von Oxydation während des Trocknens der Gesammtrückstand mehr als die Gesammttrockensubstanz beträgt. In diesem Falle, bei welchem die Differenz nicht grösser als einige Zehntel Procent sein darf, vernachlässigt man bei der Berechnung der gerbenden Substanz am besten den Gesammtrückstand und berücksichtigt nur den Gesammttrockenrückstand.

Es ist oft wünschenswerth, in dem Rückstande von der Wasserbestimmung die anorganische Substanz (Mineralstoffe, Asche) zu bestimmen. Der Gehalt an Mineralstoffen muss dann bei der Zusammenstellung besonders aufgeführt werden, weil es nicht möglich ist, ohne weiteres anzugeben, ob dieselben dem löslichen oder unlöslichen Theile angehören. Das Veraschen muss wegen der event. Gegenwart von leicht schmelzbaren Salzen bei gelinder Hitze vorgenommen werden; das Erhitzen wird solange fortgesetzt, bis sämmtliche Kohletheile verbrannt sind. Bei Sumach und anderen gemahlenen Gerbmaterialien ist diese Bestimmung insofern wichtig, als dadurch Zusätze von Sand oder Erde, welche oft eisenhaltig sind und infolgedessen die Brühen und das Leder dunkler färben, nachgewiesen werden können. Bei Extrakten giebt dieselbe oft nützliche Hinweise auf das verwendete Rohmaterial und auf die Art der Herstellung. Rinden und Rindenextrakte enthalten gewöhnlich geringe Mengen Mangan, welche die Asche beim Schmelzen grün färben. Sumachsorten enthalten unter den sandartigen Beimengungen häufig magnetisches Eisenoxyd, welches beim Durchziehen eines Magneten durch den trockenen Sumach an den beiden Enden anhaftet und mit Hilfe einer Lupe leicht erkannt wird. Dasselbe lässt sich neben vorhandenem metallischen Eisen durch Auflösen in einem Tropfen verdünnter Schwefelsäure nachweisen; man beobachtet diese Reaktion am besten mit dem Mikroskop; magnetisches Eisenoxyd löst sich ohne Aufbrausen zu einer gelben Lösung, während metallisches Eisen unter Wasserstoffentwicklung eine farblose Lösung liefert. Die Gesammtmenge des Eisens in der Asche wird kolorimetrisch bestimmt (S. 22).

Herstellung des Hautpulvers. Das von der Wiener Versuchsstation angewandte Verfahren ist folgendes: Eine frische Rindshaut wird zur Entfernung von Blut und Schmutz eingeweicht und sorgfältig ausgewässert, acht Tage geäschert, wie gewöhnlich gehaart und geschoren und alsdann in ungefähr 1 qcm grosse Stücke zerschnitten. Diese werden hierauf mit verdünnter Salzsäure (etwa 1 $^0/_0$ konc. Säure enthaltend) behandelt, bis sie leicht geschwollen sind, und dann unter mehrmaligem Wechsel mit reinem kaltem Wasser gewaschen, bis die Säure wieder vollständig entfernt ist. Die Hautstücke werden auf Leinen ausgebreitet und so schnell als möglich in einem kalten Luftstrome getrocknet. Unmittelbar vor dem Mahlen werden dieselben über einer Dampfleitung bei einer Temperatur von ca 40^0 C. getrocknet und dann sofort mehrmals auf einer „Favorita“-Mühle (gebaut bei H. R. Gläser, Wien) gemahlen; dieselbe ist nach dem gleichen Principe wie die Schmeija-Mühle und der „Devil“-Desintegrator konstruirt. Diese Mühle besteht aus einer festen und einer beweglichen Scheibe, welche beide mit Ringen versehen sind, die mit entgegengesetzt gerichteten Zähnen besetzt sind. Das erste Mahlen erfolgt bei weit gestellten Scheiben, und erst zuletzt werden dieselben ganz eng gestellt. Dieses Verfahren ist fast identisch mit dem, welches von Schrœder in dem „Bericht der Kommission zur Feststellung einer einheitlichen Methode der Gerbstoffbestimmung“ [1]) beschreibt; bei diesem wird die an der Luft getrocknete Haut nochmals bei höherer Temperatur getrocknet und auf einer eisernen Mühle nach Art der Glocken- oder Kaffeemühle gemahlen.

Gute Hautpulversorten durch wiederholtes Waschen, aber ohne

[1]) Theodor Fischer, Cassel 1885.

Beimischen von Filtrirpapier zu reinigen, bietet wenig Vortheile, weil die Behandlung mit Alkohol in der von CERYCH vorgeschlagenen Weise bewirkt, dass das Pulver die Gerbstofflösung schwer annimmt und infolgedessen ungeeignet für die Filtermethode wird; ohne diese Behandlung wird aber beim Trocknen eine grössere Menge Hautsubstanz löslich. Schlechte Hautpulversorten können jedoch durch Waschen, möglichst schnelles Trocknen bei niedriger Temperatur und Wiedervermahlen wesentlich verbessert werden.

Hautpulver, welches für die Filtermethode geeignet ist, muss weiss, weich, und wollig sein; beim Einfüllen in ein Litergefäss und Eindrücken mit der Hand dürfen nicht mehr als 200 g hineingehen. Wenn 6—8 g im Glockenfilter mit destillirtem Wasser behandelt werden, dürfen 50 ccm, nachdem die ersten 30 ccm des Ablaufes wie bei der Analyse verworfen worden sind, nicht mehr als 5 mg Trockenrückstand liefern; ähnliche Grenzzahlen gelten auch für den Fall, dass man, wie auf S. 117 beschrieben, das Hautpulver zweimal mit Wasser gewaschen hat. Für die Filtermethode muss das Hautpulver absorptionskräftig sein und Lösungen leicht annehmen; für die Schüttelmethode ist dies nicht in dem Maasse erforderlich, hierbei liefert auch ein dichteres und weniger wolliges Pulver gute Resultate. An der Wiener Versuchsstation werden 10 g Hautpulver mit 200 ccm kaltem Wasser 4 Stunden lang geschüttelt und 100 ccm des Filtrates werden eingedampft; der Trockenrückstand soll das Gewicht von 12—25 mg nicht übersteigen.

Hautpulver darf nie aus Hautmaterial, welches bereits in die ersten Stadien der Fäulniss eingetreten ist, hergestellt werden. Wenn das Hautmaterial nicht sorgfältig ausgewaschen wird, enthält das fertige Pulver grössere Mengen an löslicher Hautsubstanz, wodurch bei der Verwendung der Gehalt an Nichtgerbstoffen zu hoch ausfällt. Wird dieser Fehler durch Auswaschen des Pulvers umgangen, so ist es andererseits nicht ausgeschlossen, dass die Hautfasern durch diese Behandlung eine anormale Absorptionsfähigkeit erlangt haben und Farbstoffe und andere Substanzen, welche in den Gerbmaterialien vorhanden sind, aufnehmen; es werden infolgedessen die Nichtgerbstoffe zu niedrig, die gerbenden Substanzen verhältnissmässig zu hoch ausfallen. Selbst wenn solche Hautpulver noch einen beträchtlichen Gehalt an löslicher Substanz enthalten, sind die Gehalte an Nichtgerbstoffen zuweilen niedrig, weil die gelöste Hautsubstanz durch den Gerbstoff und die Farbstoffe gefällt wird. Aus diesem Grunde ist die Einführung von Korrektionsgrössen für die gelöste Hautsubstanz eine gewagte Sache. Es ist dies zuerst von KOCH[1]) ausgesprochen und später von FIEBING,

---

[1]) DINGL. Polyt. Journ. 1891, 280, S. 141, 159.

CERYCH und anderen bestätigt worden. Schlechte Hautpulversorten erkennt man meist an ihrem fauligen Geruch und grauen Aussehen.

Anhang zu Abschnitt XI.

Zur Festsetzung einer einheitlichen Methode der Gerbmaterialanalyse sind auf der im September 1897 in London abgehaltenen 1. Konferenz des „Internationalen Vereins der Lederindustrie-Chemiker" folgende Beschlüsse gefasst worden.[1])

Die Probenahme aus einer ganzen Partie.

a) Flüssige Extrakte. Mindestens 5 % der Fässer müssen in der Weise ausgewählt werden, dass deren laufende Nummern möglichst weit auseinander liegen. Von denselben sollen dann die oberen zwei Reifen und der Deckel abgenommen werden. Hierauf ist mit einem geeigneten Rührer der Inhalt gründlich zu mischen und besonders Rücksicht darauf zu nehmen, dass auch aller an dem Boden und an den Seiten hängender Satz gleichmässig daruntergerührt wird.

Alle Muster müssen in Gegenwart einer verantwortlichen Person oder von derselben selbst gezogen werden.

b) Gambier und teigförmige Extrakte. Die Probe soll von nicht weniger als 5 % der Blöcke gezogen werden, und zwar in der Weise, dass aus jedem Blocke, an sieben Stellen desselben, mit einem röhrenförmigen Instrumente, das den Block in seiner ganzen Dicke durchdringen kann, Muster entnommen werden. Bei festen Extrakten sollen ebenfalls 5 % der Kisten oder Säcke der ganzen Partie, und zwar aus deren inneren und äusseren Theilen, Stücke in genügender Menge genommen werden.

In beiden Fällen sind die Muster rasch zu mischen, sofort in eine luftdicht schliessende Büchse zu bringen, zu verschliessen, zu siegeln und mit Aufschrift zu versehen.

c) Valonea, Algarobilla, Dividivi und Gerbmaterialien im allgemeinen. Von Valonea, Algarobilla und allen übrigen Gerbmaterialien, welche Staub oder Fasern enthalten, sollen die Muster folgendermassen gezogen werden: der Inhalt von wenigstens 5 % der Säcke wird auf einem glatten, sauberen Boden in Lagen (Schichten) übereinander ausgebreitet. Aus diesem Haufen werden nun senkrecht zu dessen Oberfläche und bis zum Boden greifend an mehreren Stellen Muster entnommen und diese gut gemischt. Wo dies nicht geschehen kann, muss das Muster aus der Mitte einer genügenden Anzahl von Säcken genommen werden. Während es sich empfiehlt, Valonea und die meisten übrigen Materialien gemahlen dem Chemiker zu übersenden, ist es vorzuziehen, dass Dividivi und Algarobilla im ungemahlenen Zustande eingeschickt werden.

Bei Rinde, die ungeschnitten ist, und bei anderen Gerbmaterialien in Bündeln, werden von 3 % derselben aus deren Mitte mit einer Säge oder scharfem Beile kurze Abschnitte entnommen.

d) Muster für mehr als einen Chemiker. Muster, welche mehr als einem Chemiker zur Beurtheilung vorgelegt werden sollen, müssen als ein einziges Muster gezogen, gut gemischt und in die erforderliche Anzahl von

---

[1]) Die seit dem Erscheinen des PROCTER'schen Werkes auf der zweiten und dritten Konferenz in Freiberg und in Kopenhagen gefassten Beschlüsse sind in dieser Zusammenstellung aufgenommen worden.

Antheilen (nicht weniger als drei) zerlegt werden, welche sofort passend zu verpacken, zu siegeln und mit Aufschrift zu versehen sind.

Vorbereitung der Proben für die Analyse.

a) Flüssige Extrakte. Flüssige Extrakte müssen unmittelbar vor dem Auswägen (welches moglichst rasch geschehen soll, um Verlust von Feuchtigkeit zu vermeiden), nochmals schnell und gründlich gemischt werden. Dicke Extrakte, welche sonst nicht gemischt werden konnen, werden auf 50° C. erwärmt und sorgfältig umgerührt; alsdann wird die Probe für die Analyse genommen; dieselbe wird rasch abgekühlt und dann gewogen (selbstverständlich unter Vermeidung von Wasserverlusten). In dem analytischen Berichte ist ausdrücklich anzugeben, dass diese Behandlung vorgenommen worden ist.

b) Feste und teigförmige Extrakte. Feste Extrakte sollen grob gepulvert und gut gemischt werden. Teigige Extrakte werden rasch in einer Reibschale gemischt und die erforderliche Menge wird so rasch als moglich ausgewogen, um Feuchtigkeitsverluste zu vermeiden.

Wenn Extrakte theilweise trocken und theilweise feucht sind, soll das ganze Muster gewogen und bei gewöhnlicher Temperatur soweit getrocknet werden, dass es gepulvert werden kann. Hierauf wird es wieder gewogen und der Gewichtsverlust als Feuchtigkeit in Rechnung gebracht.

In den Fallen, wie bei Gambier, wo es nicht moglich ist, durch Mahlung oder andere mechanische Mittel die Bestandtheile des Musters gründlich zu mischen, ist es erlaubt, das Ganze oder einen grossen Theil desselben in einer kleinen Menge heissen Wassers zu lösen und unmittelbar nach gründlichem Durchmischen einen Antheil der starken Lösung zur Analyse auszuwiegen.

c) Rinden und andere feste Gerbmaterialien. Das ganze Muster, oder nicht weniger als 250 g, soll in einer Mühle so fein gemahlen werden, dass es durch ein Sieb geht, das 5 Drähte auf den Centimeter, also 25 Locher im Quadratcentimeter, hat. Wenn Materialien, wie manche Rinden und Dividivi, faserige Antheile enthalten, die nicht so fein gemahlen werden können, soll das gemahlene Muster gesiebt werden; nun wiegt man den durch das Sieb gegangenen und den auf dem Sieb gebliebenen Antheil, jeden für sich, und vereinigt dann fur die Analyse die entsprechenden Gewichtsmengen der beiden Antheile.

Herstellung des Auszuges.

a) Stärke der Gerbstofflösung. Die Stärke der Gerbstofflosung soll so sein, dass die Menge des Abdampfrückstandes von 100 ccm der Losung innerhalb der Grenzen 0,6 und 0,8 g liegt.

b) Auflösung von flüssigen Extrakten. Eine genügende Menge soll in einer bedeckten Schale oder in einem bedeckten Becherglas ausgewogen und von da aus mittelst kochenden Wassers in eine Literflasche übergespült werden; nun schüttelt man gut durch und füllt die Flasche bis nahe an die Marke mit kochendem Wasser auf. Nachdem man den Hals mit einem kleinen Becherglas bedeckt hat, bringt man die Flasche unter laufendes, kaltes Wasser, oder kühlt anderweitig rasch bis auf eine Temperatur zwischen 15° und 20° C. ab, bei schwer löslichen Extrakten möglichst auf genau 17,5° C., füllt bis zur Marke auf, worauf man gründlich durchmischt und sofort zur Filtration schreitet.

c) Filtration. Die Filtration soll durch Schleicher & Schüll's Filtrirpapier No. 602, extrahart, geschehen. Die ersten 150 ccm oder 200 ccm des Filtrates werden weggeschüttet oder zur Bestimmung der Nichtgerbstoffe verwendet. Das Filtrat muss vollständig klar und blank sein; ist dies nicht in hinreichendem Maasse der Fall, so muss die Flüssigkeit wiederholt auf das Filter zurückgegossen werden. Die Anwendung von Kaolin ist nicht gestattet.

d) Auflösung von festen Extrakten. Feste Extrakte werden unter Umrühren in einem Becherglase mit kochendem Wasser gelöst; die ungelösten Theile lässt man immer absitzen, behandelt sie mit weiteren Mengen kochenden Wassers und giesst die Lösung in eine Literflasche über. Nachdem alles Lösliche sich in Lösung befindet, verfährt man genau so wie bei einem flüssigen Extrakt.

e) Das Ausziehen fester Materialien. Von diesen wird soviel abgewogen, dass bei der Extraktion auf 1 Liter eine Lösung erhalten wird, welche in 100 ccm ebenfalls 0,6—0,8 g Abdampfrückstand enthält. Mindestens 500 ccm des Auszuges werden bei einer Temperatur gewonnen, die 50° C. nicht übersteigt, worauf dann die Extraktion bei 100° C. fortgesetzt wird. Man setzt das Ausziehen so lange fort, bis der Ablauf frei von Gerbstoff ist, und füllt das Ganze auf 1 Liter auf; wenn die Lösung das Volumen von 1 Liter übersteigt, werden die schwächeren Antheile durch Abdampfen in einem Kolben eingeengt, auf dessen Hals ein Trichter gesetzt ist.

Bestimmung der gerbenden Stoffe, Nichtgerbstoffe etc.

a) Gesammtlösliches (Gesammt-Rückstand). 100 ccm des vollständig klaren Filtrates, oder auch eine kleinere Menge, wenn die analytische Waage eine genügende Empfindlichkeit besitzt, werden in einer offenen, gewogenen Schale von Platin, Normalglas, Porzellan oder Nickel auf dem Wasserbade eingedampft. Der Rückstand wird bis zur Gewichtskonstanz im Luftbade zwischen 100° und 105° C. getrocknet (oder bei nicht mehr als 100° C. im Vacuum), wobei Sorge zu tragen ist, dass kein Verlust durch Abspringen des Rückstandes entsteht.

b) Nichtgerbstoffe. Es wird beschlossen, die Hautfiltermethode bis auf weiteres anzuwenden.

Es soll die Glockenform des Filters (das „Glockenfilter“), wie es Professor Procter beschrieben hat, benutzt und nicht weniger als 5 g Hautpulver verwendet werden; ferner ist das Filtrat so lange wegzuschütten, als es mit einer klaren Tanninlösung eine Trübung giebt. Derjenige Theil des Filtrates, der zur Bestimmung der Nichtgerbstoffe verwendet werden soll, darf mit „Hautpulver-Wasser“ keine Reaktion auf Gerbstoff zeigen. Von dem diesen Anforderungen genügenden Filtrate, dessen Volumen etwa 60 ccm betragen soll, werden 50 ccm (oder weniger), in einer gewogenen Schale auf dem Wasserbade eingedampft und der Rückstand wird bis zur Gewichtskonstanz im Luftbade bei 100°—105° C. getrocknet (oder im Vacuum bei nicht mehr als 100° C.).

c) Hautpulver. Das Hautpulver muss genügende Absorptionsfähigkeit für den Gebrauch im Filter haben. Bei einem blinden Versuche, der in derselben Weise wie eine Gerbstoffbestimmung mit destillirtem Wasser angestellt wird, soll der Abdampfrückstand von 50 ccm Filtrat (nachdem die ersten 30 ccm verworfen worden sind) das Gewicht von 5 mg nicht übersteigen.

d) Wassergehalt. Die Bestimmung des Wassergehaltes im Gerbmaterialmuster geschieht durch Trocknen eines kleinen Antheiles desselben bei der Temperatur, wie sie für die Trocknung des Gesammtrückstandes angegeben ist.

e) Analysen-Bericht. Der Bericht über eine vollständige Analyse soll wie folgt erstattet werden:

1. Gerbende Substanz. — Die Menge derselben wird durch Abziehen der Menge der löslichen Nichtgerbstoffe (gefunden durch Abdampfen des Hautfiltrates) von der Menge des Gesammtrückstandes gefunden.

2. Lösliche Nichtgerbstoffe. — Die Menge derselben wird durch Abdampfen des Hautfiltrates ermittelt.

3. Unlösliches. — Durch Abziehen der Menge des „Gesammtlöslichen" von der Menge der „Gesammt-Trockensubstanz" erfährt man die Menge des Unlöslichen.

4. Feuchtigkeit. — Sie wird bestimmt durch Trocknen eines Theiles der Probe bei jener Temperatur, wie sie bei der Bestimmung des Gesammtlöslichen angenommen wurde.

Die Resultate etwaiger anderer Bestimmungen sollen von obigen Angaben getrennt, als besonderer Anhang mitgetheilt werden.

Messung der Farbe der Lösung.

Bezüglich der Festsetzung einer allgemein anzunehmenden Methode, eine Farbe zu messen und zu bewerthen, wird empfohlen, die von den englischen Chemikern gebrauchte Methode (d. h. die Messungen mit LOVIBOND's Tintometer vorzunehmen, wie es von Dr. PARKER und Professor PROCTER geschieht) anzunehmen und die Ergebnisse als Grade von Roth, Gelb und Schwarz anzugeben.

XII. Abschnitt.

Die Löwenthal'sche (maassanalytische) Methode.

Wie schon früher (S. 97 u. 98) erwähnt wurde, ist diese Methode fast vollständig durch die im vorigen Abschnitte beschriebene verdrängt worden; in bestimmten Fällen kann sie jedoch immer noch mit Vortheil angewendet werden. Wo gleichzeitig nur ein oder zwei Analysen auszuführen sind, nimmt die LÖWENTHAL'sche Methode wegen der Herstellung und Einstellung der Lösungen mehr Zeit in Anspruch als die gewichtsanalytische Methode; wenn dagegen eine grössere Anzahl von Bestimmungen gleichzeitig vorgenommen werden soll, arbeitet man mit dieser Methode ausserordentlich rasch. Dieselbe hat den Vorzug, dass sie selbst bei verdünnten Lösungen direkt, ohne vorhergehende Koncentration, angewandt werden kann; wird die Gelatinefällung benutzt, so wirkt die Gegenwart von Gallussäure und anderen nichtflüchtigen Säuren weniger störend als bei der Hautpulvermethode. Die LÖWENTHAL'sche Methode eignet sich deswegen namentlich für technische Zwecke zur Analyse von schwachen gebrauchten Gerbebrühen, zum systematischen Vergleiche von gebrauchten Gerbmaterialien, zur Analyse von Sumach und Myrobalanen, welche beide viel Gallussäure enthalten, die bei der gewichtsanalytischen Methode zum grossen Theile oder vollständig als „gerbende Substanz" bestimmt wird.

Die Titrationsmethode mit Kaliumpermanganat bei Gegenwart von Indigo wurde von LÖWENTHAL zuerst in dem „Journ. f. pract. Chem." i. J. 1860[1]) veröffentlicht; er war damals der Ansicht, dass nur die Gerbstoffe oxydirt würden. Es wurde jedoch bald nachgewiesen, dass Gallussäure und gleichzeitig vorhandene Nichtgerbstoffe ebenfalls oxydirt werden; NEUBAUER[2]) schlug des-

---

[1]) III, S. 150.

[2]) Zeitschr. f. anal. Chem., 1871, S. 1.

wegen vor, nach der Ermittlung der Gesammtmenge der oxydirbaren Substanzen den Gerbstoff durch Thierkohle zu entfernen und mit Hilfe einer zweiten Titration den Gerbstoff aus der Differenz zu bestimmen. LÖWENTHAL[1]) beschrieb später die Methode der Leimfällung bei Gegenwart von Kochsalz und Säuren und gab gleichzeitig an, dass der Gerbstoff auch mit Hilfe von Hautpulver, ebenso wie bei der HAMMER'schen Methode, entfernt werden könnte (S. 98). Einige Jahre später zeigte SIMAND, dass der Gerbstoff-Leim-Niederschlag in der angewandten säurehaltigen Kochsalzlösung etwas löslich ist, so dass die Nichtgerbstoffe bei diesem Verfahren ein wenig zu hoch ausfallen, und dass der Fehler um so grösser wird, je schwächer die betreffenden Lösungen sind. Er zeigte ferner, dass diese Löslichkeit in einem gegebenen Falle berechnet werden könnte, indem man die Nichtgerbstoffe in zwei verschiedenen Koncentrationen ein und derselben gerbstoffhaltigen Lösung ermittelt und dann hieraus ableitet, welcher Abzug für die Löslichkeit zu machen ist, damit sich in beiden Fällen das gleiche Verhältniss zwischen Gerbstoff und Nichtgerbstoff ergiebt. Da hierdurch die Analyse sehr umständlich wird, zog er es vor, den Gerbstoff mit Hautpulver zu entfernen, oder auch mit Hilfe von entkalkten Knochen oder mit Hornschläuchen, die im gemahlenen Zustande in gleicher Weise gereinigt und dann zweckmässigerweise mit Alkohol entwässert worden sind.

Zu dieser Zeit war noch nicht bekannt, dass diese Materialien bei Gegenwart von Gallussäure beträchtliche Mengen derselben absorbiren und dass hierdurch eine nach der entgegengesetzten Richtung sich bewegende Fehlerquelle geschaffen war; obgleich diese Thatsache von PROCTER[2]) festgestellt wurde, nahm man SIMAND's Vorschlag fast allgemein an. PROCTER[3]) suchte die Löslichkeit des Gerbstoff-Niederschlages zu vermindern, indem er die Lösung mit Kochsalz[4]) sättigte, wodurch die Fällung des Gerbstoffes eine wesentlich vollständigere wird; gleichzeitig führte er die Anwendung von Kaolin ein, das die Fällung befördert und die Erzielung eines klaren Filtrates bewirkt. HUNT[5]) hat jedoch

---

[1]) Zeitschr. f. anal. Chem., 1877, S. 33, 201; 1881, S. 91.

[2]) Newcastle Chem. Soc., 1876, S. 214; Journ. Soc. Chem. Ind., 1886, S. 81; 1887, S. 94.

[3]) Die hierbei befolgte Methode ist folgende: Zu 50 ccm Gerbstofflösung bringt man 28.6 ccm Gelatinelösung (2 g Gelatine pro 100 ccm). Nach dem Schütteln wird die Lösung mit Kochsalz gesättigt und hierbei das Volumen auf 90 ccm gebracht; man giebt ferner 10 ccm verdünnte Schwefelsäure (1 Th. konc. Säure in 10 Th. enthaltend) und einen Theelöffel reinen Kaolins hinzu. Das Gemisch wird kräftig durchgeschüttelt und dann filtrirt; noch besser ist es, dasselbe unter öfterem Umschütteln erst ein oder zwei Stunden stehen zu lassen (das Gefäss ist nach dem Gebrauch mit Natronlauge zu reinigen). 10 ccm des Filtrats (entsprechend 5 ccm der ursprünglichen Lösung) werden für die Titration verwendet.

[4]) Journ. Soc. Chem. Ind., 1884, S. 82.

[5]) Journ. Soc. Chem. Ind., 1885, S. 263.

nachgewiesen, dass unter diesen Bedingungen bei Gegenwart von Gallussäure auch ziemliche Mengen derselben gefällt werden; er brachte infolgedessen eine Kochsalzmenge in Vorschlag, welche noch geringer als die von Löwenthal empfohlene war, behielt aber die Anwendung des Kaolins bei oder benutzte anstatt dessen das Baryumsulfat. Obgleich die Hunt'schen Ergebnisse nur dadurch genau sein können, dass sich verschiedene Fehlerquellen gegenseitig aufheben, so gewährleistet diese Methode bei den Gerbmaterialien, die Gallussäure enthalten, die zuverlässigsten Resultate.

Bevor wir von der Ausfällung des Gerbstoffes zu den Einzelheiten des Titrationsprocesses übergehen, ist noch zu erwähnen, dass auch Lowenthal selbst anerkannt hat, dass der Indigo nicht nur die Rolle eines Indikators spielt, sondern dass er gewissermassen den ganzen Oxydationsprocess auf gewisse Körper beschränkt und dass er die Oxydation von Substanzen, die beständiger sind als er selbst, verhindert; es ist deswegen nothwendig, dass der Indigo in beträchtlichem Ueberschusse vorhanden ist. Es wurde ferner gefunden, dass die zur Oxydation einer bestimmten Menge Gerbstoff erforderliche Kaliumpermanganatmenge nicht immer dieselbe ist und dass sie davon abhängig ist, in welcher Weise das Kaliumpermanganat hinzugefügt wird; alle Versuche, hierbei zu bestimmten Beziehungen zu gelangen, schlugen zunächst fehl. Kathreiner,[1]) welcher diese Methode sehr sorgfältig studirte, bemühte sich, zu übereinstimmenden Ergebnissen zu gelangen, indem er für die Ausführung der Titration einen engbegrenzten Zeitraum vorschrieb; von Schroeder[2]) schlug vor, die Kaliumpermanganatlösung in regelmässigen Intervallen von 5—10 Sekunden ccm-weise („1 ccm-Methode") einfliessen zu lassen. Procter[3]) hat später gezeigt, dass die Differenzen namentlich durch das verschieden schnelle Durchmischen der Flüssigkeiten bedingt werden und dass aus diesem Grade das Ergebnis sowohl durch die Art des Umrührens, als auch durch die einzelnen Zuflussmengen beeinflusst wird. Es scheint demnach die „1 ccm-Methode" viel leichter als die „Tröpfelmethode" Veranlassung zu Differenzen zu geben.

Die Erklärung dieser Abweichungen ist ziemlich einfach. Die Oxydation bei der Löwenthal'schen Methode sollte sich eigentlich auf den Indigo und auf diejenigen Substanzen, welche noch leichter oxydirbar sind, beschränken; aber es sind in der Gerbstofflösung und ferner unter den Oxydationsprodukten Substanzen vorhanden, welche bei Abwesenheit von Indigo Kaliumpermaganat

---

[1]) Dingl. Polyt. Journ., 1878, 227, S. 481.

[2]) Bericht der Kommission zur Feststellung einer einheitlichen Methode der Gerbstoffbestimmung. Cassel 1885.

[3]) Journ. Soc. Chem. Ind., 1886, S. 79.

reduciren. Wenn man das letztere sehr rasch zufügt und hierbei nicht genügend umrührt, wird an den Stellen, wo das Permanganat einfliesst, der Indigo, der Gerbstoff und gleichzeitig ein Theil der anderen Substanzen oxydirt, während an anderen Stellen des Titrirgefässes Indigo und Gerbstoff noch nicht oxydirt sind. Auf diese Weise wird mehr Permanganat reducirt, als der vorhandenen Indigo- und Gerbstoffmenge entspricht, und diese Erscheinung findet namentlich gegen Ende des Oxydationsprocesses statt, wenn von jedem dieser Substanzen nicht mehr viel vorhanden ist. Je langsamer das Permanganat zugefügt und je kräftiger umgerührt wird, um so näher wird die verbrauchte Permanganatmenge an die zur Oxydation des Indigos und des Gerbstoffes erforderliche Menge herankommen.

von Schroeder hat später einen anderen Vorschlag gemacht, der werthvoller als der der „ccm-Methode“ war und später allgemein angenommen worden ist. Es ist ohne weiteres klar, dass die Differenzen, welche durch die verschiedene Ausführung der Titration bedingt werden, sich gegenseitig ausgleichen werden, wenn man einerseits bei der Einstellung der Permanganatlösung auf die Lösung eines reinen Gerbstoffes (auf Tannin) und andererseits bei der Analyse von Gerbstofflösungen unter vollständig gleichen Bedingungen arbeitet; man stösst hierbei nur hinsichtlich der Beschaffung von wirklich reinem Tannin auf Schwierigkeiten. von Schroeder zeigte, dass die Verunreinigungen der reinen Handelstannine hauptsächlichst aus Gallussäure bestehen, welche ähnlich wie Tannin bei Gegenwart von Indigo oxydirt wird, aber hierbei etwas mehr Permanganat verbraucht; aus diesem Grunde wird der Permanganatverbrauch bei einem solchen Tannin nur wenig beeinflusst. Nach von Schroeder's Versuchen entspricht in Bezug auf die reducirende Wirkung 1 g des reinsten Handelstannins im Durchschnitt 1.05 g absolut reinen Tannins; er schlägt deswegen vor, die zur Oxydation verbrauchte Permanganatmenge mit dem Faktor 1.05 zu multipliciren. Procter empfiehlt, zum Einstellen reine krystallisirte Gallussäure zu verwenden; dieselbe wird in gleicher Weise wie Tannin in Gegenwart von Indigo oxydirt und hat den Vorzug, dass sie leicht in reinem Zustande erhalten werden kann. Nach von Schroeder's Angaben entspricht 1 g krystallisirte Gallussäure ungefähr 1.35 g absolut reinem Tannin; es empfiehlt sich jedoch, durch weitere Untersuchungen dieses Verhältniss erst ganz genau festzustellen.

Die nach der Lowenthal'schen Methode erhaltenen Ergebnisse sind nur richtig, wenn es sich um Galläpfelgerbsäure (Tannin) handelt, weil der Permanganatverbrauch der anderen Gerbstoffe ein anderer ist. Längere Zeit wurde die Oser'sche Angabe, dass Eichenrindengerbstoff anderthalbmal so viel Permanganat als Tannin erfordert, bei Umrechnungen zu Grunde gelegt. Nach Einführung der gewichtsanalytischen Methode unter Zuhilfenahme von Hautpulver wurde jedoch festgestellt,[1]) dass die nach beiden Methoden erhaltenen Ergebnisse, selbst bei derselben Gerbmaterialart, in keinem gleichbleibenden Verhältnisse zu einander stehen. Wenn man also bei irgend einem Gerbmaterial Procentgehalte, die nach LOWENTHAL'scher Methode erhalten worden sind, in Gewichtsprocente umrechnen will, so muss man für das betreffende Material durch vergleichende Untersuchungen nach beiden Methoden bei einer grösseren Anzahl von Mustern dieses Materials einen Umrechnungsfaktor ermitteln.

Die an dem Yorkshire College angenommene Arbeitsweise für die LOWENTHAL'sche Methode ist folgende:

Erforderliche Lösungen:

1. Reines Kaliumpermanganat, 0.5 g pro l. Da sich schwache Lösungen sehr schlecht halten, ist es empfehlenswerth, eine Lösung von 5 g pro l herzustellen und diese bei Bedarf zu verdünnen.

2. Reines Indigocarmin (indigschwefelsaures Natron oder Kali), 5 g und 50 g konc. Schwefelsäure pro l. Diese Lösung wird filtrirt; bei der Oxydation mit Permanganat muss sie ein reines Gelb liefern, welches keinen Stich ins Bräunliche haben darf. 25 ccm dieser Lösung sollen zur Oxydation ca. 30 ccm Permanganatlösung verbrauchen; ev. ist dieselbe entsprechend zu verdünnen.

3. Eine Lösung von reinem Tannin, 3 g pro l.

Da absolut reines Tannin nicht erhältlich ist, verfährt man in folgender Weise: Eine Probe des reinsten erhältlichen Tannins (dasselbe darf nicht weniger als 90—95 Proc. durch Haut fällbare Substanzen enthalten), dessen Wassergehalt ermittelt worden ist, wird im lufttrockenen Zustande in einer gutschliessenden Büchse aufbewahrt. Die Hauptverunreinigung desselben ist Gallussäure, welche auf Permanganat ebenso wie Tannin wirkt, nur etwas weniger davon reducirt; 1 Theil eines derartigen Tannins, bezogen auf Trockensubstanz, entspricht im Durchschnitt etwa 1.05 Theilen eines vollständig reinen Tannins. Es ist daher leicht, diejenige Menge lufttrocknen Tannins zu berechnen, welche im Permanganatverbrauch 0.3 g vollständig reinen Tannins gleichkommt. Diese berechnete Menge wird behufs Titerstellung ausgewogen und in Wasser auf 100 ccm gelöst. Der Wassergehalt ändert sich bei sorgfältiger Aufbewahrung nur wenig; es empfiehlt sich jedoch, denselben bei jeder Titerstellung von neuem zu bestimmen.

Ausführung der Titration. 25 ccm Indigolösung werden in einem Becherglase mit ca. $^3/_4$ l Leitungswasser gemischt; alsdann lässt man die Permanganatlösung aus einer Glashahnbürette unter kräftigem und beständigem Umrühren der ganzen Flüssigkeitsmenge tropfenweise so lange einfliessen, bis die Lösung eine reingelbe Farbe angenommen hat. Als Rührer eignet sich ein

[1]) „Gerber", 1887, S. 3.

mit einem scheibenförmigen Ende versehener oder ein mehrmals gebogener Glasstab besser als ein gewöhnlicher Glasstab. Das Einfallenlassen der Tropfen soll bei jeder Titration in möglichst gleichen Zeitintervallen und gegen das Ende zu langsamer erfolgen. Zum besseren Vergleich ist es empfehlenswerth, neben dem Titrationsgefäss ein zweites Becherglas aufzustellen, dessen Inhalt die erforderliche reingelbe Farbe zeigt. Die Titrationen können zwar auch bei künstlichem Lichte ausgeführt werden, doch sind die hierbei erzielten Ergebnisse etwas verschieden von den bei Tageslicht erhaltenen; aus diesem Grunde soll man bei einundderselben Analyse das Licht nicht wechseln. Für das Arbeiten bei Tageslicht empfiehlt Kathreiner den Gebrauch einer weissen Porcellanschale anstatt eines Becherglases. Man lässt hierbei die Permanganatlösung unter beständigem Umrühren tropfenweise so lange einfliessen, bis die reingelbe Flüssigkeit am Rand einen deutlich röthlichen Ton zeigt, welcher besonders deutlich auf der beschatteten Seite auftritt. Diese Endreaktion ist von ausserordentlicher Empfindlichkeit und ganz verschieden von der durch einen Ueberschuss von Permanganat herrührenden röthlichen Färbung. Man führt die Titration mindestens zweimal aus und nimmt alsdann aus den Einzelergebnissen das Mittel; hierauf verwendet man $^3/_4$ l Wasser und 25 ccm Indigolösung wie zuvor, fügt 5 ccm Tanninlösung hinzu und titrirt wiederum in der beschriebenen Weise. Zieht man von diesem Permanganatverbrauch die für die Indigolösung verwendete Menge ab, so erhält man die zur Oxydation des Tannins verbrauchte Permanganatlösung; dieses Volumen soll auf keinen Fall grösser sein als zwei Drittel der für die Indigolösung erforderlichen Menge Permanganatlösung. Gerbstofflösungen, deren Gehalt ermittelt werden soll, werden in der gleichen Weise titrirt; die Menge derselben wird so gewählt, dass der obigen Bedingung genügt wird.

Da die Gerbmaterialien auch Substanzen enthalten, die nicht von Haut aufgenommen, aber von Permanganat in gleicher Weise wie Gerbstoff oxydirt werden, so ist es in den meisten Fällen nothwendig, aus einem Theil der Lösung den Gerbstoff zu entfernen und in dieser Flüssigkeit alsdann die Nichtgerbstoffe durch eine zweite Titration zu bestimmen. Es kann dies mit Hilfe von Hautpulver in gleicher Weise wie bei der gewichtsanalytischen Methode ausgeführt werden.

Fällung durch Gelatine nach Hunt's Vorschlag. Dieses Verfahren ist allgemein anwendbar, und besonders bei Lösungen, die Gallussäure enthalten; von dieser wird hierbei weniger als bei Verwendung von Hautpulver ausgefällt. Die Ausführung ist auch eine schnellere als bei der Entfernung durch Hautpulver.

Erforderliche Lösungen: 1. Reine Gelatinelösung, 2 g pro 100 ccm; 2. Gesättigte Kochsalzlösung, welche 50 g konc. Schwefelsäure pro 1 enthält.

Fällung. Zu 50 ccm der Lösung (von der für die gewichtsanalytische Methode erforderlichen Koncentration) bringt man 25 ccm Gelatinelösung, 25 ccm Salzlösung und ungefähr einen Theelöffel voll Kaolin oder Baryumsulfat; das Ganze wird etwa 5 Minuten lang kräftig durchgeschüttelt und dann filtrirt. Das Filtrat, welches vollständig klar sein soll, wird zur Bestimmung der Nichtgerbstoffe nach LÖWENTHAL'scher Methode titrirt; man verwendet hierzu 10 ccm des Filtrates. Die Differenz der verbrauchten Permanganatmengen entspricht der vorhandenen Gerbstoffmenge, ausgedrückt in einer äquivalenten Menge Tannin (Galläpfelgerbstoff).

Die von deutschen Chemikern eingesetzte Kommission zur Feststellung einer einheitlichen Methode der Gerbstoffbestimmung hat ebenfalls Vereinbarungen bez. der Ausführung der LÖWENTHAL'schen Methode getroffen; dieselben sind in dem wiederholt citirten Bericht dieser Kommission (Cassel, 1885, THEODOR FISCHER) aufgeführt.

XIII. Abschnitt.

Die Analyse von Gerbebrühen und gebrauchten Gerbmaterialien.

Gesammt-Rückstand. Diese Bestimmung ist nur erforderlich, wenn auf indirektem Wege die Menge der suspendirten Substanzen ermittelt werden soll. Zu diesem Zweck wird die Brühe gut durchgeschüttelt; man misst dann 50 ccm oder ein geringeres Volumen in eine gewogene Schale ab, dampft zur Trockne und trocknet bis zur Gewichtskonstanz bei 105—110° C.

In den meisten Fällen wird die Brühe sogleich filtrirt. Das spec. Gew. der Brühe wird mit Hilfe eines Pyknometers oder eines Aräometers bestimmt. Die sog. Barkometergrade entsprechen der 2. und 3. Decimale des spec. Gew.; so ist das spec. Gew. 1.065 = 65° Barkometer.

Gesammt-Lösliches. 50 ccm oder ein kleineres Volumen des klaren Filtrates werden in einer gewogenen Schale zur Trockne verdampft und der Rückstand wird bei 105—110° C. bis zur Gewichtskonstanz getrocknet.

Suspendirte Substanz. Dieselbe wird ermittelt, indem man das „Gesammt-Lösliche“ von dem „Gesammt-Rückstand“ abzieht. Diese Berechnung ist nur bei verdünnten Lösungen zulässig, wo das Volumen der suspendirten Substanz vernachlässigt werden kann.

Asche und organische Substanz. Der Rückstand des „Gesammt-Löslichen“ wird vorsichtig verascht, die Asche mit Ammonkarbonatlösung befeuchtet, dann wird zur Trockne verdampft und vorsichtig bis zur beginnenden Rotgluth erhitzt, um Ammoniumsalze zu entfernen, ohne die Zersetzung der Karbonate befürchten zu müssen. Der Glühverlust stellt die „organische Substanz“, der Rückstand die „Mineralstoffe“ dar, welche in der Hauptsache aus Kalk bestehen und nach den bei der Untersuchung des Wassers angegebenen Methoden weiter analysirt werden können (S. 23 ff.). Die in der Asche befindlichen Basen sind in der Brühe als organische Salze vorhanden gewesen. Diese neutralen Salze haben einen sehr bedeutenden Einfluss auf den Gerbeprocess. Dieselben scheinen eine der Hauptursachen der milden Wirkung von alten Brühen zu sein. Die Bestimmung des Eisens in der Asche ist häufig von grösster Wichtigkeit. Dieselbe kann in solchen Fällen kolorimetrisch ausgeführt werden (S. 22).

Gerbende Substanz. Ein Theil der filtrirten Brühe wird, wenn nöthig, so weit verdünnt, dass in 1 l höchstens 5 g gerbende Substanzen enthalten sind, und alsdann entweder nach der Schüttelmethode (S. 116 ff.) oder nach der Filtermethode (S. 111 ff.) mit Hautpulver behandelt. Wenn die Brühe viel Säure enthält, ist der Schüttelmethode der Vorzug zu geben. Wird grosse Geniauigkeit gewünscht, so müssen die ausgewogenen Rückstände des „Gesammt-Löslichen" und der „Nichtgerbstoffe" wieder in Wasser gelöst und in diesen Lösungen Säurebestimmungen ausgeführt werden (siehe weiter unten); die Differenz der beiden Säuregehalte, berechnet auf Milchsäure oder Gallussäure, wird alsdann von dem gefundenen Gerbstoffgehalt in Abrechnung gebracht. An der Wiener Versuchsstation werden diese Säuregehalte nach der SIMAND-KOHNSTEIN'schen Methode (siehe weiter unten) bestimmt.

Die LÖWENTHAL'sche Methode kann bei Brühen auch angewandt werden, besonders bei gerbstoffarmen und sehr sauren Brühen oder wenn eine ganze Reihe von Brühen nebeneinander untersucht werden soll. Wird hierbei der Gerbstoff unter Zugrundelegung des Titers der Permanganatlösung als Tannin (Galläpfelgerbstoff) angegeben, so ist der betreffende Gehalt immer niedriger, als wenn er nach der gewichtsanalytischen Methode bestimmt worden wäre.

Bestimmung der freien Säuren (nach PROCTER). Man bringt 10 ccm der vollständig klaren Brühe in ein Becherglas und lässt klares gesättigtes Kalkwasser aus einer Bürette so lange zufliessen, bis sich eine S p u r einer nicht wieder verschwindenden Trübung zeigt. Man wiederholt diesen Versuch mehrmals und nimmt alsdann das Mittel. Der Eintritt der Trübung ist am besten zu sehen, wenn man durch die Flüssigkeit hindurch gegen gedrucktes Papier sieht. Man stellt das Kalkwasser gegen $^{N}/_{10}$-Salzsäure mit Phenolphtaleïn oder Methylorange ein und giebt den Gehalt desselben in einer äquivalenten Menge Essigsäure (in g pro l) an; $^{N}/_{10}$-Säure entspricht 6 g Essigsäure pro Liter. Wenn Oxalsäure oder freie Schwefelsäure vorhanden ist, entsteht bereits bei dem ersten Zusatz von Kalkwasser eine Trübung. In solchen Fällen giebt man einen Ueberschuss von neutralem Calciumacetat oder Calciumchlorid hinzu, füllt auf das Doppelte des ursprünglichen Volumens auf, filtrirt und verwendet nunmehr 20 ccm anstatt 10 ccm zur Titration. Fichtenrindenbrühen sollen anfangs eine ähnliche Trübung hervorrufen, welche vielleicht in der gleichen

Weise beseitigt werden kann. Bei dieser Säurebestimmungsmethode wird auch die freie Kohlensäure als Säure bestimmt; dieselbe kann aber durch Zusatz von Salz und starkes Umschütteln entfernt werden. In einem solchen Falle ist es nothwendig, die Brühe vor der Titration auf ein bestimmtes Volumen aufzufüllen und alsdann einen aliquoten Theil zu titriren (Simand).

Bestimmung der freien Säuren (nach Simand und Kohnstein).[1]) Diese Methode ist wahrscheinlich genauer als die oben angegebene, aber bei weitem umständlicher. 100 ccm Brühe werden mit 3—4 g reiner, frischgeglühter, kalkfreier Magnesia bis zum Sieden erhitzt. Nach dem Filtriren wird in einem aliquoten Theile des Filtrates die Magnesia gewichtsanalytisch bestimmt (wenn Kalk vorhanden ist, muss derselbe zuvor mit Ammonoxalat entfernt werden). Die Gesammtsäure, berechnet auf Essigsäure, wird gefunden, indem man die ermittelte Magnesiamenge mit 3 multiplicirt ($MgO = 40$; $2\,C_2H_4O_2 = 120$). Die Schwefelsäure wird in folgender Weise bestimmt: ein aliquoter Theil der filtrirten Magnesialösung wird zur Trockne verdampft, der Rückstand wird geglüht, mit CO_2 haltigem Wasser befeuchtet, getrocknet und in Wasser gelöst, worauf das Unlösliche auf einem Filter gesammelt wird; das Magnesiumsulfat ist dann in der Lösung vorhanden, während die Magnesia, bez das Karbonat, welche den organischen Säuren entspricht, sich auf dem Filter befindet. In der Lösung wird die Menge der Schwefelsäure oder die derselben entsprechende Magnesiamenge gewichtsanalytisch bestimmt. Wenn die Brühen Magnesiasalze enthalten, so muss der Gehalt an denselben ermittelt und bei der Säurebestimmung berücksichtigt werden.

Simand[2]) schlägt folgende Methode vor: 50 ccm der Brühe, deren spec. Gew. nicht höher als 1.004—1.005 (4—5^0 Barkom.) sein soll, werden am Rückflusskühler 5 Minuten lang mit 5 g reiner, frisch geglühter Thierkohle, welche durch Behandlung mit Säuren und durch Waschen vollständig von Mineralbestandtheilen befreit worden ist, gekocht. Nach dem Abkühlen wird der Kühler ausgespült und die Flüssigkeit durch ein Filter filtrirt; die auf letzterem befindliche Thierkohle wird mit kochendem Wasser ausgewaschen, bis das Filtrat nahezu 500 ccm beträgt. Nachdem zur Entfernung der freien Kohlensäure auf dem Wasserbad erhitzt worden ist, lässt man erkalten und füllt genau auf 500 ccm auf. Man titrirt alsdann 200 ccm dieser Flüssigkeit mit $^N/_{10}$-Natronlauge oder Kalkwasser unter Zusatz von Phenolphtaleïn. Die Thierkohle hält Spuren von Säure zurück; bei genauen Analysen muss die Menge derselben bestimmt werden, indem man eine

---

[1]) Dingl. Polyt. Journ., 1885, 256, S. 38, 84.

[2]) Lunge, Chem.-techn. Untersuchungsmethoden. Verlag von Jul. Springer, 3. Aufl., Bd. III.

Säurelösung von bekanntem Gehalte in der gleichen Weise behandelt und in dem Filtrat die rückständige Säuremenge titrirt. Die zurückgehaltene Säuremenge ist so unbedeutend, dass der dadurch bedingte Fehler in den meisten Fällen vernachlässigt werden kann.[1])

Die Säurebestimmung ist von grosser praktischer Bedeutung, besonders bei der Sohlledergerberei; Säuremangel bedingt gewöhnlich eine schlechte Farbe, welche in den meisten Fällen erst am fertigen, getrockneten Leder zum Vorschein kommt.

Kohlensäure ist nur in solchen Brühen vorhanden, in welchen die Gärung von Kohlehydraten vor sich geht, ferner auch in Kleienbeizen; in alten faulen Brühen findet sie sich dagegen nicht. Dieselbe wird bestimmt, indem 100 ccm der frischen unfiltrirten Brühe in einem Kolben gekocht werden, der mit einer mit ammoniakalischer Chlorbaryumlösung gefüllten U-förmigen Röhre oder mit einem anderen Absorptionsapparate verbunden ist. Das ausgefällte Baryumkarbonat wird unter möglichstem Luftabschluss schnell abfiltrirt, mit heissem, destillirtem Wasser ausgewaschen, bei 105° C. getrocknet und gewogen. SIMAND fand in Sohlleder-Schwellfarben einen durchschnittlichen Gehalt von ca. 0.15 g CO_2 in 100 ccm.

---

[1]) Anmerkung des Uebersetzers: Ausser den genannten Säurebestimmungsmethoden ist noch das Verfahren von Dr. KOCH (DINGL. Polyt. Journ. 1887, Bd. 264, 265, 267; 1888, Bd. 269) anzuführen, welches sehr einfach und schnell auszuführen ist und dabei genaue Resultate liefert. Die Ausführung ist folgende:

Man mischt 25 ccm der klaren filtrirten Brühe in ein ERLENMEYER-Kölbchen und versetzt mit 25 ccm Gelatinelösung (zur Herstellung derselben löst man 5—6 g reinste Gelatine in 1 Liter heissem Wasser auf und filtrirt die Lösung nach dem Erkalten). Es muss sich hierbei der Niederschlag gut und rasch in Form von Flocken absetzen; ist dies nicht der Fall, so muss die Ausfällung des Gerbstoffes mit einer verdünnteren Gelatinelösung ausgeführt werden (bei schwachen Gerbebrühen genügt meist eine Gelatinelösung von 2 g pro Liter). Der Niederschlag wird alsdann abfiltrirt und von dem Filtrate werden 25 ccm mit Barytlösung von bekanntem Gehalte bis zu einem Punkte titrirt, wo ein intensives Dunkelwerden eintritt, bezw. bei Fichtenbrühe eine grüne Farbe auftritt. Durch einen blinden Versuch ist zu bestimmen, wieviel Barytlösung die meist schwach sauer reagirende Gelatinelösung zur Neutralisation bedarf; bei dem eigentlichen Versuche ist dann eine entsprechende Korrektur anzubringen. Die Gesammtsäure wird als Essigsäure angegeben.

Will man die Gesammtsäure in flüchtige und nichtflüchtige trennen, so bringt man 100 ccm der Brühe in ein mit einem LIEBIG'schen Abflusskühler verbundenes Kölbchen; die Brühe wird zum Sieden erhitzt und das Destillat in einem 300 ccm fassenden Messkolben aufgefangen. Nach der Koncentration auf ca. $^1/_3$ des Volumens wird auf das ursprüngliche Volumen von 100 ccm aufgefüllt und von neuem destillirt. Man fährt so fort, bis man 300 ccm Destillat hat. 100 ccm desselben (entsprechend 33.3 ccm Brühe) werden mit Phenolphtaleïn als Indikator mit Barytlösung titrirt. Die flüchtige Säure wird als Essigsäure angegeben. Die nichtflüchtige Säure ergiebt sich aus der Differenz von Gesammtsäure und flüchtiger Säure; man rechnet dieselbe auf Milchsäure um.

In der Deutschen Versuchsanstalt für Lederindustrie in Freiberg (Zeitschr. f. angew. Chem., 1899, S. 636 ff.; Deutsche Gerberzeitung, 1900, Nr. 50 ff.) wird

Flüchtige Säuren (Essigsäure etc.). Zur Bestimmung derselben werden 100 ccm der Brühe in einer mit Abflusskühler versehenen Retorte fast bis zur Trockne verdampft und das Destillat wird mit Kalkwasser oder $^N/_{10}$-Natronlauge und Phenolphtaleïn titrirt. Man fügt zu dem Retortenrückstand 100 ccm Wasser und wiederholt die Destillation; dies wird so oft wiederholt, als noch merkliche Mengen Säure übergehen. Die auf diese Weise bestimmte Säuremenge wird von der Gesammt-Säuremenge abgezogen und die Differenz auf Milchsäure umgerechnet (2 Th. Essigsäure entsprechen 3 Th. Milchsäure). Bei Sumach-, Myrobalanen- oder Dividivi-Brühen ist die nichtflüchtige Säure in der Hauptsache Gallussäure; 1 ccm $^N/_{10}$-Natronlösung entspricht 17 mg Gallussäure. Wenn die an Basen gebundenen flüchtigen Säuren bestimmt werden sollen, bringt man zu dem Retortenrückstand einen geringen Ueberschuss von Phosphorsäure (frei von flüchtigen Säuren)[1]) und wiederholt alsdann den Destillationsprocess.

Mikroskopische Prüfung. Man lässt die Brühe — am besten in einem konischen Glas — absitzen und betrachtet sowohl den Bodensatz als auch den Schaum mit Hilfe eines Mikroskopes unter einem dünnen Deckgläschen erst bei geringer, dann bei starker Vergrösserung und notirt sich die Formen und Grössen der beobachteten Bakterien und Hefen. Bei umfangreicher Verwendung von Gambier werden gewöhnlich Krystalle (Nadeln) von Katechin beobachtet. In Bezug auf eine vollständige bakteriologische Prüfung vergl. XXIV. Abschnitt.

Die schleimige Gärung, die wahrscheinlich durch eine Bakterienart hervorgerufen wird, bedingt eine schleimige Beschaffenheit der Brühe; dieselbe ist auf die Bildung einer gummiartigen Substanz zurückzuführen, welche in gleicher Weise wie das im Leder vorhandene Dextrin isolirt und bestimmt werden kann. Valoneabrühen neigen sehr zu dieser Art Gärung (vergl. XXIV. Abschnitt).

Bewerthung der Gerbebrühen. Von dem Chemiker wird häufig verlangt, den Werth von Gerbebrühen zu bestimmen; in den meisten Fällen können diese Bestimmungen jedoch nur annähernde sein. Gewöhnlich kommt es nicht darauf an, jede Brühe einzeln zu analysiren, sondern es genügt, wenn in einigen von verschiedenen Stadien herrührenden Brühen der Gehalt an „gerbender Sub-

---

die Bestimmung der Gesammtsäure, bezw. die Erkennung des Neutralisationspunktes beim Titriren in der Weise ausgeführt, dass der Niederschlag überhaupt nicht abfiltrirt wird und dass unter Benutzung eines sehr empfindlichen Lackmuspapiers oder Azolithminpapiers getüpfelt wird. Zur Trennung von Essigsäure und Milchsäure werden 100 ccm der Brühe im Wasserdampfstrom am Abflusskühler destillirt (es dient hierzu der in Fig. 11 dargestellte Apparat), und zwar so, dass unter Einengung der Brühe bis auf ca. 20 ccm im Zeitraume von einer Stunde 300 ccm Destillat erhalten werden; das letztere, bezw. ein aliquoter Theil, wird unter Zusatz von Phenolphtaleïn titrirt.

[1]) Allen, Commercial Organic Analysis, 2. Aufl., I. Bd., S. 383.

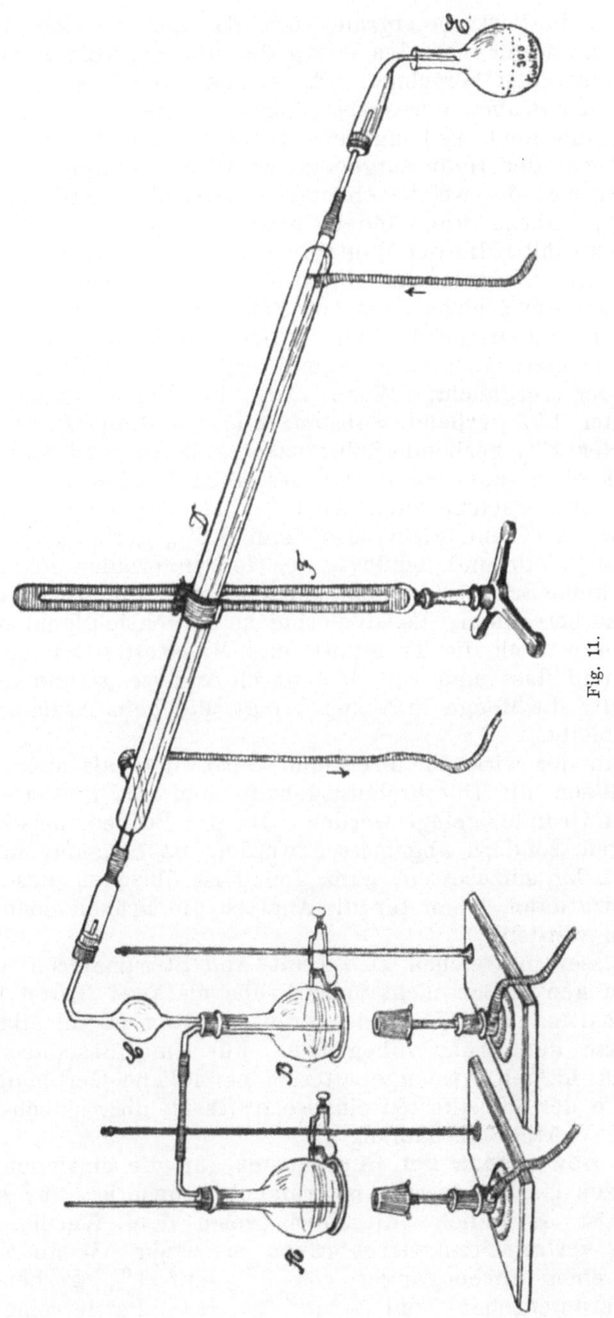

Fig. 11.

stanz“ und die Barkometergrade, bez. das spec. Gewicht, ermittelt werden, und wenn man den Werth der übrigen Brühen aus ihren Barkometergraden berechnet. Es ist bekannt, dass bei der Verwendung der Brühen der Gerbstoffgehalt schneller als die Brühenstärke heruntergeht; es hängt dies damit zusammen, dass nur der Gerbstoff von der Haut aufgenommen wird, während die Menge der Nichtgerbstoffe, welche ebenfalls von Einfluss auf die Brühenstärke ist, nahezu unverändert bleibt. Das Verhältniss dieser beiden kann mit Hilfe der Hautpulvermethode annähernd bestimmt werden. Der verschiedene Gerbewerth der Brühen verschiedener Stärke aus dem gleichen Betriebe kann am besten geschätzt werden, wenn man in jedem Falle zunächst eine bestimmte Anzahl von Barkometergraden abzieht und erst dann die Brühenstärken miteinander vergleicht. Wenn z. B. eine Versenkfarbe von 50° Barkometer 4% gerbende Substanz und eine Hängefarbe von 20° Barkometer 1% gerbende Substanz enthält, so wird man zur Bewerthung einer anderen Brühe desselben Betriebes von der ermittelten Brühenstärke zunächst 10° abziehen; jeder Barkometergrad über 10° entspricht also dann 0.1% gerbender Substanz. Wenn der Gehalt und der Preis der Gerbmaterialien bekannt sind, bietet es keine Schwierigkeiten, den Preis von 1% gerbenden Substanzen zu berechnen. Es ist hierbei zu berücksichtigen, dass dem Originalpreis noch die Transport- und Mahlkosten hinzugerechnet werden und dass man von dem durch Analyse gefundenen Gerbstoffgehalte die Menge in Abzug bringt, die beim Auslaugen rückständig bleibt.

Wenn der wirkliche Preis und Gerbstoffgehalt nicht bekannt sind, müssen die Durchschnittsgehalte und die mittleren Marktpreise zu Grunde gelegt werden. Da die Brühen meistens nicht abgewogen, sondern abgemessen werden, ist es genügend genau, für 1 l 1 kg einzusetzen; ganz genau ist übrigens diese Berechnungsweise dann, wenn für die Analyse die Brühen ebenfalls abgemessen werden.

Gefässe, in welchen sich Haut- und Streumaterial befinden, enthalten gewöhnlich nicht mehr Brühe als zwei Drittel ihres Gesammtinhaltes. Der Werth des Streumateriales ist im allgemeinen im Werthe der Brühe inbegriffen. Für eine Bestandsaufnahme wird das in den Auslaugebatterien befindliche Gerbmaterial mit der Hälfte der Selbstkosten eingesetzt; es ist dies jedoch gewöhnlich eine Werthüberschätzung.

Die **Bewerthung der Gerbekosten** für die einzelnen Stadien des ganzen Gerbeprocesses ist ziemlich schwierig; für Inventurzwecke ist es üblich, dieselben gleich dem Werthe der zur Gerbung verbrauchten Gerbebrühen zu setzen. Wenn z. B. die Brühen eines Farbenganges von 3% auf 1% gerbende Substanz heruntergehen und wenn für jede Partie eine frische Farbe erforderlich ist, wird der Werth der in diesem Farbengange erfolgten Gerbung gleich dem Werthe der verbrauchten Mengen einer Brühe von 2 % gerbender Substanz sein. Bei Benutzung von Streumaterial ist auch dieses in Anrechnung zu bringen. Für die Bestandsaufnahme in einem systematisch geführten Betriebe genügt es im allgemeinen, wenn die Gerbekosten für jedes Stadium einmal berechnet und für alle späteren Kalkulationen, solange die Gerbemethode nicht geändert wird, zu Grunde gelegt werden. Die Schwankungen der Gerbmaterialpreise dürfen hierbei selbstverständlich nicht ausser Acht gelassen werden. Die Arbeitskosten werden bei der Werthsberechnung gesondert eingestellt.

Gebrauchte Gerbmaterialien werden zur Bestimmung von rückständigem Gerbstoff getrocknet, gemahlen und wie andere feste Gerbmaterialien extrahirt; es ist nur nothwendig, etwas grössere Mengen zur Extraktion zu benutzen und die so erhaltenen Lösungen bis zur richtigen Koncentration einzudampfen. Wenn eine ganze Reihe derartiger Bestimmungen auszuführen ist, empfiehlt sich die Anwendung der LOWENTHAL'schen Methode, welche hierbei gut vergleichbare Resultate liefert. In derartigen Fällen ist eine Koncentration der Lösungen nicht erforderlich.

Es ist in vielen Fällen üblich, den Procentgehalt an gerbenden Substanzen bei gebrauchten Gerbmaterialien auf Trockensubstanz anzugeben. Bei einem Vergleiche des Gehaltes an rückständigem Gerbstoff mit dem ursprünglichen Gerbstoffgehalte darf jedoch der durch das Auslaugen und Trocknen verursachte Gewichtsverlust nicht vernachlässigt werden. Ist die Zusammensetzung des frischen Gerbmateriales bekannt, so kann das ursprüngliche Gewicht des ausgelaugten Materiales aus dem Gehalte an Unlöslichem berechnet werden. Wenn z. B. das ursprüngliche Material 45 % und das ausgelaugte 83 % Unlösliches enthält, so muss die in letzterem gefundene gerbende Substanz mit $^{45}/_{83}$ multiplicirt werden, um dieselbe auf ein gleiches Gewicht des ursprünglichen Materiales zu reduciren. Diese Korrektur ist von einer um so grösseren Bedeutung, je gerbstoffreicher das frische Material ist. Wenn die Zusammensetzung des ursprünglichen Materiales unbekannt ist, wird die Korrektur aus der mittleren Zusammensetzung der betreffenden Gerbmaterialart abgeleitet.

XIV. Abschnitt.

Die Bestimmung der Farbe in Gerbmaterialien.[1]

Es ist oft sehr wichtig, die Farbe von Gerbmateriallösungen bestimmen zu können, besonders bei Extrakten, bei welchen in den Kaufverträgen zuweilen ausdrücklich vermerkt ist, dass der Extrakt die gleiche Farbe wie das Kaufmuster besitzen soll. Ferner ist es von Bedeutung, die durch Eisen oder andere Verunreinigungen hervorgerufenen Farbenveränderungen zahlenmässig ausdrücken zu können.

Die Farbenmessung in Lösungen wird mit Hilfe des Lovibond'schen Tintometers vorgenommen. Dieses Instrument, dessen Einrichtung aus Fig. 12 ersichtlich ist, besteht aus einem länglichen Kasten, dessen eines Ende *C* Schaulöcher für ein Auge oder für beide besitzt, während an dem anderen sich ein Schirm mit zwei rechteckigen Oeffnungen befindet; hinter der einen kann ein rechtwinkliges Glasgefäss von bekannter Dicke zur Aufnahme der Gerbstofflösung und hinter der anderen ein mit Nuten versehenes Gestell *A* aufgestellt werden, in welch letzteres gefärbte Gläser zur Messung der Farbe der Lösung eingesetzt werden können. Diese Gläser sind von rother, gelber und blauer Farbe;

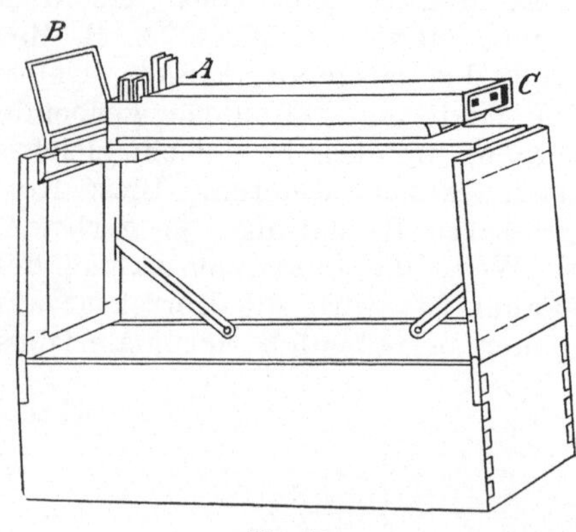

Fig. 12

[1]) Parker u. Procter, Journ. Soc. Chem. Ind., 1895, S. 124.

jede Farbe ist in verschiedenen Intensitäten vorhanden. Jedes Glas giebt die Farbenintensität in Einheiten und Bruchtheilen derselben genau an; die Farben sind vollständig rein, also so gewählt, dass bei der Gruppirung der drei Farben in gleicher Intensität eine neutrale Farbe hervorgerufen wird. Durch geeignete Kombination verschiedener Gläser lässt sich jede beliebige Farbe erzeugen. Durch Versuche ist festgestellt worden, dass sich durch Gruppirung von 0.1 bis 20 Einheiten in Roth und Gelb und von 0.1 bis 10 Einheiten in Blau alle bei Gerbstofflösungen in Betracht kommenden Färbungen erzeugen lassen. Die Genauigkeit bei derartigen Beobachtungen ist sehr von der Uebung und von der individuellen Fähigkeit, Farben zu beurtheilen, abhängig; solche Personen, bei denen der Farbensinn wenig ausgeprägt ist oder die sogar farbenblind sind, werden mit einem derartigen Instrumente überhaupt nichts erreichen. Die Beobachtung wird in vielen Fällen dadurch erleichtert, dass über das Schauloch des Instrumentes ein gefärbtes Glas (bei Gerbstofflösungen ein solches von blauer Farbe) gehalten wird. Das Beobachtungsergebniss soll in solchen Fällen durch Entfernen dieses Glases nicht verändert werden. Das Licht wird am besten mit Hilfe einer gegen gutes Tageslicht gerichteten Milchglasscheibe *B*, welche sich hinter der Gerbstofflösung und den farbigen Gläsern befindet, in das Instrument reflektirt; bei künstlichem Lichte oder bei starker Bewölkung oder nebligem Wetter können keine Beobachtungen ausgeführt werden. Undurchsichtige Körper müssen bei anderer Aufstellung des Instrumentes geprüft werden. Der Unterschied zwischen einer gefärbten und weniger gefärbten Lösung kann bestimmt werden, indem man dieselben vor die beiden Oeffnungen stellt und den Farbenunterschied durch Einstellen von farbigen Gläsern ausgleicht. Die Angaben über die Farbe beziehen sich gewöhnlich auf eine Lösung, welche 0.5 Proc. gerbende Substanz (nach der Hautpulvermethode bestimmt) enthält, und auf eine Flüssigkeitsschicht von einer Dicke von $^1/_2$ engl. Zoll[1]) (= 12.7 mm). Es ist festgestellt worden, dass innerhalb der Beobachtungsgrenzen die Ergebnisse der Farbenmessung proportional der Koncentration der Lösungen und der Dicke der Flüssigkeitsschicht sind; wenn also a der procentische Gerbstoffgehalt in der Lösung und b die Dicke des benutzten Beobachtungsgefässes ist, kann die Farbe einer 0.5procentigen Lösung in einer Schicht von $^1/_2$ engl. Zoll Stärke zahlenmässig ausgedrückt werden, wenn man den gefundenen Werth multiplicirt mit dem Faktor

$$\frac{0.5 \times 0.5}{a \, . \, b} = \frac{0.25}{a \, . \, b}$$

[1]) Die im Handel befindlichen aus England stammenden Tintometer besitzen Beobachtungsgefässe, bei denen die Flüssigkeitsschichten 0.25, 0.5, 1.0 engl. Zoll dick sind.

Die für die Untersuchung von Gerbstofflösungen geeignetste Koncentration ist die einer 0.5procentigen Lösung, welche alsdann in einem $^1/_2$ Zoll-Gefäss gemessen wird. In den meisten Fällen kann die für die Gerbmaterialanalyse hergestellte Lösung, welche gewöhnlich ca. 0.5 Proc. gerbende Substanz enthält, direkt verwendet werden; die Ergebnisse der Farbenmessung werden alsdann auf eine 0.5procentige Lösung umgerechnet. Wenn die mit einem $^1/_2$ Zoll-Gefäss erhaltenen Ergebnisse auf eine Flüssigkeitsschicht von 1 cm Dicke umgerechnet werden sollen, kann dies mit genügender Genauigkeit durch Multiplikation mit 0.8, bei ganz genauen Prüfungen, mit 0.79 erfolgen.

Die folgende Methode ist bei der Farbenmessung von Gerbeextrakten anzuwenden. Die erforderliche Extraktmenge (berechnet aus dem Analysenergebniss) wird in einen 500 ccm-Kolben eingewogen, welcher alsdann mit siedendem Wasser aufgefüllt wird (zur Vermeidung von Gärung und der damit verbundenen Farbenänderung kann man noch ca. 1 g Phenol hinzufügen). Die Lösung wird nach dem Abkühlen genau bis an die Marke aufgefüllt und filtrirt. Das Filtrat muss für die Beobachtung vollständig klar sein, da sonst keine genauen Messungen gemacht werden können. Bei Benutzung des SCHLEICHER & SCHÜLL'schen Filtrirpapieres, Nr. 602, extrahart, lässt sich immer ein vollständig klares Filtrat erhalten. Ist die geringste Trübung vorhanden, so ist es von höchster Wichtigkeit, dass die Zelle vor diffusem Lichte geschützt wird; es lässt sich dies durch Ueberdecken mit schwarzem Papier oder Sammet erreichen. Es ist festgestellt worden, dass Beobachtungsfehler durch Vornahme von drei oder mehreren Messungen, wobei verschiedene Koncentrationen und Zellen verschiedener Dicke anzuwenden sind, bedeutend verringert werden.

Die Messung wird in der Weise ausgeführt, dass man die rothen, gelben und blauen Normalgläser so miteinander kombinirt, dass hierdurch die Farbe der zu prüfenden Lösung erzeugt wird; alsdann werden die auf den betreffenden Gläsern angegebenen Werthe aufgeschrieben. Da die Kombination von gleichen Werthen der drei Farben grau oder schwarz giebt, so wird man zunächst den kleinsten gefundenen Farbenwerth mit den gleichen Werthen der anderen beiden Farben zu schwarz vereinigen und diese Grösse auch als schwarz anführen. Wenn bei der Prüfung einer Lösung z. B. folgende Messungen: 7 roth, 14 gelb und 1 blau gemacht worden wären, so wird das Resultat wie folgt: 6 roth, 13 gelb und 1 schwarz ausgedrückt werden. Da durch die Reflexion von den Oberflächen der Normalgläser Licht verloren geht, muss vor die Zelle eine ebenso grosse Anzahl farbloser Gläser, als Normalgläser verwendet worden sind, gestellt werden; die Glaswandungen der Zelle werden hierbei für 2 Gläser gerechnet.

Weil die thierische Haut zu den verschiedenen, in den Gerbmaterialien vorhandenen färbenden Stoffen eine verschiedene

Affinität besitzt, wird die Farbe, die das Leder annimmt, nur dann der Farbe der Gerbmateriallösung proportional sein, wenn dieselben Gerbmaterialarten vorliegen. Es wird deswegen oft wünschenswerth sein, die mit dem Tintometer erhaltenen Ergebnisse mit den Resultaten wirklicher Gerbeversuche zu vergleichen. Das für diesen Zweck geeignetste Material ist Schaf- oder Kalb-Narbenspalt, welcher im ungegerbten Zustande aus Gerbereien erhalten werden kann. Dieser Spalt wird zunächst gut mit Wasser und dann mit einer Lösung von 2 Proc. Borsäure und 1 Proc. Phenol gewaschen. Nach mehrstündigem Liegen in der letzteren Lösung wird der Spalt auf der Narbenseite auf einer Glasplatte mit einem Schlicker zur Entfernung von Kalkseife ausgestossen; alsdann wird derselbe bis zur Verwendung in einer noch unbenutzten Borsäure-Phenol-Lösung aufbewahrt, in welcher er sich mehrere Monate hält.

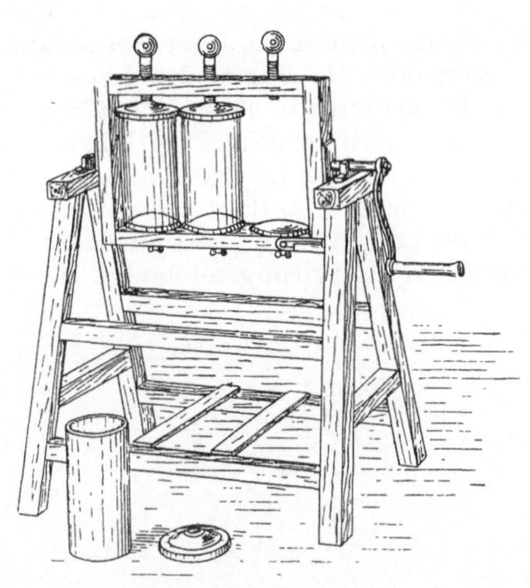

Fig 13

Für derartige Gerbeversuche wird der „milk-shaker“ (S. 116) oder das in Fig. 13 dargestellte gläserne Butterfass verwendet.[1]) Aehnliche Resultate werden erhalten, wenn man die Blössenstücke in die betreffenden Lösungen einhängt, doch erfordert dies wesentlich mehr Zeit; man rechnet alsdann etwa 36 Stunden, ausserdem macht es sich nothwendig, dass in den ersten Stadien die Blössenstücke in der Gerbstofflösung häufig bewegt oder mit derselben geschüttelt werden.

Blössenstücke von ca. 20 cm Länge und ca. 10 cm Breite, welche in der beschriebenen Weise entkalkt und vorbereitet sind, werden zunächst zur Entfernung der Borsäure und Phenollösung zweimal in einem der genannten Schüttelapparate mit destillirtem Wasser behandelt und dann mit einem Schlicker leicht ausgestossen. Dieselben kommen alsdann mit der Gerbstofflösung, welche 0.25 Proc. gerbende Substanz enthält, in den Schüttelapparat und werden 20 Minuten lang geschüttelt, worauf der Gerbstoffgehalt auf 0.5 Proc. erhöht wird; nachdem wiederum 20 Minuten ge-

[1]) Dieses Butterfass kann anstatt des „milk-shaker“ zur Gerbmaterialanalyse nicht verwendet werden, weil die bei demselben stattfindende Bewegung für diesen Zweck nicht genügend stark ist. Dasselbe wurde ursprünglich unter dem Namen „Speedwell“-Butterfass angeboten.

schüttelt worden ist, erfolgt die Erhöhung des Gerbstoffgehaltes auf 1 Proc. Das Blössenstück wird mit dieser Koncentration schliesslich noch $1^1/_3$ Stunde geschüttelt, so dass der ganze Gerbeprocess in 2 Stunden vollzogen wird. Das so erhaltene Leder wird hierauf mehrere Minuten mit destillirtem Wasser geschüttelt, auf einer Glasplatte mit einem Schlicker ausgestossen, in einer Kopirpresse zwischen Fliesspapier leicht ausgepresst, mit der Hand ausgereckt und an einem dunklen Orte zum Antrocknen aufgehangen. Das Leder wird nochmals gereckt, mit Stiften auf einem Bret aufgenagelt und fertig getrocknet.

Dieses Verfahren ist zuverlässig, da bei der Wiederholung des Versuches mit dem gleichen Gerbmateriale übereinstimmende Resultate erhalten werden. Geringe Abweichungen hinsichtlich der Koncentration und der Gerbedauer haben keinen wesentlichen Einfluss auf die Farbe des Leders.

Diese Methode lässt sich übrigens nicht nur zur Beurtheilung von Gerbeextrakten und Gerbmaterialien verwenden, sondern auch für viele andere Zwecke, so z. B. zur Beurtheilung der Einwirkung irgendwelcher Zusätze zu den Gerbebrühen auf die Farbe des Leders, zur Prüfung verschiedener Extraktionsmethoden, Beizverfahren, Konservirungsmethoden u. dergl. mehr.[1])

[1]) Journ. Soc. Chem. Ind. 1895, S. 124 u. 635.

XV. Abschnitt.

Die Analyse der in der Alaun- und Chromgerberei benutzten Materialien.

Alaungerberei. Die hierbei hauptsächlichst benutzten Materialien sind Salz und Alaun (Kali- oder Ammon-Alaun), event. in Verbindung mit Mehl und Eidotter, welche letztere gewissermassen als Füllmittel dienen. Nachdem neuerdings das Aluminiumsulfat, der wirksame Bestandtheil des Alaunes, in reinerem Zustande und namentlich eisenfrei hergestellt wird, verwendet man dasselbe häufig anstatt Alaun. Bei der Herstellung solcher Lederarten, bei denen die Farbe belanglos ist, kann auch weniger reines Aluminiumsulfat, das im Preise natürlich wesentlich niedriger steht, verwendet werden. Der Werth dieser Thonerdesalze ist namentlich abhängig von dem Gehalt an Thonerde und von der Abwesenheit von Eisenverbindungen, die als Verunreinigungen auftreten. Zuweilen ist es auch nothwendig, die Acidität zu bestimmen; gewöhnlich ist dies aber von geringerer Bedeutung, ausgenommen bei der Untersuchung gebrauchter Brühen zum Studium des Verlaufes des Gerbprocesses Thonerde ist Al_2O_3. Sämmtliche Salze leiten sich von diesem Typus ab, das Chlorid ist Al_2Cl_6, das Sulfat $Al_2(SO_4)_3$ u. s. w. Beim Zusammenbringen mit neutralen Salzen neigt die Thonerde sehr zur Bildung „basischer" Salze, welche als Verbindungen der neutralen Salze mit Thonerde aufzufassen sind. Die „basischen Chloride" sind also Oxychloride, von welchen übrigens mehrere von verschiedener Basicität existiren. Derartige basische Salze werden erhalten, wenn man frisch gefällte Thonerde in Lösungen neutraler Thonerdesalze auflöst, oder wenn man in den letzteren einen Theil der Säure durch ein Alkali neutralisirt. Je grösser die Basicität, desto geringer ist die Beständigkeit der gebildeten Verbindung: je basischer die Salze sind, um so leichter werden sie durch Kochen gefällt und zersetzt; diese Erscheinung kann sogar schon durch Verdünnen der Lösungen eintreten. Diese Unbeständigkeit ist auch die Ursache, dass derartige basische Verbindungen von der Hautfaser leichter als neutrale Salze aufgenommen werden. Diese Eigenschaft bedingt die Verwendung in der Gerberei, ferner auch in der Färberei als Beize. Es ist noch nicht genügend aufgeklärt, ob das basische Salz als solches von der Hautfaser aufgenommen wird oder ob in der Hauptsache Thonerde absorbirt wird, welche alsdann in der Lösung eine weniger basische Verbindung zurücklässt. Was nach dieser Richtung hin in Bezug auf Thonerdesalze angeführt worden ist, gilt in gleicher Weise für Eisen- und Chromsalze.

Bestimmung der Thonerde. In allen den Fällen, wo noch andere Basen zugegen sind, liefern die gewichtsanalytischen Methoden die zufriedenstellendsten Resultate. Zu der nahezu kochenden und etwas verdünnten Lösung wird zunächst Chlorammonium, um die event. Ausfällung von Spuren von Kalk zu verhindern, und dann Ammoniak in sehr geringem Ueberschuss hinzugefügt; man setzt hierauf das Kochen fort, bis der grösste Theil des freien Ammoniaks ausgetrieben ist. Diese Operationen werden am besten in einer Porcellan- oder Platinschale ausgeführt, weil Glas von der heissen ammoniakalischen Lösung etwas angegriffen wird. Der Niederschlag wird zunächst mehrmals durch Dekantiren und dann sorgfältig auf dem Filter mit siedendem Wasser ausgewaschen (S. 10). Wenn ein Saugtrichter oder Vacuumfilter zur Verfügung steht, empfiehlt sich dessen Anwendung, weil der Niederschlag sehr voluminös und gelatinös ist und weil er dann soweit entwässert werden kann, dass er bei vorsichtigem Arbeiten ohne weiteres Trocknen geglüht werden kann. Ist eine derartige Einrichtung nicht vorhanden, so wird das Filter mit dem Niederschlag vollständig getrocknet und in einen Platin- oder Porzellantiegel gebracht, der alsdann mit angelegtem Deckel erst mässig und später vor der Gebläselampe erhitzt wird. Wenn das Aluminiumsalz ein Sulfat war, muss das starke Erhitzen 5—10 Minuten dauern, um auch die letzten Spuren Schwefelsäure auszutreiben.

Ist zugleich Eisen vorhanden, so wird dasselbe als Fe_2O_3 gemeinschaftlich mit der Thonerde bestimmt; ausserdem wird in einem besonderen Theile der Lösung oder in dem Glührückstande, nachdem derselbe durch Behandlung mit Schwefelsäure gelöst worden ist (XX. Abschnitt), der Eisengehalt ermittelt. Bei sehr kleinen Mengen bedient man sich am besten der kolorimetrischen Methode (S. 22), während grössere Mengen am vortheilhaftesten durch Titration mit Chamäleonlösung nach vorausgegangener Reduktion bis zur Oxydulstufe mit Hilfe von Zink bestimmt werden. Zu diesem Zwecke wird eine abgemessene Menge der Lösung, welche nicht mehr als ca. 0.1—0.2 g Eisen enthalten soll, in eine Kochflasche gebracht und mit reiner Schwefelsäure stark angesäuert.

Der Hals der Flasche wird mit einem Korkstopfen verschlossen, durch welchen ein zu einer offenen Kapillare ausgezogenes Glasrohr geht. Durch das letztere kann der entwickelte Wasserstoff austreten. Noch besser ist es, wenn der Stopfen mit zwei Röhren versehen ist, damit durch die zweite ein schwacher Kohlendioxyd- oder Leuchtgasstrom zur Verdrängung des Sauerstoffes geleitet werden kann. Nach dem Erwärmen werden Zinkgranalien (eisenfrei!)[1]) und ein kleines Stück von Platinfolie oder einige Tropfen Platinchlorid (zur Beschleunigung der Wasserstoffentwickelung) in die Lösung gebracht; das Erhitzen wird hierauf fortgesetzt, bis die Flüssigkeit farblos ist oder bis ein mit einem Glasstabe entnommener Tropfen mit Rhodankaliumlösung keine Rothfärbung mehr giebt. An Stelle von Zink kann auch grob zerkleinertes Magnesium verwendet werden. Nachdem sich das Zink vollständig gelöst hat, wird die Lösung mit $^{N}/_{10}$-Permanganatlösung (3.16 g pro Liter) bis zum Auftreten einer schwachen rothen Färbung titrirt. Jeder ccm der Permanganatlösung entspricht 0.0056 g Fe, bez. 0.0080 g Fe_2O_3. Da sich verdünnte Permanganatlösung nicht gut aufbewahren lässt, empfiehlt es sich, eine $^{N}/_{1}$-Permanganatlösung vorräthig zu halten, welche für den jeweiligen Gebrauch zu dem obigen Zweck verdünnt wird. Für Permanganatlösungen dürfen nur Glashahnbüretten verwendet werden. Wenn der Gehalt der Permanganatlösung nicht bekannt ist, muss derselbe zunächst bestimmt werden. Hierzu wird ca. 0.1 g feinster Blumendraht (nach Entfernung des Oxyds mit Smirgelleinwand) genau abgewogen und in 10 ccm verdünnter Schwefelsäure (1 : 10) unter denselben Vorsichtsmassregeln wie bei der Reduktion mit Zink gelöst. Aus dem vorhandenen Eisengehalt und der zur Oxydation des Eisenoxyduls verbrauchten Permanganatlösung lässt sich alsdann der Gehalt der letzteren berechnen. Anstatt Eisendraht lässt sich auch Ammon-Eisenoxydulsulfat, $FeSO_4 . (NH_4)_2SO_4 . 6\,H_2O$, verwenden; dasselbe wird für diesen Zweck gepulvert, zwischen Filtrirpapier getrocknet, gewogen und in verdünnter Schwefelsäure gelöst. 0.7 g dieses Salzes enthalten 0,1 g Fe. Wenn in der ursprünglichen Lösung Salpetersäure vorhanden ist, muss dieselbe durch längeres Kochen während der Reduktion entfernt werden. Bei Gegenwart von Salzsäure oder Chloriden muss die Lösung nach der Reduktion und nach dem Erkalten mit 300—400 ccm destillirtem Wasser, welches zuvor gekocht und in einer geschlossenen Flasche abgekühlt worden ist, verdünnt werden; vor der Titration wird diese Lösung mit Schwefelsäure angesäuert und mit 3—4 g Mangan- oder Magnesiumsulfat versetzt. Die hierbei erhaltenen

[1]) Wenn kein vollständig eisenfreies Zink zur Verfügung steht, muss der Eisengehalt desselben durch einen blinden Versuch ermittelt und alsdann bei der Analyse in Rechnung gebracht werden.

Ergebnisse sind aber nicht so zuverlässig, als wenn nur Schwefelsäure vorhanden ist.

Gewichtsanalytische Methoden zur Trennung des Eisens von der Thonerde sind im XX. Abschnitt angegeben; das maassanalytische Verfahren ist jedoch im allgemeinen genauer und weniger zeitraubend.

Bestimmung der Säuren. Die Gesammtmenge der Schwefelsäure kann in üblicher Weise mit Hilfe von Chlorbaryum (vergl. S. 25) bestimmt werden. Die Salzsäure wird mit Silbernitrat in Gegenwart von neutralem Kaliumchromat titrirt (vergl. S. 19). Die in Lösungen von Aluminium-Sulfat oder -Chlorid befindliche freie Säure kann ermittelt werden, indem man die betreffenden Lösungen von ca. $^{N}/_{10}$-Stärke mit $^{N}/_{10}$-Natronlauge oder $^{N}/_{10}$-Sodalösung bei Gegenwart von Kongoroth oder Methylorange titrirt. Von diesen beiden Indikatoren ist der letztere zwar der empfindlichere, doch manchem bereitet es Schwierigkeiten, den Farbenumschlag zu erkennen. Die Erkennung des Endpunktes wird dadurch bedeutend erleichtert, dass man neben die zu titrirende Flüssigkeit ein Glas mit der gleich grossen, mit dem Indikator gefärbten Menge Wasser setzt, welche alsdann einen Zusatz von einigen wenigen Tropfen $^{N}/_{10}$-Säure erhält.

Genauer ist die Methode von Beilstein und Grosset (angegeben von Sutton), welche auf der Unlöslichkeit von Alaun und anderen Sulfaten in absolutem Alkohol beruht. 1—2 g der Substanz werden in 5 ccm Wasser gelöst; die Lösung wird mit 5 ccm gesättigter neutraler Ammonsulfatlösung versetzt und 15 Minuten lang gut umgerührt. Man fügt alsdann 50 ccm absoluten Alkohol hinzu, mischt gut durch, filtrirt die Mischung durch ein kleines Filter und wäscht mit weiteren 50 ccm absolutem Alkohol nach. Die Lösung wird zur Verdampfung des grössten Theils des Alkohols auf dem Wasserbade nahe zur Trockne verdampft und der Rückstand mit $^{N}/_{10}$-Natronlauge oder -Sodalösung und Methylorange titrirt. Die alkoholische Lösung kann auch ohne vorheriges Eindampfen direkt titrirt werden; man verwendet dann Natronlauge oder Kalkwasser und Phenolphtaleïn. Das Aluminiumsulfat enthält oft nicht unbeträchtliche Mengen an freier Säure. Dieselben sind in den meisten Fällen bei der Verwendung in der Gerberei von geringem Einfluss und können ausserdem durch Zusatz einer geringen Menge Soda neutralisirt werden. Es bildet sich dann Natronalaun oder die Lösung wird schwach basisch, wenn die Soda im Ueberschuss zugesetzt wurde. Der Gebrauch basischer Lösungen für Gerbezwecke, welcher vor einer Reihe von Jahren in England Bertram Hunt[1]) patentirt worden ist, bietet übrigens gegenüber der Verwendung neutraler Salze einige Vortheile. Der

---

[1]) Engl. Patent, 1884, 15 607.

Grad der Basicität kann durch Bestimmung des Thonerde- und Säuregehaltes ermittelt werden.

Die krystallisirten Alaune sind gewöhnlich neutral, während Thonerdesulfate zuweilen sauer, mitunter auch basisch sind; in dem letzteren Falle ist die vorhandene Thonerde mindestens ebenso gut verwendbar wie in dem normalen Salze.

Die Gesammtmenge der Säure in Lösungen der Chloride oder Sulfate des Aluminiums kann mit ziemlicher Genauigkeit nach dem Principe der Hehner'schen Methode zur Bestimmung der „bleibenden Härte" ermittelt werden (S. 21). Bei Aluminiumsulfat werden 5 g desselben in ungefähr 40 ccm Wasser gelöst und 50 ccm $^N/_1$-Sodalösung zugefügt; das Gemisch wird alsdann kurze Zeit gekocht. Die Flüssigkeit wird nach dem Erkalten auf 100 ccm aufgefüllt und filtrirt; 20 ccm des Filtrates, entsprechend 1 g Substanz und 10 ccm $^N/_1$-Sodalösung, werden unter Zusatz von Methylorange mit $^N/_1$-Schwefelsäure oder Salzsäure mehrmals titrirt. Zieht man die verbrauchte Säuremenge von 10 ccm ab, so entspricht jeder ccm des Restes 0.049 g H_2SO_4 oder 0.0355 Cl oder bei Abwesenheit von anderen, durch Soda fällbaren Basen 0.009 g Al. Diese Methode lässt sich bei Ammonalaun oder bei Anwesenheit von Ammonsalzen wegen der Flüchtigkeit des hierbei gebildeten Ammonkarbonates nicht verwenden; wenn man in diesen Fällen $^N/_{10}$-Lösungen benutzt und anstatt zu kochen einige Zeit bei gewöhnlicher Temperatur in einer verschlossenen Flasche unter öfterem Umschütteln stehen lässt, können auch richtige Resultate erhalten werden. Enthält die betreffende Substanz freie Säure, so muss dieselbe bestimmt und bei der Berechnung der Thonerde von der Gesammtsäure in Abrechnung gebracht werden. Der Verfasser hat trotz wiederholter Versuche weder mit Bayer's Methode, noch mit der in Sutton's „Volumetric Analysis" angegebenen Modifikation zufriedenstellende Resultate erhalten.[1])

Das Atomgewicht des Aluminiums ist 27, das Molekulargewicht der Thonerde 102, des Kalialaunes, $Al_2(SO_4)_3 . K_2SO_4 . 24H_2O$, 948, des Ammoniakalauns, $Al_2(SO_4)_3 . (NH_4)_2SO_4 . 24H_2O$, 906, des krystallisirten Aluminiumsulfates, $Al_2(SO_4)_3 . 18 H_2O$, 666. Al_2 ist in diesen Salzen sechswerthig; man erhält infolgedessen Normallösungen, wenn man den 6. Theil der Molekulargewichte in Gramm pro Liter löst.

Chromverbindungen, welche in der Gerberei Verwendung finden. Chrom (Atomgewicht 52) bildet vier Oxydationsstufen. Die niedrigste, Chromoxydul, CrO, entspricht dem Eisenoxydul und bildet auch analoge Salze, welche sehr begierig Sauerstoff absorbiren, so dass sie nur schwierig unverändert aufbewahrt werden können.

---

[1]) Vergl. Journ. Soc. Chem. Ind., 1890, S. 767; 1891, S. 202, 314.

Die zweite Sauerstoffverbindung, Chromoxyd, Cr_2O_3 (Molekulargewicht 152), ähnelt in ihren allgemeinen Eigenschaften sehr der Thonerde. Das Chromoxyd bildet ein Hydrat, $Cr_2(OH)_6 . 6 H_2O$, welches, wie die Thonerde, bei Gegenwart starker Basen schwach saure Eigenschaften besitzt und infolgedessen in Kali- oder Natronhydratlösung mit dunkelgrüner Farbe löslich ist, aus welcher Lösung es durch Kochen wieder ausgefällt wird. In Ammoniak ist es wenig löslich; die hierbei gebildete röthliche Verbindung wird durch Kochen ebenfalls wieder zersetzt. Mit Säuren bildet es den Thonerde- und Eisenoxyd-Salzen entsprechende Salze, welche im krystallisirten Zustande (wie Chromalaun, $Cr_2(SO_4)_3 . K_2SO_4 . 24 H_2O$, Mol.-Gew.: 998) meist violett sind und auch violette Lösungen liefern; die letzteren werden durch Kochen gewöhnlich grün, wahrscheinlich infolge Zersetzung und Bildung eines basischen Salzes. Es bildet leicht basische Salze, deren dunkelgrüne und bläulichgrüne Lösungen ausgeprägte gerbende Eigenschaften besitzen. Die starkbasischen Salze sind sehr unbeständig und werden durch Kochen leicht gefällt. Das gefällte Chromoxydhydrat spaltet beim Kochen Wasser ab und ist dann sowohl in Alkalien als in Säuren nicht so leicht löslich; das durch Glühen des Chromoxydhydrates erhaltene Oxyd ist in allen Reagentien unlöslich, wenn es nicht zuvor durch kräftige Oxydationsmittel in Chromsäure übergeführt worden ist.

Das dritte Oxyd, CrO_3, „Chromsäure", oder richtiger Chromsäure-Anhydrid (Mol.-Gew. 100), bildet rubinrothe Krystalle, welche sich in Wasser mit orangerother Farbe unter Bildung von Chromsäure, H_2CrO_4, lösen; dieselbe hat eine ähnliche Konstitution wie die Schwefelsäure; gleich dieser bildet sie zwei Reihen von Salzen, neutrale Chromate von meist citronengelber Farbe, und saure Chromate, deren Lösungen orangne Farbe besitzen. Bei der Krystallisation liefern die letzteren anhydrische Chromate, wie z. B. Kaliumbichromat, dessen Formel folgendermassen ist:

$$O<\begin{matrix}CrO_3K\\CrO_3K\end{matrix} \quad \text{oder} \quad K_2Cr_2O_7 \text{ (Mol.-Gew. 294).}$$

Dieses Bichromat enthält kein Wasser. Die Ammonium- und Natronsalze sind entsprechend zusammengesetzt; das letztere krystallisirt jedoch mit 2 Molekülen Krystallwasser und ist leicht zerfliesslich.

Freie Chromsäure wird durch die meisten Reduktionsmittel, wie schweflige und thioschweflige Säure, Schwefelwasserstoff, durch Eisenoxydulsalze und durch organische Verbindungen, wie Alkohol, Traubenzucker und Stärke zu Chromoxyd reducirt. Wenn nur freie Chromsäure vorhanden ist, entstehen die sogen. „Chromsuperoxyde" von brauner Farbe, während bei Gegenwart andrer starker Säuren im Ueberschuss grüne oder zuweilen auch violette

Chromoxydsalze gebildet werden. Wenn die vorhandene Säure zur Bildung des neutralen Salzes nicht ausreicht, bilden sich basische Salze, deren Basicität von der Menge der vorhandenen Säure abhängt; die Farbe derselben ist um so bläulicher, je basischer sie sind. Diese Salze haben die Eigenschaft, ein vollständig unlösliches, selbst beim Kochen unveränderliches Chromleder zu liefern; aber wenn die Basicität einen gewissen Punkt überschreitet, wird die Lösung dunkelviolett und scheint dann die Fähigkeit, sich mit der Hautfaser zu verbinden, nicht mehr zu besitzen.[1]) Die für Gerbzwecke vortheilhafteste Verbindung enthält auf 2 Cr annähernd 3 Cl; zur Bildung derselben erfordert 1 Molekül $K_2Cr_2O_7$ 5 Moleküle HCl. Zu diesem Zwecke bringt man zu der Bichromatlösung die berechnete Menge Säure, erwärmt etwas und fügt Traubenzucker oder gewöhnlichen Rübenzucker zu, bis die Lösung rein grünlichblau geworden ist; es findet hierbei eine reichliche Kohlensäure-Entwickelung statt.[2]) Eine äquivalente Menge Schwefelsäure liefert auch eine ähnliche Lösung von ähnlichen Eigenschaften; das hierbei erzielte Leder ist aber geschwollener und fester. Lösungen basischer Salze können auch erhalten werden, wenn man frisch gefälltes Chromoxydhydrat in Lösungen von Chromsulfat oder Chromchlorid auflöst, oder wenn man in Lösungen neutraler Salze einen Theil der Säure mit Natronlauge oder Soda neutralisirt.[3])

Kaliumbichromat ($K_2Cr_2O_7$, Molek.-Gew. 294) ist gewöhnlich der Ausgangspunkt bei der Herstellung von Chromverbindungen. Die wichtigste Bestimmung in demselben ist die der vorhandenen Chromsäure, welche den Werth dieses Salzes bedingt.

Bestimmung der Chromsäure. Dieselbe kann gewichtsanalytisch durch Fällung der Chromsäure als Blei- oder Baryumchromat oder in sehr befriedigender Weise durch Reduktion zu Chromoxyd ausgeführt werden; zu letzterem Zwecke wird die mit Salzsäure oder Schwefelsäure angesäuerte Lösung mit einem geringen Ueberschuss von Alkohol gekocht, bis die Lösung eine rein grüne Farbe angenommen hat, und nach dem Wegkochen des Alkohols mit Ammoniak gefällt; das Chromoxydhydrat wird abfiltrirt, geglüht und in gleicher Weise wie die Thonerde bestimmt (S. 146 ff.). Wenn in der ursprünglichen Lösung Eisen, Thonerde oder Chromoxyd vorhanden ist, müssen dieselben vor vor der Reduktion der Chromsäure durch Fällung mit Ammoniak

---

[1]) Spätere Versuche haben gezeigt, dass diese Thatsache wahrscheinlich mehr auf die Gegenwart von unvollständig oxydirter organischer Substanz als auf die grössere Basicität der Lösung zurückzuführen ist. Geringe Mengen von organischen Substanzen verhindern oft die Fällung des Chromoxyds, Cr_2O_3.

[2]) Manche Traubenzuckersorten liefern violette Lösungen, welche nicht gerbend wirken.

[3]) Vergl. Engl. Patent 1884, 15607 und 1886, 5491.

entfernt werden. Ueber die Trennung dieser Verbindungen vergl. XX. Abschnitt.

Zur maassanalytischen Bestimmung der Chromsäure giebt es mehrere genaue, dabei schnell auszuführende Verfahren. Ein einfaches Verfahren ist folgendes: aus einem Wägegläschen wird eine kleine Menge reines, trockenes Ammonium-Ferrosulfat in eine Porzellanschale ausgewogen und mit 5 oder 10 ccm verdünnter Schwefelsäure versetzt, alsdann lässt man die zu untersuchende Chromsäurelösung aus einer Bürette zufliessen, bis ein mit einem Glasstabe entnommener Tropfen beim Vermischen mit einem Tropfen Ferricyankalium (rothes Blutlaugensalz) auf einer weissen Platte keine dunkelgrüne Färbung mehr giebt. 0.392 g Ammon-Ferrosulfat enthält 0.056 g Eisen, d. i. $^1/_7$ seines Gewichts; folglich entspricht es 0.052 g Cr oder 0.100 g CrO_3.

Eine schnellere und bequemere Methode (namentlich, wenn mehrere Bestimmungen zugleich auszuführen sind, und für verdünnte Lösungen, wie z. B. für die Bäder bei dem Zweibadverfahren der Chromgerbung) ist folgende: Eine abgemessene Menge Chromlösung, welche nicht mehr als ungefähr 0.1 g Kaliumbichromat, bez. eine diesem äquivalente Menge Chromsäure enthalten soll, wird in eine etwa 200—300 ccm fassende Stöpselflasche gebracht; alsdann fügt man 5 ccm konc. Salzsäure und 10 ccm einer 10 procentigen Jodkalium-Lösung hinzu; die Flasche wird verschlossen, umgeschüttelt und dann mindestens einige Minuten stehen gelassen. Man titrirt hierauf mit einer $^N/_{10}$-Natriumthiosulfatlösung (24.8 g pro l) bis die durch das freigemachte Jod hervorgerufene braune Farbe nahezu verschwunden ist, fügt ca. 1 ccm Stärkelösung hinzu und titrirt weiter, bis an die Stelle der blauvioletten Farbe der Jodstärke die blassgrüne des Chromchlorids getreten ist. Jedes Molekül CrO_3 macht 3 Atome J frei; es entspricht mithin jeder ccm $^N/_{10}$-Thiosulfatlösung 0.0049 g Kaliumbichromat, oder 0.0033 g Chromsäure. Wenn absolut reines Thiosulfat nicht zur Verfügung steht, wird eine Lösung von 25 g pro l eines möglichst reinen Präparates gegen eine Jodlösung eingestellt; zu diesem Zwecke werden zu dem Gemisch der Jodkaliumlösung und Salzsäure 20 ccm einer $^N/_{10}$-Kaliumbichromatlösung (enthaltend 4.9 g pro l, entspr. 24.8 g Thiosulfat pro l) als Oxydationsmittel zugesetzt. Eine ähnliche Methode kann zur Bestimmung des Thiosulfats in dessen Lösung verwendet werden; zu diesem Zwecke lässt man die zu untersuchende Lösung aus einer Bürette in eine Jodlösung fliessen, welche durch Vermischen von 10 ccm Jodkaliumlösung, 5 ccm Salzsäure und 20 ccm $^N/_{10}$-Kaliumbichromatlösung erhalten worden ist; dieses Gemisch entspricht 0.496 g Thiosulfat. Wenn die Thiosulfatlösung direkt mit Kaliumbichromatlösung titrirt wird, werden keine genauen Resultate erhalten, weil die hierbei stattfindenden Oxydationsvorgänge ziemlich verwickelt sind und weiter gehen als bei Jod. Das verwendete Jodkalium muss frei von Jodat sein; dasselbe kann durch schwaches Ansäuern mit Salzsäure nachgewiesen werden; bei Gegenwart von Jodat wird Jod frei, welches die Lösung braun färbt und mit Stärke die bekannte Reaktion giebt (vergl. XXIII. Abschnitt). Die Salzsäure darf kein freies Chlor enthalten; zum Nachweise desselben wird ein blinder Versuch ausgeführt. Thiosulfatlösungen, welche stets im Dunklen aufbewahrt werden sollen, halten sich nur wenige Wochen unverändert.

Es ist oft wünschenswerth, nicht nur die Gesammtmenge der Chromsäure, sondern auch die als freie Säure und die im Bichromat vorhandene Chromsäure oder die im Bichromat und die im neutralen Chromat enthaltene Chromsäure getrennt zu bestimmen. Es ist ohne weiteres klar, dass freie Chromsäure, Chromate und Bichromate nicht zugleich in derselben Lösung zugegen sein können, aber es darf nicht übersehen werden, dass freie Chromsäure neben anderen freien Säuren vorhanden sein kann. Die Gesammtmenge wird alsdann alkalimetrisch bestimmt. Neutrale Chromate reagiren Phenolphtaleïn gegenüber neutral, während freie Chromsäure und Bichromat sich wie Säuren verhalten. Wenn eine Lösung Bichromate und neutrale Chromate zugleich enthält, können die ersteren infolgedessen durch Titriren mit eingestellter Natronlauge oder Sodalösung und Phenolphtaleïn bestimmt werden. Jeder ccm $^{N}/_{10}$-Alkali entspricht in diesem Falle 0.0147 g Kaliumbichromat, bez. 0.010 g „halbgebundener“ oder 0.005 g freier Chromsäure (CrO_3). Freie Chromsäure wird also doppelt soviel Alkali verbrauchen als die im Bichromat vorhandene.

Wenn eine Lösung 0.100 g CrO_3 in irgendwelcher Form enthält, wird dieselbe 30 ccm $^{N}/_{10}$-Thiosulfat zur Reduktion des von dieser Chromsäure-Menge freigemachten Jods erfordern. Ist diese Chromsäure im freien Zustande vorhanden, so verbraucht sie bei Verwendung von Phenolphtaleïn als Indikator 20 ccm $^{N}/_{10}$-Natronlauge zur Neutralisation; ist sie als Bichromat vorhanden, so braucht sie nur 10 ccm, und in der Form des neutralen Chromates erfordert sie überhaupt keine Natronlauge. Wir können hieraus die folgende Regel ableiten: Wenn die zur Neutralisation erforderliche Natronlauge geringer als ein Drittel der Thiosulfatmenge ist, entspricht jeder ccm Natronlauge 0.010 g als Bichromat vorhandener CrO_3, bezw. 0.0147 g Kaliumbichromat; der Rest der mit Hilfe von Thiosulfat bestimmten Chromsäure ist dann als neutrales Chromat vorhanden. Beträgt die Menge Natronlauge mehr als ein Drittel der Thiosulfatmenge, so entspricht jeder ccm über das Drittel hinaus 0.010 g freier Chromsäure; der Rest wird auf Bichromat umgerechnet. Wenn die verbrauchte Menge Natronlauge grösser als zwei Drittel der Thiosulfatmenge ist, so ist sämmtliche Chromsäure im freien Zustande vorhanden; der Ueberschuss über zwei Drittel hinaus wird durch die Gegenwart anderer Säuren bedingt.

Es ist ferner auch möglich, die freie Chromsäure direkt zu

bestimmen; die betreffenden von Carlton Heal und dem Verfasser herrührenden Verfahren sind in dem Journ. Soc. Chem. Ind. 1895, S. 248 veröffentlicht worden. Dasselbe ist eine Abänderung des von M'Culloch[1]) beschriebenen Verfahrens und beruht auf der Thatsache, dass freie Chromsäure durch Wasserstoffsuperoxyd zu einer blauen Verbindung, wahrscheinlich Ueberchromsäure, oxydirt wird, während Bichromate hierbei unverändert bleiben. Dieses Oxydationsprodukt, welches die vierte Oxydstufe des Chroms darstellt, ist so unbeständig, dass über seine Zusammensetzung noch nichts Näheres bekannt ist. Es löst sich in Aether mit tiefblauer Farbe; diese Lösung behält ihre Farbe nur kurze Zeit. Die Analyse wird in folgender Weise ausgeführt: Eine abgemessene Menge der Lösung, in welcher die freie Säure bestimmt werden soll, sowie 1—2 ccm einer 10 procentigen Wasserstoffsuperoxydlösung und eine etwa $2^1/_2$ cm hohe Schicht Aether werden in eine enghalsige Flasche oder noch besser in einen 100 ccm-Scheidetrichter gebracht. Es muss sorgfältig darauf geachtet werden, dass beide Reagentien vollständig neutral sind; wenn dies nicht der Fall ist, müssen sie zuvor mit Natronlauge genau neutralisirt werden. Eine abgemessene Menge $^N/_{10}$-Sodalösung, z. B. 5 ccm, wird jetzt hinzugefügt, um die Lösung schwach alkalisch zu machen; alsdann wird mit $^N/_{10}$-HCl titrirt, wobei nach jedem Zusatz kräftig umgeschüttelt wird; man fährt damit fort, bis der Aether beim Beobachten gegen einen weissen Hintergrund bei gutem Lichte eine schöne blaue Farbe annimmt. Zieht man den Säureverbrauch von dem Volumen der zugesetzten Sodalösung ab, so entspricht der Rest derjenigen Sodamenge, welche zur Ueberführung der freien Chromsäure in das Bichromat erforderlich ist; 1 ccm $^N/_{10}$-Sodalösung entspricht dann 0.010 g CrO_3. Ist ein Scheidetrichter verwendet worden, so kann man die neutrale Lösung abfliessen lassen und alsdann den Aether für eine andere Titration verwenden.

Eine andere von Carlton Heal angegebene Methode beruht auf der Fällung eines basischen Kupferchromats aus einer kochenden Kupfersulfatlösung durch die geringste Spur von neutralem Chromat. Zu der abgemessenen Menge der klaren Chromatlösung bringt man 2—4 Tropfen einer 5 procentigen neutralen Kupfersulfatlösung und titrirt dann diese Lösung bei Kochhitze mit $^N/_{10}$-Natronlauge. Sowie die Gesammtmenge der freien Chromsäure in Bichromat übergeführt ist und durch einen weiteren Zusatz von Alkali eine Spur von neutralem Chromat gebildet wird, entsteht ein sehr deutlicher brauner Niederschlag, der als Indikator dient. In klaren Lösungen ist dieses Verfahren sehr genau; seine Verwendung zur Untersuchung gebrauchter Brühen der Chromgerberei wird jedoch dadurch beeinträchtigt, dass organische Substanzen,

[1]) Chem. News, 1887, 55, S. 2.

welche aus der Haut in Lösung gegangen sind, Trübungen hervorbringen, welche selbst durch Filtration nicht zu beseitigen sind. Die Bestimmung der freien Chromsäure in gebrauchten Chrombrühen ist jedoch insofern von geringerer Wichtigkeit als nach den Untersuchungen HEALTON's und des Verfassers die freie Chromsäure vollständig von der Haut absorbirt wird und nur Bichromat zurückbleibt; das letztere scheint in nennenswerther Menge nicht aufgenommen zu werden.[1])

Bestimmung des Chroms in Lösungen der Chromsalze, wie z. B. in den basischen Chromgerbebrühen bei Abwesenheit organischer Substanzen; dieselbe wird gewichtsanalytisch in gleicher Weise wie die Thonerdebestimmung durch Fällen mit Ammoniak ausgeführt. Rohe Bestimmungen können auch kolorimetrisch ausgeführt werden; die Farbe der basischen Lösungen schwankt aber so stark, dass hierbei keine grosse Genauigkeit erwartet werden darf. Eine schnelle maassanalytische Bestimmung stösst jedoch noch auf ziemliche Schwierigkeiten. Das zu lösende Problem besteht darin, ein Oxydationsmittel zu finden, welches die Gesammtmenge des Chromoxyds zu Chromsäure zu oxydiren vermag und dessen Ueberschuss vor dem Zusatz von Jodkalium und vor dem Titriren mit Thiosulfat vollständig wieder entfernt werden kann. Wasserstoffsuperoxyd, welches, wenn es auch einen Theil der Chromsäure zu einer noch höheren Oxydstufe oxydirt, zunächst sehr geeignet erscheint, wirkt auf die Chromsäure unter Sauerstoffentwicklung wieder als Reduktionsmittel. Natriumsuperoxyd oxydirt in alkalischer Lösung Chromsalze zwar sehr schnell zu Chromsäure, muss aber vor dem Ansäuern durch Kochen vollständig wieder zersetzt werden, welche Operation ca. eine halbe Stunde Zeit erfordert; ausserdem muss zur Vermeidung von zu niedrigen Resultaten grosse Sorgfalt auf die Erzielung einer vollständigen Oxydation verwendet werden. Bei der folgenden Methode werden zufriedenstellende Resultate erhalten. Eine abgemessene Menge der Chromsalzlösung, welche nicht mehr als ca. 0.05 g Cr_2O_3 enthalten soll, wird mit Natronhydrat deutlich alkalisch gemacht und bis zum Sieden erhitzt; alsdann wird $^N/_1$-Kaliumpermanganatlösung zugefügt, bis die über dem Niederschlag stehende Flüssigkeit nach 2—3 Minuten Kochdauer roth bleibt. Man giebt dann Alkohol tropfenweise zu der heissen Lösung, bis die rothe Farbe wieder verschwunden ist, füllt die Lösung nach dem Erkalten auf 250 ccm auf, filtrirt und bestimmt in 50 ccm des Filtrates die Chromsäure mit Hilfe von Jodkalium und Thiosulfat, wie auf S. 152 beschrieben worden ist.

Die Bestimmung des Chromoxyds in Lederasche etc. befindet sich im XX. Abschnitt zusammengestellt.

[1]) Vergl. Journ. Soc. Chem. Ind., 1895, S. 248.

XVI. Abschnitt.

Der Nachweis und die Bestimmung des Traubenzuckers.

Der Nachweis und die Bestimmung des Zuckers (Traubenzucker etc.) ist für den Lederindustriellen in verschiedenen Beziehungen von Wichtigkeit. Traubenzucker oder Stärkezucker wird zuweilen zur Beschwerung des Leders verwendet; in solchen Fällen wird dann oft der Nachweis, sowie die Ermittlung der zugesetzten Menge gewünscht. Häufig wird derselbe auch Extrakten als Verfälschungsmittel zugesetzt; übrigens zählen Körper, welche sich wie Zucker verhalten, zu den normalen Bestandtheilen der Gerbmaterialien; aus denselben gehen in den Gerbebrühen die für den Gerbeprocess erforderlichen Säuren: Essigsäure und Milchsäure hervor. Es ist klar, dass, da stets Spuren von Zucker in Gerbmaterialien und infolgedessen auch im Leder gefunden werden, es zum Nachweis von Verfälschungen nothwendig ist, zu wissen, wie hoch die normalen natürlichen Gehalte sind.

Da die gefundenen Mengen oft sehr klein sind, ist es wünschenswerth, die bisher zur Zuckerbestimmung angewandten Methoden etwas abzuändern. Mit diesem Gegenstande haben sich SIMAND[1]) und ferner VON SCHROEDER, BARTEL und SCHMITZ-DUMONT[2]) beschäftigt. Die hier mitgetheilten Methoden sind solche, welche die genannten Autoren empfohlen haben; dieselben sind Abänderungen der ursprünglich von FEHLING angegebenen Methode.

Herstellung der Fehling'schen Lösung. Dieselbe wird am besten in 2 Lösungen getrennt aufbewahrt, welche erst für den jeweiligen Gebrauch gemischt werden. Sie lässt sich sowohl für die ursprüngliche FEHLING'sche maassanalytische Methode, als auch für das ALLIHN'sche gewichtsanalytische Verfahren und für dessen von VON SCHROEDER vorgeschlagene Modifikation verwenden.

1. 34.6 g des reinsten krystallisirten Kupfervitriols werden in destillirtem Wasser gelöst; diese Lösung wird unter Zusatz von 10 ccm $^{N}/_{1}$-Schwefelsäure auf 500 ccm aufgefüllt.

---

[1]) Zeitschr. f. angew. Chem., 1892, H. 22.

[2]) DINGL. Polyt. Journ., 1894, 293, S. 229.

2. 173 g krystallisirtes weinsaures Natrium-Kalium (Seignettesalz) und 125 g Kalihydrat (mit Alkohol gereinigt) werden in Wasser gelöst und auf 500 ccm aufgefüllt.

Maassanalytisches Verfahren. Dasselbe besitzt keine grosse Genauigkeit, besonders bei Lösungen, welche, wie diejenigen der Gerbmaterialien, schwierig vollständig farblos zu erhalten sind; sie kann aber zu annähernden Bestimmungen von vorhandenem Zucker oder zum qualitativen Nachweis von Verfälschungen verwendet werden. Gerbstoffhaltige Lösungen müssen nach einer der weiter unten angegebenen Methoden vom Gerbstoff befreit und entfärbt, oder einige Zeit mit einem Ueberschuss von Bleikarbonat gekocht und nach dem Erkalten auf das ursprüngliche Volumen aufgefüllt werden.

Die entfärbte und neutralisirte Zuckerlösung, welche nicht mehr als 1 Proc. reducirenden Zucker enthalten soll, wird in eine Bürette eingefüllt. 5 ccm von jeder der Lösungen 1 und 2, 40 ccm Wasser und einige Stücke zerbrochenes Pfeifenrohr (zur Vermeidung des Stossens) werden in eine Kochflasche oder einen Erlenmeyer-Kolben gebracht. Man erhitzt diese Flüssigkeit über einer kleinen Flamme bis zum Sieden und lässt die Zuckerlösung in Mengen von je 2 ccm zufliessen; nach jedem Zusatz wird die Lösung wieder gekocht. Wenn die blaue Farbe fast vollständig verschwunden ist, fügt man die Zuckerlösung in kleineren Mengen zu, lässt das rothe Kupferoxydul nach jedem Kochen absetzen und sieht, ob die darüber stehende Flüssigkeit bei der Betrachtung gegen eine helle Fläche farblos oder schwach gelblich ist. Man führt noch eine zweite Titration aus, bei welcher man gleich anfangs fast die gesammte Zuckerlösung zufügt und nach dem Kochen zu Ende titrirt, so dass der ganze Kochprocess nicht länger als zwei Minuten dauert. Wenn die Zuckerlösung so verdünnt ist, dass 40 ccm oder mehr zur Entfärbung erforderlich sind (wie dies gewöhnlich bei der Analyse von Leder und Gerbmaterialien der Fall ist), ist es das Beste, den Zusatz von 40 ccm Wasser zu der Fehling'schen Lösung wegzulassen.

Unter den mitgetheilten Bedingungen werden 10 ccm der Fehling'schen Lösung von folgenden Zuckermengen reducirt:

0.0500 g Glykose (Dextrose, Lävulose oder Invertzucker);
0.0475 g Rohrzucker (nach dem Invertiren);
0.0678 g Laktose (Milchzucker);
0.0807 g Maltose (Malzzucker).

Diese Mengen sind sehr von der genauen Einhaltung der Bedingungen, bei welchen die Titration ausgeführt wird, abhängig, namentlich von der Koncentration der Zuckerlösung und von der Kochdauer. Es ist deswegen das Beste, wenn man gleichzeitig eine Bestimmung in einer Zuckerlösung von bekanntem Gehalte vornimmt; da der genaue chemische Charakter der in den Gerbmaterialien vorkommenden Zuckerarten zu wenig bekannt ist, wählt man hierzu am zweckmässigsten Rohrzucker (Rübenzucker), welcher immer in einem Zustande grosser Reinheit erhältlich ist. Rohrzucker wird durch FEHLING'sche Lösung jedoch nur dann reducirt, wenn er zuvor „invertirt", d. h. durch Kochen mit Säure in Glykose übergeführt worden ist. Diese Glykosen können für den vorliegenden Zweck als identisch in ihrer Wirkung auf die Kupferlösung angenommen werden, obwohl sie es streng genommen nicht sind. Eine Normal-Zuckerlösung wird in folgender Weise hergestellt: man löst 0.95 g guten Lompenzucker in etwa 75 ccm Wasser, fügt 2 ccm $^N/_1$-HCl hinzu und lässt die Mischung 30 Minuten auf dem kochenden Wasserbade stehen. Die Säure wird dann mit 2 ccm $^N/_1$-NaOH oder -Na_2CO_3 neutralisirt und die Lösung nach dem Erkalten auf 100 ccm aufgefüllt. 5 ccm dieser Lösung würden unter den mitgetheilten Bedingungen imstande sein, 10 ccm des Gemisches der FEHLING'schen Lösung zu reduciren; zu einem Vergleiche mit schwächeren Zuckerlösungen würde dieselbe entsprechend zu verdünnen sein. Unbeschwerte Leder enthalten selten 1 Proc., aber nie mehr als 2 Proc. Zucker, während bei eigentlichen Beschwerungen die Zuckergehalte meist nicht unter 5 Proc. betragen.

von Schroeder's gewichtsanalytische Methode. Dieselbe ist eine Modifikation der ALLIHN'schen Methode und namentlich auch für die kleinen Zuckermengen berechnet, welche in Gerbmaterialien und normalen Ledern vorhanden sind. Diese Methode ist viel genauer als das oben beschriebene maassanalytische Verfahren. Da die Genauigkeit in ausserordentlichem Maasse von der Koncentration der Lösungen und von der Kochdauer abhängt, so ist es unbedingt nothwendig, dass die weiter unten angegebenen Einzelheiten der Ausführung genau beobachtet werden und dass die von VON SCHROEDER aufgestellte Tabelle benutzt wird.

Herstellung und Entfärbung der Lösungen. Es ist nothwendig, dass der Gerbstoff, die Gallussäure und die Farbstoffe vollständig entfernt werden; es wird dies am besten mit Hilfe von basischem Bleiacetat ausgeführt. Die hierzu erforderliche Bleilösung wird in folgender Weise hergestellt: 300 g essigsaures Blei werden mit 100 g reiner, feingepulverter Bleiglätte und etwa 50 ccm Wasser gut verrieben und auf dem Wasserbade unter Ersatz des verdampfenden Wassers digerirt, bis der Brei weiss geworden ist. Die Masse wird mit destillirtem Wasser in einen Literkolben gespült, nach dem Erkalten bis zur Marke aufgefüllt und die Lösung nach dem Absitzenlassen filtrirt.

10 ccm dieser Bleilösung werden mit einer koncentrirten Natriumsulfatlösung titrirt, bis durch weiteren Zusatz kein Niederschlag mehr entsteht; das Hundertfache der verbrauchten Sulfatlösung wird alsdann auf 1 l aufgefüllt. Diese Titration braucht nicht sehr genau zu sein; es ist übrigens empfehlenswerth, wenn die Sulfatlösung etwas im Ueberschuss angewendet wird.

Die Gerbstofflösung oder der Lederextrakt (vergl. S. 104 u. XX. Abschnitt) soll wenigstens 1,5 g Gesammt-Rückstand in 100 ccm enthalten; soweit dies, wie z. B. bei den Lösungen für die Gerbmaterialanalyse, nicht der Fall ist, müssen die betreffenden Lösungen durch Eindampfen entsprechend koncentrirt werden. Diese Lösungen dürfen aber auch nicht mehr als 1 Proc. Zucker enthalten; sehr geringe Mengen Zucker können genügend genau bestimmt werden. Man bringt zu 200 ccm der Lösung, welche nicht filtrirt zu werden braucht, 20 ccm der basischen Bleilösung, schüttelt gut durch, lässt 15 Minuten stehen und filtrirt durch ein trocknes Filter. Das Filtrat darf auf Zusatz eines Tropfens der Bleilösung keinen Niederschlag mehr geben. Sollte dies der Fall sein, so muss mehr Bleilösung und auch später mehr Natriumsulfatlösung angewandt und der Mehrverbrauch bei der Berechnung berücksichtigt werden. Man bringt zu 110 ccm des Bleifiltrates 10 ccm Natriumsulfatlösung und filtrirt die Flüssigkeit nach Absitzenlassen des Bleiniederschlages wieder durch ein trocknes Filter. Bei Verwendung der oben angegebenen Mengen entsprechen 120 ccm dieses Filtrates 100 ccm der ursprünglichen Lösung. Wenn 30 ccm Bleilösung erforderlich waren, werden 115 ccm des Filtrates mit 15 ccm Natriumsulfat behandelt; in diesem Falle entsprechen 130 ccm des Filtrates 100 ccm der ursprünglichen Lösung.

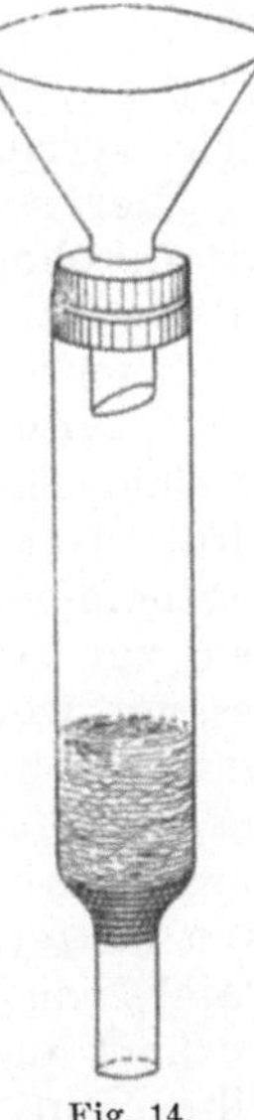
Fig. 14.

Es ist festgestellt worden, dass man die Entfernung des Gerbstoffes anstatt durch Behandlung mit der genannten Bleilösung auch durch Kochen mit Bleikarbonat erzielen kann; dieses Verfahren ist vor allen Dingen weniger umständlich.

Zuckerbestimmung. In ein etwa 200 ccm fassendes Becherglas bringt man je 30 ccm der beiden FEHLING'schen Lösungen und 60 ccm Wasser. Dieses Becherglas sammt Inhalt wird über der Flamme zum Sieden gebracht und dann in ein bereitstehendes siedendes Wasserbad gesetzt; man giebt 25 ccm der entfärbten Zuckerlösung hinzu, rührt um und lässt das Becherglas dann genau 30 Minuten im kochenden Wasserbade stehen. Wenn die Zuckerlösung sehr schwach ist, verwendet man 50 oder 75 ccm derselben und nimmt alsdann die zuzusetzende Wassermenge entsprechend geringer, so dass das Gesammtvolumen der Flüssigkeit stets 145 ccm beträgt.

Nach Ablauf der 30 Minuten lässt man die Flüssigkeit gut absitzen und filtrirt das ausgeschiedene Kupferoxydul mit Hilfe einer Saugpumpe durch ein gewogenes Asbestfilter, das die nebenstehende Form besitzt (Fig. 14). Das untere Ende des 10 cm langen Rohres, welches einen inneren Durchmesser von 1 cm besitzt, wird auf ungefähr die Hälfte seines Durchmessers ausgezogen; auf das obere Ende wird ein Trichter, ev. mit Hilfe eines durchbohrten Gummistopfens aufgesetzt. In den unteren konischen Theil des Rohres kommt zunächst etwas Glaswolle und auf diese eine etwa 3 cm hohe Schicht von feinfaserigem Asbest; die unteren Partien werden sehr fest, die oberen dagegen lockerer gestopft. Bei dieser Anordnung wird der grössere Theil des Kupferoxydules in dem locker gestopften Asbest zurückgehalten. Da manche Asbestsorten in den bei der Benutzung in Betracht kommenden Lösungen etwas löslich sind, muss der Asbest vor dem Gebrauch mit einer heissen 20 procentigen Natronlauge und dann mit destillirtem Wasser ausgewaschen werden; ausserdem ist mit jedem Filter ein blinder Versuch auszuführen, wobei sich das Gewicht desselben nicht verringern darf.

Der Niederschlag wird sorgfältig mit heissem Wasser, dann mit Alkohol und zur Beschleunigung der Trocknung mit Aether ausgewaschen. Das Filterrohr wird zur Zerstörung etwa vorhandener Spuren von organischer Substanz gelinde geglüht, worauf das Oxydul unter gelinder Erwärmung über einer Bunsenflamme in einem Strome reinen trockenen Wasserstoffes zu Kupfer reducirt wird. Hat der Niederschlag die Farbe des metallischen Kupfers angenommen, so lässt man im Wasserstoffstrome erkalten. Nachdem zur Vertreibung des Wasserstoffes etwas trockene Luft durchgesaugt worden ist, bringt man das Filterrohr zur Wägung; aus der Gewichtszunahme gegenüber der ursprünglichen Wägung und aus der folgenden Tabelle kann man die Traubenzuckermenge berechnen. Diese Filterrohre lassen sich wiederholt verwenden; man entfernt zu diesem Zwecke das Kupfer mit Salpetersäure, wäscht das Filter sorgfältig mit Wasser, Alkohol und Aether, trocknet und wägt es wieder. Bei dieser Behandlung darf ein gutes Filter sein Gewicht nicht in nennenswerther Weise verringern.

Tabelle zur Ermittelung des Traubenzuckers
aus den gewichtsanalytisch bei 30 Minuten Kochdauer erhaltenen Kupfermengen.

Cu mgr	Glykose mgr	Cu mgr	Glykose mgr	Cu mgr	Glykose mgr	Cu mgr	Glykose mgr	Cu mgr	Glykose mgr
1	0.4	10	4.1	19	7.8	28	11.6	37	15.4
2	0.8	11	4.5	20	8.2	29	12.0	38	15.9
3	1.2	12	4.9	21	8.6	30	12.4	39	16.3
4	1.6	13	5.3	22	9.0	31	12.9	40	16.7
5	2.0	14	5.7	23	9.4	32	13.3	41	17.2
6	2.5	15	6.1	24	9.9	33	13.7	42	17.6
7	2.9	16	6.5	25	10.3	34	14.1	43	18.0
8	3.3	17	7.0	26	10.7	35	14.6	44	18.4
9	3.7	18	7.4	27	11.1	36	15.0	45	18.9

Cu mgr	Glykose mgr	Cu mgr	Glykose mgr	Cu mgr	Glykose mgr	Cu mgr	Glykose mgr	Cu mgr	Glykose mgr
46	19.3	99	46.4	152	73.0	205	99.3	258	126.9
47	19.7	100	46.9	153	73.5	206	99.8	259	127.5
48	20.2	101	47.5	154	74.0	207	100.3	260	128.0
49	20.7	102	48.0	155	74.5	208	100.8	261	128.5
50	21.3	103	48.5	156	75.0	209	101.4	262	129.0
51	21.8	104	49.0	157	75.5	210	101.9	263	129.5
52	22.3	105	49.5	158	76.0	211	102.4	264	130.1
53	22.8	106	50.0	159	76.5	212	102.9	265	130.6
54	23.3	107	50.5	160	77.0	213	103.5	266	131.1
55	23.9	108	51.0	161	77.5	214	104.0	267	131.6
56	24.4	109	51.6	162	78.0	215	104.5	268	132.2
57	24.9	110	52.1	163	78.5	216	105.0	269	132.7
58	25.4	111	52.6	164	79.0	217	105.5	270	133.2
59	25.9	112	53.1	165	79.5	218	106.0	271	133.7
60	26.4	113	53.6	166	80.0	219	106.6	272	134.2
61	26.9	114	54.1	167	80.5	220	107.1	273	134.7
62	27.4	115	54.6	168	81.0	221	107.6	274	135.3
63	28.0	116	55.1	169	81.4	222	108.1	275	135.8
64	28.5	117	55.7	170	81.9	223	108.7	276	136.3
65	29.0	118	56.2	171	82.4	224	109.2	277	136.8
66	29.5	119	56.7	172	82.9	225	109.7	278	137.4
67	30.0	120	57.2	173	83.4	226	110.2	279	137.9
68	30.5	121	57.7	174	83.9	227	110.7	280	138.4
69	31.0	122	58.2	175	84.4	228	111.2	281	139.0
70	31.6	123	58.7	176	84.9	229	111.8	282	139.5
71	32.1	124	59.2	177	85.4	230	112.3	283	140.0
72	32.6	125	59.7	178	85.9	231	112.8	284	140.5
73	33.1	126	60.2	179	86.4	232	113.3	285	141.1
74	33.6	127	60.7	180	86.9	233	113.8	286	141.6
75	34.1	128	61.2	181	87.4	234	114.4	287	142.1
76	34.6	129	61.7	182	87.9	235	114.9	288	142.6
77	35.1	130	62.2	183	88.4	236	115.4	289	143.2
78	35.7	131	62.6	184	88.9	237	115.9	290	143.7
79	36.2	132	63.1	185	89.4	238	116.4	291	144.2
80	36.7	133	63.6	186	89.9	239	117.0	292	144.7
81	37.2	134	64.1	187	90.4	240	117.5	293	145.3
82	37.7	135	64.6	188	90.9	241	118.0	294	145.8
83	38.2	136	65.1	189	91.3	242	118.5	295	146.3
84	38.7	137	65.6	190	91.8	243	119.0	296	146.9
85	39.2	138	66.1	191	92.3	244	119.5	297	147.4
86	39.8	139	66.6	192	92.8	245	120.1	298	147.9
87	40.3	140	67.1	193	93.3	246	120.6	299	148.4
88	40.8	141	67.6	194	93.8	247	121.1	300	149.0
89	41.3	142	68.1	195	94.3	248	121.6	301	149.5
90	41.8	143	69.6	196	94.8	249	122.1	302	150.1
91	42.3	144	69.1	197	95.3	250	122.7	303	150.6
92	42.8	145	69.6	198	95.8	251	123.2	304	151.1
93	43.3	146	70.1	199	96.3	252	123.7	305	151.7
94	43.9	147	70.6	200	96.8	253	124.2	306	152.2
95	44.4	148	71.1	201	97.3	254	124.8	307	152.8
96	44.9	149	71.5	202	97.8	255	125.3	308	153.3
97	45.4	150	72.0	203	98.3	256	125.8	309	153.9
98	45.9	151	72.5	204	98.8	257	126.3	310	154.4

Cu mgr	Glykose mgr	Cu mgr	Glykose mgr	Cu mgr	Glykose mgr	Cu mgr	Glykose mgr	Cu mgr	Glykose mgr
311	155.0	345	173.3	379	192.8	413	212.6	447	433.9
312	155.5	346	173.9	380	193.4	414	213.2	448	234.5
313	156.0	347	174.5	381	194.0	415	213.8	449	235.2
314	156.5	348	175.0	382	194.6	416	214.4	450	235.9
315	157.1	349	175.6	383	195.2	417	214.9	451	236.6
316	157.6	350	176.2	384	195.7	418	215.5	452	237.2
317	158.1	351	176.8	385	196.3	419	216.1	453	237.9
318	158.7	352	177.3	386	196.9	420	216.7	454	238.6
319	159.2	353	177.9	387	197.5	421	217.3	455	239.3
320	159.8	354	178.5	388	198.0	422	217.9	456	239.9
321	160.3	355	179.1	389	198.6	423	218.4	457	240.6
322	160.9	356	179.6	390	199.2	424	219.0	458	241.3
323	161.4	357	180.2	391	199.8	425	219.6	459	242.0
324	162.0	358	180.8	392	200.3	426	220.2	460	242.6
325	162.5	359	181.4	393	200.9	427	220.8	461	243.3
326	163.0	360	181.9	394	201.5	428	221.4	462	244.0
327	163.6	361	182.5	395	202.1	429	221.9	463	244.7
328	164.1	362	183.1	396	202.7	430	222.5	464	245.3
329	164.7	363	183.7	397	203.3	431	223.1	465	246.0
330	165.2	364	184.2	398	203.8	432	223.7	466	246.7
331	165.8	365	184.8	399	204.4	433	224.4	467	247.4
332	166.3	366	185.4	400	205.0	434	225.1	468	248.0
333	166.9	367	186.0	401	205.6	435	225.8	469	248.7
334	167.4	368	186.5	402	206.2	436	226.4	470	249.4
335	167.9	369	187.1	403	206.8	437	227.1	471	250.1
336	168.4	370	187.7	404	207.3	438	227.8	472	250.8
337	169.0	371	188.3	405	207.9	439	228.5	473	251.4
338	169.5	372	188.8	406	208.5	440	229.1	474	252.1
339	170.1	373	189.4	407	209.1	441	229.8	475	252.8
340	170.6	374	190.0	408	209.7	442	230.5	476	253.5
341	171.2	375	190.6	409	210.3	443	231.2		
342	171.7	376	191.1	410	210.8	444	231.8		
343	172.2	377	191.7	411	211.4	445	232.5		
344	172.8	378	192.3	412	212.0	446	233.2		

XVII. Abschnitt

Die Untersuchung der Seifen.

Die Untersuchung der Seifen, welche ebenfalls eine wichtige Verwendung in der Lederindustrie finden, stellt eine gute Einführung in das Studium der Fette und Oele dar; es soll deswegen eine kurze Zusammenstellung der wichtigsten Methoden angegeben werden. Für genauere Orientirungen muss auf Benedikt's „Analyse der Fette und Wachsarten", 3. Auflage, S. 245 ff. und auf Allen's „Commercial Organic Analysis", S. 244—275 (2. Aufl.) verwiesen werden.

Die Musterziehung erfordert grosse Vorsicht, weil Seifen schnell austrocknen und die äusseren Theile eines Riegels oft schon Wasser abgegeben haben, bevor derselbe in die Hände des Chemikers gelangt. Soll der ursprüngliche Charakter der Seife festgestellt werden, so ist es bei Riegelseifen das Beste, wenn die inneren Theile zur Untersuchung verwendet werden; bei weichen Seifen soll das Muster auch den mittleren Theilen des Fasses entnommen werden. Die Abwägungen sind möglichst schnell oder in verschlossenen Gefässen auszuführen; analytische Methoden, bei welchen das Material erst fein zerkleinert werden muss, sind zu vermeiden.

Wasserbestimmung. Ein Becherglas von ca. 100 ccm Inhalt, in welchem sich eine ca. $1^1/_2$ cm hohe Schicht gut ausgeglühten Sandes und ein kleiner Glasstab befindet, wird genau gewogen. 3—5 g Seife werden in dasselbe abgewogen und alsdann mit 25 ccm Alkohol versetzt. Das Becherglas wird auf ein Wasserbad gesetzt und der Inhalt bis zur Auflösung der Seife umgerührt. Nachdem der Alkohol verdampft ist, trocknet man im Trockenschrank bei 110° C. bis zur Gewichtskonstanz. Der Gewichtsverlust ist Wasser. (Gladding.)[1]

---

[1]) Chem. Zeit., VII, 568.

Eine schnellere, für technische Zwecke ausreichende Methode wird in folgender Weise ausgeführt: ein grosser Porzellantiegel mit 5 g Seife wird auf ein durch eine kleine Flamme erwärmtes Sandbad gestellt und der Inhalt mit einem kurzen Glasstabe, der an dem einen Ende zum besseren Durchmischen mit kleinen Kerben versehen ist und der ebenfalls mitgewogen worden ist, umgerührt. Der Trocknungsprocess ist als abgeschlossen zu betrachten, wenn eine auf den Tiegel aufgelegte Glasplatte nach dem Entfernen der Flamme sich nicht mehr mit Feuchtigkeit beschlägt; das Trocknen nimmt gewöhnlich ca. $^1/_2$ Stunde in Anspruch. Man muss bei diesem Verfahren sehr darauf achten, dass die Seife nicht anbrennt; diese Erscheinung macht sich durch den Geruch bemerkbar. Bei sorgfältiger Ausführung sind die so erhaltenen Ergebnisse bis auf $^1/_4$ $^0/_0$ genau.[1])

In den meisten Fällen wird übrigens eine sehr grosse Genauigkeit bei der Wasserbestimmung in Seife gar nicht verlangt. Die gewöhnliche Handelsseife enthält etwa 30 $^0/_0$ Wasser; wenn wesentlich weniger gefunden wird, so ist dies auf zufälliges oder absichtliches Trocknen zurückzuführen; wenn mehr gefunden wird, was sehr häufig der Fall ist, ist Wasser zugesetzt worden.

Bestimmung des Gesammtfettes und des Alkalis. Circa 10 g der Seife werden in ein etwa 200 ccm fassendes Becherglas abgewogen und in ca. 100 ccm heissem Wasser auf dem Wasserbade unter beständigem Umrühren gelöst. Man fügt einige Tropfen Methylorange und nach und nach 50 ccm $^N/_1$-HCl zu und setzt das Erhitzen und Umrühren fort, bis sich das Fett und die Fettsäuren in Form einer klaren öligen Schicht auf der Oberfläche abgeschieden haben. Man spült den Glasstab mit heissem Wasser ab und erhitzt weiter, bis sich die fettige Schicht wieder gut abgeschieden hat; alsdann lässt man erkalten, wobei die Fettschicht erstarrt. Dieser Fettkuchen wird mit einem sauberen Spatel herausgehoben, die saure Flüssigkeit ohne Verlust in ein anderes Becherglas gegossen und der Fettkuchen mit kaltem Wasser abgespült; dieses letztere wird mit der sauren Lösung vereinigt. Der Fettkuchen wird mit Filtrirpapier vorsichtig von anhängender Feuchtigkeit befreit (an den Wandungen des Becherglases sitzende Fetttheile werden mit dem übrigen Fette vereinigt) und alsdann in einer genau gewogenen Schale im Exsiccator getrocknet; nach vollständigem Trocknen wird das Fett gewogen. Erstarren diese Fettsäuren beim Erkalten nicht und werden dieselben nicht zur weiteren Untersuchung gebraucht, so setzt man eine genau gewogene Menge (etwa 5 g) trockenes Wachs, Paraffin oder Stearinsäure hinzu und verfährt genau wie oben beschrieben. Von dem Gewichte des Kuchens ist dann selbstverständlich das Gewicht der zugesetzten Substanz abzuziehen.

---

[1]) WATSON SMITH, Journ. Soc. Dyers and Colorists, I, 31.

Eine andere schnell ausführbare Methode von leidlicher Genauigkeit besteht darin, dass die fettartigen Substanzen in einer Hahnbürette von der wässerigen Lösung getrennt und mehrmals mit heissem destillirten Wasser gewaschen werden. Die Bürette wird dann in einem hohen, mit kochendem Wasser gefüllten Becherglase oder mit Hilfe von Dampf erhitzt; das Volumen der fettartigen Substanzen in ccm dividirt durch 0.85 (das durchschnittliche spec. Gew. der Fettsäuren bei 100^0 C.) giebt das ungefähre Gewicht dieser Substanzen in Gramm an. (Genauere Methoden finden sich im XVIII. Abschnitt unter C angegeben.)

Die saure wässerige Lösung wird mit Methylorange versetzt und mit $^N/_1$-Natronlauge oder $^N/_1$-Sodalösung titrirt; zieht man die verbrauchte Menge von 50 ccm ab, so erhält man die Säuremenge, welche zur Neutralisation des Gesammt-Alkalis erforderlich gewesen ist; bei harten Seifen rechnet man dasselbe auf Na_2O, bei weichen Seifen auf K_2O um. Ist die saure Lösung trübe, so muss sie zunächst filtrirt werden. Ein unlöslicher Satz auf dem Boden des Becherglases besteht aus Kieselsäure oder anderen „Füllstoffen", z. B. Thon. Wenn Kalk oder Schlemmkreide in der Seife enthalten ist, so werden dieselben natürlich auch gelöst und infolgedessen als Alkalien in Ansatz gebracht. Das „Gesammt-Alkali" umfasst demnach alles, was in Verbindung mit den Fettsäuren als Seife und was als Hydrat, Karbonat, Borat und Silikat der Alkalien und alkalischen Erden vorhanden ist. Weitere Aufklärung über diese Verhältnisse erhält man, wenn die Analyse nach der weiter unten beschriebenen Alkoholmethode wiederholt wird. Eine qualitative Vorprüfung nach dieser Richtung hin wird ausgeführt, indem man einen frischen Anschnitt der Seife mit einer alkoholischen Phenolphtaleïnlösung befeuchtet; eine Rothfärbung derselben wird bedingt durch die Gegenwart von kaustischen Alkalien und, wenn die Seife nicht zu trocken ist, auch durch Karbonate, Silikate und Borate.

Die Fettsubstanz besteht aus den Fettsäuren der Seife, ferner aus Harzsäuren (XVIII. Abschnitt, C), wenn Harz zur Herstellung der Seife verwendet worden ist, zuweilen aus Spuren von Fett, welche der Verseifung entgangen sind, und aus unverseifbaren Substanzen, wie z. B. Petroleumrückständen (Vaseline), welche absichtlich zugesetzt worden sind, oder aus Cholesterin oder höheren Alkoholen, welche bei Verwendung von Abfallfetten oder Wollfett zur Seifenherstellung in die Seife gelangen. Diese Bestandtheile können bis zu einem gewissen Maasse nach den bei der Fettanalyse (XVIII. Abschnitt, C) angegebenen Methoden isolirt werden. Ist Wachs oder eine andere (zur Erzielung eines festen Kuchens) Substanz verwendet worden, so muss eine neue Menge der fettartigen Substanzen hergestellt werden, wobei nicht quantitativ verfahren zu werden braucht. Die flüssige Fettmenge wird mit Hilfe eines Scheidetrichters oder einer Hahnbürette von der wässerigen Schicht getrennt und zur Analyse ausgewogen. Wird bei der qualitativen Untersuchung keine unverseifte oder unverseifbare Substanz gefunden, so kann die fettartige Substanz gewöhnlich als Gemisch von Fettsäuren und Harzsäuren angesprochen werden. Soll bei einer vollständigen Analyse der Gehalt in Procenten angegeben werden, so müssen diese Säuren auf Anhydride umgerechnet werden, was mit genügender Genauigkeit durch Multiplikation ihres Gewichts mit 0.965 geschieht.

Die **Alkoholmethode**, welche als Kontrolle der obigen Methoden verwendet werden kann, giebt noch beträchtlich mehr Aufschlüsse. 4 oder 5 g Seife, welche bei hohem Wassergehalte nach dem Wägen etwas getrocknet werden müssen, werden in 50 ccm heissem, absolutem Alkohol gelöst. Ein etwaiger unlöslicher Rückstand (bestehend aus mineralischen oder organischen „Füllstoffen", aus Karbonaten, Silikaten, Boraten, Sulfaten oder Chloriden) wird durch ein trockenes, gewogenes Filter abfiltrirt; dasselbe wird mit heissem Alkohol gewaschen, bei 100° C. getrocknet und gewogen. Organische Substanz wird in diesem Rückstande durch Veraschen ermittelt; Basen, welche in Verbindung mit organischen Säuren, mit Kohlensäure, Borsäure oder Kieselsäure als deren Salze vorhanden sind, werden durch Auflösen in $^{N}/_{1}$-Salzsäure und Zurücktitriren mit Natronlösung unter Verwendung von Methylorange oder Lackmoïdpapier als Indikator bestimmt.

Das **alkoholische Filtrat** wird zur Vermeidung von Kohlensäure-Aufnahme aus der Luft in einer enghalsigen Flasche aufgefangen; man fügt Phenolphtaleïn hinzu und titrirt bis zum Verschwinden der Rothfärbung mit $^{N}/_{1}$-HCl; man rechnet alsdann auf kaustisches Alkali um. Man giebt nunmehr etwas Methylorange hinzu und titrirt bis zum Eintritt der Rothfärbung; die verbrauchte Säuremenge entspricht dem in Form von Seife gebundenen Alkali. Es kommt zuweilen vor, dass wegen der vollständigen Abwesenheit von kaustischem Alkali das Phenolphtaleïn überhaupt keine Rothfärbung erzeugt; in diesem Falle können möglicherweise sogar freie Fettsäuren vorhanden sein. Man prüft dann die Lösung mit einem Tropfen $^{N}/_{10}$-NaOH; wenn hierdurch keine Rothfärbung hervorgebracht wird, fährt man in dem Zusatz bis zum Eintritt der Rothfärbung fort; die verbrauchte Menge Lauge entspricht dann den vorhandenen „freien Fettsäuren".

Ueber Molekulargewichtsbestimmungen der Fettsäuren siehe XVIII. Abschnitt, C.

XVIII. Abschnitt.

Die Oele und Fette.[1])

A. Die Bestimmung des Fettes und des Nichtfettes.

Für die Zwecke der Lederindustrie reicht es in den meisten Fällen aus, wenn der Gesammtgehalt an vorhandenem Fett in einer Lederprobe oder dergleichen bestimmt wird; in anderen Fällen wird das Fett extrahirt und der Gehalt bestimmt, um dann für die ausführliche Untersuchung verwendet zu werden; der geeignetste Apparat für derartige Fettextraktionen ist trotz der leichten Zerbrechlichkeit der SOXHLET'sche Apparat. Die specielle Einrichtung desselben geht zur Genüge aus der nebenstehenden Figur hervor. *A* ist ein cylindrisches Glasgefäss, in dem sich das zu extrahirende Material befindet und das oben mit einem Rückflusskühler verbunden ist, so dass das kondensirte Lösungsmittel immer wieder auf das Material zurücktropft. *A* ist mit einem Heberrohr *C* versehen, durch welches die Lösung selbstthätig in die Kochflasche *D* abfliesst, wenn das Lösungsmittel in *A* die Höhe von *C* erreicht hat. Das seitliche Rohr *E* gestattet den in *D* entwickelten Dämpfen nach dem Kühlrohr des Kühlers *B* zu gehen. Ein dünnes auf den Kühler aufgesetztes Glasrohr bewirkt, dass unkondensirte Dämpfe daselbst verdichtet werden und infolgedessen nicht ins Laboratorium entweichen können. Zur

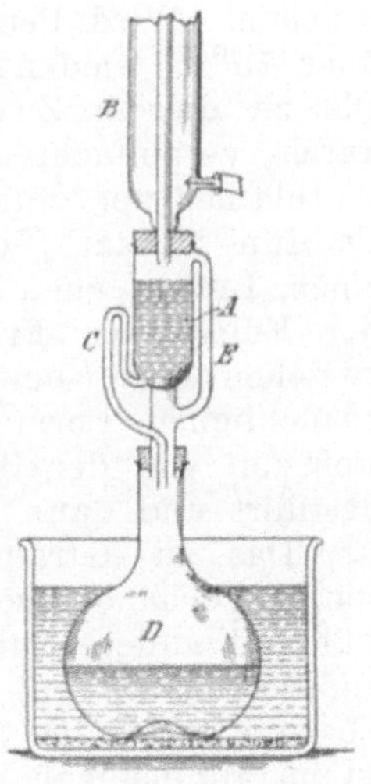

Fig. 15.

1) Vergl. BENEDIKT, „Analyse der Fette und Wachsarten", 3. Aufl. und SCHMITZ-DUMONT, DINGL. Polyt. Journ., 1895. 296. H. 9—11.

Zusammenstellung des Apparates müssen gut schliessende Korkstopfen verwendet werden; zur Entfernung fettartiger Substanzen aus denselben ist es empfehlenswerth, den Apparat vor der erstmaligen Benutzung mit dem bei der Extraktion in Verwendung kommenden Lösungsmittel einige Zeit gehen zu lassen. Wenn die Stopfen nicht vollständig dicht sind, werden sie (wenn es sich um die bei der Untersuchung von Fetten in Frage kommenden Lösungsmittel handelt) mit einer heissen Auflösung von Gelatine und Glycerin in wenig Wasser bestrichen. Man wählt für *D* am besten eine Flasche von Kugelform, da nach den Erfahrungen des Verfassers die konischen Gläser leichter zum Bruch neigen. Das Erhitzen wird in einem Wasserbad ausgeführt, in dessen Nähe sich keine leicht entzündlichen Stoffe befinden dürfen. Die Kochflasche *D* soll nicht direkt auf dem Boden des Wasserbades, sondern auf einem mehrmals zusammengefalteten Drahtnetz oder dergl. stehen.

In Bezug auf Lösungsmittel hat man eine grosse Auswahl; die gebräuchlichsten sind Petroläther und Schwefelkohlenstoff. Von diesen beiden ist dem letzteren der Vorzug zu geben, weil seine Dämpfe, die allerdings giftig und von unangenehmem Geruche sind, specifisch schwer und leicht kondensirbar sind, weswegen dieselben nicht so leicht in die Laboratoriumsräume entweichen. Wird Petroläther benutzt, so muss derselbe von allen über 75° C. siedenden Bestandtheilen sorgfältig befreit werden. Die zu diesem Zwecke vorzunehmende Fraktionirung wird dadurch vereinfacht und beschleunigt, dass man dem Handels-Petroläther vor der Destillation pro Liter etwa 5 g Vaseline oder Paraffin zusetzt (Schmitz-Dumont). Man verwendet einen mit einem Liebig'schen Abflusskühler verbundenen Destillationskolben; der Effekt des Fraktionirens ist ein günstigerer, wenn man zwischen diese beiden einen Dephlegmator von einer der gebräuchlichen Formen (vergl. S. 8) einschaltet. Schwefelkohlenstoff soll vor der Benutzung zur Entfernung gelösten Schwefels destillirt und dann im Dunkeln aufbewahrt werden.[1])

Das zu extrahirende Material muss in gut vertheiltem Zustande vorhanden sein. Leder wird in kleine Schnitzel geschnitten, während andere Substanzen (z. B. Eigelb, Dégras) mit Sand oder anderen indifferenten Körpern durchmischt werden, damit das Lösungsmittel die ganze Masse besser durchdringen kann. Es ist im allgemeinen wünschenswerth, dass die Substanzen vor der Extraktion getrocknet werden. In vielen Fällen ist es angängig, dass das zu extrahirende Material direkt in den Soxhlet'schen Apparat gebracht wird; man hat dann nur nöthig, auf den Boden des Extraktionsapparates und auf das Material selbst etwas entfettete Baumwolle oder Glaswolle zu legen, um das Mitreissen

---

[1]) Bezüglich der anderen Apparate vergl. Benedikt (3. Aufl.), S. 61 ff.

von kleinen Partikelchen durch das Heberrohr zu verhindern. Feingepulverte Materialien werden am besten in eine Art Düte aus Filtrirpapier eingefüllt; dieselbe wird entweder in Fingerhutform besonders für diesen Zweck (Fettextraktionshülsen von (Schleicher & Schüll) oder durch Zusammenfalten von Filtrirpapier hergestellt. Man kann hierzu auch ein weites Reagensrohr verwenden, in dessen Boden ein Loch geblasen worden ist; das letztere ist vor dem Einfüllen der Substanz mit einem Stopfen aus Baumwolle oder Glaswolle zu verschliessen.

Die Flasche *D* wird genau gewogen und mit soviel Lösungsmittel versehen, dass dasselbe mehr als ausreicht, um den Extraktionsapparat *A* bis zur Höhe des Ablaufes zu füllen. Der Apparat wird zusammengestellt und auf dem Wasserbade erwärmt, so dass nunmehr die Extraktion ganz selbstthätig vor sich geht; man lässt den Apparat so lange in Gang, bis eine vollständige Extraktion erreicht ist. Um dies zu prüfen, entfernt man die Flasche *D* und ersetzt sie durch eine andere, ebenfalls gewogene und mit Lösungsmittel gefüllte Flasche. Nach Vollendung dieser zweiten Extraktion wird das Lösungsmittel am Abflusskühler aus beiden Gefässen abdestillirt und die letzteren werden im Trockenschrank bis zur Gewichtskonstanz getrocknet, erkalten gelassen und gewogen; das Trocknen lässt sich beschleunigen, wenn man während dieser Operation durch die betreffenden Gefässe einen schwachen Strom getrockneter Luft oder trockenen Leuchtgases leitet. Ist der Rückstand in dem zweiten Gefässe nicht verschwindend gering, so wird die Menge desselben zu dem von der ersten Extraktion hinzugerechnet; wenn die Extraktion genügend lange (über die Dauer giebt die Erfahrung bald Aufschluss) währt, ist die zweite Extraktion überhaupt nicht nothwendig. Lewkowitsch verwendet einen Apparat, bei welchem an dem äusseren Heberrohr ein kleiner Abflusshahn angebracht ist, mit Hilfe dessen kleine Proben zur Prüfung auf die Vollständigkeit der Auslaugung entnommen werden können; es ist dies zwar sehr bequem, vertheuert aber den Preis des Apparates. Absolute Gewichtskonstanz lässt sich beim Trocknen nicht erreichen, weil einerseits das Gewicht des Rückstandes infolge von Oxydation noch zunimmt, während es sich anderseits durch Verflüchtigung vermindert.

Besteht die zu untersuchende Substanz in der Hauptsache aus Fetten, so verfährt man besser in folgender Weise: man filtrirt nach Verdampfung des Wassers (siehe weiter unten) eine zur weiteren Untersuchung des Fettes ausreichende Menge, bezw. eine Lösung desselben in einem Fettlösungsmittel, durch ein gewogenes Filter und extrahirt dieses Filter in einem Soxhlet'schen Apparate oder wäscht es mit dem benutzten Lösungsmittel vollständig aus. Das Filter wird wieder getrocknet und gewogen; man erhält so die Menge des Nichtfettes. Die Fettlösungen werden vereinigt und zur Bestimmung des gelösten Fettes in der oben beschriebenen Weise weiter behandelt.

Der unlösliche Rückstand der Fette (Nichtfett) kann, besonders bei Dégras und anderen zum Schmieren des Leders dienenden Fetten, ausser aus zufällig vorhandenen organischen Substanzen aus ziemlich beträchtlichen Mengen Seife, die entweder als solche zugesetzt worden ist oder sich bei der theilweisen Verseifung des betreffenden Fettes gebildet hat, oder aus mineralischen Füllstoffen, wie z. B. Talk oder Thon, bestehen. Durch die Aschebestimmung erfährt man die Menge der vorhandenen Mineralstoffe. Der Gehalt an Seifen wird aus der in der Asche gefundenen Menge Alkali ermittelt, oder man scheidet die Fettsäuren aus den Seifen auf die im XVII. Abschnitt angegebene Weise ab.

Die folgende von Kathreiner zur Untersuchung konservirter Eidotter vorgeschlagene Methode lässt sich nicht nur für diesen Zweck, sondern auch bei allen denjenigen emulsionirten Substanzen verwenden, welche neben Wasser viel organische Substanzen enthalten.

Bestimmung von Wasser und Fett im Eidotter. Circa 30 g Sand, der sorgfältig mit Salzsäure und dann mit Wasser gewaschen und schliesslich ausgeglüht worden ist, werden in eine flache Glasschale von etwa 6—8 cm Durchmesser und etwa $1^1/_2$ cm Höhe gebracht; man giebt einen Glasstab von ca. 8 cm Länge hinzu und wägt das Ganze nach dem Trocknen bei 110° C. Man fügt nunmehr 3—5 g Eidotter hinzu und wägt vor dem Durchmischen wieder; alsdann stellt man die Schale auf schwarzes Glanzpapier, durchmischt mit dem Glasstabe den Sand und das Eidotter gleichmässig, trocknet im Trockenschrank bei 105—110° C. zwei Stunden lang und stellt die Schale wiederum auf das Glanzpapier; die erhärtete Oberfläche des Schaleninhalts wird mit einem Skalpel durchstochen und vollständig zertrümmert. Man bringt die Schale in den Trockenschrank zurück und trocknet bis zur Gewichtskonstanz, was in etwa 12 Stunden erreicht ist. Der Gewichtsverlust wird als Wasser in Anrechnung gebracht.

Der Trockenrückstand wird mit Hilfe eines Messers oder Skalpels in einen Mörser gebracht und fein verrieben; man bringt alsdann dieses zerkleinerte Material auf die weiter oben beschriebene Weise in einen Soxhlet'schen Extraktionsapparat und extrahirt mit Aether, leicht siedendem Petroläther oder Schwefelkohlenstoff. Die Glasschale und der Mörser werden zuvor mit dem betreffenden Lösungsmittel mehrmals ausgewaschen und die hierzu verbrauchten Mengen des letzteren ebenfalls in den Extraktionsapparat gespült. Die Extraktion und die übrigen Operationen werden in der oben beschriebenen Weise ausgeführt. Jean schlägt vor, dem Eidotter nach dem Auswägen und vor dem Trocknen einige wenige Tropfen Essigsäure zuzusetzen.

Bestimmung der Asche und der organischen Substanz im Eidotter. In einem gewogenen kleinen, mit Deckel versehenen Porzellantiegel werden 3—5 g Eidotter ausgewogen, erst im Wasserbade und dann im Trockenschrank bei 105—110° C. bis zur Gewichtskonstanz getrocknet. Der Gewichtsverlust entspricht der vorhandenen Wassermenge. Diese Bestimmung dient zugleich als Kontrolle der zuerst ausgeführten. Ist eine zweite Bestimmung nicht erforderlich, so kann die Temperatur, wenn die Hauptmenge des Wassers verdunstet ist, über 100° C. gesteigert werden. Nach erfolgter Trocknung wird behutsam verascht. Hat die Asche eine graue Farbe angenommen, so fügt man etwas Wasser zu, verdampft auf dem Wasserbade zur Trockne und entfernt die letzten Wassermengen mit Hilfe einer kleinen Flamme, wobei zur Vermeidung von Verlusten der Deckel auf den Tiegel aufgesetzt wird; alsdann wird der Deckel abgenommen und das Veraschen sehr sorgfältig zu Ende geführt. Am Anfange jeder Veraschung lässt man zum Nachweise von Borsäure die Flamme über den Rückstand hinwegstreichen; man wiederholt diese Procedur auch während des Veraschens von Zeit zu Zeit. Nachdem der Glührückstand im Exsikkator vollständig erkaltet ist, wägt man denselben möglichst sofort. Chloride werden in dem Glührückstande mit Silbernitrat titrirt. Bezüglich eines genauen Nachweises und der Bestimmung von Borsäure vergl. Abschnitt VI.

Bei starkem Glühen, besonders bei Gegenwart von Borsäure, finden leicht Verluste statt; zur Vermeidung derselben erhitzt man den Tiegelinhalt bis zur vollständigen Verkohlung, behandelt mehrmals mit heissem Wasser und filtrirt die Lösungen durch ein aschefreies Filter; man trocknet und verascht alsdann den Rückstand und das ausgewaschene Filter, giebt die Lösungen und die Waschwässer hinzu, verdampft auf dem Wasserbade zur Trockne und glüht hierauf vorsichtig.

Reines Eidotter enthält etwa 28 % Eieröl, 18 % organische Substanz (Vitellin), 52.6 % Wasser und 1.4 % Mineralstoffe, von welchen die Chloride etwa die Hälfte ausmachen.[1])

Der Procentgehalt eines Handels-Eidotters an wirklichem Eigelb wird aus dem Fettgehalte berechnet, indem man annimmt, dass ein solches 28 % davon enthält. Da aber zuweilen andere Fette beigemischt werden, ist es empfehlenswerth, das isolirte Eieröl durch verschiedene Proben, z. B. durch das spec. Gew., den Brechungsindex, event. auch durch die Jodzahl als solches zu identificiren. Diese Konstanten für das Eieröl finden sich später in der Tabelle, in welcher die Konstanten für die flüssigen Fette zusammengestellt sind. Das Verhältniss zwischen Eieröl und Eiweisskörpern soll annähernd dasselbe wie in dem natürlichen

---

[1]) Jean, „Matières grasses". S. 305.

Eidotter sein. Eine geringere Fettmenge weist auf eine Verfälschung mit Eiweiss oder anderen Substanzen hin.

Wasserbestimmung in Oelen und Fetten. Ist das Oel oder das geschmolzene Fett vollständig klar und durchsichtig, so enthält es gewöhnlich kein Wasser oder keine Unreinigkeiten, die für die Zwecke der technischen Analyse entfernt werden müssen; es können aber Substanzen, z. B. eiweiss- oder leimartige Körper, die beim Erhitzen ausgefällt werden und sich alsdann abscheiden, darin scheinbar gelöst sein.

Zur Wasserbestimmung werden 2—3 g des Fettes oder Oeles in einem Platintiegel ohne Deckel ausgewogen und bei etwas schräger Stellung des Tiegels auf einem Dreieck durch eine kleine, vorsichtig unter dem Tiegel hin und her bewegte Flamme langsam erhitzt. Bei Gegenwart grösserer Mengen Wasser geräth der Tiegelinhalt durch den entweichenden Wasserdampf in leichtes Kochen. Ein leises Knistern, begleitet von einem kleinen Rauchwölkchen zeigt an, dass sämmtliches Wasser verdampft ist. Nach dem Erkalten im Exsikkator wird der Tiegel wieder gewogen. Soll derselbe recht schnell erkalten, so stellt man ihn auf einen Metallblock; es braucht dann eine derartige Wasserbestimmung kaum mehr als $^1/_4$ Stunde Zeit (Fahrion).[1]

Der Wassergehalt kann auch durch Trocknen mit Sand, wie dies für Eigelb beschrieben wurde, ermittelt werden; dieses Verfahren ist jedoch kaum genauer, nimmt aber wesentlich mehr Zeit in Anspruch. Beträgt der Wassergehalt weniger als 1 $^0/_0$, so ist es das Einfachste, wenn das Fett in einem ausgewogenen mit Glasstab versehenen Becherglase unter öfterem Umrühren bei 100^0 C. bis zur Gewichtskonstanz getrocknet wird.

Ist die Bestimmung des Wassers und der unlöslichen Substanzen überhaupt nicht erforderlich, so wird das Muster für die Zwecke der weiteren Analyse in der Weise gereinigt, dass man dasselbe an einem warmen Orte, z. B. in einem Trockenofen, durch ein trockenes Filter filtrirt.

Aschebestimmung. Man kann als Regel gelten lassen, dass diese Bestimmung nur in den Fällen nothwendig ist, wo man das Vorhandensein von Salzen oder Seifen, wie im Dégras, voraussetzen kann. Manche Thran- und Dégrassorten enthalten Spuren von Eisen, welche der Asche ein röthliches Aussehen verleihen, und welche nach der auf S. 22 beschriebenen kolorimetrischen Methode bestimmt werden können.

10 oder 20 g des Fettes werden in einer flachen, etwas schräg aufgestellten Platinschale mit Hilfe einer kleinen Flamme schwach erwärmt; zunächst entweicht das Wasser, alsdann fangen die entwickelten Dämpfe Feuer, und das Fett verbrennt bei vorsichtigem Erhitzen vollständig.

---

[1]) Zeitschr. f. angew. Chem., 1891, S. 172.

Nachweis und Bestimmung von freien Mineralsäuren. Dieselben (besonders die Schwefelsäure, welche dem Leder ausserordentlich nachtheilig ist) finden sich oft im Dégras, namentlich in dem sogenannten Weissgerber-Dégras. Reagirt das zu untersuchende Fett stark sauer, so kocht man 25 g desselben mit 200 ccm Wasser. Die wässerige Schicht wird mit Hilfe eines Scheidetrichters abgeschieden und nach dem Erkalten auf ein bestimmtes Volumen aufgefüllt; ein aliquoter Theil derselben wird alsdann mit Sodalösung unter Verwendung von Methylorange als Indikator (um die störende Wirkung der löslichen Fettsäuren auszuschliessen) titrirt. In einem anderen Theil dieser Lösung wird auf qualitativem Wege die Natur der vorhandenen Säure ermittelt.

B. Physikalische Prüfung der Fette.

In Ermangelung von ausgeprägten chemischen Unterscheidungsmerkmalen können die physikalischen Konstanten der Fette oft von grossem Werthe bei dem Nachweise von irgendwelchen Beimischungen sein, zumal zur Bestimmung derselben in den meisten Fällen nur sehr geringe Mengen Fett erforderlich sind. Die Konstanten einer grossen Anzahl solcher Fette, die für die Lederindustrie von grösster Bedeutung sind, finden sich in den weiter unten angegebenen Tabellen zusammengestellt.

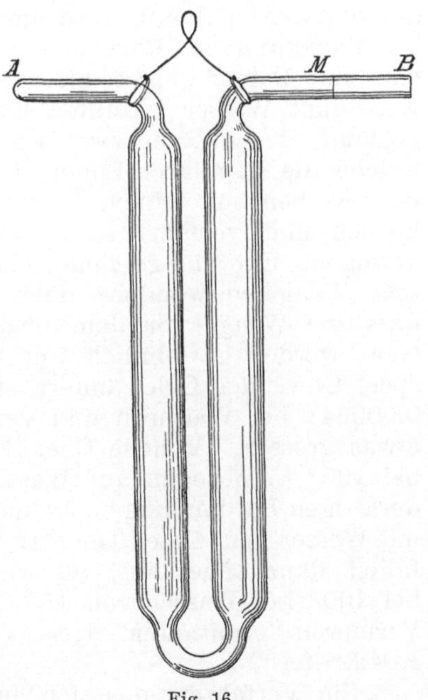

Fig. 16.

Specifisches Gewicht. Das spec. Gew. der Oele wird am besten mit Hilfe eines gewöhnlichen Pyknometers bestimmt, wobei sorgfältig auf die Temperatur zu achten ist, weil das Volumen der Oele bei Temperaturschwankungen beträchtliche Veränderungen erleidet. Die Aussenseite des Pyknometers soll vor dem Wägen mit Petroläther gereinigt werden, während das Innere nach dem jedesmaligen Gebrauche zunächst mit schwacher Natronlauge, dann mit destillirtem Wasser zu reinigen und zuletzt sorgfältig zu trocknen ist. Für genaueres Arbeiten, besonders bei kleinen Oelmengen, ist dem in Fig. 16 dargestellten SPRENGEL'schen Rohr der Vorzug zu geben. Dasselbe besteht aus einem U-förmigen Rohre von dünnem Glase mit kapillaren Enden, von welchen das eine, *B*, eine lichte Weite von etwa $^1/_2$ mm, das andere, *A*, eine solche von etwa $^1/_4$ mm besitzt; an dem weiteren ist mit einem Schreibdiamanten eine Marke (*M*) angebracht. Das Oel wird durch Eintauchen von *B* in das Oel und durch Saugen an einem an *A* mit Gummischlauch angesetzten Kugelrohr in das Rohr eingebracht. Man bringt nun in ein Wasserbad von konstanter Temperatur. Wenn sich das Fett nicht weiter ausdehnt, tupft man den Ueberschuss bei *A* so lange mit Fliesspapier weg, bis es bei *B* genau bis zur Marke *M* steht, lässt erkalten, reinigt das Rohr von aussen und wägt. Alsdann wiederholt man den Versuch mit Wasser, welches man auf dieselbe Temperatur wie das Fett bringt. Das spec. Gew. kann auch mit einer hydrostatischen Waage, z. B. mit der Mohr-Westphal'schen Waage, bestimmt werden. Aräometer sind im allgemeinen nur für sehr rohe Bestimmungen zu verwenden.

Das spec. Gew. fester Fette kann auf die auf S. 5 beschriebene Weise ermittelt werden, doch ist diese Methode in der Hauptsache durch Bestimmung des spec. Gew. der geschmolzenen Fette bei 100° C., welche auch in dem Sprengel'schen Rohr ausgeführt werden kann, verdrängt worden. Zu diesem Zwecke wird das Sprengel'sche Rohr in ein Becherglas mit kochendem Wasser oder mit Dampf eingesetzt, oder es wird das Rohr in einen theilweise mit Wasser gefüllten Kolben von ca. 600 ccm Inhalt eingehängt, dessen Rand zwei schnabelförmige Einbiegungen enthält, welche die kapillaren Enden des Rohres aufnehmen. Man bedeckt den Kolben mit einem Uhrglase, lässt das Wasser 20 Minuten kochen und verfährt sonst wie oben; nach dem Erkalten wird gewogen. Für die geschmolzenen Fette lässt sich auch die Mohr'sche Waage verwenden; doch muss die Aufstellung so erfolgen, dass die Waage vor dem Wasserdampf geschützt ist. Die spec. Gew. werden gewöhnlich auf Wasser von 15° C. bezogen. Das spec. Gew. der Oele ändert sich mit jedem Celsiusgrad um ca. 0.00064; bei Walthran und verflüssigten Fetten ist dieser Werth etwas grösser. Manche Chemiker geben das spec. Gew. der Oele bei 100° C. bezogen auf Wasser von dieser Temperatur an; bei derartigen Bestimmungen ist nur nothwendig, dass das Rohr auch mit Wasser von dieser Temperatur ausgewogen wird. Diese Werthe fallen dann höher aus, als wenn man das spec. Gew. der Fette bei 100° auf Wasser von 15° C. bezieht. (Die nach diesen beiden Verfahren ermittelten spec. Gew. stehen in dem Verhältniss 1.0422 : 1.)

Ein Verfahren, das sich auch mit sehr geringen Mengen sowohl bei festen als auch flüssigen Fetten bei gewöhnlicher Temperatur ausführen lässt, besteht darin, dass man einige Oeltröpfchen oder Fettstückchen in starken Alkohol bringt und diesen nunmehr mit stark verdünntem Alkohol oder Wasser allmählich so weit verdünnt, dass die Fetttheilchen eben in der Mitte der Flüssigkeit schwimmen, also weder zu Boden sinken, noch an die Oberfläche kommen. Das spec. Gew. der Flüssigkeit, das dann genau dasselbe wie das des Fettes ist, wird nunmehr in bekannter Weise ermittelt. Für diesen Zweck geeignete Fettkügelchen werden durch Eintropfen geschmolzenen Fettes in kalten 60 procentigen Alkohol oder durch Auftropfen auf eine feuchte Glasplatte erhalten; vor der Ermittlung des spec. Gew. muss man dieselben 18—24 Stunden auf Fliesspapier liegen lassen (vergl. S. 5). Anhaftende oder eingeschlossene Luftblasen müssen sorgfältigst entfernt werden.

Die **Schmelz- und Erstarrungspunkte** der Fette und Oele sind zuweilen sehr charakteristisch, dennoch sind die Resultate wegen der Thatsache, dass die verschiedenen Fette gewöhnlich Gemische mehrerer Bestandtheile mit verschiedenen Schmelzpunkten sind, häufig etwas unbestimmt. In vielen Fällen werden dieselben auch durch die vorausgegangene Behandlung des Musters beeinflusst. So wird z. B. der Schmelzpunkt eines Talges, der bei einer hohen Temperatur geschmolzen worden ist, erniedrigt, wird aber wieder normal, wenn man den Talg bei einer Temperatur, die wenig über dem Schmelzpunkt liegt, nochmals schmilzt und dann erkalten lässt. In vielen Fällen wird der Schmelzpunkt auch durch die Menge der vorhandenen freien Fettsäuren beeinflusst; es können viele Fehlerquellen vermieden werden, wenn man den Schmelz- und Erstarrungspunkt nicht in dem ursprünglichen Fette, sondern in den aus diesem abgespaltenen Fettsäuren feststellt.

Vor Ausführung dieser Bestimmungen müssen die Fette sorgfältigst von Wasser und festen Verunreinigungen befreit werden. Es kann dies in genügender Weise erreicht werden, wenn man das Fett im geschmolzenen Zustande 1—2 Stunden stehen lässt und dann durch ein trockenes Filter filtrirt. Fettsäuren müssen durch Reinigung mit Alkohol und lösliche Säuren durch einstündiges Kochen mit einer grossen Menge Wasser und durch wiederholtes Waschen mit heissem Wasser entfernt werden. Die Fette erlangen ihren normalen Schmelzpunkt erst mindestens 24 Stunden nach dem Erstarren wieder.

Die Bestimmung der Schmelzpunkte der festen Fette wird am besten in folgender Weise vorgenommen: ein dünnes Glasrohr wird zu einer offenen Kapillare von etwa 0.3—0.5 mm lichter Weite ausgezogen, alsdann saugt man ein kleines Tröpfchen des wenig über seinen Schmelzpunkt erwärmten Fettes so an, dass sich dasselbe in dem verjüngten Theile befindet. Dieses Röhrchen wird nach mindestens 24 stündigem Liegen mit Hilfe eines kurzen Abschnittes von einem Gummischlauche an einem empfindlichen Thermometer befestigt, und zwar so, dass sich das erstarrte Fetttröpfchen in gleicher Höhe mit der Quecksilberkugel befindet. Das Thermometer wird in die Mitte eines mit kaltem destillirten Wasser gefüllten Becherglases eingehängt und der Inhalt mit einer kleinen Flamme so erwärmt, dass bis zur Erzielung einer Temperatur von 50° C. mindestens zehn Minuten gebraucht werden. Zur besseren Durchmischung der Flüssigkeit ist es empfehlenswerth, einen kleinen Rührapparat anzubringen, der während des Erwärmens beständig in Bewegung ist. Man hat während dieser Operation sorgfältig auf den Fetttropfen zu achten und die Zuführung von Wärme so lange fortzusetzen, bis das Fett durch den Wasserdruck in die Höhe getrieben wird. Man liest jetzt die Temperatur ab, und diese gilt als Schmelzpunkt. Manche Fette schmelzen allmählich; dieselben sind beim Aufsteigen des Tröpfchens noch dickflüssig und trübe. In solchen Fällen wird derjenige Punkt, bei welchem der Tropfen vollständig klar wird, als Schmelzpunkt angenommen. Diese Methode lässt sich bei Fetten von teigiger Konsistenz, wie z. B. Knochenfett, die aus Gemischen flüssiger und fester Substanzen bestehen, nicht anwenden; derartige Fette müssen in dünne Röhrchen, die an dem unteren Ende verschlossen sind, eingeschmolzen werden; die Temperatur, bei welcher das Fett klar schmilzt, wird als Schmelzpunkt bezeichnet.

In vielen Fällen, besonders bei den Fettsäuren, ist der Erstarrungspunkt ein bestimmterer Werth als der Schmelzpunkt; derselbe liegt gewöhnlich einige Grade niedriger als der Schmelzpunkt. Wenn man eine feste Fettsäure schmilzt und dann langsam abkühlen lässt, so findet man bei Beobachtung der Temperatur, dass dieselbe beim Beginn des Erstarrens sinkt und dann auf ein Maximum, den Erstarrungspunkt, steigt, auf welchem sie sich bis zum völligen Festwerden erhält. Bei Neutralfetten ist diese Thatsache in weniger ausgeprägtem Maasse zu bemerken; es kann aber wenigstens ein Punkt beobachtet werden, bei welchem die Temperatur während des Erstarrens eine kurze Zeit konstant bleibt. Zur Bestimmung des Erstarrungspunktes der Fettsäuren, des sogen. „Talgtiters" (derselbe wird für technische und für Handelszwecke ermittelt), verfährt man nach Dalikan in folgender Weise:

5 g des Fettes werden mit 40 ccm Kalilauge vom spec. Gew. 1.4 (oder 20 g festes Aetzkali werden in 25 ccm Wasser gelöst) und mit 40 ccm reinem Alkohol in einer Porcellanschale auf dem Wasserbade unter beständigem Umrühren verseift, bis die Seife teigig geworden ist. Dieselbe wird hierauf in einem Liter Wasser gelöst und die Lösung wird zur Entfernung des Alkohols mindestens $^3/_4$ Stunde gekocht; das verdampfte Wasser wird ergänzt und die Seife alsdann mit einer genügenden Menge Schwefelsäure zersetzt. Das Gemisch wird auf dem Wasserbade erwärmt, bis sich die Fettsäuren als klare ölige Schicht abscheiden; man lässt dieselbe erkalten und erstarren. Man durchsticht den Fettsäurekuchen und giesst die saure Flüssigkeit ab; der Kuchen wird noch mehrmals mit neuen Mengen destillirtem Wasser ausgekocht, schliesslich ge-

trocknet, bei niedriger Temperatur umgeschmolzen und durch ein trocknes Filter in eine Porcellanschale abfiltrirt, in der man die Fettsäuren erstarren und über Nacht in einem Exsikkator stehen lässt. Man schmilzt alsdann die Fettsäuren sehr vorsichtig bei einer möglichst niedrigen Temperatur und giesst sie in ein Probirrohr von $1^1/_2$—2 cm Weite und 10—12 cm Länge, so dass dieses zu zwei Drittel seiner Länge damit gefüllt wird; nun steckt man dasselbe mit Hilfe eines Korkes in eine zuvor vorsichtig erwärmte grössere Flasche ein, so dass das Erkalten ziemlich langsam vor sich gehen kann. Man führt alsdann ein empfindliches Thermometer so in die Fettsäuren ein, dass sich die Kugel in der Mitte der Masse befindet. Sobald die Krystallisation der Fettsäuren beginnt, rührt man mit dem Thermometer dreimal nach rechts und dreimal nach links um. Dabei sinkt die Temperatur etwas, steigt aber bald wieder bis auf einen Punkt, bei dem sie einige Zeit stehen bleibt, um dann nochmals zu fallen; dies ist der Erstarrungspunkt. LEWKOWITSCH schlägt die Verwendung von 100 g Fett und eines grösseren Gefässes vor.

Der Erstarrungspunkt bez. der Punkt, bei welchem ein Trübwerden der geschmolzenen Fettmasse eintritt, kann, ebenso wie der Schmelzpunkt, auch dann bestimmt werden, wenn nur geringe Mengen Fett, bez. Fettsäuren zur Verfügung stehen. Man benutzt dann die Probe von der Schmelzpunktsbestimmung, lässt nach erfolgtem Schmelzen das in dem Becherglase befindliche Wasser langsam erkalten und notirt die Temperatur, bei der das Fett anfängt trübe zu werden.

Brechungsindex. Bei Vorhandensein eines Refraktometers ist die Bestimmung des Brechungsindex empfehlenswerth, da dieselbe sogar mit einem einzigen Tropfen des Fettes schnell ausgeführt werden kann und in vielen Fällen werthvollen Aufschluss liefert. Die am Schluss dieses Abschnittes befindlichen Tabellen enthalten die Brechungsindices für die meisten Fette. Die Bestimmung dieser Werthe weicht bei den verschiedenen Apparaten ab; es ist jedoch nicht nothwendig, dieselben hier ausführlich zu beschreiben, weil den einzelnen Instrumenten gewöhnlich Gebrauchsanweisungen beigefügt sind. Das ZEISS'sche Butter-Refraktometer ist für diesen Zweck sehr geeignet und gestattet vor allen Dingen die Bestimmungen innerhalb weiter Temperaturgrenzen.

Dieses Instrument (siehe Fig. 17) besteht aus zwei Prismen aus stark brechendem Glase; in der Figur ist eine Seite des einen Prisma mit *A* bezeichnet, das andere Prisma ist heruntergeklappt. Ein oder zwei Tropfen des zu untersuchenden Fettes werden auf der offenen Seite des zweiten Prisma ausgebreitet, alsdann wird das letztere in die Höhe geklappt, so dass das Fett eine dünne Schicht zwischen den Berührungsflächen der beiden Prismen bildet. Es wird nunmehr Licht mit Hilfe des Spiegels *I* durch das untere Prisma geworfen; ein Theil desselben geht durch das Oel in das obere Prisma und von dort nach dem Okular des Instrumentes, während ein anderer Theil, der die Prismenflächen mehr schräg trifft, von der Oberfläche des oberen Prisma „total reflektirt“ wird und infolgedessen verloren geht. Der Winkel, bei dem diese Erscheinung auftritt, ist von dem Unterschiede zwischen dem Brechungsindex des Fettes und demjenigen des Glases abhängig;

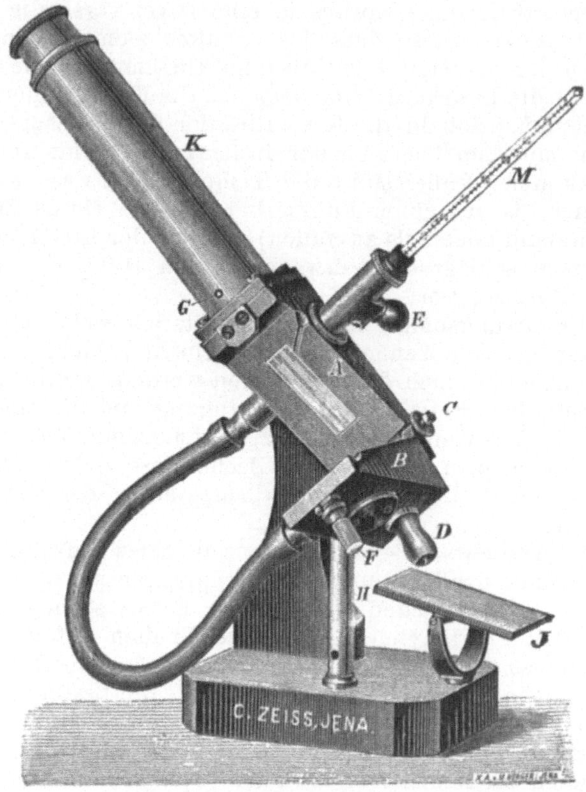

Fig. 17.

je mehr diese beiden Werthe einander nähern, um so spitzer ist der Winkel, bei dem das Licht noch hindurchgehen kann. Betrachtet man durch das Okular das Gesichtsfeld, so sieht man, dass dasselbe aus einem hellen und einem dunklen Theile besteht und dass die Grenzlinie mitunter sehr scharf, zuweilen aber auch bläulich oder röthlich umsäumt ist. In dem Gesichtsfeld befindet sich auch eine hunderttheilige Skala, an der die Ablesung der Grenzlinie erfolgt. Da diese Skala eine willkürliche ist und auch nur bei dem Butter-Refraktometer vorhanden ist (die anderen Instrumente geben den Brechungsindex gewöhnlich direkt an), so ist es oft wünschenswerth, den an der Skala abgelesenen Werth umzurechnen und als Brechungsindex, der eine bekannte physikaliche Konstante darstellt, anzugeben. Es ist dies mit Hilfe der weiter unten angegebenen Tabelle ausführbar. Um sich von der Richtigkeit der Ablesungen bei einem Instrumente zu vergewissern, ist seitens des Fabrikanten jedem Apparat eine „Normal-Flüssigkeit“ beigegeben, die eine scharfe und farblose Grenzlinie liefert und die bei 15° C. genau 77.3 Skalentheilen entspricht. Indem man einen Strom erwärmten Wassers durch das Instrument (Einlauf bei *D* und Auslauf bei *E*) leitet, kann die Temperatur auf jede Höhe bis zu 70° C. gebracht werden, so dass auch der Brechungsindex von Fetten und Fettsäuren von hohem Schmelzpunkte ermittelt werden kann. Ausser der Ermittlung des Brechungsindex gewährt dieser Apparat noch andere Vortheile; aus der Farbe der Grenzlinie können ebenfalls Schlüsse gezogen werden. Hat dieselbe einen blauen Rand, so zeigt dies an, dass die Lichtzerstreuung des betreffenden Fettes grösser als die der Butter ist, für die man dieses Instrument eingerichtet hat; eine orangene oder rothe Grenzlinie weist auf ein geringeres Lichtzerstreuungsvermögen hin. In den Fällen, wo dieser Rand breit und nicht scharf ist, kann eine Natriumflamme (eine Bunsenflamme, die durch Kochsalz gelb gefärbt ist; es wird dies durch Einführen eines Platinlöffels mit Kochsalz oder eines mit Kochsalzlösung getränkten Asbestpausches in die Flamme erreicht) als Lichtquelle verwendet werden; der Rand ist dann scharf, und der gemessene Brechungsindex bezieht sich auf die Natrium- oder sogen. „D“-Linie. Man kann auch vor dem unteren Prisma ein rothes oder orangenes Glas anbringen, doch leidet hierbei die Genauigkeit etwas.

Bei der Durchsicht der Tabellen für die Konstanten der Fette bemerkt man, dass in den meisten Fällen der Brechungsindex dem spec. Gew. ziemlich proportional ist und dass er sich natürlich mit der Temperatur verändert. Ein weiterer Aufschluss wird erhalten, wenn man das specifische Brechungsvermögen, das vom spec. Gew. und von der Temperatur unabhängig ist, berechnet; es wird dies nach folgender Formel von Gladstone und Dale ausgeführt: $\frac{n-1}{d} = c$, wobei c diese Konstante (specifisches Brechungsvermögen), n der Brechungsindex und d das spec. Gew. ist. Der Verfasser ist mit einer Untersuchung über die Beziehung dieser Konstante zu der Zusammensetzung der Fette beschäftigt; es mag schon jetzt erwähnt sein, dass das Brechungsvermögen bei Kohlenwasserstoffen und Leberthranen besonders hoch, dagegen bei solchen Fetten, die, wie Ricinusöl oder wie geblasene Oele, hydroxylirte Fettsäuren enthalten, niedrig sind.

Tabelle zur Umwandlung der mit dem Butter-Refraktometer gefundenen Skalenwerthe in Brechungsindices.

Skalentheil	Index	Differenz	Skalentheil	Index	Differenz	Skalentheil	Index	Differenz
0	1.4220	80	34	1.4481		68	1.4710	
1	28		35	1.4488	72	69	17	
2	36		36	95		70	1.4723	62
3	44		37	503		71	29	
4	52		38	10		72	35	
5	1.4260	80	39	17		73	42	
6	68		40	1.4524	70	74	48	
7	76		41	31		75	1.4754	58
8	84		42	38		76	60	
9	92		43	45		77	66	
10	1.4300	78	44	52		78	71	
11	08		45	1.4559	68	79	77	
12	16		46	66		80	1.4783	58
13	24		47	73		81	89	
14	31		48	80		82	95	
15	1.4339	76	49	86		83	800	
16	47		50	1.4593	66	84	06	
17	54		51	600		85	1.4812	56
18	62		52	06		86	18	
19	69		53	13		87	23	
20	1.4377	76	54	19		88	29	
21	85		55	1.4626	66	89	34	
22	92		56	33		90	1.4840	56
23	400		57	39		91	46	
24	07		58	46		92	51	
25	1.4415	74	59	52		93	57	
26	23		60	1.4659	64	94	62	
27	30		61	65		95	1.4868	54
28	37		62	72		96	73	
29	45		63	78		97	79	
30	1.4452	72	64	85		98	84	
31	59		65	1.4691	64	99	90	
32	67		66	97		100	1.4895	
33	74		67	704				

Specifische Temperatur (MAUMENÉ, THOMSON und BALLANTYNE).[1]) Werden Oele mit konc. Schwefelsäure gemischt, so findet eine lebhafte Reaktion unter bedeutender Wärmeentwicklung statt. Die Menge derselben, die ein Maass der chemischen Wirkung darstellt, ist sowohl von der Anzahl der ungesättigten Bindungen als auch von derjenigen der im Oele vorhandenen (OH)-Gruppen ab-

[1]) Journ. Soc. Chem. Ind., 1891, S. 233. Diese Reaktion kann mit demselben Rechte auch als eine chemische bezeichnet werden, aber weil man nur ihre physikalische Wirkung beobachtet, soll sie an dieser Stelle ihren Platz finden. Vergl. TWITCHELL, Journ. Soc. Chem. Ind., 1897, S. 1002.

hängig, während die Jodzahl (S. 187) nur von der ersteren abhängt. Es wird daher bei einem Oele, das sich an der Luft oxydirt hat, die Temperaturerhöhung mit Schwefelsäure grösser und die Jodzahl kleiner sein. Diese Reaktion giebt konstante Resultate und lässt sich auch sehr schnell ausführen, wenn auch zugestanden werden muss, dass sie keinen Anspruch auf die gleiche wissenschaftliche Genauigkeit wie die Bestimmung der Jodzahl machen kann.

Ein Becherglas von ca. 5 cm Durchmesser wird zur Verminderung des Wärmeverlustes mit Baumwolle umwickelt und in ein grösseres Becherglas eingesetzt. Man pipettirt alsdann 50 ccm Wasser in das Becherglas und bestimmt die Temperatur desselben mit einem empfindlichen Thermometer genau; hierauf lässt man aus einer Pipette 10 ccm konc. Schwefelsäure von genau derselben Temperatur langsam in das Wasser einfliessen, rührt hierbei beständig mit dem Thermometer um und notirt schliesslich die höchste Temperatur. Ist diese Säure für diesen Zweck genügend stark, so soll die Temperaturerhöhung etwa 42—44° C. betragen. Dieser Versuch wird jetzt genau in derselben Weise mit 50 g Oel in demselben Becherglas mit der gleichen Schwefelsäure und demselben Thermometer wiederholt. Die Temperaturerhöhung bei dem Oele dividirt durch die beim Wasser und multiplicirt mit 100 liefert die „specifische Temperatur“. Wird irgend eine Aenderung in der Zusammenstellung des Apparates oder in der Säure vorgenommen, so muss die Bestimmung mit Wasser von neuem ausgeführt werden. Die vollständige Gleichheit der Temperatur wird am besten in der Weise erreicht, dass man die Gefässe, die das Oel und die Schwefelsäure enthalten, vor Ausführung des Versuches in ein Wasserbad von gewöhnlicher Temperatur einstellt; nur bei dickflüssigen Fetten oder bei solchen, bei denen die Erwärmung sehr langsam eintritt, wendet man höhere Temperaturen, etwa 20° C. oder noch mehr, an. Es ist am zweckmässigsten, wenn man zum Abmessen der Schwefelsäure eine zu einer feinen Spitze ausgezogene Pipette verwendet, so dass der Auslauf ungefähr eine Minute dauert; die Reaktionstemperatur soll möglichst nicht über 60° C. hinausgehen, weil sonst noch andere Reaktionen eintreten, die das Ergebniss ungünstig beeinflussen.[1]) Da bei Leinöl, Dorschthran und vielen anderen Thranen und Pflanzenölen die Temperatur viel höher steigt, ist eine Abänderung dieser Ausführung nothwendig; dieselbe wird vorgenommen, indem man das betreffende flüssige Fett in einem bestimmten Verhältnisse mit schweren Mineralölen mischt; dieselben geben nämlich nur eine sehr geringe Temperaturerhöhung, besonders wenn sie durch Schütteln mit wenig konc. Schwefelsäure und durch wiederholtes Waschen sorgfältig gereinigt worden sind.

---

[1]) Ellis, Journ. Soc. Chem. Ind., 1886, S. 150.

20 g Leinöl oder Fischthran und 30 g Mineralöl ist ein für diesen Zweck geeignetes Mischungsverhältniss; bei schwachtrocknenden Oelen verwendet man auf 30 g 20 g Mineralöl. Die durch das Mineralöl entwickelte Wärme kann nicht direkt bestimmt werden, weil die Reaktion sehr langsam verläuft und auch von dem gewählten Mischungsverhältnisse abzuhängen scheint. Es muss deswegen diese Grösse durch einen besonderen Versuch in demselben Verhältnisse mit einem Kohlsaat- oder Rüböl, dessen Temperaturerhöhung ohne Beimischung von Mineralöl bestimmt worden ist, ermittelt werden. Wenn z. B. die Temperaturerhöhung bei Rüböl 55° C. beträgt, so würde einer Menge von 20 g eine solche von 22° C. entsprechen; findet man nunmehr bei einer Mischung von 20 g Rüböl und 30 g Mineralöl 35° Temperaturerhöhung, so kommen auf das Mineralöl 13°. Diese Grösse muss in jedem Falle, wo dieses Mischungsverhältniss gewählt worden ist, in Abzug gebracht werden, der verbleibende Rest wird vor der Berechnung der specifischen Temperatur mit $\frac{5}{2}$ multiplicirt.

Die Bestimmung kann auch mit 25 g Oel und 5 g Säure in einem kleinen Becherglase ausgeführt werden; wird der Versuch mit Wasser ebenfalls unter diesen Bedingungen vorgenommen, so erhält man die gleichen Resultate wie mit den grösseren Mengen.

Anstatt Mineralöl kann auch Olivenöl oder Schmalzöl verwendet werden. Die Wärmeentwicklung kann dann direkt gemessen werden; es macht sich aber nöthig, dass zur Erzielung einer gewissen Temperaturerniedrigung von diesen Oelen grössere Mengen zum Vermischen gewählt werden.

Die specifischen Temperaturen für verschiedene Oele sind am Schluss dieses Abschnitts zusammengestellt.

Eine ähnliche Temperaturreaktion, bei welcher man anstatt Schwefelsäure Brom verwendet,[1] ist von Hehner als ein schnell auszuführender Ersatz für die Jodzahlbestimmung vorgeschlagen worden.

C. Quantitative Analyse der Fette.

In vielen Fällen, wo es thatsächlich schwierig ist, die verschiedenen Bestandtheile eines Fettgemisches zu trennen, können aus der Bestimmung gewisser chemischer Konstanten, der sogen. „Zahlen", werthvolle Aufschlüsse erhalten werden. Die wichtigsten derselben sind: die „Säurezahl" (dieselbe giebt die mg KOH an, die zur Neutralisation der in 1 g Fett enthaltenen freien Fettsäuren erforderlich sind); die „Verseifungszahl" (d. i. die mg KOH, die zur vollständigen Verseifung von 1 g Fett verbraucht werden); die „Aetherzahl" (dieselbe wird durch Subtraktion der Säurezahl

---

[1]) Analyst, XX (1895), S. 146; vergl. auch Journ. Soc. Chem. Ind., 1897, S. 87, 193 u. 209.

von der Verseifungszahl erhalten und entspricht den mg KOH, die zur Verseifung des in 1 g Fett enthaltenen Neutralfettes [Glyceride] erforderlich sind) und die „Jodzahl“; dieser letztere Werth, welcher ein Maass für die ungesättigten „Bindungen“ ist, giebt an, wieviel Theile Jod von 100 Theilen Fett absorbirt werden. Diese Werthe bilden in vielen Fällen die Grundlage für die quantitative Analyse der Fette; es können hier nur einige wenige ihrer wichtigeren Nutzanwendungen erwähnt werden.

Ist die Säurezahl hoch, so deutet dies auf Ranzigsein und stattgehabte Zersetzungen hin oder darauf, dass das Fett grössere Mengen freier Fettsäuren enthält, die z. B. bei der Wiedergewinnung des Fettes aus Seifenlösungen in dasselbe gelangt sind. Gadd hat festgestellt, dass Thrane mit hoher Säurezahl sehr zum Ausharzen geneigt sind; nach Wood eignen sich derartige Thrane auch nicht für die Sämischgerberei. Oele und Fette mit einem hohen Gehalte an freien Säuren sind zum Schmieren der Maschinen nicht geeignet, da dieselben das Metall angreifen.

Wenn das mittlere „Molekulargewicht“ der freien Fettsäuren bekannt ist, kann der Procentgehalt derselben leicht berechnet werden, indem man die Säurezahl mit dem Molekulargewicht multiplicirt und das Produkt durch 561 (Aequivalent-Gewicht des KOH $\times$ 10) dividirt (siehe unten). Die freien Säuren sind jedoch nicht immer dieselben wie die in dem unzersetzten Fette.

Die Verseifungszahl eines Fettes (vorausgesetzt, dass diejenige des reinen Fettes bekannt ist) giebt ein Mittel an die Hand, um die Menge von betrügerischen Zusätzen an unverseifbarem Mineralöl oder Harzöl annähernd zu berechnen. So hat z. B. reiner Dorschthran eine Verseifungszahl von ca. 185. Zeigt eine Probe eines derartigen Thranes nur 166 als Verseifungszahl, so ist man zu der Annahme berechtigt, dass derselbe etwa 10 Proc. unverseifbare Substanzen enthält. Da jedoch bei den reinen Fetten die Verseifungszahl innerhalb ziemlich weiter Grenzen schwanken kann, so ist es immer besser, die unverseifbare Substanz abzuscheiden und zur Wägung zu bringen (S. 188 ff.). Destillirte Oele und Fette, sowie Wollfette enthalten gewöhnlich ziemlich bedeutende Mengen an unverseifbaren Substanzen. Die Verseifungszahl ist ein geeignetes Mittel, um Fette, die verschiedenen Gruppen angehören, zu unterscheiden. Aus ihr kann die Gesammtmenge der Fettsäuren berechnet werden, wenn ihr Molekulargewicht bekannt ist. Das der Stearinsäure beträgt 284, das der Palmitinsäure 256 und das der Oelsäure 282. Das mittlere Molekulargewicht des Säuregemisches des Talges ist ungefähr 276, und bei dem Leberthran liegt dasselbe nach Dieterich etwa ebenso hoch. Das mittlere Molekulargewicht der freien Säuren kann auf leichte Weise aus der Verseifungszahl- (bez. Säure-) Zahl, die in einer kleinen Menge der nach der Verseifung abgeschiedenen und ausgewaschenen Fettsäuren bestimmt worden ist, berechnet werden

(S. 176, 192). Ist M das mittlere Molekulargewicht, K die Verseifungszahl, so ist $M = \frac{56100}{K}$. Bei Fettsäuren deckt sich die Säurezahl mit der Verseifungszahl, wenn keine Laktone (Anhydride der hydroxylirten Fettsäuren) vorhanden sind; dieselben fehlen bei den natürlichen Fetten, können aber vorkommen bei Fetten, die mit Schwefelsäure oder anderen wasserentziehenden Substanzen behandelt worden sind. Derartige Fette haben eine sogenannte „konstante Aetherzahl"; diese Laktone werden durch heisse Kalihydratlösung verseift, dagegen nicht durch kalte wässerige Kalihydratlösung. Die auf diese Weise gebildeten Seifen liefern beim Zerlegen mit Säuren (siehe weiter unten) zum Theil auch wieder die Anhydride. Nach Ruhsam finden sich derartige Laktone auch im Degras.

Die **Aetherzahl** giebt die Anzahl Milligramme Kalihydrat an, welche zur Verseifung des in 1 g der Probe enthaltenen Neutralfettes erforderlich sind. Da die meisten natürlichen Fette ausschliesslich aus Glyceriden mit mehr oder weniger freien Säuren bestehen, so kann der Procentgehalt an Glycerin durch Multiplikation der Aetherzahl mit 92, dem Molekulargewicht des Glycerins, und durch Division mit $561 \times 3 = 1683$ ermittelt werden. In ähnlicher Weise wird der Gehalt an Fettsäuren gefunden, wenn man die Aetherzahl mit dem mittleren Molekulargewicht der Fettsäuren multiplicirt und durch 561 dividirt. Die Summe der Gehalte an Fettsäuren und Glycerin beträgt mehr als 100 Proc., meist ca. 6 Proc. mehr; es hängt dies mit der bei der Verseifung stattgefundenen Wasseraufnahme zusammen. Der Verseifungsprocess vollzieht sich nach folgender Gleichung, wobei R das Radikal irgend einer Fettsäure, R.OH, darstellt:

$$\underset{\text{Neutralfett}}{C_3H_5O_3 . R_3} + \underset{\text{Wasser}}{3\,H_2O} = \underset{\text{Fettsaure}}{3\,R . OH} + \underset{\text{Glycerin}}{C_3H_8O_3}.$$

Die **Jodzahl** bildet ein Maass für die Säuren mit ungesättigten Kohlenstoffatomen; dieselbe kann natürlich nur dort, wo lediglich eine derartige Säure, wie die Oelsäure im Talg oder im Schmalz, vorhanden ist, zur Berechnung des Gehaltes derselben herangezogen werden. Die theoretische Jodzahl für Oelsäure beträgt 90.07 (es stimmen hiermit übrigens auch die Bestimmungen gut überein) und diejenige des Oleïns, des Triglycerides desselben, 86.2. Die Procentgehalte an Oelsäure, bez. Oleïn können nach Benedikt mit Hilfe folgender Formeln, in denen J die Jodzahl bedeutet, ermittelt werden:

$$\text{Procentgehalt an Oelsäure: } \frac{100 \times J}{90.07} = 1.1102 \times J.$$

$$\text{" \quad " \quad Oleïn: } \frac{100 \times J}{86.2} = 1.1601 \times J.$$

Sind verschiedene ungesättigte Fettsäuren zugegen, so kann die Menge derselben nicht auf diese Weise ermittelt werden; die Jodzahl ermöglicht es aber, in einem Gemisch von zwei Fetten, deren Jodzahlen bekannt sind, das Mischungsverhältniss annähernd zu berechnen. Eine Schmiere, die zu gleichen Theilen aus Dorschthran mit der Jodzahl 130 und aus Rindstalg mit der Jodzahl 40 besteht, wird selbstverständlich die Jodzahl 85 besitzen.

Man kann ferner den Schluss ziehen, dass irgend ein Oel, dessen Jodzahl über 86 beträgt, Glyceride von Fettsäuren enthalten muss, die mehr ungesättigte Bindungen als die Oelsäure besitzen und die deswegen die Eigenschaft haben, an der Luft einzutrocknen. Der umgekehrte Schluss würde jedoch nicht richtig sein, weil die Gegenwart von Glyceriden gesättigter Säuren, wie von Stearin und Palmitin, die Jodzahl des Fettgemisches sehr herabdrücken kann.

Bestimmung der Säurezahl. Man wiegt 3—5 g Fett in einer 200—300 ccm fassenden weithalsigen, konischen Flasche ab, bringt hierzu 50 ccm neutralen Alkohol oder die gleiche Menge einer neutralen Aether-Alkohol-Mischung (2 Th. Aether und 1 Th. Alkohol), sowie einige Tropfen Phenolphtaleïnlösung. Man titrirt hierauf mit $^N/_{10}$-KOH oder -NaOH, bis die rothe Farbe beim Umschwenken nicht mehr verschwindet; man notirt alsdann die verbrauchte Menge. Werden feste Fette titrirt, so macht sich ein gelindes Erwärmen während der Titration nothwendig, damit das Fett sich löst, bezw. im geschmolzenen Zustande vorhanden ist. Die Säurezahl wird erhalten, indem man die verbrauchten ccm $^N/_{10}$-Alkalilösung mit 5.61 multiplicirt und durch die Fettmenge, ausgedrückt in Gramm, dividirt.

Bestimmung der Verseifungszahl (KOTTSTORFER'sche Zahl). Circa 8 g mit Alkohol gereinigtes Kalihydrat werden in 10 ccm Wasser gelöst und diese Lösung wird mit reinem Alkohol auf 250 ccm aufgefüllt. Es kann hierzu auch Methylalkohol verwendet werden, nachdem derselbe gereinigt worden ist. Zu diesem Zwecke wird derselbe mit gepulvertem Kaliumpermanganat bis zur vollständigen Entfärbung geschüttelt und dann zur Abscheidung des Mangansuperoxydhydrates einige Zeit stehen gelassen; man destillirt den Methylalkohol nunmehr über Kaliumkarbonat, wobei die ersten und letzten Antheile des Destillates zu verwerfen sind. J. CARTER BELL[1]) hat folgendes Verfahren vorgeschlagen: 500 ccm konc. Methylalkohol werden in eine etwa einen Liter fassende Flasche gebracht, worauf in demselben 25 g Kalihydrat gelöst werden. Man fügt nunmehr 250 g Schmalz oder irgend ein anderes verseifbares Fett hinzu und erhitzt am Rückflusskühler auf dem Wasserbade, bis die Verseifung vor sich gegangen ist, worauf ca. 450 ccm Methylalkohol ab-

---

[1]) Journ. Soc. Chem. Ind., 1893, S. 236.

destillirt werden. Ist der Alkohol für den vorliegenden Zweck genügend rein, so giebt er mit Kalihydrat eine farblose Lösung, die beim Aufbewahren im Dunkeln oder beim Kochen gelb, aber nicht braun werden darf. Der gewöhnliche Holzgeist des Handels enthält meist Petroläther, der bei der genannten Verwendung, selbst auch bei der Bestimmung der unverseifbaren Substanzen nicht störend wirkt, wenn er leicht flüchtig ist. Beimengungen von hochsiedendem Petroläther können durch Abdestilliren des Alkohols über Paraffin oder Vaseline (S. 168), oder noch besser über Schmalz, entfernt werden.

Man lässt die alkoholische Kalilösung 24 Stunden stehen, damit sich das Kaliumkarbonat absetzt, und bringt sie dann (ist die Flüssigkeit noch sehr trübe, so filtrirt man sie erst durch Glaswolle) in eine mit einem Gummistopfen versehene Flasche; in diesem Stopfen steckt eine 25 ccm-Pipette, die oben ein kurzes Stück Gummischlauch mit einem Quetschhahn trägt. Diese Lösung wird an einem dunklen, nicht zu kalten Orte aufbewahrt.

Eine 2 g nicht überschreitende Fettmenge wird in ein ca. 150—200 ccm fassendes Kölbchen aus Jenaer Glas (oder aus einem anderen Hartglase, das von Alkalien nicht angegriffen wird) abgewogen, darauf werden 25 ccm der alkoholischen Kalilauge hinzufügt; beim Abpipettiren der letzteren ist darauf zu achten, dass man die Pipette immer ganz gleichmässig auslaufen lässt. In ein anderes Kölbchen werden auf die gleiche Weise lediglich 25 ccm der alkoholischen Kalilauge abpipettirt. Jedes der beiden Kölbchen wird mit einem Stopfen verschlossen, durch den ein an beiden Enden offenes, etwa 50 cm langes Glasrohr von ca. 4 mm lichter Weite geht. Man setzt die Kölbchen auf ein siedendes Wasserbad und lässt sie auf demselben mindestens eine halbe Stunde im gelinden Sieden, während welcher Zeit die Gefässe öfters umgeschwenkt werden. Nach beendeter Verseifung giebt man in jedes der Kölbchen einige Tropfen Phenolphtaleïnlösung und titrirt dann die heisse Flüssigkeit mit $^{N}/_{2}$-Salzsäure zurück, bis die rothe Färbung eben verschwunden ist; man muss hierbei sehr vorsichtig sein, damit nicht übertitrirt wird. Die Differenz der beiden Resultate entspricht der Kalihydratmenge, die zur Verseifung der Fettsäuren, sowohl der freien als auch der gebundenen, verbraucht worden ist. Jeder ccm der $^{N}/_{2}$-HCl entspricht $\frac{56.1}{2}$ mg KOH; multiplicirt man diesen Werth mit der Anzahl der verbrauchten ccm Säure und dividirt alsdann durch das Gewicht des angewandten Fettes, ausgedrückt in Gramm, so erhält man die Verseifungszahl.

In denjenigen Fällen, wo nur sehr geringe Fettmengen zur Verfügung stehen, kann man die Bestimmung der Säurezahl und die der Verseifungszahl mit ein und derselben Menge Fett ausführen. Zu diesem Zwecke verwendet man eine alkoholische Kalilösung von bekanntem Gehalte zur Ermittelung der Säurezahl, alsdann setzt man in üblicher Weise 25 ccm der alkoholischen Kalilauge hinzu und nimmt die Verseifung vor. In diesem Falle lässt sich aus der zur Verseifung verbrauchten Kalilauge direkt die Aetherzahl berechnen. Werden 3—4 g Fett und 50 ccm alkoholische Kalilauge zur Verseifung verwendet, so kann man ausserdem hiermit die Bestimmung des „Unverseifbaren“, wie auf S. 188 ff. beschrieben, verbinden und die Fettsäuren aus der Seifenlösung zu deren weiterer Prüfung abscheiden.

Bestimmung der Jodzahl. Hierzu sind folgende Lösungen erforderlich:

1. Jodlösung (Jod und Quecksilberchlorid). 25 g reines Jod werden in 500 ccm reinem absoluten Alkohol gelöst (Methylalkohol darf hierzu nicht verwendet werden); ferner werden 30 g reines Quecksilberchlorid (Sublimat) für sich in 500 ccm reinem absoluten Alkohol aufgelöst; die letztere Lösung wird, wenn erforderlich, filtrirt. Diese beiden Lösungen werden, da der Gehalt an freiem Jod kurz nach dem Vermischen Einbusse erleidet, möglichst getrennt aufbewahrt, sollen aber mindestens 12 Stunden vor dem Gebrauch zu gleichen Theilen gemischt werden. Einige Analytiker[1]) ziehen jedoch vor, diese Lösungen erst kurz vor dem Gebrauche zu mischen; es werden auch hier genaue Resultate erhalten, wenn man einen blinden Versuch mit der Jodlösung unter den gleichen Bedingungen ausführt. Das Lösungsgemisch wird am besten in einer Flasche aufbewahrt, die in ähnlicher Weise wie die Flasche mit der alkoholischen Kalilauge mit einer 25 ccm-Pipette versehen ist.

2. Thiosulfatlösung (ca. 25 g pro Liter). Steht reines Natriumthiosulfat zur Verfügung, so würde eine Lösung von 24.8 g pro Liter genau zehntelnormal sein. Da sich diese Lösung jedoch beständig verändert, so muss ihr Gehalt von Zeit zu Zeit von neuem bestimmt werden. Es geschieht dies am besten mit einer Normallösung von Kaliumjodat (erhältlich durch E. Merck in Darmstadt), anstatt dessen auch Kaliumbichromat verwendet werden kann (S. 152). Ein Molekül eines jeden dieser beiden Salze macht bei Gegenwart von Salzsäure aus Jodkalium 6 Atome J frei. Es ist mithin eine Lösung von 3.566 g KJO_3, bezw. 4.91 g $K_2Cr_2O_7$ pro Liter in Bezug auf Jod zehntelnormal, d. h. dieselben entsprechen einer Lösung von 12.7 g J pro Liter. Man bringt 20 ccm von einer dieser beiden Lösungen, ferner 10 ccm einer 10procentigen Jodkaliumlösung und 5 ccm konc. Salzsäure in eine Stöpselflasche und lässt etwa eine halbe Stunde stehen; es werden hierbei 0.254 g Jod frei, die 20 ccm einer $^N/_{10}$-Thiosulfatlösung entsprechen.

3. Jodkaliumlösung wird durch Auflösen von 100 g Jod-

[1]) Fahrion, Chem. Zeit., 1892, S. 862.

kalium in 1 Liter Wasser hergestellt. Das Jodkalium des Handels enthält nicht selten Jodat, das bei Gegenwart von Salzsäure auch freies Jod liefert. Ist dies der Fall, so muss der Jodgehalt ermittelt und berücksichtigt werden.

4. Chloroform soll rein sein und kein Jod absorbiren; wenn jedoch die Stärke der Jodlösung immer durch einen blinden Versuch ermittelt wird, bei dem man genau dieselben Mengen Jodkalium und Chloroform wie bei der eigentlichen Bestimmung verwendet, so hebt sich dieser Fehler wieder auf.

5. Die Stärkelösung wird am besten für jede Bestimmung frisch bereitet, indem man etwa $^1/_2$ g Stärke in 100 ccm kaltem Wasser vertheilt und dann das letztere unter beständigem Umrühren zum Sieden erhitzt. Man verwendet die klare Lösung.

Die Bestimmung der Jodzahl wird in folgender Weise ausgeführt: Man wägt 0.15—0.18 g von Thranen und trocknenden Oelen, 0.3—0.4 g von nicht trocknenden Oelen oder 0.3—1.0 g von festen Fetten in eine Stöpselflasche von etwa 300 ccm Inhalt ab, fügt 10 ccm Chloroform und 25 ccm der Jodlösung hinzu, wobei man das Abpipettiren unter Beobachtung der gleichen Vorsichtsmassregeln wie bei dem Abmessen der alkoholischen Kalilösung für die Verseifungszahl vornimmt. Ist die Mischung nach dem Umschütteln nicht klar, so muss mehr Chloroform hinzugegeben werden. Wird die tiefbraune Farbe der Lösung bereits nach kurzer Zeit merklich heller, so fügt man weitere 25 ccm Jodlösung hinzu. Man lässt die Flasche vor Licht geschützt 4 bis 6 Stunden stehen, giebt dann 20 ccm Jodkaliumlösung und ca. 300 ccm Wasser hinzu. Sollte hierbei ein rother Niederschlag von Quecksilberjodid sich bilden, so deutet dies auf einen Mangel an Jodkalium hin; man giebt dann von dieser Lösung mehr hinzu. Diese Flüssigkeit wird nunmehr mit der Thiosulfatlösung titrirt, bis die Chloroformschicht nur noch ganz schwach gefärbt ist; nach jedem Zusatz wird kräftig durchgeschüttelt. Man giebt alsdann einige Tropfen Stärkelösung zu und titrirt sehr vorsichtig weiter, bis die blaue Farbe eben vollständig verschwunden ist. Gleichzeitig ist ein blinder Versuch unter Ausschluss des Fettes und unter vollständig gleichen Bedingungen auszuführen; die Differenz der beiden verbrauchten Thiosulfatmengen entspricht der vom Fett absorbirten Jodmenge. Die Jodzahl wird erhalten, indem man diese Jodmenge mit 100 multiplicirt und durch das Gewicht des angewandten Fettes (in g) dividirt. Sind die Reagentien vollständig rein, so genügt es auch, wenn man zur Bestimmung des Gehaltes der Jodlösung 25 ccm derselben für sich mit der Jodzahlbestimmung zu gleicher Zeit titrirt; sicherer ist es jedoch, wenn der blinde Versuch vollständig durchgeführt wird.

Bestimmung des Unverseifbaren. Man wiegt von den Fetten oder Oelen, die vermuthlich kein Wollfett, destillirtes „Oleïn“, oder Walrat enthalten, 10 g in ein Kölbchen ein, giebt 50 ccm Alkohol und eine Auflösung von etwa 5 g Kalihydrat in einigen ccm Wasser hinzu. Man erhitzt das Ganze eine Stunde am Rückflusskühler, giebt 50 ccm Wasser zu und lässt erkalten; alsdann bringt man den Inhalt ohne Verlust, sowie 30—50 ccm Petroläther (unter 75^0 siedend) in einen etwa $^1/_4$ l fassenden Scheidetrichter und bringt die beiden Flüssigkeiten zur Vermeidung störender Emulsionen zunächst nur durch gelindes, anhaltendes Umschwenken in Berührung. Man lässt alsdann stehen, bis sich die beiden Schichten getrennt haben, lässt die Seifenlösung, um Zeit zu sparen, in die Flasche, in der die Verseifung stattgefunden hat, zurücklaufen und schüttelt, nachdem die Flasche fest verstopft ist, mit einer zweiten Portion Petroläther aus, wobei man stärker schütteln kann, da die Hauptmenge des Unverseifbaren bereits entfernt ist, und lässt dann die Schichten sich trennen; während dieser Zeit wird der im Scheidetrichter befindliche Petroläther mit Wasser gewaschen. Es muss darauf geachtet werden, dass sämmtliche Seifenlösung vor dem Waschen aus dem Scheidetrichter entfernt worden ist; wenn bei dem Ablassen der Seifenlösung etwas Petroläther mit abläuft, so ist dies weniger nachtheilig als wenn Seifenlösung zurückbleibt. Zu dem Scheidetrichterinhalte giebt man 50 oder 100 ccm Wasser und schwenkt auch hier zur Vermeidung von Emulsionen zunächst vorsichtig um und lässt die Schichten sich trennen; alsdann lässt man das Wasser ablaufen, wobei darauf zu achten ist, dass kein Petroläther wegläuft. Dieses Waschen wird zweimal wiederholt; beim zweiten und dritten Male können die Lösungen, da sie ziemlich frei von Seife sind, stärker geschüttelt werden. Sollte eine Emulsion entstehen, die sich schwierig trennt, so kann die Scheidung durch Hinzufügen einiger ccm heissen Alkohols erreicht werden. Den gewaschenen Petroläther lässt man in eine trockene Flasche fliessen, die alsdann gut verkorkt wird. Die Seifenlösung (sowie der Petroläther) wird in den Scheidetrichter zurückgegossen und nach der Trennung der beiden Schichten (ohne Petroläther) wieder in die Flasche zurückgebracht; man schüttelt dieselbe noch ein zweites und drittes Mal mit Petroläther aus, während die vom zweiten Ausschütteln herrührende Petrolätherlösung mit Wasser wie zuvor gewaschen und dann mit der ersten Petroläthermenge vereinigt wird: das Gleiche wird alsdann auch mit der dritten Portion vorgenommen. Nachdem man den gesammten Petroläther einige Zeit in der trockenen Flasche hat stehen lassen, damit sich mitgerissene Wassertheilchen vollständig absetzen können, wird derselbe in ein gewogenes Kölbchen abgegossen; man spült mit etwas Petroläther nach und destillirt die Lösung alsdann ab. Das Kölbchen mit dem aus Unverseifbarem bestehenden Inhalt wird im Trockenschrank bis zur annähernden Gewichtskonstanz getrocknet und gewogen. *Flüchtige* unverseifbare Substanzen gehen hierbei natürlich verloren; man darf deswegen bei Gegenwart von Mineralölen das Trocknen nicht zu weit treiben.

Wollfett, Walrat, Wachs, Walratöl, Delphinthran, Haileberthran, sowie einige Thrane von Meeresthieren bestehen ganz oder zum Theil aus Verbindungen der Fettsäuren mit höheren Alkoholen (anstatt des Glycerins); dieselben werden bei der gewöhnlichen Verseifung mit alkoholischer Kalilauge meist nur unvollständig verseift. Vollständige Verseifung kann erreicht werden, wenn man dieselbe mit doppeltnormaler alkoholischer Kalilauge unter Druck bei einer Temperatur von 105—110° C. oder mit Natriumäthylat (hergestellt durch Auflösen von 5 g met. Natrium in 100 ccm absol. Alkohol) vornimmt. Am praktischsten ist es, wenn man die Verseifung mit doppeltnormaler alkoholischer Kalilauge in einer Kupferflasche oder in einem Kupferrohre mit aufschraubbarem Deckel oder in einer kleinen Sodawasserflasche ausführt, deren Stopfen mit Draht befestigt wird. Im letzteren Falle wickelt man die Flasche in mehrere Tücher ein und setzt sie in einen mit gesättigter Kochsalzlösung gefüllten Topf; man erhitzt die Lösung ganz allmählich bis zu ihrem Siedepunkt (ca. 109° C.) und lässt sie eine Stunde kochen. Hat man eine genau abgemessene Menge Kalilauge verwendet, so kann gleichzeitig die Verseifungszahl bestimmt werden[1]. Nach dieser vollständigen Verseifung bleiben die höheren Alkohole als „Unverseifbares" zurück und können dann in üblicher Weise durch Ausschütteln gewonnen werden. Walrat und Walratöl liefern ca. 40% an diesen Alkoholen, Wollfett dagegen weniger.

Im Wollfett und in ähnlichen Abfallfetten wird gewöhnlich das „Unverseifbare" einfach durch Verseifen in der üblichen Weise ermittelt; hierbei werden natürlich als solches auch die unzersetzten Wachse bestimmt. Für die meisten Zwecke reicht dies vollständig aus, da man annehmen kann, dass in solchen Fällen die unter gewöhnlichem Druck verseiften Fette 40—45% des Gesammt-Fettes ausmachen. Wo schwer verseifbare Fette vorauszusetzen sind, ist es empfehlenswerth, die Verseifung auf zwei Stunden auszudehnen; bei Thranen soll man anstatt mit Petroläther mit Aethyläther ausschütteln, weil nach den Untersuchungen von Lewkowitsch[2]) die höheren Alkohole in Petroläther weniger leicht löslich sind. Wird Aethyläther angewendet, so ist es nothwendig, dass vor dem Ausschütteln der grössere Theil des Alkohols weggekocht und die Seife dann in Wasser gelöst wird; nur wenn Emulsionen auftreten, setzt man etwas Alkohol zu. Bei Fetten der genannten Art kommt es häufig vor, dass unter der ätherischen Schicht flockige Ausscheidungen der schwerlöslichen Seifen der höheren Säuren stattfinden; dieselben müssen mit der

---

1) Vergl. Herbig, Dingl. Polyt. Journ., 1894, 242, S. 66.
2) Journ. Soc. Chem. Ind., 1896, S. 14.

Seifenlösung zugleich abgelassen werden. Oft befinden sich in der ätherischen Schicht Flocken dieser Seifen, welche sich später gewöhnlich mit den Wassertheilchen in der trockenen Flasche abscheiden; dieselben müssen abfiltrirt und dann mit Aether gewaschen werden. Aethyläther löst grössere Mengen von neutraler Seife als Petroläther. GAWALOWSKY[1]) giebt an, dass neutrale Seifen in Petroläther vollständig unlöslich sind, und empfiehlt deswegen annähernde Neutralisation mit Chlorcalcium und einen Zusatz von Natriumbikarbonat unter darauffolgendem Kochen. Es ist wahrscheinlich, dass auch gute Resultate erhalten werden können, wenn man das Kalihydrat durch Einleiten von Kohlendioxyd in das Karbonat überführt oder wenn man mit verdünnter Säure neutralisirt und dann eine geringe Menge Natriumkarbonat zusetzt. Seife kann in dem „Unverseifbaren" durch Veraschen desselben nachgewiesen werden; die Gegenwart von Alkali in der Asche deutet auf Seife hin; aus der Menge kann man die vorhandene Seifenmenge annähernd berechnen.

Oft ist es von Wichtigkeit, die Natur der unverseifbaren Substanzen zu bestimmen. Abgesehen von Wollfett wird namentlich Mineralöl, zuweilen auch Harzöl, in betrügerischer Absicht den Fetten zugesetzt. Dieselben werden gewöhnlich an ihrer Dünnflüssigkeit, Farbe und am Geruch erkannt. Harzöl lässt sich vom Mineralöl leicht durch das höhere spec. Gew. und durch den höheren Brechungsindex unterscheiden. Bei Mineralölen schwankt das spec. Gew. von 0.850 bis 0.920 und der Brechungsindex von 1.4776 bis 1.4980; bei Harzölen dagegen von 0.960 bis 0.990, bez. 1.5274 bis 1.5415. Harzöl ist mit Aceton in allen Verhältnissen mischbar, während Mineralöl das Mehrfache seines Volumens zur Lösung erfordert. Beide Oelarten fluoresciren gewöhnlich, doch findet man bei thierischen oder pflanzlichen Oelen zuweilen auch einen grünlichen Schein oder eine schwache Fluorescenz; bei Mineralölen wird dieselbe häufig durch Nitronaphtalin oder andere Nitroverbindungen verdeckt. In solchen Fällen wird sie durch Waschen des Oeles mit konc. Schwefelsäure wieder hergestellt. Die gewöhnlichen Farbenreaktionen für Harzöle sind bei Gegenwart von Leberthranen oder Wollfett unbrauchbar, da ähnliche Reaktionen durch das in diesen Fetten vorhandene Cholesterin und durch die Lipochrome hervorgebracht werden; in den meisten Fällen können jedoch die Harzsäuren in den Fettsäuren durch die auf S. 194 angeführten Reaktionen nachgewiesen werden.

Die Gegenwart grosser Mengen von Cholesterin ist für Wollfett charakteristisch; da dasselbe aber, zusammen mit den Lipochromen, auch in den Thranen vorkommt, so ist der qualitative Nachweis nicht von besonderem Werth. Lassen die mehr oder weniger feste Konsistenz, der Geruch oder sonstige Merkmale auf

---

[1]) Zeitschr. f. anal. Chem., 26, S. 330.

die Gegenwart von Wollfett schliessen, so ist es am empfehlenswerthesten, wenn man das „Unverseifbare“ in der gewöhnlichen Weise entweder unter Druck oder mit Hilfe von Natriumäthylat (S. 190) nochmals verseift. Eine Verminderung des Unverseifbaren weist mit Sicherheit auf die Gegenwart entweder von Wollfett oder von flüssigen Wachsen anderer Art hin; bei einiger Erfahrung kann man aus der Menge des Schwerverseifbaren einen Schluss auf die vorhandene Wollfettmenge ziehen.

Ist die Menge des Unverseifbaren gering und ist dasselbe mehr oder weniger krystallinisch, so besteht es wahrscheinlich in der Hauptsache aus Cholesterin und Isocholesterin oder, falls pflanzliche Fette vorliegen, aus dem mit diesen nahe verwandten Phytosterin. Diese Substanzen können nachgewiesen werden, indem man das Unverseifbare in wenig Chloroform löst und dann mit dem gleichen Volumen konc. Schwefelsäure schüttelt. Cholesterin und Phytosterin färben die Chloroformschicht roth oder purpurroth. Isocholesterin verursacht in der Schwefelsäure eine ausgeprägte grüne Fluorescenz und giebt der Chloroformschicht eine gelbliche Farbe, wodurch häufig die durch das Cholesterin hervorgerufene Färbung verdeckt wird. Aehnliche Farbenreaktionen wie vom Cholesterin werden auch durch die in den Thranen vorhandenen „Lipochrome“, ferner röthliche Färbungen durch Harzöle (vergl. S. 194) hervorgebracht; die letzteren können jedoch durch die Verseifung entfernt werden.

Die im Wollfett und in festen und flüssigen Wachsen vorkommenden höheren Alkohole finden sich unter den unverseifbaren Substanzen, ebenso wie die unzersetzten Wachse, wenn die Verseifung nicht unter Druck vorgenommen worden ist. Es ist nicht leicht, dieselben von den Cholesterinen zu trennen; hinsichtlich derartiger Trennungsverfahren muss auf das Benedikt'sche Werk (Analyse der Fette und Wachsarten) verwiesen werden. Paraffin und Ceresin können auch in dem Unverseifbaren vorhanden sein; dieselben werden vom Cholesterin und anderen Alkoholen durch zweistündiges Behandeln der unverseifbaren Substanzen mit Essigsäureanhydrid bei 100° C. getrennt oder mit geringerer Genauigkeit durch Waschen mit gewöhnlichem Alkohol; in diesen beiden Lösungsmitteln sind die Paraffine fast unlöslich. Diese Methode lässt sich übrigens auch für flüssige Paraffine anwenden. Sind Cholesterine oder andere Alkohole in grösserer Menge vorhanden, so scheiden sich ihre Acetylverbindungen beim Erkalten des Essigsäureanhydrids aus.

Fettsäuren. Die Seifenlösung kann nach Entfernung des Unverseifbaren und nach Verkochen des Alkohols durch verdünnte Schwefelsäure zersetzt werden; die Fettsäuren werden dann, wie auf S. 176 beschrieben, von der Lösung getrennt. Es muss darauf geachtet werden, dass beim Wegkochen des Alkohols die zuerst weggehenden Dämpfe wegen ihres Gehaltes an Petroläther nicht Feuer fangen; man führt diese Operation am vortheilhaftesten auf dem Wasserbade oder am Abflusskühler aus, so dass man den Alkohol wiedergewinnt. Sollen die Fettsäuren quantitativ bestimmt werden, so ist es am besten, dieselben in einem Scheidetrichter mit heissem Wasser zu waschen, die Waschwässer durch ein gewogenes dichtes Filter gehen zu lassen und die Fettsäuren schliesslich auf demselben zu sammeln. Das feuchte Filter wird auf ein kleines Becherglas aufgesetzt und im Trockenschrank bis zur annähernden Gewichtskonstanz getrocknet. Die auf diese Weise erhaltenen Säuren sind natürlich nur die in Wasser unlöslichen; die löslichen Säuren befinden sich in den Waschwässern. Der Procentsatz an unlöslichen Säuren wird auch als „Hehner'sche Zahl" bezeichnet. Ueber die Bestimmung der flüchtigen und löslichen Säuren („Reichert-Meissl'sche Zahl"), vergl. Benedikt, S. 136.

Bestimmung der oxydirten Fettsäuren (Degrasbildner). Leinöl und Thran liefern bei der Oxydation Produkte, deren Fettsäuren in Petroläther unlöslich, in Alkohol dagegen löslich sind. Die Bestimmung dieser oxydirten Fettsäuren in Leinölfirnissen giebt Aufschluss über den erreichten Grad der Oxydation. Nach Simand ist die Gegenwart von oxydirten Fettsäuren im Degras, in welchem sie sich während des Sämischprocesses gebildet haben, die Ursache, dass derselbe mit Wasser eine Emulsion liefert. Bis zu einem gewissen Grade bildet daher der Gehalt an diesen Substanzen ein Maass für die Reinheit und für die Qualität; sie sind deswegen auch als „Degrasbildner" bezeichnet worden. Dieselben können in der Seifenlösung nach der Extraktion des Unverseifbaren in folgender Weise bestimmt werden. Nach dem Wegkochen des Alkohols wird die Seife in heissem Wasser gelöst und diese Lösung ohne Verlust in einen grossen Scheidetrichter gebracht, wo dieselbe mit einem geringen Ueberschuss verdünnter Schwefelsäure oder Salzsäure zerlegt wird; die Menge der Säure soll annähernd der zur Verseifung verbrauchten Kalihydratlösung entsprechen. Nach dem Erkalten wird das Gemisch fünf Minuten lang kräftig mit 100 ccm Petroläther (oder bei Gegenwart von Wollfetten mit Aethyläther) ausgeschüttelt; man lässt den Scheidetrichter mehrere Stunden ruhig stehen, bis sich die ätherische und die wässerige Schicht vollständig getrennt haben. Die letztere lässt man unten ablaufen, wobei sich die Oxyfettsäuren an die Gefässwandungen anlegen. Man kann alsdann den Petroläther, ohne dass die Oxyfettsäuren mitgerissen werden, durch die obere Oeffnung des Scheidetrichters abgiessen. Man wäscht die zurückbleibenden Oxyfettsäuren mehrmals mit Petroläther, löst sie in heissem Alkohol, verdampft die filtrirte Lösung in einer gewogenen Schale (die nicht mehr als bis zur Hälfte gefüllt werden sollte, weil sich sonst die Lösung über den Rand aussen hinunterzieht) auf dem Wasserbade zur Trockne und bringt den Rückstand nach einständigem Trocknen bei 100—105° C. zur Wägung. Die Petrolätherlösung wird zur Entfernung von Mineralsäuren mehrmals mit Wasser geschüttelt und dann abdestillirt, wobei die Fettsäuren erhalten werden, die zur weiteren Prüfung verwendet werden können.

Nach SIMAND soll unverfälschter Degras nicht weniger als 15—20% Oxyfettsäuren, bezogen auf wasserfreies Fett, enthalten. Es ist bereits erwähnt worden (vergl. S. 181), dass mit der Zunahme der Oxyfettsäuren die Jodzahl sinkt; aller Wahrscheinlichkeit nach wird die Acetylzahl[1]), die ein Maass für den Gehalt an hydroxylirten Fettsäuren bildet, entsprechend steigen. Der harzartige Ausschlag auf Leder (das sogen. „Ausharzen") ist auf die Bildung dieser Oxyfettsäuren auf der Oberfläche des Leders zurückzuführen. Aus diesem Grunde neigen Thrane mit sehr hoher Jodzahl, wie z. B. Menhadenthran, ganz besonders zum Ausharzen; fertig gebildete Oxyfettsäuren, z. B. diejenigen des Degras, scheinen dagegen keine Veranlassung zur Ausharzung zu geben. Die meisten künstlichen Degras werden aus oxydirten oder „geblasenen" Thranen hergestellt; wahrscheinlich werden derartige Thrane noch eine mannigfache nützliche Verwendung bei der Zurichtung des Leders finden können.

Bestimmung des Harzes. Harz, gewöhnliches Fichtenharz, ist häufig ein Bestandtheil der Seifen; dasselbe findet sich auch in Schmierfetten oder im Degras, und zwar als absichtlicher Zusatz oder als Bestandtheil des zugesetzten Harzöles. Harz besteht im wesentlichen aus den Anhydriden der Abietinsäure (vielleicht auch anderer Säuren), die sich nach der Verseifung mit unter den anderen Säuren findet; dieselbe kann oft, wenn die üblichen Farbenreaktionen versagen, am Geschmack und Geruch erkannt werden. Harz kann in den Fettsäuren mit Hilfe der LIEBERMANN-STORCH'schen Reaktionen (in Abwesenheit von Thranen, die Lipochrome enthalten und infolgedessen mit Schwefelsäure eine violette Färbung liefern) nachgewiesen werden. Cholesterine, die eine ähnliche Farbenreaktion geben, sowie die anderen unverseifbaren Substanzen müssen aber vorher durch Ausschütteln der Seifenlösung (vergl. S. 189) entfernt werden. Die isolirten Fettsäuren werden in einer geringen Menge Essigsäureanhydrid in der Hitze gelöst. Man lässt diese Lösung erkalten und in dieselbe dann Schwefelsäure vom spec. Gew. 1.53 (ca. 55 ccm konc. Schwefelsäure vom spec. Gew. 1.84 werden mit Wasser auf 100 ccm aufgefüllt) langsam einlaufen. Bei Gegenwart von Harz tritt eine vorübergehende röthlichviolette Färbung auf. Bei Abwesenheit von Cholesterin kann diese Probe auch zum Nachweise von Harzölen dienen; selbst wenn dieselben durch Ausschütteln entfernt worden sind, so werden dennoch die Fettsäuren Spuren von Harz enthalten. Das Harz kann quantitativ

[1]) Vergl. BENEDIKT, sowie dieses Buch S. 196.

nach der volumetrischen Methode von TWITCHEL[1]) bestimmt werden. Die hierbei erhaltenen Ergebnisse haben jedoch nur annähernde Genauigkeit. Dieselbe wird in folgender Weise ausgeführt: 2—3 g des Säuregemisches werden genau ausgewogen und in einem Kölbchen in 30 ccm absolutem Alkohol gelöst. Man kühlt das Kölbchen durch Eintauchen in kaltes Wasser ab und leitet trockenes HCl-Gas durch, bis dasselbe nicht mehr absorbirt wird; es sind hierzu gewöhnlich $^3/_4$ Stunden erforderlich. Man lässt das Kölbchen etwa eine Stunde stehen, verdünnt den Inhalt mit 150 ccm Wasser und kocht, bis die wässerige Schicht vollständig klar wird. Nach dem Abkühlen bringt man den Kolbeninhalt in einen Scheidetrichter und wäscht den Kolben mehrmals mit Aether nach. Man lässt die Säureschicht ablaufen, alsdann wird die ätherische Schicht entweder wiederholt mit Wasser gewaschen, bis das Waschwasser nicht mehr sauer reagirt, oder vorsichtig mit $^N/_{10}$-Alkali versetzt, bis dieselbe Methylorange gegenüber vollständig neutral ist. Nachdem man die wässerige Schicht möglichst vollständig hat ablaufen lassen, fügt man 50 ccm Alkohol hinzu und titrirt die Lösung der Harzsäuren unter Zusatz von Phenolphtaleïn als Indikator mit Normalalkali in derselben Weise wie bei der Säurezahlbestimmung (S. 185). Jeder ccm Normalalkali entspricht annähernd 0.346 g Harz. Bei der Bestimmung anderer Harze muss dieser Werth durch besondere Versuche ermittelt werden. Dieses analytische Verfahren beruht auf der Thatsache, dass Fettsäuren bei Gegenwart von trockenem HCl-Gas mit Alkohol neutrale Aethylester liefern, während die Harzsäuren unverändert bleiben.

Als **Laktone** bezeichnet man die sogen. „inneren" Anhydride der Oxyfettsäuren. Wird in dem Alkylrest einer Fettsäure die Stelle eines Wasserstoffatomes durch eine Hydroxylgruppe ersetzt, so wird dieselbe befähigt, sich mit dem Hydroxyl der Karboxylgruppe desselben Moleküls (ebenso wie die Hydroxylgruppe irgend eines Alkohols unter Vereinigung mit der Karboxylgruppe einer Säure einen „Ester" liefert) unter Austritt eines Moleküls Wasser, gebildet aus dem Hydroxyl der Karboxylgruppe und dem Wasserstoff des Alkohol-Hydroxyls, zu vereinigen. Die so gebildeten Laktone werden durch Alkalien wieder verseift, wobei die Alkalisalze der ursprünglichen Oxyfettsäuren hervorgehen; aber sobald die Säure von der Base wieder getrennt wird, verliert sie ein Molekül Wasser und liefert wieder das Lakton. Fettsäuren, welche Laktone enthalten, haben daher eine „konstante Verseifungszahl" und eine „konstante Aetherzahl", aus denen der Gehalt an Laktonen berechnet werden kann. In manchen Fällen ist diese Rückbildung nur eine theilweise, und die Laktone können dann nur durch wiederholte Verseifung vollständig in die Oxyfettsäuren übergeführt werden. Uebrigens ist nicht jede Oxyfettsäure fähig, Laktone zu

[1]) BENEDIKT, S. 223; WILSON, Journ. Soc. Chem. Ind., 1891, S. 952.

bilden. Die Laktonbildung tritt am ehesten ein, wenn die Hydroxylgruppe sich zur Karboxylgruppe in γ-Stellung befindet. Wird eine ungesättigte Säure, wie z. B. Oelsäure, mit konc. Schwefelsäure behandelt oder mit Zinkchlorid erhitzt, so entstehen Verbindungen, die beim Kochen mit Wasser oder mit verdünnten Säuren sich spalten. Die resultirende Säure ist dann eine gesättigte und enthält eine Hydroxylgruppe und ein Wasserstoffatom mehr als die Oelsäure, die dadurch in die Oxystearinsäure übergeführt worden ist. Ein Theil der so gebildeten Säure ist gewöhnlich γ-Oxystearinsäure, welche sofort Stearinlakton ($C_{18}H_{34}O_2$) liefert. Derartige Laktone finden sich namentlich in den Türkischrothölen, die durch Behandlung von Oelen mit Schwefelsäure erhalten werden, sowie im Kerzenmaterial, welches nach dem SCHMIDT'schen Verfahren hergestellt ist (Erhitzen der Oelsäure mit Zinkchlorid), sowie in allen Fällen, wo Oxystearinsäure gebildet wird. Dieselben sind ferner von LEWKOWITSCH in destillirten Stearinen und von RUHSAM im Degras gefunden worden.

Acetylzahl. Wird ein Alkohol oder eine Oxyfettsäure mit Essigsäureanhydrid gekocht, so tritt das Acetylradikal (C_2H_3O) an die Stelle des Wasserstoffes im Alkohol-Hydroxyl, bezw. an die Stelle des Wasserstoffes im Hydroxyl der Oxyfettsäure. Verseift man eine solche Acetylverbindung, so wird die Essigsäure zurückgebildet und sättigt einen Theil des Alkali. Bestimmt man die Säurezahl und die Verseifungszahl einer derartigen acetylirten Fettsäure in der gewöhnlichen Weise, so wird die erstere der Fettsäure und die letztere der Fettsäure plus Essigsäure entsprechen; zieht man die erstere von der letzteren ab, so erhält man die sogen. „Acetylzahl“, welche also in gleicher Weise wie die Aetherzahl der gewöhnlichen Fettsäuren erhalten wird. BENEDIKT und ULZER[1]) benutzten dieses Verfahren zur Bestimmung der in Fettsäuren vorhandenen Hydroxylgruppen; LEWKOWITSCH hat jedoch gezeigt, dass die meisten nach dieser Methode erhaltenen Resultate durch die Thatsache umgestossen werden, dass Anhydride der Fettsäuren während des Processes gebildet werden und dass dies zu einer Art „konstanter Verseifungszahl“ führt.[2]) Er giebt ferner an,[3]) dass die wahren Acetylzahlen durch direkte Bestimmung der Essigsäure durch Destillation ermittelt werden; neuerdings hat er gezeigt, dass neutrale Fette, ähnlich wie die Fettsäuren, acetylirt werden können, und im Anschluss hieran eine einfache Methode zur Bestimmung der Acetylzahl der Neutralfette empfohlen; er beschreibt dieselbe wie folgt:[4])

„10 g des Fettes werden mit dem gleichen Volumen Essigsäureanhydrid in einem Rundkolben am Rückflusskühler zwei

---

[1]) Monatshefte f. Chem., VIII, S. 40.
[2]) Proc. Chem. Soc., 1890, S. 72; Journ. Soc. Chem. Ind., 1890, S. 660.
[3]) Journ. Soc. Chem. Ind., 1890, S. 847.
[4]) Journ. Soc. Chem. Ind., 1897, S. 503.

Stunden gekocht. Der Kolbeninhalt wird in ein grosses Becherglas gebracht, mit mehreren 100 ccm Wasser gemischt und dann eine halbe Stunde gekocht; zur Vermeidung des Stossens leitet man durch ein bis fast auf den Boden des Becherglases reichendes Kapillarrohr einen schwachen CO_2-Strom ein. Man lässt die Flüssigkeit alsdann sich in zwei Schichten trennen, hebt die wässrige Schicht ab und kocht die ölige Schicht in der beschriebenen Weise zur Entfernung der letzten Spuren Essigsäure noch mehrmals aus. Man prüft zu diesem Zwecke mit Lackmuspapier. Das acetylirte Produkt wird vom Wasser getrennt und schliesslich durch Filtrirpapier im Trockenofen filtrirt.

Diese Operation kann auch quantitativ ausgeführt werden; in diesem Falle wird das Auswaschen auf einem gewogenen Filter vorgenommen. Eine Gewichtszunahme des acetylirten Fettes gegenüber dem ursprünglichen deutet auf eine Aufnahme von Acetylgruppen hin. Dieses Verfahren kann als eine Vorprüfung darauf dienen, ob in der betreffenden Probe eine nennenswerthe Menge hydroxylirter Fettsäuren vorhanden ist.“

2—4 g des acetylirten und gereinigten Fettes werden mit einer genau abgemessenen Menge — z. B. 50 ccm — $^N/_2$-alkoholischer Kalilauge genau wie bei der Bestimmung der Verseifungszahl verseift; gleichzeitig wird ein blinder Versuch mit der gleichen Menge Kalihydrat ausgeführt; diese Lösung wird alsdann sorgfältig mit Normalschwefelsäure titrirt, um die zur Neutralisation des Kalihydrats erforderliche Menge genau zu bestimmen. Die Seifenlösung wird zur Entfernung des Alkohols eingekocht und die ausgeschiedene Seife wieder in Wasser gelöst. Man fügt alsdann eine zur Neutralisation des vorhandenen Kalihydrats gerade genügende Menge Normalschwefelsäure hinzu, erwärmt die Lösung vorsichtig, bis sich die Fettsäuren in Form einer öligen Schicht abgeschieden haben, und filtrirt sie durch ein feuchtes Filter; die Fettsäuren werden auf demselben mit kochendem Wasser gründlich ausgewaschen und die Waschwässer mit dem Filtrate vereinigt. Das letztere wird, wenn das Waschwasser nicht mehr sauer reagirt, mit $^N/_{10}$-Kalilauge und Phenolphtaleïn titrirt. Werden die verbrauchten ccm $^N/_{10}$-Kalilauge mit 5.61 multiplicirt und durch die angewandte Fettmenge, ausgedrückt in g, dividirt, so erhält man die Acetylzahl des Fettes. Lewkowitsch definirt dieselbe als die „Anzahl mg KOH, welche zur Neutralisation derjenigen Essigsäuremenge erforderlich ist, die aus 1 g acetylirtem Fette bei der Verseifung abgespalten wird.“ Er giebt für verschiedene Fette diese Konstanten in folgender Zusammenstellung an, hebt jedoch hervor, dass diejenigen unter Nr. 12, 13 und 14 mit Vorsicht aufzunehmen sind, da diese Fette ursprünglich flüchtige Säuren enthalten, die bei dieser Methode als Essigsäure bestimmt werden; er stellt die Veröffentlichung von Verfahren in Aussicht, bei denen diese Schwierigkeit umgangen werden kann.

Nr.	Art des Fettes oder Oeles	Acetylirtes Fett oder Oel	
		Verseifungs-zahl	Acetyl-zahl
1	Ricinusöl, I	311.2	149.6
	Ricinusöl, II	310.3	149.4
	Ricinusöl, III	312.1	146.7
2	Baumwollsamenöl (Cottonöl), I	213.3	25.1
	Baumwollsamenöl (Cottonöl), II	216.5	21.1
	Baumwollsamenöl (Cottonöl), III	214.7	21.9
3	Maisöl, I	201.5	8.25
	Maisöl, II	201.5	8.21
	Maisöl, III	200.9	7.9
4	Kohlsaatöl (Colzaöl)	192.9	16.6
5	Olivenöl, I	203.1	13.48
	Olivenöl, II	204.7	13.62
6	Leinöl, I	208.5	6.92
	Leinöl, II	210	7.03
7	Haifischleberthran	210	17.83
8	Thieröl	221	22.38
9	Klauenöl	214	14.40
10	Talg (südamerikanischer)	202.4	9.82
11	Rindsmarksfett	203.6	6.64
12*	Krotonöl, I	236	41.09
	Krotonöl, II	237.1	40.91
	Krotonöl, III	240.4	53.55
13*	Kokusnussöl	—	57.29
14*	Butterfett	—	45.23

* Diese Zahlen sind mit Vorsicht zu behandeln.

Enthält ein Fett freie Alkohole — Cholesterin, Phytosterin —, so bildet die Acetylzahl ein Maass für die Oxyfettsäuren und für die freien Alkohole.

Exakte Schlüsse können sich aus der Acetylzahl kaum ziehen lassen. Es ist bekannt, dass dieselbe ein Maass für die Oxyfettsäuren darstellt; anderseits ist es aber auch klar, dass die durch direkte Oxydation des Fettes gebildeten Oxysäuren, die auf Grund ihrer Unlöslichkeit in Petroläther abgeschieden werden können (vergl. S. 193), nicht einfache hydroxylirte Fettsäuren sind; es müssten demnach interessante Aufschlüsse erhalten werden, wenn man die nach beiden Methoden erhaltenen Ergebnisse miteinander vergleicht. Bis zu einem gewissen Grade ist dies von Ruhsam (S. 214) bei seinen Untersuchungen über Degras versucht worden; da er jedoch die Benedikt-Ulzer'sche Methode benutzt, so bedürfen diese Zahlen erst noch der Bestätigung.

D. Specielle Anwendung der Fettanalyse.

Der **Talg** ist das Fett unsrer Hausthiere, besonders des Rindes, des Schöpses und der Ziege. Der „Rohtalg“ ist das aus sämmtlichen Körpertheilen erhaltene Fett, während der „Presstalg“ die Antheile von höherem Schmelzpunkt und das Oleomargarin die Antheile mit niederem Schmelzpunkte sind, die namentlich zur Herstellung der Kunstbutter dienen. Hammeltalg (Schöpstalg) ist gewöhnlich härter und weisser als Rindstalg. Talg soll weiss oder gelblich aussehen und nur einen schwachen charakteristischen Geruch besitzen. Ziegentalg, wie auch Hammeltalg können am Geruch erkannt werden, der letztere allerdings weniger leicht. Rindstalg soll nicht unter 40° und Hammeltalg nicht unter 45° C. zu einer durchsichtigen farblosen oder schwach gelblichen Flüssigkeit schmelzen, die höchstens Spuren von Wasser enthalten darf. Die Erstarrungstemperatur liegt mehrere Grade niedriger. Die freien Fettsäuren erstarren gewöhnlich bei 40—45° C., nur bei einigen sehr weichen Sorten um 1 oder 2 Grad niedriger (vergl. Talgtiter, S. 176). Der Erstarrungspunkt ist abhängig von dem Verhältniss der Oelsäure zur Stearin- und Palmitinsäure.

Wenn Talg feste Substanzen enthält oder beim Schmelzen trübe bleibt, wird eine Bestimmung des Wassergehaltes ausgeführt; dieselbe soll nur Spuren ergeben. Bleibt der geschmolzene Talg nach dem Trocknen noch trübe, so wird er durch ein gewognes Filter filtrirt und dieses mit Aether oder Petroläther, wie auf S. 169 beschrieben, extrahirt; in dem Rückstand wird alsdann die Natur der Verunreinigungen bestimmt. Zuweilen wird dem Talg, um denselben härter zu machen und um ihn zu befähigen, grössere Mengen Wasser aufzunehmen, Kalk zugesetzt; in derartigen Fällen bleibt derselbe auf dem Filter als Kalkseife zurück und kann dann nach dem Veraschen bestimmt werden. Gewebsreste und Kalkphosphat können auch als zufällige Verunreinigungen vorkommen. Beim Kochen mit Wasser soll Talg an dasselbe keine freien Säuren abgeben, welche auf Lackmuspapier oder Methylorange wirken (freie Mineralsäuren).

Die physikalischen Konstanten (Tabelle am Schluss dieses Abschnittes) sollen in dem klar filtrirten Fett ermittelt werden; das spec. Gew. soll bei 100° (S. 174) bestimmt werden und ungefähr 0.860 betragen; bei Schöpstalg ist dasselbe zuweilen etwas niedriger und bei Rindstalg etwas höher. Ein höheres spec. Gew. deutet auf die Gegenwart von Harz hin, welches sich in manchen Fällen durch den Geruch und Geschmack verräth. Wegen des Nachweises und der Bestimmung desselben siehe S. 194. Baumwollstearin (S. 203) erhöht das spec. Gew. auch etwas, während es durch „destillirtes Stearin“ (S. 205) erniedrigt wird, noch mehr durch Paraffin, das gleichzeitig den Brechungsindex erhöht und die Verseifungszahl erniedrigt; dasselbe wird als „Unverseifbares“ bestimmt. Baumwollstearin (und auch Fischtalg) erhöht die Jodzahl wegen seines höheren Gehaltes an ungesättigten Verbindungen.

Die Jodzahl des Talges variirt je nach der Härte, die von dem Oleïngehalt abhängig ist, etwa zwischen 35 und 45; bei

Abwesenheit fremder Zusätze kann der Oleïngehalt aus der Jodzahl berechnet werden (vergl. S. 184, 201). Eine Jodzahl von weniger als 35 deutet auf die Anwesenheit von Palmkernfett oder Kokusnussfett, Wollfett oder Paraffin hin; ist dieselbe höher als 45, so kann man auf einen Zusatz von trocknenden oder halbtrocknenden Oelen oder von Harz schliessen.

Destillirtes Stearin oder Wollfettstearin (S. 205) machen sich bemerkbar durch eine Erniedrigung des Brechungsindex, durch eine höhere Säurezahl, durch einen besonderen charakteristischen Geruch und durch die Gegenwart von Cholesterin und Isocholesterin in dem Unverseifbaren (vergl. S. 191 u. 192).

Die Verseifungszahl des Talges liegt bei ca. 196; dieselbe wird erhöht durch die Gegenwart von Palmkernfett und Kokusnussfett oder durch die vom Ranzigsein oder von einer Oxydation herrührenden sauren Produkte, dagegen erniedrigt durch die Gegenwart von Wachsen und unverseifbaren Substanzen.

Die Säurezahl eines guten Talges soll niedrig sein; in ranzigen Talgen steigt dieselbe bis auf 15. Hohe Säurezahlen deuten auf einen Zusatz freier Stearinsäure hin (destillirtes Stearin, S. 205).

Die Schmelz- und Erstarrungspunkte des Talges, besonders diejenigen der freien Säuren, geben Aufschluss über die Härte und über die Qualität für die Kerzenfabrikation, aber weniger über seine Reinheit und über etwaige Zusätze.

Ausser gewöhnlichem Talg werden in der Lederindustrie auch andere thierische Fette mehr oder weniger gebraucht; dieselben unterscheiden sich vom Talg in chemischer Beziehung nur dadurch, dass sie im Verhältniss zum Stearin und Palmitin einen höheren Gehalt an Oleïn besitzen, infolgedessen weicher sind und einen niedrigeren Schmelzpunkt haben. Pferdefett, besonders dasjenige des Halses (Kammfett), das bei der Leimfabrikation gewonnene Fett, das aus Schaffellen durch Auspressen und das durch Kochen von Knochen erhaltene Fett, alle diese Produkte zählen zu der genannten Gruppe, welcher man auch Schweineschmalz zuzählen kann. Werden derartige Fette abgekühlt und in diesem Zustande in einer hydraulischen Presse oder noch besser im halbfesten Zustande in einer Filterpresse abgepresst, so erhält man ein härteres Fett und ein Oel, das sich in chemischer Beziehung kaum von dem viel theureren „Klauenöl“ unterscheidet; dieses letztere wird durch Auskochen von Rinder-, Schaf- und Pferdefüssen gewonnen. Die genannten Fette sind zuweilen ganz weiss, infolge von Fäulnisserscheinungen oder infolge der Einwirkung der Hitze sehr oft aber auch dunkelgefärbt; diese Färbung beeinträchtigt, sofern sie nicht zu dunkel ist, die Verwendbarkeit in der Lederindustrie nicht; derartige Fette sind als Schmierfette für Leder sogar sehr geeignet. Dieselben sind im Preise meist sehr niedrig, so dass eine Verfälschung kaum vorkommt, wenigstens seltener als bei den anderen teureren Oelen, an deren Stelle sie häufig verwendet werden.

Die Untersuchung dieser Fette ist ähnlich wie die des Talges. Da dieselben unter normalen Verhältnissen keine andere ungesättigte Säure als die Oelsäure enthalten, so kann der Procentgehalt der letzteren aus der Jodzahl berechnet werden; dieselbe beträgt für reines Oleïn 86.2 und für Oelsäure 90.07. Der Talgtiter (S. 176) kann auch Aufschluss geben. Die Säurezahl ist von der Art der Gewinnung abhängig. Fett, welches durch Auskochen oder Auspressen von gekälkten Häuten oder Fellen unter Ausschluss von Säuren gewonnen worden ist, ist meist vollständig neutral; ist dagegen hierbei Säure verwendet worden, so kann der Gehalt an Fettsäuren bedeutend sein. Es ist dies von Nachtheil, wenn diese Fette als Schmiermittel für Metallgegenstände Verwendung finden sollen, dagegen ohne Bedeutung bei Lederschmierfetten, wenigstens soweit keine Mineralsäuren zugegen sind. Enthalten diese Fette ausser Oelsäure keine ungesättigten Säuren, so neigen sie nicht zum Ausharzen.

Die Verseifungszahl soll dieselbe wie bei Talg oder Klauenöl, also ca. 195, sein. Reines Oleïn hat eine Verseifungszahl von 190.4, Stearin von 189.1 und Palmitin von 208.8, während die Verseifungszahl oder Säurezahl von freier Oelsäure 198.6, die von Stearinsäure 197.1 und die von Palmitinsäure 218.7 beträgt. Besteht ein Gemisch nur aus diesen drei Bestandtheilen, so lässt sich der Gehalt an Palmitinsäure annähernd aus der Verseifungszahl berechnen, und zwar ziemlich genau, wenn der Gehalt an Oelsäure aus der Jodzahl abgeleitet worden ist.

Das spec. Gew. der weicheren Fette bei 100^0 ist fast dasselbe wie das des Talges, nämlich 0.860; der Brechungsindex liegt dagegen wegen des höheren Oelsäuregehaltes etwas höher.

Klauenöl. Dieses Oel wird in beträchtlicher Menge bei der Zurichtung des Kalbkidleders verwendet; da sich dasselbe in chemischer Beziehung nur wenig von den Oelen unterscheidet, die man durch Auspressen der genannten weichen Fette erhält, so soll es im Anschluss an dieselben besprochen werden. Das spec. Gew. bei 15^0 C. beträgt 0.914—0.916, ist also etwas niedriger als das der Talg- und Schmalzöle. Spermacetiöl, Döglingsthran (Entenwalöl), Wollfettoleïn und Mineralöle sind die einzigen Oele mit niedrigerem spec. Gew.; dieselben können an dem Gehalte an unverseifbaren Substanzen erkannt werden; im übrigen schliesst der Preis der zwei ersten eine Verfälschung mit denselben vollständig aus. Dasselbe gilt für das Olivenöl, das die gleiche Dichte und in der Hauptsache auch dieselben physikalischen und chemischen Konstanten besitzt; Rapsöl und Baumwollsamenöl kommen dagegen als Verfälschungsmittel in Betracht. Baumwollsamenöl erhöht die Jodzahl und die specifische Temperatur, beeinflusst aber nicht die Verseifungszahl. Rapsöl erniedrigt die Verseifungszahl und erhöht die Jodzahl und die specifische Temperatur, wird jedoch wegen seines Preises wohl nur selten als Verfälschungsmittel verwendet. Die Jodzahl des Klauenöles beträgt ungefähr 70, da dasselbe nicht unbeträchtliche Mengen Stearin und Palmitin enthält. Unter der Voraussetzung, dass Klauen-, Schmalz-, Talg- und Olivenöle ausser Oelsäure keine ungesättigten Säuren enthalten, kann die Jodzahl nicht höher als 86, d. i. die Jodzahl des reinen Oleïns, liegen.[1]) Die meisten pflanzlichen Oele enthalten ungesättigte Säuren, wie z. B. Linolensäure; dieselben besitzen deswegen höhere Jodzahlen; die des Rapsöles beträgt 101 und die des Baumwollsamenöles 108. Die Reaktion der specifischen Temperatur mit Schwefelsäure (S. 180) gewährt einen noch schnelleren, dabei aber auch entscheidenderen Nachweis sowohl für Klauen- und andere Talgöle, als auch für Olivenöl. Die specifische Temperatur von irgend einem derselben geht nicht über 90—94 hinaus, während dieselbe bei Rapsöl 125—155 und für Baumwollsamenöl 168—170 beträgt. Die Verseifungszahl für Oliven-, Klauen- und Schmalzöle beträgt ungefähr 193; ist dieselbe niedriger, so ist ein Zusatz von Mineralöl die wahrscheinliche Ursache; allerdings kann auch ein Zusatz von grösseren Mengen Rapsöl, dessen Verseifungszahl bei 177 liegt, eine Erniedrigung der Verseifungszahl bewirken.

Olivenöl. Aus dem Vorhergehenden ist ersichtlich, dass Olivenöl den Talg- und Schmalzölen sehr ähnelt, doch kann eine Verfälschung desselben mit den Oelen dieser Klasse gewöhnlich am Geruch oder Geschmack erkannt werden. Der hauptsächlichste Unterschied gegenüber anderen nichttrocknenden Oelen, welche durch Auspressen bei gewöhnlicher Temperatur erhalten worden sind und welche beträchtliche Gehalte an gelöstem „Stearin“ aufweisen, besteht darin, dass Olivenöl keine Stearinsäure enthält und ein anderes Verhältniss zwischen Oleïn und festen Glyceriden besitzt; setzt man diese Oele einer niedrigen Temperatur aus, so scheidet sich das Stearin unter Trübwerden aus, und das Oel wird hierbei dickflüssig oder halbfest. Durch Abpressen oder Abfiltriren bei einer dem Gefrierpunkte naheliegenden Temperatur kann man das Stearin von dem Oele trennen.

Wegen seines höheren Procentgehaltes an Oelsäure und an vielleicht noch ungesättigteren Säuren wird Olivenöl selbst beim starken Abkühlen nicht trübe; seine Fettsäuren haben einen sehr niedrigen Erstarrungspunkt. Sein Talgtiter (S. 176) schwankt nach Lewkowitsch von ca. 17° (bei den feinsten Oelen) bis 26°. Aus dem gleichen Grunde besitzt es eine höhere Jodzahl als die thierischen Oele. Dieselbe schwankt von 79 bis 86, d. i. die theoretische Grenze für reines Oleïn. Es sind auch schon höhere Zahlen festgestellt worden; dieselben sind aber in der Mehrzahl

---

[1]) Lewkowitsch giebt an, dass die Jodzahl von amerikanischen Schmalzölen zuweilen bis zu 106 steigen kann. Es ist schwer in diesen Fällen anzugeben, inwiefern diese Unterschiede auf Verfälschungen zurückzuführen sind und inwieweit die Verschiedenheit der Oele mit dem Klima und mit der Ernährung zusammenhängt.

der Fälle auf Verfälschungen mit gereinigtem Baumwollsamenöl, welches die Jodzahl erhöhen muss, zurückzuführen. Arachisöl (Erdnussöl), Colzaöl (Rüböl) und Sesamöl sind auch häufige Verfälschungsmittel; dieselben können meistens an der erhöhten specifischen Temperatur und in geringerem Maasse an der erhöhten Jodzahl erkannt werden. Mineralöle werden auch zuweilen zugesetzt; dieselben erniedrigen die Verseifungs- und Jodzahlen und können durch Ermittelung des Unverseifbaren bestimmt werden. In Bezug auf ausführliche Einzelheiten über die Prüfung der Oele muss auf das BENEDIKT'sche Werk und auf ALLEN's „Commercial Organic Analysis (Bd. II) verwiesen werden. Olivenöle, deren Säurezahl höher als 10 ist, sollen weder für Schmier- noch für Brennzwecke verwendet werden; dieselben können aber durch Waschen mit Sodalösung gereinigt werden.

Ausser diesen natürlichen Fetten werden häufig die Fette, die bei kalter Witterung aus manchen Oelen als „Bodensatz“ sich abscheiden und dann abfiltrirt werden, als Schmierfette verkauft. Dieselben enthalten oft Eiweissstoffe und andere Unreinigkeiten, die sich aus dem Oele ausgeschieden haben und gewöhnlich als „Stearin“ bezeichnet werden; dieses Stearin darf nicht mit dem „destillirten Stearin“ (S. 205), welches in der Hauptsache aus freien Fettsäuren besteht, verwechselt werden. Ist dieser Bodensatz dunkel und für die Verwendung zu unrein, so wird derselbe destillirt, wobei sich freie Fettsäuren und Kohlenwasserstoffe (ähnlich wie „Yorkshiregrease“) bilden; aus diesen wird das destillirte Stearin, welches mehr dem gewöhnlichen „destillirten Wollfett-Stearin“ ähnelt (mit Ausnahme der dem Wollfett charakteristischen Produkte), durch Auspressen gewonnen.

Fischtalg oder **Fischstearin** scheidet sich aus den Thranen ab, wenn dieselben niedrigen Temperaturen ausgesetzt werden; dieses Fett kann in der Zurichterei und als Beimischung zum Degras verwendet werden. Es besteht in der Hauptsache aus den Glyceriden der Stearin- und Palmitinsäure, denen noch eine beträchtliche Menge Fischthran beigemengt ist. Nach LEWKOWITSCH beträgt die Jodzahl 104.

Baumwollstearin ist ein ähnliches Produkt wie Baumwollsamenöl. Beide können im Talg oder in anderen Fetten, die nur Oleïn in Gemisch mit Stearin und Palmitin enthalten, an der höheren Jodzahl und der höheren specifischen Temperatur, die auf den Gehalt an ungesättigten Säuren zurückzuführen sind, erkannt werden.

Wollschweissfett, Yorkshire-Grease. Rohwolle enthält ausser organischen Kalisalzen beträchtliche Mengen Fett, das aus den Schweiss- und Talgdrüsen abgeschieden worden ist. Im reinen Zustande enthält es keine Glyceride, sondern es besteht in der Hauptsache aus wachsartigen Verbindungen, d. h. aus Estern von Fettsäuren mit hochmolekularen Alkoholen, im Gemisch mit freien

Alkoholen von gleichem Typus, unter Anderem mit Cholesterin und Isocholesterin. Es ist von gelber Farbe, schwachem Geruche und salbenartiger Konsistenz; es hat die Eigenschaft, sich mit Wasser leicht zu emulsioniren, aus welchem Grunde es sich gut zur Verwendung in der Lederindustrie und zur Herstellung von Salben eignet. „Lanolin" ist ein Gemisch von gereinigtem Wollfett mit ca. 22 % Wasser.

Dieses Fett wird gewöhnlich durch Waschen mit Sodalösung und Seifen aus der Wolle entfernt; die so erhaltenen seifenartigen Lösungen werden durch Zusatz von Schwefelsäure zersetzt. Die ausgeschiedene Fettmasse wird abfiltrirt, getrocknet und danach in einer mit Dampf erwärmten Presse ausgepresst. Das so erhaltene Fett wird als „Wollschweissfett" oder „Yorkshire grease" bezeichnet.

Das Wollschweissfett ist ein gelblichbraunes Fett von salbenartiger Konsistenz und von unangenehmem, charakteristischem Geruch. Es enthält ausser dem reinen Wollfett die freien Fettsäuren, die von der Zerlegung der zum Waschen verwendeten Seife herrühren, ev. auch Mineralöl, wenn solches bei der Verarbeitung der Wolle zur Verwendung gelangt ist. Bei der gewöhnlichen Verseifungsmethode mit alkoholischer Kalilauge wird nur ein Theil der Ester (Wachse) verseift; vollständige Verseifung kann durch Erhitzen mit doppeltnormaler alkoholischer Kalilauge unter Druck bei 105—110° C. in einem starkwandigen Glas- oder Kupfergefäss, das in ein Oelbad oder in eine Kochsalzlösung gesetzt wird, erreicht werden. SCHMITZ-DUMONT[1]) giebt die gewöhnliche Verseifungszahl von reinem neutralen Wollfett, in üblicher Weise durch Kochen bei gewöhnlichem Druck bestimmt, mit 84—86 an; dieselbe wird durch Verlängerung des Kochens kaum noch erhöht. Nach LEWKOWITSCH[2]) beträgt die Verseifungszahl bei vollständiger Verseifung unter Druck ungefähr 102. Vollständige Verseifung kann auch durch Verwendung von Natriumäthylat oder dadurch erreicht werden, dass man beim Kochen mit absolutem Alkohol kleine Stückchen metallisches Natrium hinzufügt. Man rechnet hierbei ungefähr 5 g Natrium auf 100 ccm absoluten Alkohol.[3]) (Vergl. S. 190.)

Nach LEWKOWITSCH beträgt der Gehalt des reinen Wollfettes an Fettsäuren ca. 60 % und das mittlere Molekulargewicht derselben 327; der Schmelzpunkt liegt bei 41.8° und die Jodzahl ist 17. Die Jodzahl des gereinigten Wollfettes selbst schwankt etwa von 17—29, wahrscheinlich infolge von Verunreinigungen. Der Gehalt an unverseifbaren Substanzen (Alkohole) beträgt etwa 44 %; dieselben werden am besten mit Aether ausgeschüttelt.

---

[1]) DINGL. Polyt. Journ., 1895, 296, S. 234.

[2]) BENEDIKT u. LEWKOWITSCH, Chem. Analysis of oils, fats and waxes, S. 528.

[3]) KOSSEL u. OBERMÜLLER, Zeitschr. f. physiol. Chem., 15, S. 321—330; D. R.-P. Nr. 55057.

Die vollständige Analyse von Wollfett ist ausserordentlich schwierig; es muss hier auf die Arbeit von LEWKOWITSCH[1]) verwiesen werden. Die Schwierigkeiten bestehen namentlich darin, dass die Verseifung nicht so leicht vor sich geht und dass die Lösungen sehr geneigt sind, mit den Lösungsmitteln schwierig zu trennende Emulsionen zu bilden.

Wollschweissfett oder „Yorkshire grease“ ist in den Vereinigten Staaten unter dem Namen „English degras“ bekannt und wird daselbst in der Zurichterei verwendet. Es braucht nicht erst besonders hervorgehoben zu werden, dass derselbe sich in seiner Zusammensetzung sehr vom wirklichen Degras unterscheidet; er hat aber mit diesem die Eigenschaften gemein, sich mit Wasser zu emulsioniren und nicht ranzig zu werden, weswegen derselbe ein für die Zurichterei werthvolles Fett darstellt. „Holdenfett“ oder „Holdendegras“ besteht aus einem ähnlichen Produkt, das noch mit Thran vermischt worden ist.

Wollfett wird häufig durch Destillation in einem überhitzten Wasserdampfstrome gereinigt. Ein Theil der freien Fettsäuren, der Alkohole und der neutralen wachsartigen Verbindungen geht unzersetzt über; ein grosser Theil derselben wird jedoch in flüchtige Kohlenwasserstoffe zerlegt, welche sich in chemischer Beziehung von denen des Petroleums nicht unterscheiden und gleich diesen fluoresciren. Das Destillat lässt man gewöhnlich erkalten und auskrystallisiren; man presst dann ab und erhält einen flüssigen Antheil, das „Oleïn“, und einen festen, das „Stearin“. Das erstere enthält die Hauptmenge der Kohlenwasserstoffe und die flüssigen Fettsäuren, das letztere dagegen im wesentlichen die freie Stearin-, Palmitin- und Isoölsäure. Das „Oleïn“, auch „Wollöl“ genannt, dient wegen seines niedrigen Preises namentlich zur Verfälschung von gewöhnlichen Dorschthranen. Das „Stearin“ ist ein beachtenswerthes Schmiermittel, welches in England in grossen Mengen verwendet wird.

Destillirtes Stearin ist ein festes Fett von fast weisser bis gelblichbrauner Farbe; die Härte und der Erstarrungspunkt sind von dem Gewinnungsverfahren abhängig. LEWKOWITSCH giebt an, dass dasselbe sich von der aus anderen Materialien hergestellten Stearinsäure des Handels durch das Fehlen einer ausgeprägten krystallinischen Struktur, durch die höhere Jodzahl (infolge eines Gehaltes an Isoölsäure) und durch seine starke Isocholesterin-Reaktion (S. 192) unterscheidet. Sein Geruch ist ebenfalls anhaltend und charakteristisch. Es unterscheidet sich vom Talg durch seine hohe Säurezahl und durch die Abwesenheit von Glyceriden, sowie durch die oben genannten charakteristischen Eigenschaften. Es ist ferner durch sein niedriges spec. Gew., ca. 0.836

[1]) Journ. Soc. Chem. Ind., 1892, S. 134.

bei 100° C., und durch seinen niedrigen Brechungsexponenten charakterisirt.

Die bei destillirtem Stearin übliche Untersuchungsmethode ist folgende: 3—4 g des Fettes werden in bekannter Weise mit 50 ccm $^{N}/_{2}$-alkoholischer Kalilauge verseift. Nachdem die Verseifungszahl durch Zurücktitriren mit $^{N}/_{2}$-Salzsäure bestimmt worden ist, wird der geringe Ueberschuss an Säure mit einigen Tropfen Sodalösung neutralisirt und die Lösung mit Petrol- oder Aethyläther ausgeschüttelt; es ist auch hier darauf zu achten, dass man anfangs nicht zu heftig schüttelt, weil sonst hartnäckige Emulsionen entstehen. Treten dieselben trotzdem auf, so können sie durch Zusatz von Alkohol zum Verschwinden gebracht werden. Für Handelsanalysen genügt es, wenn man für jeden verbrauchten ccm $^{N}/_{1}$-Alkali 0.284 g Stearinsäure in Rechnung stellt; man vernachlässigt hierbei den geringen Unterschied der Molekulargewichte von anderen möglicherweise vorhandenen Säuren, sowie die ev. Gegenwart von Laktonen, von Spuren von Neutralfett und von wachsartigen Verbindungen, die nicht vollständig verseift werden.

Werden die Säurezahl und die Verseifungszahl der abgeschiedenen freien Fettsäuren bestimmt, so ist die Gegenwart von Laktonen daran kenntlich, dass die letztere grösser als die erstere ist; dieselben werden als Stearolakton angegeben und aus der Differenz der beiden obigen Werthe berechnet; jeder ccm $^{N}/_{1}$-Kalilauge entspricht 282 mg Stearolakton. Die Verseifungszahl von Stearolakton beträgt demnach 198.9. Es muss sehr sorgfältig darauf geachtet werden, dass bei der Behandlung der Fettsäuren zum Zwecke der Laktonbestimmung sämmtliche verseifbare Substanz vollständig verseift oder der Rest wenigstens aus der Seifenlösung gänzlich durch Ausschütteln entfernt wird. Zu diesem Zwecke ist Aethyläther dem Petroläther vorzuziehen, besonders bei Wollfett und Thranen, die flüssige Wachse enthalten, weil die höheren Alkohole, welche in der Hauptsache das Unverseifbare ausmachen, nur schwer und nicht vollständig mit Petroläther entfernt werden können. Bleiben unverseifte Wachse mit den Fettsäuren gemischt zurück, so wird das aus der Säurezahl abgeleitete Molekulargewicht abnorm hoch erscheinen, und wenn noch eine weitere Verseifung zur Bestimmung der Verseifungszahl vorgenommen wird, so wird eine scheinbare „permanente Verseifungszahl“ resultiren.

Dorschthran. Reiner Dorschthran wird aus den Lebern von *Gadus morrhua*, dem gemeinen Dorsch, gewonnen. Der helle Medicinalthran wird durch Dämpfen der ganz frischen Lebern erhalten. Der in der Lederindustrie verwendete Braunthran wird aus Lebern hergestellt, die schon mehr oder weniger faulig sind, oder durch ein zweitmaliges Dämpfen der frischen Lebern; zuweilen lässt man auch die Lebern in Fäulniss übergehen und kocht sie dann aus. Derartige Thrane werden in Neufundland und Norwegen hergestellt; die erstere Provenienz wird von manchen Gerbern bevorzugt, was möglicherweise damit zusammenhängt, dass dieser Thran bei höherer Temperatur ausgeschmolzen worden ist und dass er deswegen die Neigung, später aus dem Leder auszuharzen, in viel geringerem Maasse oder überhaupt nicht mehr besitzt. Die Erscheinung des Ausharzens ist vermuthlich auf einen Oxydationsprocess zurückzuführen, der durch die Gegenwart von stickstoffhaltigen Substanzen begünstigt wird und von der chemischen Natur des Thranes abhängig ist. Man sagt, dass das Ausharzen namentlich bei Fetten mit hoher Säurezahl auftritt.

„Küstenthran“ ist ein Thran, der in England aus Dorschlebern gewonnen und mit Thranen anderer Fische, wie vom Langfisch, Schellfisch, Rothauge oder dergl., vermischt wird; häufig ist derselbe sehr mangelhaft behandelt worden. Er schwankt hinsichtlich der Qualität sehr; die besten Sorten kommen etwa dem Neufundlandthran gleich, im grossen und ganzen wird er jedoch wenig geschätzt. Er wird häufig mit Thranen gemischt, die aus Fischrückständen, beschädigten Häringen u. dergl. gewonnen worden sind; ferner erfährt er zuweilen auch Verfälschungen mit Mineralölen.

Die hauptsächlichsten Verfälschungsmittel des Leberthranes sind Mineralöle von hohem spec. Gew., andere Fischthrane und zuweilen Baumwollsamenöl oder andere pflanzliche Oele, wenn deren Preis dies erlaubt. Ein im Preise höher stehendes Oel wird manchmal als Verfälschungsmittel zugemischt, wenn dadurch der Thran eine hellere Farbe erhält, so dass er dann einen höheren Preis erzielt, oder wenn dadurch die Gegenwart anderer Verfälschungen verdeckt, bez. der Nachweis derselben schwieriger gestaltet wird.

Die wichtigste Bestimmung ist diejenige der Verseifungszahl, wie sie auf S. 185 beschrieben ist. Eine sehr niedrige Zahl deutet auf eine Verfälschung mit Mineral- oder Harzöl, oder möglicherweise mit destillirtem „Oleïn“ oder mit Haileberthran hin. Dieselben können durch Ausschütteln des Unverseifbaren mit Petroläther nachgewiesen werden (S. 188ff.). Vermuthet man Haileberthran, so ist Aethyläther zum Ausschütteln zu verwenden. Die Verseifungszahl desselben beträgt etwa 160; er enthält bis zu ca. 10 % Unverseifbares, welches auf die Gegenwart wachsartiger Verbindungen zurückzuführen ist. Andere Thrane enthalten zwar auch flüssige Wachse, sind aber im Preise zu hoch, um als Verfälschungsmittel Verwendung finden zu können. „Destillirtes Oleïn“ ist der flüssige Antheil der Destillationsprodukte des Wollfettes (s. Wollfett S. 203) und besteht in der Hauptsache aus freier Oelsäure und flüssigen unverseifbaren Kohlenwasserstoffen. Dasselbe wird als „Wollöl“, wegen seiner Billigkeit aber auch sehr häufig für Verfälschungszwecke verwendet. Die Gegenwart von Unverseifbarem in Verbindung mit einer hohen Säurezahl deutet auf derartige Zusätze hin. Destillirtes Oleïn hat eine Säurezahl von 110 oder höher und eine Verseifungszahl von 120—150.

Eine hohe Verseifungszahl kann auf eine weit vorgeschrittene Oxydation zurückgeführt werden; in diesem Falle bilden sich Säuren von niedrigerem Molekulargewichte. Diese Erscheinung ist von der Bildung oxydirter, in Petroläther unlöslicher Fettsäuren, von einer Erhöhung des spec. Gew., des Brechungsindex und der specifischen Temperatur und von einer Erniedrigung der Jodzahl begleitet. Aehnliche Wirkungen werden durch Zusatz von oxydirtem („geblasenem“) Baumwollsamenöl oder Seehundsthran hervorgebracht.

Der Oxydationsgrad wird am besten durch Abscheidung und quantitative Bestimmung der oxydirten, in Petroläther unlöslichen Säuren („Oxyfettsäuren“, „Degrasbildner“) ermittelt. Vergl. S. 193.

Das spec. Gew. und der Brechungsindex von reinen Dorschthranen sind beide hoch, das erstere ist etwa 0.926—0.930 und der letztere 1.4800—1.4850 bei 15 ° C. Ein höherer Brechungsindex bei normalem oder niedrigerem spec. Gew. weist meist auf die Anwesenheit von Mineralöl hin; sind beide höher, so ist Harzöl zugegen oder es hat eine beträchtliche Oxydation stattgefunden.

Wird Mineral- oder Harzöl vorausgesetzt, so wird das Unverseifbare, wie auf S. 188 ff. beschrieben, abgeschieden. Gewöhnlich verwendet man leichtsiedenden Petroläther als Lösungsmittel; wünscht man dagegen die höheren Alkohole, wie z. B. die im Haileberthran und anderen Thranen von Natur aus vorhandenen, abzuscheiden, so muss Aethyläther verwendet werden.

Die „Säurezahl“ ist wichtig, nicht weil die Anwesenheit von wenig freier Säure dem Leder nachtheilig ist, sondern weil man aus derselben einen Schluss ziehen kann, ob der Thran die Neigung zum Ranzigwerden hat (oder ob er mit „Oleïn“ verfälscht ist). Thrane mit hoher Säurezahl sollen für die Sämischgerberei ungeeignet sein und eine grosse Neigung zum Ausharzen besitzen. Mackey hat gezeigt, dass freie Fettsäuren sich schneller als neutrale Thrane oxydiren.[1])

Die „Jodzahl“ eines reinen Medicinal-Dorschleberthranes scheint bei ungefähr 158 zu liegen; diejenige von reinen Braunthranen liegt infolge von Oxydation gewöhnlich niedriger. Dieselbe kann auch durch die Anwesenheit von Mineral- oder Harzölen oder von nichttrocknenden oder wenig trocknenden Oelen heruntergedrückt sein; von den letzteren wird Baumwollsamenöl, dessen Jodzahl bei ca. 106 liegt, vielleicht am häufigsten als Verfälschungsmittel verwendet. Durch Zusatz anderer Thrane wird die Jodzahl nicht verändert. Leinöl ist das einzige Oel, das eine höhere Jodzahl als Dorschthran besitzt.

---

[1]) Journ. Chem. Ind. 1894, S. 1164; 1895, S. 940; 1896, S. 90.

Es giebt vorläufig keine chemischen Methoden, durch welche Zusätze anderer Thrane sicher nachgewiesen werden können; es gelingt dies nur bei Thranen, welche, wie Haileberthran und wie einige Walthrane, flüssige Wachse und infolgedessen unverseifbare Substanzen enthalten. Zuweilen können Geruch und Geschmack Aufklärung über etwaige Zusätze geben. Die vielen Farbenreaktionen, die zur Unterscheidung der Thrane angegeben worden sind, haben im grossen und ganzen wenig Werth. Giebt man einen Tropfen koncentrirte Schwefelsäure zu dem auf einem Uhrglase befindlichen Dorschleberthran, so bildet sich eine violette Stelle, von der oft rothe oder violette Strahlen ausgehen. Diese Reaktion tritt besonders stark bei Haileberthran auf und ist ferner allen frischen Leberthranen eigen, während alte, ranzige Produkte nur eine schmutzig röthlichbraune Färbung liefern. Wenn man, anstatt die Säure direkt zu dem Thran zu geben, einen Tropfen des letzteren in etwa 1 ccm Schwefelkohlenstoff löst und dann einen Tropfen Schwefelsäure hinzufügt, so entsteht eine schöne violette Färbung, welche allmählich in eine rothe und schliesslich braune umschlägt. Alte Thrane liefern nur die Roth- (welche auch bei Palmfett erhalten wird), aber nicht die Violettfärbung. Diese Farbenreaktion ist auf die Anwesenheit von Lipochromen und Cholesterin zurückzuführen. Aehnliche Resultate werden erhalten, wenn man Chloroform als Lösungsmittel verwendet (vergl. die Cholesterinreaktion S. 192). Harz und Harzöle geben mit Schwefelsäure eine Rothfärbung. Alle diese Reaktionen sind werthvoll zum Nachweis von Leberthranen in anderen Thranen und Oelen, aber ohne Werth in den Fällen, wo der Leberthran den Hauptbestandtheil bildet. Thrane, die Mineral- oder Harzöle enthalten, sind ganz ungeeignet für die Sämischgerberei, aber dem lohgaren Leder durchaus nicht nachtheilig; dieselben besitzen jedoch einen niedrigeren Geldwerth.

Ausser dem Dorschleberthrane werden auch noch andere Thrane in der Lederindustrie verwendet, weswegen das Wichtigste über dieselben in Folgendem ausgeführt werden soll.

Walthran. Derselbe wird aus dem Speck der verschiedenen Arten des Wales (*Balaena* oder *Balaenoptera*) gewonnen. Er enthält wahrscheinlich neben Oleïn und halbtrocknenden Oelen Stearin und Palmitin wie die Fischthrane; seine chemische Zusammensetzung ist vorläufig noch wenig erforscht, vermuthlich hängt dieselbe sehr von der Art ab, von welcher der Thran herrührt. Er enthält zuweilen Spuren von Spermaceti; der Gehalt an Unverseifbarem übersteigt jedoch selten 1 oder $1^1/_2$ %. Die Verseifungszahl liegt bei 188 oder etwas höher. Die Jodzahl und die specifische Temperatur scheinen sehr zu schwanken. Der Walthran wird sehr viel für die Zwecke der Sämischgerberei verwendet und bildet infolgedessen einen häufigen Bestandtheil des Degras.

Robbenthran. Derselbe wird aus dem Speck der verschiedenen

Robbenarten gewonnen. Häufig kommt er mit Fischthranen gemischt in den Handel, z. B. im schwedischen Dreikronenthran. Er ähnelt sehr sowohl dem Walthran als auch den Fischthranen und kann in Mischungen mit denselben durch eine der üblichen analytischen Reaktionen nicht nachgewiesen werden. Seine Verseifungszahl scheint bei ca. 192 zu liegen; dieselbe kann aber in vermeintlich reinen Proben bis auf 185 heruntergehen. Seine Jodzahl ist hoch und liegt innerhalb der Grenzen 125 bis 160, die specifische Temperatur liegt nach den Angaben von Thomson und Ballantyne zwischen 212—229. Da die specifische Temperatur des Dorschthranes wesentlich höher ist, so kann dieselbe dazu dienen, um in einem Gemische auf die Anwesenheit von Robbenthran schliessen zu können. Robbenthran selbst wird selten verfälscht, ausgenommen mit Harz- und Mineralölen, welche bei der Bestimmung des Unverseifbaren nachgewiesen werden; von diesem enthält reiner Robbenthran gewöhnlich nur ungefähr $^1/_2$ $^0/_0$.

Fischthran. Unter dieser Bezeichnung fasst man alle diejenigen Thrane zusammen, die nicht aus den Lebern, sondern aus den ganzen Fischen oder aus deren Eingeweiden gewonnen werden. Lewkowitsch giebt an, dass diejenigen Fischarten, deren Lebern sehr thranreich sind, in den anderen Körpertheilen selten viel Thran enthalten, während in vielen anderen Arten der höchste Thrangehalt in den übrigen Körpertheilen und in den Eingeweiden sich vorfindet. Die wichtigsten Fischthrane sind folgende: der Menhadenthran von *Alosa menhaden*, d. i. ein Fisch, der etwas grösser wie der Häring ist und in grossen Mengen an der Küste von Neuengland gefangen wird; Sardinenthran, der bei der Konservirung der Sardinen erhalten wird; japanischer Sardinenthran oder Japanthran, den man von einem zur Sardinengattung gehörigen Fisch durch Auskochen oder durch eingeleitete Fäulniss in Haufen und nachheriges Auspressen gewinnt; Häringsthran, von dem beträchtliche Mengen in England aus beschädigten oder verdorbenen Häringen erzeugt werden; derselbe wird gewöhnlich mit anderen, aus Abfällen von verschiedenen Fischarten gewonnenen Thranen vermischt und nicht selten dem „Küstenthran" zugesetzt. Die meisten dieser Thrane ähneln in ihren chemischen Eigenschaften sehr dem reinen Dorschleberthran. Die specifische Temperatur des Menhadenthranes ist sehr hoch und beträgt nach Thomson und Ballantyne 306. Das Trocknungsvermögen ist so bedeutend, dass derselbe zuweilen als Oel für Malereizwecke verwendet wird. Leder, das mit diesem Thrane geschmiert ist, wird voraussichtlich zum Ausharzen geneigt sein. Die Verseifungszahlen dieser Fischthrane liegen gewöhnlich höher als die der unoxydirten Dorschthrane, und zwar bei etwa 190—196. Sardinenthrane können oft an ihrem sardinenartigen Geruch und Geschmack erkannt werden; es scheint sich dies jedoch durch Oxydation bei der Einwirkung der Luft zu verlieren.

Da die aus Petroleum oder anderen Produkten herrührenden Kohlenwasserstoffe gegenwärtig oft in der Lederindustrie verwendet und noch häufiger den Lederfetten zum Zwecke der Verfälschung zugesetzt werden, so sollen dieselben hier kurz besprochen werden.

Harzöle. Dieselben werden durch Destillation des gewöhnlichen Harzes und durch die sich anschliessende Fraktionirung des Destillates erhalten. Das spec. Gew. des schwereren Antheiles, welcher zur Verfälschung der Fischthrane benutzt wird, beträgt 0.96—0.99; dasselbe ist niedriger als das des Wassers, aber höher als das der Mineralöle oder irgend welcher verseifbarer Fette. Diese Harzöle zeigen Fluorescenz und enthalten gewöhnlich unveränderte Harzsäuren; in der Hauptsache bestehen sie jedoch aus aromatischen, den Terpenen nahestehenden Kohlenwasserstoffen. Harzöl hat ausgesprochene antiseptische Eigenschaften. Die rohen Harzöle haben wegen des Gehaltes an Harzsäuren eine Verseifungszahl; ferner absorbiren sowohl die Harzsäuren als auch die Kohlenwasserstoffe Jod. Ein von Schmitz-Dumont untersuchtes Harzöl hatte eine Jodzahl von 69.3. Hinsichtlich der Bestimmung des Harzes vergl. S. 194.

Mineralöle. Dieselben sind entweder Destillationsprodukte des Petroleums oder durch Destillation von bituminösen Schiefern und dergl. gewonnen worden. Sie bestehen in der Hauptsache aus Kohlenwasserstoffen der Paraffin-, der Olefin- und Naphtinreihe von verschiedenen Molekulargewichten, Siedepunkten und spec. Gew. Die höheren Glieder der Paraffinreihe sind krystallinische, feste Körper, deren Schmelzpunkte zwischen 45 und 70° C. liegen; die niedrigeren Glieder sind flüchtige Flüssigkeiten von niedrigen Siedepunkten (50—70° C.). Die dazwischen liegenden Produkte von höherem Siedepunkte werden meist für Brennzwecke verwendet. Die zähen, nichtkrystallinischen, als Vaseline oder Vaselineöle bezeichneten Produkte sind Gemische von Paraffinen mit den höher schmelzenden Naphtinen und Olefinen. Die Glieder der Naphtinreihe sind isomer mit denjenigen der Olefinreihe, stellen aber gesättigte Verbindungen mit ringförmiger Kettung dar. Allen's „Commercial Organic Analysis", Bd. 2, giebt ausführliche Auskunft über die Chemie des Petroleums. Infolge des Gehaltes an Olefinen und vielleicht auch an anderen im Petroleum enthaltenen ungesättigten Kohlenwasserstoffen haben die flüssigen Antheile eine ausgesprochene Jodzahl. Bei den von Schmitz-Dumont geprüften „Vaselineölen" lag die Jodzahl zwischen 9 u. 19; die Jodzahl fester Paraffine liegt viel niedriger. Petroleum besitzt keine Verseifungszahl. Das spec. Gew. (selbst der schwersten Antheile) ist gewöhnlich niedriger als das der Glyceride; bei den schwersten amerikanischen Cylinderölen geht dasselbe nicht höher als 0.9 und bei Vaseline und russischen Cylinderölen beträgt dasselbe ca. 0.925. Der Brechungsindex ist beträchtlich höher und das specifische Brechungsvermögen (berechnet nach

Gladstone und Dale, indem der um 1 verminderte Brechungsindex durch das spec. Gew. dividirt wird) liegt bei ungefähr 0.545 oder darüber, während dasselbe bei den meisten fetten Oelen innerhalb der Grenzen 0.510—0.525 schwankt. Ist das specifische Brechungsvermögen eines reinen Oeles bekannt, so stellt die Bestimmung desselben in irgend einem Muster von unbekannter Zusammensetzung ein schnelles Verfahren zum Nachweis, sogar zur ungefähren Schätzung von Verfälschungen mit Mineralölen dar. Das specifische Brechungsvermögen des Harzöles liegt auch sehr hoch.

Hinsichtlich der Unterscheidung des Mineral- und Harzöles von einander und von Cholesterin und anderen von Natur aus in Fetten vorhandenen unverseifbaren Substanzen, siehe S. 191.

Degras, Sodöl. Reiner Degras ist das ölige Produkt, das durch Ausringen oder Auspressen des nach französischer Methode hergestellten Sämischleders gewonnen wird; bei dieser Methode werden die Blössen mit Wal- oder Dorschleberthran bestrichen, gewalkt und dann in warmen Räumen der Einwirkung der Luft ausgesetzt, wobei eine Oxydation der Thrane stattfindet. Ein Theil dieser Oxydationsprodukte wird von der Haut fixirt, wodurch deren Gerbung bewirkt wird, während die unoxydirten Produkte, sowie ein beträchtlicher Theil der oxydirten Säuren (vergl. S. 193) nach dem Eintauchen der Felle in warmes Wasser ausgepresst werden. In besonderen Fällen werden die Felle immer und immer wieder lediglich zur Degrasgewinnung verwendet; der Degras kann also im wesentlichen als ein Oxydationsprodukt der Thrane bezeichnet werden. Thatsächlich wird eine grosse Menge des jetzt in den Handel gebrachten Kunstdegras durch „Blasen“ oder direktes Oxydiren der Thrane unter geeigneten Bedingungen hergestellt. Bei der ursprünglichen Herstellungsweise wurde das bei der ersten Pressung erhaltene Produkt als *„première torse“* und sämmtliche aus den Fellen wiedergewonnenen Produkte als „Moëllon“ bezeichnet. Der Werth des Degras für die Zurichtung des Leders besteht in seiner Eigenschaft, sich mit Wasser zu mischen und sich sehr gut zu emulsioniren; reiner Degras enthält übrigens 10—20, zuweilen sogar bis zu 30 % Wasser. Diese Eigenschaft bedingt, dass er sich auf der Lederfaser in einer sehr feinen Vertheilung befindet, wodurch das Leder sich weich anfühlt, ohne dabei fettig zu sein. Die Oxyfettsäuren („Degrasbildner“) sind insofern wichtig, als sie eine Art Nachgerbung bewirken.

Das Sodöl unterscheidet sich vom Degras in folgender Weise: Bei dem englischen Verfahren der Sämischgerberei lässt man die mit Thran behandelten Felle in Haufen liegen, wobei eine Erhitzung eintritt; hierbei findet eine so weitgehende Oxydation und eine derartige Verdickung des Thranes statt, dass derselbe nicht durch Pressen aus den Fellen entfernt werden kann, sondern mit alkalischen Laugen ausgewaschen werden muss; aus diesen Lösungen wird der oxydirte Thran alsdann durch Zusatz von Schwefelsäure wieder abgeschieden. Das so gewonnene Produkt enthält ausser Wasser beträchtliche Mengen von Säuren oder von Alkaliseife, oder bei unvollständiger Mischung sogar beide. Dasselbe wird oft gereinigt, indem ihm in einem Kessel durch Erhitzen das Wasser entzogen wird; das Wasser wird hierbei entweder verdampft oder es scheidet sich mit anderen Unreinigkeiten am Boden des Kessels ab. Ein solches Produkt eignet sich in Verbindung mit anderen Fetten recht gut zum Schmieren von Leder, aber es kann den Degras nicht vollständig ersetzen. Die Güte eines Degras ist namentlich von dem Grade der Emulsionirung abhängig; es ist deswegen falsch, den Degras oder das Sodöl durch Erhitzen zu entwässern.

Der reine Moëllon kommt nie unvermischt in den Handel, sondern erhält immer Zusätze von unoxydirtem Thran und gewöhnlich auch von Talg, welche aber kaum als Verfälschungsmittel angesehen werden können. Häufige, jedoch nicht einwandfreie Beimischungen sind die von Wollfett und Mineralölen. Gegenwärtig wird viel Degras ohne Benutzung von Hautmaterial durch direkte Oxydation und Emulsionirung der Thrane nach verschiedenen Methoden erzeugt. Es ist eine offene Frage, ob derartige Produkte hinsichtlich der Qualität dem reinen Sämischdegras gleichwerthig sind.

Werthvolle Arbeiten über Degras sind unter Anderen veröffentlicht worden von Eitner, „Gerber", 1890 S. 85 ff.; 1893, S. 245, 255; Simand, „Gerber", 1890, S. 243 ff.; Ruhsam, Dingl. polyt. Journ. 1893, Bd. 285, S. 233; Fahrion, Zeitschr. f. angew. Chemie, 1891, S. 172; 1893, S. 140; Chem.-Zeit. 1893, S. 434 u. 684; Deutsche Gerberzeit., 1892, S. 33 ff.

Aus den obigen Mittheilungen ist ohne weiteres zu ersehen, dass die Analyse eines so komplicirt zusammengesetzten Gemisches wie eines Handelsdegras grosse Schwierigkeiten bieten muss und dass eine vollständige und genaue Bestimmung seiner sämmtlichen Bestandtheile im allgemeinen unmöglich ist.

Die Bestimmung des Wassers ist immer wichtig. Dieselbe kann in gleicher Weise, wie beim Eidotter, vergl. S. 170, durch Mischen mit Sand und Trocknen im Trockenschrank bei ca. 110 ^{0} C ausgeführt werden. Die Bestimmung ist ebenso genau und schneller ausführbar, wenn man 2—3 g davon in einem unbedeckten und etwas schräg gestellten Platintiegel über einer kleinen Flamme vorsichtig erhitzt, bis ein von einem Rauchwölkchen begleitetes schwaches Knistern anzeigt, dass sämmtliches Wasser verdampft ist. Nach Fahrion[1]) differiren die nach beiden Methoden erhaltenen Zahlen im Durchschnitt nicht mehr als um 0.2 $^0/_0$. Wird der Platintiegel auf einem eisernen Block rasch abgekühlt, so nimmt diese Bestimmung kaum mehr als 15 Minuten in Anspruch.

---

[1]) Zeitschr. f. angew. Chem., 1891, S. 172.

Der Aschengehalt wird ermittelt, indem 10—20 g Substanz in einem schräg gestellten Tiegel erhitzt werden, und zwar so, dass nur die Seiten desselben mit der Flamme in Berührung kommen. Wird dies sachgemäss ausgeführt, so entweicht zunächst das Wasser, ohne dass ein Verspritzen eintritt; alsdann fängt das Fett Feuer und brennt ruhig ab. Die Asche in einem unverfälschten, durch Auspressen von sämischgaren Fellen erhaltenen Degras beträgt nicht mehr als 0.1 %; ist derselbe unter Zuhilfenahme von Lauge und Säure gewonnen worden, so kann der Aschegehalt zuweilen bis 3 % betragen, sollte aber gewöhnlich nicht über 0.5 % hinausgehen. Der einzige Bestandtheil der Asche, dessen besondere Bestimmung sich zuweilen nothwendig macht, ist das Eisenoxyd, da bei Vorhandensein von grösseren Mengen desselben die Farbe des damit geschmierten Leders dunkler ausfällt.

Der Degras und das Sodöl sind mit Lackmuspapier zu prüfen; reagiren dieselben sauer, so wird ein Theil mit Wasser gewaschen, welches alsdann zur Prüfung auf Mineralsäuren unter Verwendung von Methylorange oder Lackmoïd titrirt wird. Ein Zusatz von Petroläther vor dem Waschen erleichtert oft diese Operation. Ist eine grosse Menge von in Petroläther unlöslichen Substanzen in dem Degras (welcher in der oben beschriebenen Weise zunächst vom Wasser befreit werden muss) vorhanden, so werden diese in der auf S. 169 beschriebenen Weise ermittelt. Seife, die sich durch die Einwirkung der Alkalilauge gebildet hat, wird oft in Degras und Sodöl gefunden. Ein Gehalt an Seife macht den Degras klebrig und zähe, wodurch derselbe nicht so leicht in's Leder eindringt. Ist Seife vorhanden, so reagirt die Asche natürlich alkalisch.

Die oxydirten Fettsäuren werden, wie auf S. 193 beschrieben, bestimmt. In reinen Degrassorten mit etwa 20 % Wasser soll der Gehalt an oxydirten Fettsäuren etwa 12 % betragen. Beurtheilt man die Qualität eines Degras nach diesem Gehalte, so darf nicht ausser Acht gelassen werden, dass bei zu weitgehender Oxydation, also bei einem sehr hohen Gehalte an oxydirten Fettsäuren, der Degras zähe und unfähig wird, in das Leder einzudringen. Die anderen Bestandtheile sind von geringerer Wichtigkeit.

Steigt der Gehalt an Unverseifbarem über 2 oder 3 %, so kann man hieraus entweder auf eine Verfälschung mit Mineral- oder Harzöl, auf einen Zusatz von Wollfett oder auf die Verwendung von Haileberthran oder eines anderen flüssige Wachse enthaltenden Thranes schliessen; für die Zwecke der Sämischgerberei sind übrigens die letzteren Thrane nicht geeignet. Bei Verfälschungen mit Mineralölen sind gewöhnlich mindestens 10 bis 15 % vorhanden, da es sich sonst kaum lohnt. Das in einem reinen Degras vorhandene Unverseifbare, das in der Hauptsache aus Cholesterin und höheren Alkoholen besteht, ist immer fest, während die Mineralöle flüssig sind. Der Nachweis von Wollfett ist weniger leicht, da Cholesterin in den zur Sämischgerbung verwendeten Thranen stets vorhanden ist. Es ist wahrscheinlich, dass man irgendwelche Schlüsse ziehen kann, wenn man in der üblichen Weise, ferner unter Druck oder unter Zuhilfenahme von metall. Natrium verseift. Das Vorhandensein einer Zwischenschicht zwischen der Petrolätherschicht und der Seifenlösung bei dem Ausschütteln ist immer verdächtig (entweder Wollfett oder andere flüssige Wachse). Diese Schicht besteht entweder aus höheren, in Petroläther unlöslichen Alkoholen oder aus in Wasser unlöslichen Seifen der höheren Fettsäuren oder aus beiden[1]).

Verschwindet diese Schicht beim Hinzufügen von Alkohol und beim nachherigen Stehenlassen nicht, so wird dieselbe von den anderen Lösungen getrennt, auf einem gewogenen Filter abfiltrirt, der Rückstand bei 100 ° C getrocknet und für sich bestimmt.

Die Säure-, Verseifungs- und Jodzahlen werden am besten in dem in Petroläther löslichen Antheil des Fettes bestimmt; dieser ist frei von Wasser und Nichtfett. Die Säurezahl ist natürlich in solchen Degras höher, welche erst mit Alkalilaugen und dann mit Säuren behandelt worden sind. Die Verseifungszahl eines reinen Degras kann nicht niedriger als die des Thranes sein, aus welchem derselbe hergestellt ist; im allgemeinen ist diese Zahl sogar höher, und zwar infolge Bildung von Säuren mit niedrigerem Molekulargewichte bei der Oxydation. In dem von Schmitz-Dumont analysirten reinen Fett eines alten, stark oxydirten deutschen Degras war die Verseifungszahl 234; sehr oft beträgt dieselbe 200. Geht sie unter 180 herunter, so kann man eine Verfälschung mit unverseifbaren Fetten annehmen. Die Jodzahl ist stets niedriger, meist sogar viel niedriger als die des ursprünglichen Thranes. Dieselbe wird natürlich durch einen Zusatz von Mineralölen noch weiter erniedrigt, kann aber selbst in einem unverfälschten Degras bis auf 50—60 heruntergehen. Daher kann man aus derselben keinen Schluss auf irgend welche Zusätze ziehen.

Die in den nachstehenden Tabellen aufgeführten Zahlen sind nur Näherungswerthe und stellen Mittelzahlen für reine Fette dar. Zuweilen kommen selbst bei zweifellos reinen Mustern beträchtliche Unterschiede vor; mehrere der Konstanten werden namentlich durch das Alter und durch Oxydationsvorgänge verändert.

---

[1]) Vergl. Lewkowitsch, Journ. Soc. Chem. Ind. 1892, S. 136.

Tabelle I.

Zusammenstellung der Konstanten der flüssigen Fette (Oele und Thrane).

Name des Fettes	Spec. Gewicht bei 15° C	Brechungsindex bei 15° C.	Erstarrungspunkt	Spec. Brechungsvermögen $\left(\frac{n-1}{d}\right)$	Verseifungszahl	Jodzahl	Spec Temperatur
Geblasener Robbenthran	0.981	—	—	—	221	78	—
Geblasenes Baumwollsamenöl	0.974	—	—	—	213	56	227
Geblasenes Rüböl	0.967	1.481	—	0.497	200	63	253
Ricinusöl	0.965	1.480	—18°	0.495	180	84	90
Rohes Leinöl	0.935	1.484	—16° bis —20°	0.518	193	175	336
Dorschleberthran (Medicinal-)	0.926	1.485	0° bis — 10°	0.524	185	146	272
Dorschleberthran (MÖLLER's)	0.928	1.481	—	0.518	—	165	—
Dorschleberthran (brauner)	0.928	1.482	—	0.523	185	—	245
Küstenthran (vermischte Leberthrane)	0.930	1.482	—	0.518	185	172	—
Walthran	0.931	1.476	— 2°	0.517	193	118	157
Sardinenthran (Japanthran)	0.916	1.479	20°	0.523	192	121	—
Robbenthran (hell)	0.925	1.478	— 2° bis — 3°	0.517	189	138	220
Haileberthran (Scymnus)	0.916	1.478	— 16°	0.522	168	102	—
Gemischte Fischthrane	0.929	1.480	—	0.516	184	140	184
Baumwollsamenöl	0.925	1.475	— 12°	0.514	193	108	167
Arachisöl (Erdnussöl)	0.922	1.474	— 1°	0.512	193	94	132
Maisöl	0.922	1.477	— 10°	—	190	118	—
Sesamöl	0.921	1.475	— 5°	0.512	190	108	150
Olivenöl	0.916	1.471	— 2° bis + 4°	0.515	193	83	92
Rüböl (Rapsöl, Colzaöl)	0.915	1.474	— 2° bis — 10°	0.518	176	101	125—144
Klauenöl	0.915	1.474	weich	0.518	193	70	93
Schmalzöl	0.912	1.472	— 8° bis + 6°	0.517	193	79	90
Talgöl	0.903	1.469	weich	0.519	—	—	90
Wollfett (Oel)	—	1.468	weich	0.510	197	60	90
Eidotteröl	—	1.476	verflüssigt sich bei 23°	—	180	72	—
Walratöl	0.884	1.468	scheidet Walrat ab	0.528	135	84	100
Destillirtes Wollfett-Oleïn	ca. 0.900	—	—	—	120–150	—	—
Mineralöl (für Leder)	0.85-0.92	—	—	0.545-0.555	0	bis zu 26°	—
Harzöl	0.96-0.99	—	—	0.525-0.545	Harzsäuren	43—48	—

Tabelle II.

Zusammenstellung der Konstanten der festen Fette.

Name des Fettes	Spec. Gewicht bei 98 bis 100° C.	Spec Gewicht bei 60° C.	Brechungsindex bei 60° C	Spec. Brechungsvermögen $\left(\frac{n-1}{d}\right)$	Schmelzpunkt Grad C.	Erstarrungspunkt Grad C.	Verseifungszahl	Jodzahl
Gereinigtes Wollfettöl . .	0.902	0.885	1.465	0.525	—	—	102	27
Japanwachs	0.876	0.907	1.450	0.495	52—56	45—50	221	5.8
„Oleo-Stearin“	0.875	0.907	1.449	0.495	54	—	203	31
Kokusnussöl	0.874	0.897	1.442	0.493	23—28	14—20	255	8.7
Palmkernöl	0.873	0.896	1.443	0.495	23—28	20	247	13.5
Butterfett	0.868	0.895	1.450	0.503	31—35	19—25	227	30
Hammeltalg	0.859	0.895	1.442	0.494	47—50	44—45	195	40
Ochsentalg	0.861	0.901	1.442	0.490	43—45	36—38	196	42
Pferdefett	0.861	0.894	1.455	0.509	34—39	20—30	197	79
Knochenfett	—	0.894	1.451	0.504	21—22	15—17	191	51
Schweineschmalz	0.861	0.886	1.452	0.510	36—44	32—39	196	59
Palmfett	0.859	0.863	1.452	0.512	30—34	21—25	202	52
Kakaobutter	0.858	0.887	1.450	0.507	25—33	22—27	197	35
Karnaubawachs	0.842	—	—	—	85	78	87	13.5
Destill. Stearin	0.836	—	1.445	0.514	48—57	45—53	bis zu 195	—
Bienenwachs	0.822	—	—	—	62—63	62—63	102	9.6
Vaseline	0.832	0.851	1.470	0.553	—	—	0	14—26
Paraffin	0.752	0.776	1.434	0.559	40—55	40—55	0	4

Tabelle III.

Zusammenstellung der Konstanten der Fettsäuren.

Name der Fettsäure	Spec. Gewicht bei 98 bis 100° C.	Spec. Gewicht bei 60° C.	Brechungsindex bei 60° C.	Spec. Brechungsvermögen $\left(\frac{n-1}{d}\right)$	Schmelzpunkt Grad C.	Erstarrungspunkt Grad C.	Verseifungszahl	Jodzahl
Stearinsäure	0.850	0.865	1.433	0.500	71	—	197.5	Spur
Palmitinsäure	0.835	0.862	1.432	0.501	62	—	219.1	„
Oelsäure	0.847	0.870	1.447	0.514	14	4	198.8	90
Gemisch der Talgfettsäuren	0.845	0.875	1.442	0.505	44	44—54	197	ungefähr 40
Gemisch der Olivenölfettsäuren	0.843	0.873	1.446	0.508	26	17—23	—	—
Gemisch der Leberthranfettsäuren	0.858	0.882	1.458	0.519	—	18	204	—
Gemisch der Leberthranfettsäuren (Möller's) . .	0.876	0.900	1.464	0.515	—	—	—	—

XIX. Abschnitt.

Die Kjeldahl'sche Methode der Stickstoffbestimmung.

Diese Methode eignet sich sehr gut zur Bestimmung des Stickstoffgehaltes im Leder und in der Haut; derselbe ist insofern wichtig, als aus ihm der Gehalt an Hautsubstanz und indirekt der Gehalt an gerbenden Substanzen und anderen gleichzeitig vorhandenen stickstofffreien Stoffen im Leder berechnet werden kann. Diese Methode ist ferner auch auf feuchte und flüssige Substanzen anwendbar; sie kann z. B. auf gebrauchte Aescherbrühen oder dergl. angewandt werden, um den Gehalt an gelöster Hautsubstanz zu bestimmen.

Diese Methode beruht auf der Thatsache, dass alle eiweissartigen Substanzen bei der Behandlung mit konc. Schwefelsäure unter Ueberführung des Stickstoffs in schwefelsaures Ammon oxydirt werden; das letztere wird alsdann mit einem Ueberschuss von Natriumhydrat zersetzt, das ausgetriebene Ammoniak in einem bekannten Volumen Normalsäure aufgefangen und alkalimetrisch bestimmt. Die weiter unten angeführte Modifikation der Abänderung genügt für alle eiweissartigen Substanzen, ist aber auf Nitrate und einige Nitroverbindungen nicht anwendbar; dieselben müssen entweder erst durch Eindampfen mit Salzsäure und etwas Eisenoxydulsulfat zerstört werden oder mit Hilfe abgeänderter Methoden, über die man in Handbüchern der chemischen Analyse ausführliche Auskunft erhält, mitbestimmt werden. Derartige Fälle kommen jedoch bei gerberischen Untersuchungen kaum vor.

Das Kjeldahl'sche Verfahren wird in folgender Weise ausgeführt: Ca. 0.5 g Substanz werden in einen weithalsigen Rundkolben aus Jenaer Glas von etwa 500 ccm Inhalt gebracht und mit 20 ccm konc. Schwefelsäure, welcher zur Beschleunigung der Oxydation ein einziger Tropfen metall. Quecksilber zugefügt wird, behandelt. Der Kolben wird mit einem ganz lose aufsitzenden hohlen Glasstopfen versehen, in einem Abzuge in etwas schräger Stellung auf ein Drahtnetz gestellt und mit einer kleinen Gasflamme erhitzt, und zwar sehr vorsichtig, solange die Reaktion noch stürmisch verläuft. Die Hitze wird dann allmählich gesteigert, so dass die Flüssigkeit stark kocht; nach etwa 15 Minuten fügt man 10 g trocknes, gepulvertes schwefelsaures Kali hinzu, um den Siedepunkt zu erhöhen und dadurch die Oxydation zu erleichtern. Das Erhitzen wird alsdann fortgesetzt, bis der Kolbeninhalt vollständig klar und farblos ist; es lässt sich dies gewöhnlich durch halbstündiges, bei sehr kohlenstoffreichen Substanzen durch einstündiges Kochen erreichen. Die verdampfte Schwefelsäure kondensirt sich an dem inneren Theile des Glasstopfens und fällt in die Flüssigkeit zurück, so dass nur geringe Verluste an Schwefelsäure stattfinden, natürlich mit Ausnahme derjenigen Menge, die zu Schwefeldioxyd reducirt wird.

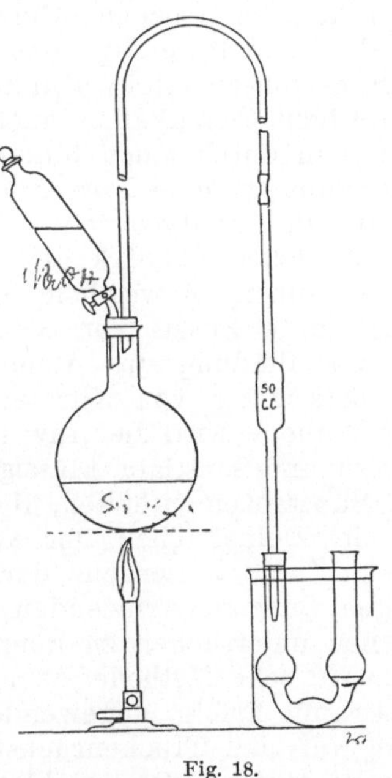

Fig. 18.

Wenn der Process beendet ist, lässt man den Kolbeninhalt erkalten und fügt 25 ccm Wasser, sowie zur Vermeidung des Stossens einige Zinkspäne hinzu. Der Kolben wird mit einem doppelt durchbohrten Stopfen versehen, durch dessen eine Oeffnung ein Fülltrichter gesteckt ist; mit Hilfe des letzteren lässt man später 100 ccm Natronlauge (enthaltend 500 g NaOH pro Liter und etwas Schwefelnatrium zur Zersetzung der Quecksilberammoniumverbindungen) einlaufen. Durch die andere Bohrung geht ein mindestens 4 mm weites Glasrohr, welches zur Erleichterung des Abtropfens schräg abgeschnitten ist. Dieses Rohr geht etwa 35—45 cm senkrecht in die Höhe und ist dann halbkreisförmig umgebogen; dieses Ende wird mittelst Gummischlauches mit einer 50 ccm-Pipette verbunden, welche durch einen Kork hindurch in ein weites U-förmiges Rohr reicht; das letztere, in welches 50 ccm $^{N}/_{1}$-Schwefelsäure gebracht werden, steht in einem Gefäss mit kaltem Wasser. Das lange senkrechte Rohr hat den Zweck, das Ueberspritzen von Natronlauge in die vorgelegte Säure zu vermeiden, während durch das Einschalten der Pipette erreicht wird, dass die Säure nicht in das Kochgefäss zurücksteigt. Das Nähere ist aus der Fig. 18 ersichtlich. Man kocht den Kolbeninhalt 20—30 Minuten und titrirt die Säure unter Zusatz von Methylorange mit $^{N}/_{1}$-Sodalösung zurück. Die Differenz giebt die Säuremenge an, die vom Ammoniak neutralisirt worden ist; jeder ccm entspricht 0.017 g NH_3 oder 0.014 g N. Nach von Schroeder's und Paessler's Bestimmungen[1]) enthält die Trockensubstanz (asche- und fettfrei) der Haut des Rindes, Kalbes, Pferdes, Schweines und Kameels 17.8% Stickstoff, die der Ziege, des Hirsches und Rehes 17.4%, die des Schafes und des Hundes 17.0% und die der Katze 17.1%. Dieselben Autoren geben ferner an, dass trockene Gelatine 18.1% Stickstoff enthält.

Es ist nothwendig, dass die Schwefelsäure vollständig frei von Stickstoffsauerstoffverbindungen, ferner die Schwefelsäure und die übrigen Chemikalien auch ammoniakfrei sind. Es wird dies am besten durch einen blinden Versuch mit Zucker bestimmt; es muss dann ev. eine Korrektur vorgenommen werden.

Bei der Analyse von Weichwässern, Aescher- und Beizbrühen oder ähnlichen Flüssigkeiten wird eine bestimmte Menge in demselben Kolben, in welchem die Aufschliessung mit Schwefelsäure erfolgt, unter Zusatz von Salzsäure (zur Neutralisation des Kalkes und zur Bindung des Ammoniaks) und von etwas Eisenvitriol (zur Zersetzung von Nitraten) zur Trockne verdampft. Durch diese Methode wird die „Eiweiss-Ammoniak“-Probe in allen Weichwässern und sonstigen Flüssigkeiten, die grössere Mengen organischer Substanzen enthalten, überflüssig; bei derselben wird übrigens nur ein kleiner Theil der vorhandenen organischen Substanzen zersetzt, und ausserdem darf man nur ausserordentlich geringe Mengen Substanz anwenden, um die Lösungen alsdann nach Nessler untersuchen zu können; Drown und Martin haben die Kjeldahl'sche Methode auch bei der Untersuchung von Trinkwasser mit Erfolg angewendet.[2]) Dieselben verwenden 10 ccm Säure auf den Trockenrückstand von 500 ccm Wasser und bestimmen alsdann das gebildete Ammoniak mit Nessler'schem Reagens kolorimetrisch. Es muss auch hier sorgfältig darauf geachtet werden, dass sämmtliche Reagentien absolut stickstofffrei sind. Die genannten Autoren benutzen 100 ccm einer Natronlauge, welche durch Auflösen von 200 g NaOH und 2 g Kaliumpermanganat in 1250 ccm Wasser und nachheriges Einkochen auf 1 l hergestellt ist. Bezüglich der näheren Einzelheiten muss auf die Originalarbeit verwiesen werden.

---

[1]) Dingler's Polyt. Journ., 1893, 287, S. 258, 283, 300.
[2]) Chem. News, 59, S. 272.

XX. Abschnitt.

Die Analyse des Leders.

Die Analyse des Leders erfolgt entweder um Beschwerungen oder um ungenügende Durchgerbung nachzuweisen oder um die Gerbemethode und die zur Gerbung verwendeten Substanzen zu ermitteln. Das auf den folgenden Seiten beschriebene Schema sucht allen diesen Forderungen bei den verschiedenen Ledersorten gerecht zu werden; es ist nun klar, dass in den Fällen, wo man nur auf Beschwerungen prüfen will oder wo die Gerbmaterialien und der Charakter des Leders ungefähr bekannt sind, das Untersuchungsverfahren sich wesentlich vereinfacht. Da es jedoch unmöglich ist, alle diejenigen Fälle zu berücksichtigen, welche in der Praxis überhaupt vorkommen können, so muss es dem Chemiker überlassen bleiben, gegebenenfalls die betreffenden Methoden abzuändern.

Bei Lackleder wird es meist empfehlenswerth sein, die Lackschicht auf mechanischem Wege zu entfernen und diese von der Lederschicht getrennt zu analysiren. Bei gefärbten Ledern sucht man den verwendeten Farbstoff so zu ermitteln, dass man die hierzu erforderlichen Reaktionen direkt auf dem Leder selbst ausführt. Es kann hierzu kein allgemein gültiges Schema angegeben werden; als Unterlage können die für die Untersuchung von gefärbten Textilstoffen zusammengestellten Tabellen dienen, von welchen die vollständigste die von Lehne und Rusterholz ist. Viele Farbstoffe können mit Alkohol extrahirt werden. Die Aschenanalyse gefärbter Leder wird oft durch die Anwesenheit von Eisen-, Chrom- und anderen Verbindungen erschwert, die als Beizen verwendet worden sind; es lässt sich in solchen Fällen schwer beurtheilen, ob dieselben für diesen Zweck oder als Material für eine gemischte Gerbung Anwendung gefunden haben.

Es ist von grösster Wichtigkeit, dass der für die Extraktion bestimmte Theil des Ledermusters möglichst fein zerkleinert wird. Ist das Leder hart und fettfrei oder enthält es wenig Fett, wie

z. B. Sohlleder, Vacheleder und die in geringem Maasse gefetteten Ledersorten, so wird es in einer derartigen Mühle, die zur Zerkleinerung der Gerbmaterialien dient, vermahlen; wo dies nicht angängig ist, wird das Leder mit Hilfe eines scharfen Messers in möglichst kleine Stücke zerschnitten.

Bei der Lederanalyse bestimmt man zuerst den Gehalt an Feuchtigkeit, an Gesammtfett, an auswaschbaren Stoffen, an Ledersubstanz und an Mineralstoffen. Die Summe dieser in Procenten ausgedrückten Gehalte ergiebt 100; dieselben geben meist einen genügenden Aufschluss über die Zusammensetzung. Wenn dies nicht ausreicht, muss die Untersuchung sich auf weitere Bestandtheile erstrecken.

Bestimmung der Feuchtigkeit und des Gesammtfettes. Da die meisten Fette, besonders die Thrane, sich schnell oxydiren (namentlich wenn sie, wie auf der Hautfaser, fein vertheilt sind), zum Theil flüchtige Verbindungen liefern und zum Theil in Form harzartiger Substanzen von der Hautfaser gebunden werden, so kann man von der gewöhnlichen Methode des Trocknens bei 100° C. keine grosse Genauigkeit erwarten; es wird hierbei nur eine annähernde Gewichtskonstanz erreicht. Um das Trocknen abzukürzen, soll die Feuchtigkeit immer in einer kleinen Menge Substanz ermittelt werden. Meistens ist es genügend, vielleicht sogar genauer, wenn der Wassergehalt aus dem Gewichtsverlust nach der Ermittelung des Fettes und der unlöslichen Substanz, als durch direktes Trocknen, bestimmt wird. Wird eine sehr genaue Bestimmung verlangt, so muss das Trocknen im Vakuum oder im CO_2- oder Leuchtgasstrome ausgeführt werden.

Zur Bestimmung des Fettgehaltes werden 20 g der fein zerkleinerten Probe ausgewogen und in einen grossen Soxhlet-schen Apparat eingefüllt. Zu diesem Zwecke wird auf den Boden des letzteren zunächst etwas entfettete Baumwolle, dann das Leder und auf dieses wiederum ein Bausch entfetteter Baumwolle gebracht; noch besser ist es, wenn das Leder in ein besonderes Rohr gefüllt oder in Filtrirpapier eingehüllt wird (S. 169). Die Extraktion muss auf längere Zeit ausgedehnt werden; am besten benutzt man bei derselben zwei Flaschen, wie dies früher beschrieben wurde. Schwefelkohlenstoff oder Petroläther ist dem gewöhnlichen Aethyläther vorzuziehen. Das Lösungsmittel wird abdestillirt und der Rückstand in der auf S. 169 mitgetheilten Weise bestimmt. Ist das Lösungsmittel möglichst vollständig von dem Leder abgelaufen, so bringt man das letztere ohne Verlust in eine gewogene Schale, trocknet erst auf dem Wasserbade und dann im Trockenschrank bis zur Gewichtskonstanz (die Baumwolle wird natürlich zuvor entfernt und für den weiteren Gebrauch aufbewahrt). Sind oxydirbare Fette zum Schmieren des Leders verwendet worden, so werden dieselben auf diese Weise nicht vollständig aus dem Leder entfernt, weil ein Theil dieser Oxydationsprodukte in Petroläther und ähnlichen Lösungsmitteln unlöslich ist. Ein weiterer Theil derselben kann durch Extraktion mit absolutem Alkohol entfernt werden; aber wenn harzartige Substanzen oder dergl., aus den Gerbmaterialien herrührend, vorhanden sind, so werden dieselben auch gelöst werden; diese Lösungen werden alsdann auf Gerbstoff nach den auf S. 92 und 93 angegebenen Methoden geprüft. Die Summe der Gewichte des trocknen entfetteten Leders, des Fettes und des Wassers soll gleich der angewandten Ledermenge sein. Es ist gewöhnlich nicht nothwendig, das Leder vor der Extraktion zu trocknen; wenigstens soll das Trocknen nicht sehr lange ausgedehnt werden oder nicht bei einer hohen Temperatur erfolgen, damit das Fett nicht erst oxydirt wird. Zuweilen wird auch in ungefetteten Ledern ein beträchtlicher Fettgehalt gefunden; derselbe ist dann von Natur aus in der Haut vorhanden gewesen. Der Verfasser fand in einem ungefetteten, sich trocken anfühlenden persischen Schafleder 24 % Fett.

Ist eine genauere Untersuchung der Fette erwünscht, so wird dieselbe nach den im Abschnitt XVIII mitgetheilten Methoden ausgeführt; meistens steht jedoch für diesen Zweck nur eine sehr kleine Fettmenge zur Verfügung; aber selbst bei sehr geringen Quantitäten kann das specifische Gewicht (durch Schwebenlassen eines kleinen Tropfens in verdünntem Alkohol, S. 174), der Schmelz- und Erstarrungspunkt in dem Kapillarrohr (S. 175) und der Brechungsindex mit dem Butterrefraktometer bestimmt werden. Die Säure- und die Verseifungszahl lassen sich mit derselben Fettmenge ausführen; man verwendet zur Bestimmung der ersteren alkoholische Kalilauge; man fügt hierauf in üblicher Weise weitere 25 ccm derselben zu und nimmt die Verseifung vor (S. 185). Das Unverseifbare kann nach der Ermittelung der Verseifungszahl in derselben Lösung bestimmt werden; man fügt etwas Sodalösung zu, bis die Lösung wieder roth erscheint, kocht zur Neutralisation der letzten Spuren freier Fettsäuren kurze Zeit, verdünnt mit Wasser und schüttelt nach dem Erkalten mit Petroläther aus (S. 188 ff.). Ist die Verseifung zur Ermittlung der Verseifungszahl doppelt ausgeführt worden (bei genügenden Fettmengen sollte dies immer der Fall sein), so ist es das Beste, die beiden Seifenlösungen vor dem Ausschütteln zu vereinigen. Die freien Fettsäuren können in bekannter Weise abgeschieden werden, wonach man deren physikalische Eigenschaften und die Jodzahl bestimmt. Es muss aber hierbei berücksichtigt werden, dass alle diese Konstanten durch Oxydation Veränderungen erleiden.

Bestimmung der auswaschbaren Stoffe (Auswaschverlust). Das getrocknete entfettete Leder wird einige Stunden mit ca. 200 ccm Wasser bei 40° C. behandelt; dann bringt man das Leder sammt Flüssigkeit in einen Extraktionsapparat, wie er zur Auslaugung von Gerbmaterialien verwendet wird (S. 104 ff.), und extrahirt es in der gleichen Weise wie ein Gerbmaterial. Wenn das Leder nicht im gemahlenen Zustande vorliegt, so empfiehlt es sich, dasselbe vor dem Einbringen in den Extraktionsapparat im feuchten Zustande in einem sauberen Mörser zu zerquetschen. Die Extraktion wird bei 40—50° C. vorgenommen;[1]) die letzten Antheile werden durch Kochen koncentrirt, damit das Ganze nicht mehr als 1 l beträgt; nach dem Erkalten wird genau auf 1 l aufgefüllt. 50 ccm der filtrirten Lösung werden zur Bestimmung der „auswaschbaren Stoffe" eingedampft und bei 105 bis 110° getrocknet. Die löslichen Mineralstoffe werden durch Veraschen des Rückstandes bestimmt.

Die Ermittlung des auswaschbaren Gerbstoffes kann, wenn die Menge desselben nicht sehr gering ist, am besten nach der Hautpulvermethode (S. 119 ff.) vorgenommen werden; hierbei kann auch die LÖWENTHAL'sche Methode (S. 125 ff.), welche namentlich auf sehr verdünnte Lösungen anwendbar ist, Verwendung finden. Die Natur der Gerbstoffe kann zuweilen mit Hilfe der im Abschnitt VIII aufgeführten Reaktionen ermittelt werden.

Zucker wird, wenn es sich um genaue Zahlen handelt, in der auf S. 158 ff. mitgetheilten Weise bestimmt; wünscht man dagegen nur zu wissen, ob überhaupt eine Beschwerung mit Zucker stattgefunden hat, so genügt es im allgemeinen, einen Theil der Lösung zum Zwecke der Entfärbung mit einem Ueberschuss von Bleikarbonat zu kochen, denselben alsdann wieder auf sein ursprüngliches Volumen zu bringen, zu filtriren und den Zucker titrimetrisch zu bestimmen (S. 157). Unverfälschtes Leder enthält selten bis 1 % Traubenzucker; da ein Zusatz von weniger als 5 % kaum lohnend erscheinen kann, so wird man Leder mit weniger als 2 % Traubenzucker kaum als beschwert bezeichnen können. Hat man 40 g Leder auf 1 l extrahirt und 25 ccm dieses Auszuges zur Titration verwendet, so entsprechen 2 ccm der gemischten FEHLING'schen Lösung (oder je 1 ccm der Einzellösungen) 1 % Traubenzucker. Es ist besser, wenn die FEHLING-sche Lösung bei diesen Titrationen nicht verdünnt wird, weil der Auszug an und für sich schon sehr verdünnt ist.

Der Zuckersyrup, welcher namentlich zum Beschweren verwendet wird, enthält ausser eigentlichem Traubenzucker noch beträchtliche Mengen von nichtumgewandeltem Dextrin und von Zwischenprodukten, welche sich bei dem beschriebenen Verfahren der Bestimmung entziehen. Will man genaue Zahlen über den wirklichen Gehalt an den zur Beschwerung benutzten Stoffen erhalten, so verwendet man die Methode von SIMAND;[2]) dieselbe hat gezeigt, dass diese Stoffe durch Behandlung mit verdünnten

---

[1]) VON SCHROEDER und PAESSLER führen die Extraktion des Leders zur Bestimmung des Auswaschverlustes bei gewöhnlicher Temperatur aus.

[2]) Zeitschr. f. angew. Chem., 1892, H. 22.

Säuren in Traubenzucker übergeführt werden und dass man zu diesem Zwecke 100 ccm der entfärbten Lösung vor der Zuckerbestimmung mit 7.5 ccm Salzsäure vom spec. Gew. 1.125 (= 25 %, HCl) zwei Stunden lang am Rückflusskühler gelinde kocht; alsdann neutralisirt man die Säure mit einer gegen dieselbe eingestellten starken Natronlauge annähernd, füllt auf ein bestimmtes Volumen auf und bestimmt den Traubenzucker gewichtsanalytisch in der auf S. 158 ff. mitgetheilten Weise (SIMAND benutzt eine Tabelle, die von der angegebenen ein wenig abweicht).

Es muss berücksichtigt werden, dass alle diese Zuckerbestimmungen sich auf wasserfreien Zucker beziehen, während die Handelsprodukte 9—16 % Wasser enthalten; man darf wohl mit vollem Recht voraussetzen, dass der Zucker im Leder auch eine derartige Wassermenge zurückhält. Man soll bei Angabe der genauen Höhe der Beschwerungen dies berücksichtigen und nicht nur die gefundene Zuckermenge (wasserfrei) angeben, sondern diese um so viel erhöhen, als dem Wassergehalt des betreffenden Leders entspricht. SIMAND fand, dass unbeschwerte Leder gemischter Gerbung (Eichenrinde, Valonea, Fichtenrinde u. dergl.) nach dem Invertiren mit Säuren einen Zuckergehalt von 0.60 bis 1.70 % ergeben, während quebrachogegerbte Leder nur 0.22 bis 0,55 % enthielten.[1])

Soll der unlösliche Rückstand (Ledersubstanz) direkt bestimmt werden, so darf man in dem Extraktionsapparat keinen Sand verwenden. Ist das Leder zu einem sehr feinen Pulver vermahlen, so enthalten die ersten Antheile der abfliessenden Lösung Lederfasern; damit dieselben nicht verloren gehen, giebt man die Flüssigkeit so lange wieder in den Extraktionsapparat zurück, bis dieselbe vollständig klar abläuft. Nach der Extraktion wird der unlösliche Rückstand getrocknet, gewogen und ein Theil zur Bestimmung der unlöslichen Mineralstoffe verwendet; in einem anderen Theile wird der Stickstoffgehalt nach KJELDAHL (Abschnitt XIX, S. 218 ff.) zur Ermittlung der eigentlichen Hautsubstanz festgestellt. In den meisten Fällen ist es besser und dabei ebenso genau, wenn der Stickstoffgehalt in einem besonderen Theile der ursprünglichen Substanz ermittelt wird. Zuweilen ist auch eine vollständige Analyse der unlöslichen Mineralstoffe nothwendig; die Asche wird dann in der auf S. 227 ff. angegebenen Weise untersucht. Gewöhnlich genügt es, wenn nur das Verhältniss zwischen löslichen und unlöslichen Mineralstoffen festgestellt wird; die Summe beider muss gleich der Menge der Gesammtasche (erhalten durch Veraschen des ursprünglichen Leders) sein

[1]) Ueber Zuckerbestimmung und Zuckergehalte vergl. auch die Arbeit von VON SCHROEDER, SCHMITZ-DUMONT und BARTEL, DINGLER's Polyt. Journ., 1894, 293, H. 10 ff.

Wird eine vollständige Analyse der Asche gewünscht, so dient die Gesammtasche für die einzelnen Bestimmungen.

Es kommt mitunter vor, und zwar sowohl bei vegetabilischen als auch bei mineralischen Gerbungen, dass nicht die Gesammtmenge der leimartigen Substanzen der Haut unlöslich gemacht worden ist, sondern dass ein Theil durch Kochen aus dem Leder wieder entfernt werden kann. Da jedoch derartige Substanzen durch Trocknen bei 100^0 unlöslich werden (selbst in kochendem Wasser), ist es besser, wenn zur Bestimmung derselben eine Portion Leder verwendet wird, die zuvor nicht bei höherer Temperatur getrocknet worden ist; die erhaltene Lösung wird gekocht und dann mit Tanninlösung auf Gelatine geprüft. Es genügt dieses Verfahren nicht für eine quantitative Bestimmung; hierfür muss ein Theil der Lösung zur Trockne verdampft und im Rückstande der Stickstoffgehalt nach Kjeldahl bestimmt werden.

Die **Gesammtasche** wird durch Veraschen einer besonderen Portion Leder erhalten; die Menge des letzteren für diesen Zweck richtet sich nach der Natur des Leders und darnach, wieviel Einzelbestimmungen in der Asche ausgeführt werden sollen. Da Leder in den ersten Stadien der Verbrennung sich stark aufbläht, ist es das Beste, einen Platin-[1]) oder Porcellantiegel in einem Abzug zur Rothgluth zu erhitzen und das abgewogene Leder Stückchen für Stückchen in denselben zu bringen; man achtet darauf, dass das hinzugebrachte Leder sich erst aufbläht und verkohlt, bevor man eine weitere Menge desselben hinzufügt. Als Regel kann auch gelten, dass die Verbrennung am raschesten und vollständigsten vor sich geht, wenn man nicht über Dunkelrothgluth erhitzt. Höhere Temperaturen machen die Thonerde, das Eisen- und Chromoxyd sehr schwer löslich. Bei weissgaren Ledern oder solchen Ledern, die mit löslichen Salzen beschwert sind und die infolgedessen sich schwierig vollständig veraschen lassen, ist es das Beste, die verkohlte Masse in einem sauberen Mörser zu zerkleinern und auf einem quantitativen Filter mit etwas kochendem Wasser auszulaugen. Der unlösliche Rückstand wird getrocknet, worauf er leicht zu Asche verbrennen wird; diese Operation wird in dem ursprünglichen Tiegel vorgenommen, alsdann wird die Lösung in dem gleichen Tiegel zur Trockne verdampft. Es ist nicht nothwendig, dass das Leder für die Bestimmung der Gesammtasche eine weitgehende Zerkleinerung erfährt.

Die Aschengehalte von normalen, nicht mit Mineralstoffen gegerbten Ledern sind gering und betragen bei Unterleder selten mehr als 2%, bei Oberleder gewöhnlich beträchtlich weniger.

---

[1]) Bei Verwendung eines Platintiegels muss man sich vorher vergewissert haben, dass keine reducirbaren Metalle vorhanden sind.

Die Asche besteht in der Hauptsache aus Calciumkarbonat und aus Spuren (die vernachlässigt werden können) von Eisen und Phosphaten. Zugerichtete oder beschwerte Leder oder diejenigen gemischter oder mineralischer Gerbung enthalten gewöhnlich beträchtlich grössere Mengen an Asche, deren Zusammensetzung ausserordentlich verschieden sein kann, so dass es das Richtigste ist, in solchen Fällen eine qualitative Untersuchung derselben vorzunehmen. Blei wird gewöhnlich nur in solchen Ledern gefunden, die durch Ausfällung von Bleisulfat auf der Oberfläche des Leders „gebleicht“ worden sind. Schwefelwasserstoff bewirkt eine Dunkelfärbung einer derartigen bleihaltigen Asche. Zinn (als Zinnchlorür) wird mitunter zur Aufhellung von zu dunkel ausgefallenen Ledern verwendet, oder als Beize beim Ausfärben mit Farbhölzern (diese Art der Ausfärbung ist jetzt fast vollständig durch die Anwendung direkt färbender Anilinfarbstoffe verdrängt worden). Kupfer-, Eisen-, Aluminium-, Chrom-, Baryum-, Calcium-, Magnesium-, Natrium- und Kaliumverbindungen können in Lederasche sich vorfinden, allerdings meistens nicht alle gleichzeitig; aber da man bei einer vollständigen Analyse auf sämmtliche Rücksicht nehmen muss, so ist der Untersuchungsgang bei der Analyse von Lederaschen ziemlich umständlich. Es empfiehlt sich immer, eine vorläufige qualitative Untersuchung vorzunehmen; in den meisten Fällen wird hierdurch die quantitative Untersuchung wesentlich vereinfacht.

Das folgende Schema lässt sich sowohl für qualitative, als auch für quantitative Untersuchungen anwenden. Spuren von Chrom können auf leichte Weise durch die Grünfärbung der Boraxperle in der Reduktionsflamme und Thonerde kann im „Crown“-, „Rawhide“-Leder und anderen weissgaren Ledern daran erkannt werden, dass ein mit Wasser verdünnter alkoholischer Blauholzauszug auf diesen Ledern eine blauviolette Färbung liefert. Es darf hierbei nicht vergessen werden, dass Alkalien und alkalische Erden mit Blauholz purpurrothe Färbungen liefern und zuweilen die mit Thonerde erzeugten Färbungen verdecken können. Eisen- und Chromverbindungen liefern mit Blauholz blauschwarze Färbungen.

Vollständige Analyse der Lederasche.

A. 1 g der feingepulverten Asche wird mehrere Stunden auf dem Wasserbade mit 4 ccm konc. Schwefelsäure und 1 ccm Wasser behandelt. Das Gemisch wird alsdann mit 25 ccm Wasser verdünnt, filtrirt und der Rückstand mit Wasser, das mit Schwefelsäure angesäuert ist, ausgewaschen. Die im Filter befindliche saure Flüssigkeit wird schliesslich mit Alkohol, der nicht mit dem Filtrat vereinigt wird, verdrängt. Der Rückstand auf dem Filter kann nur Chromoxyd, Blei- und Baryumsulfat und Spuren von Zinn enthalten.

B. Ist Blei vorhanden, so wird der Rückstand wiederholt mit ammoniakalischer Ammoniumacetat-Lösung ausgekocht, und zwar so lange, bis die Lösung nach dem Ansäuern mit Essigsäure mit Kaliumbichromat, selbst nach längerem Stehen an einem warmen Orte, keinen Niederschlag mehr giebt. Das Bleichromat wird auf einem gewogenen getrockneten Filter gesammelt und nach dem Trocknen bei 100° C. als Bleichromat, $PbCrO_4$(= 323; Pb = 207), gewogen.

C. Ist Baryum, aber kein Chrom vorhanden, so wird der Rückstand von A bezw. B verascht und das $BaSO_4$ gewogen; ist dagegen Chrom, aber kein Baryum vorhanden, so wird dieser Rückstand nach dem Glühen als Cr_2O_3 zur Wägung gebracht. Sind beide vorhanden, so wird der Rückstand mit 4 g Natriumkarbonat und 2 g Kaliumnitrat im Platintiegel eine halbe Stunde geschmolzen (diese Mischung greift den Tiegel etwas an). Der Tiegel wird durch Aufstellen auf eine eiserne Platte rasch abgekühlt, wodurch die ganze Masse aufgelockert wird. Der Tiegelinhalt wird mit destillirtem Wasser ausgekocht und der unlösliche Antheil auf dem Filter gut ausgewaschen; die wässerige Lösung enthält das Chrom in Form von chromsaurem Natron. Man säuert dieselbe mit Salzsäure an, giebt einen geringen Ueberschuss ganz reinen Alkohols hinzu und kocht, bis die Lösung eine rein grüne Farbe angenommen hat; dieselbe wird dann mit Ammoniak alkalisch gemacht, das ausgeschiedene Chromoxydhydrat wird abfiltrirt, ausgewaschen, verascht und als Cr_2O_3 gewogen. In manchen Fällen lässt sich das Chrom auch volumetrisch bestimmen; zu diesem Zwecke verwendet man anstatt des Kaliumnitrates Kaliumchlorat, das während des Schmelzens in kleinen Mengen zugefügt wird (vergl. S. 152). H. Dyson hat dem Verfasser mitgetheilt, dass eine Mischung von Magnesia und zerkleinertem Aetznatron (in einem Verhältniss, dass die Masse sintert, aber nicht schmilzt; ca. 16 Th. MgO auf 13 Th. NaOH) sich sehr gut zur Oxydation von fein vertheiltem Chromoxyd, sogar von Chromeisenerz, eignet; dieselbe greift den Platintiegel kaum an. Während des Glühens soll die Masse von Zeit zu Zeit umgerührt werden.

D. Der unlösliche Rückstand von C wird in verdünnter Salzsäure aufgelöst; ein etwa noch vorhandener Rückstand muss nochmals geschmolzen und wie unter C behandelt werden. Das Baryum wird aus der salzsauren Lösung durch Schwefelsäure gefällt, worauf man die Lösung einige Zeit an einem warmen Orte stehen lässt. Das Filtrat wird mit Ammoniak und Ammonkarbonat auf etwa vorhandene Spuren von Eisen oder Thonerde oder von Calciumphosphat, welche bei der Behandlung mit Schwefelsäure nicht in Lösung gegangen sind, geprüft. Entsteht hierbei ein Niederschlag, so wird derselbe abfiltrirt und mit der Lösung von A vereinigt, während das Filtrat beseitigt wird.

E. Untersuchung der schwefelsauren Lösung von A. Wenn Kupfer oder Zinn vorhanden sind, verdünnt man die Lösung und behandelt sie mit Schwefelwasserstoff. Die ausgefällten Sulfide werden abfiltrirt und nach den bekannten Methoden getrennt und bestimmt; die Lösung wird durch Kochen vom Schwefelwasserstoff befreit, alsdann setzt man zur vollständigen Oxydation etwas Salpetersäure hinzu.

F. Ist die Behandlung mit Schwefelwasserstoff nicht nothwendig, so bringt man die Lösung nach Zusatz von etwas Salpetersäure zum Kochen und setzt Chlorammoniumlösung und Ammoniak zu. Eisen, Thonerde und etwa gelöstes Chrom werden hierbei gefällt. Es ist am besten, wenn man kurze Zeit kocht und den Niederschlag durch mehrmaliges Dekantiren auswäscht; der Niederschlag wird in verdünnter Salzsäure wieder gelöst; die Lösung wird zur Entfernung der Kohlensäure gekocht, dann nochmals mit Chlorammon und Ammoniak gefällt; der entstehende Niederschlag wird abfiltrirt. Ist Zink vorhanden, so wird das Filtrat zur Fällung des Zinkes mit Schwefelammonium versetzt; man bringt alsdann die Flüssigkeit mit dem Niederschlage in eine Flasche, füllt dieselbe vollständig auf, verstopft gut und lässt 12—24 Stunden an einem warmen Orte stehen. Der Zinkniederschlag wird abfiltrirt, mit schwefelammonhaltigem Wasser gewaschen, in verdünnter Salzsäure wieder gelöst und aus der Lösung mit Natriumkarbonat im geringen Ueberschuss gefällt. Der Niederschlag wird so vollständig wie möglich vom Filter, das für sich verbrannt wird (am besten nach dem Befeuchten mit Ammonnitratlösung und nach dem Trocknen), getrennt; das Ganze wird geglüht und als ZnO zur Wägung gebracht. Eine sehr genaue Zinkbestimmung ist nicht möglich, wenn die anderen Basen mit Ammoniak ausgefällt werden, weil immer etwas Zink mitgefällt wird. Ein beträchtlicher Ueberschuss von Ammoniak befördert die Abscheidung; kommt sehr viel auf die genaue Bestimmung des Zinks an, so werden die anderen Basen am besten mit Baryumkarbonat abgeschieden.

G. Der Niederschlag von F, welcher aus Eisen-, Chromoxyd und Thonerde bestehen kann, wird in einer kleinen Menge Salzsäure gelöst; man giebt zu der Lösung reine Natron- oder Kalilauge im Ueberschuss, filtrirt das ausgefällte Eisenoxyd ab, wäscht aus und bestimmt es nach dem Veraschen als Fe_2O_3. Die Lösung wird mit Chlor gesättigt, bis sie rein gelb erscheint. Man kocht dieselbe zur Entfernung des Chlorüberschusses und macht sie alsdann mit Ammonkarbonat alkalisch; die ausgefällte Thonerde wird in bekannter Weise bestimmt. Das Chrom wird wie unter C ermittelt. Das Chrom kann auch, wie unter C beschrieben, durch Schmelzen oxydirt werden. In vielen Fällen wird es übrigens einfacher sein, das Eisen und die Thonerde zunächst zusammen zu bestimmen und dann das auf volumetrischem oder kolorimetrischem Wege (S. 22, 146 u. 147) gefundene Eisen hiervon in Abzug zu bringen, um die vorhandene Thonerde zu finden; es ist nämlich sehr schwierig, das als Reagens erforderliche Kali- und Natronhydrat vollständig frei von Thonerde zu erhalten.

H. Das Filtrat von F wird mit einem Ueberschuss von Ammonkarbonat und mit einer geringen Menge Ammonoxalat gefällt; man lässt alsdann etwa 12 Stunden an einem warmen Orte stehen, filtrirt das ausgefällte Calciumkarbonat und -oxalat ab und verfährt wie auf S. 24 beschrieben. Das Filtrat des Kalkniederschlages wird auf Magnesia und, falls es gewünscht wird, auf Alkalisalze (ebenso wie bei der Wasseranalyse, S. 25) geprüft.

In den Fällen, wo es sich nur um die Bestimmung von Chromoxyd und Thonerde handelt, ist anstatt des Kalisalpeters die Verwendung von Natriumsuperoxyd zu empfehlen. Wenn Eisen vorhanden, ist dasselbe jedoch ungeeignet, da es gewöhnlich Spuren von Eisen als Verunreinigung enthält. Beim Schmelzen mit Natriumsuperoxyd wird der Platintiegel etwas angegriffen; ist nur Chrom vorhanden, so ist es aus diesem Grunde vortheilhaft, das Schmelzen in einem Nickeltiegel, bei welchem der Verlust von geringerer Bedeutung ist, vorzunehmen. Das Natriumsuperoxyd wird entweder allein verwendet, in welchem Falle ungefähr das 6fache der Chromoxydmenge erforderlich ist, oder mit Natriumkarbonat gemischt (auf 0.5 g Chromoxyd rechnet man etwa 4 g Natriumkarbonat und 2 g Natriumsuperoxyd). Zur Oxydation ist keine sehr hohe Temperatur erforderlich; wenn Natriumsuperoxyd allein angewandt wird, hält man den Tiegel mit Hilfe einer Tiegelzange zur besseren Durchmischung einige Minuten in drehender Bewegung über die Bunsenflamme. Nach dem Schmelzen setzt man den Tiegel in eine grosse Porzellanschale und giesst kaltes Wasser in denselben; hat sich die Schmelze gelöst, so wird der Tiegel mit heissem Wasser in die Schale ausgespült. Die Lösung wird hierauf zur Zersetzung von noch vorhandenem Superoxyd wenigstens 10 Minuten gekocht. Man filtrirt die Lösung zur Entfernung von Eisen- und Nickeloxyd und wäscht den Rückstand aus. Falls Thonerde vorhanden ist, wird dieselbe im Filtrat durch Neutralisiren mit Salzsäure und Zusatz von Ammoniak in der üblichen Weise bestimmt; das Chrom wird entweder nach dem Ansäuern mit Salzsäure und nach der Reduktion durch Kochen mit Alkohol durch Fällung mit Ammoniak (S. 151) oder auf volumetrischem Wege (S. 152) ermittelt.[1])

Ist kein Chrom vorhanden, so ist das Aufschliessen durch Schmelzen unnöthig, weil die Thonerde und das Eisen durch Be-

---

[1]) Vergl. Rideal und Rosenblum, Journ. Soc. Chem. Ind., 1895, S. 1017; Saniter, Journ. Soc. Chem. Ind., 1896, S. 155.

handlung mit Schwefelsäure, wie bereits beschrieben, oder sogar mit konc. Salzsäure bei mässiger Temperatur in Lösung gehen. Bei Anwesenheit von Eisen soll das Lösen in Salzsäure nicht im Platintiegel ausgeführt werden, weil derselbe dadurch angegriffen wird.

Die Bestimmung der freien Schwefelsäure im Leder bietet gewisse Schwierigkeiten. Man kann auf das Vorhandensein derselben schliessen, wenn das Leder ausgesprochen sauer reagirt und mit Chlorbaryum eine starke Reaktion auf Schwefelsäure giebt; der definitive Nachweis ist jedoch meist schwierig, weil die vorhandene Menge gewöhnlich sehr klein und die Schwefelsäure wohl in den meisten Fällen an organische Substanz gebunden ist. Die beste Methode besteht darin, eine abgewogene Menge des Leders im SOXHLET'schen Apparat mit absolutem Alkohol, dem zur Bindung der gelösten Schwefelsäure etwas Natriumkarbonat zugesetzt wird, zu extrahiren. Schwefelsäure ist in Alkohol löslich, während die Sulfate ungelöst bleiben. Beim Abdestilliren des Alkohols bleibt die Säure als Sulfat zurück; etwa vorhandene organische Substanz wird durch Veraschen zerstört und die Säure als Baryumsulfat bestimmt.[1])

[1]) F. JEAN, Chem. Zeit., 1893, S. 317, u. Chem. Zeit., 1895, Repert., S. 26.

XXI. Abschnitt.

Die Farbstoffe.

In der Lederfärberei sind die natürlichen Farbstoffe fast vollständig von den Theerfarbstoffen verdrängt worden, so dass es wohl selbstverständlich ist, wenn diese zuerst zur Besprechung gelangen. Es braucht nicht erst besonders betont zu werden, dass die Theerfarbstoffe nicht etwa fertig gebildet im Steinkohlentheer vorkommen und aus diesem isolirt werden können, sondern dass sie Abkömmlinge und Verbindungen, und zwar in der Hauptsache der im Steinkohlentheer vorhandenen drei Kohlenwasserstoffe: Benzol, Naphtalin und Anthracen, sind. Im allgemeinen kann man sagen, dass die Anilin- und Phenol-Farbstoffe Abkömmlinge des Benzols und seiner Homologen, die Alizarinfarbstoffe solche des Anthracens sind. Naphtazarin ist ein Abkömmling des Naphtalins. Die Farbstoff-Moleküle sind gewöhnlich ausserordentlich komplex; oft enthalten sie auch Molekulargruppen von mehreren dieser Typen, so dass es dann schwierig ist, sie einer bestimmten Gruppe zuzutheilen. Es sei auch noch erwähnt, dass durch Einführung von Stickstoff in organische Verbindungen sehr häufig Farbstoffe gebildet werden. Aus dem Gesagten geht hervor, dass die Farbstoffe so zahlreich und so komplicirt zusammengesetzt sind, dass dieselben hier nicht speciell besprochen werden können und dass kein vollständiger Untersuchungsgang angegeben werden kann. Es gestaltet sich dies noch dadurch schwieriger, dass die Namen der Farbstoffe meist von den Herstellern selbst gewählt werden und infolgedessen sehr oft in keinerlei Beziehung zur Struktur der Farbstoffe stehen, so dass es vorkommt, dass identische oder nahezu identische Verbindungen verschiedene Namen tragen, während andererseits Farbstoffe, die in Bezug auf ihre chemische Natur und ihre färbenden Eigenschaften sehr voneinander abweichen, mit demselben Namen belegt werden.

Für die Praxis genügt es, wenn man bestimmen kann, ob zwei von verschiedenen Fabriken hergestellte Farbstoffe identisch sind oder wenigstens ob sie nahe verwandt sind, ob sie auf gleiche Weise und in demselben Bad ausgefärbt werden können, oder welche Farbstoffe zur Herstellung irgend eines gefärbten Musters verwendet worden sind, oder welche Farbnuance man mit irgend einem Farbstoffe erzeugen kann. Das letztere wird durch Laboratoriums-Ausfärbeversuche, das erstere dagegen mit Hilfe chemischer Mittel erreicht.

Die zweckmässigste Eintheilung und die beste Methode zur qualitativen Untersuchung der Farbstoffe ist die von WEINGÄRTNER,[1]) welche GREEN[2]) noch weiter verbessert hat. Es muss jedoch daran erinnert werden, dass fortwährend neue Farbstoffe auftauchen, von denen viele den bereits im Gebrauch befindlichen sehr nahe stehen, während andere sich in wichtigen Punkten unterscheiden und nicht ohne weiteres in den Rahmen dieses Analysenschemas passen. Die Chemiker theilen die Farbstoffe zunächst in wasserlösliche und in im Wasser unlösliche ein; es ist dies ein Gesichtspunkt, welcher zwar auf die Praxis Rücksicht nimmt, der aber, wie auch GREEN bemerkt, theoretisch anfechtbar ist. Die gegenwärtig in der Lederfärberei gebräuchlichen Farbstoffe gehören in der Hauptsache der ersten Gruppe an. Die löslichen Farbstoffe theilen wir weiter ein in „basische“, die durch Tanninlösung gefällt werden und mit Säuren mehr oder weniger lösliche Salze bilden, und in „saure“, die durch Tanninlösung nicht gefällt werden und die gewöhnlich in Form der Salze der Alkalien oder anderer Metalle in den Handel kommen; um die Färbekraft der letzteren vollständig zur Wirkung kommen zu lassen, muss die Farbsäure durch Zusatz einer starken Säure zu dem Farbbade frei gemacht werden. Es ist dies ein Unterschied von grosser praktischer Bedeutung, da man daraus folgende Regel ableiten kann: mit basischen Farbstoffen wird im neutralen Bade ausgefärbt, nur in manchen Fällen wird eine schwache Säure, Essigsäure oder Milchsäure, hinzugefügt, um die Affinität des Farbstoffes zum Leder etwas abzuschwächen und um damit zu erreichen, dass der Farbstoff nicht zu schnell an das Leder anfällt und dass die Farbe infolgedessen gleichmässiger wird. Basische Farbstoffe können mitunter in Verbindung mit sauren Farbstoffen verwendet werden, aber in vielen Fällen fällen sie sich gegenseitig aus. Einige basische Farbstoffe, z. B. Nachtblau oder Krystallviolett, werden durch Nitrofarbstoffe, wie Pikrinsäure oder Naphtolgelb, quantitativ gefällt, so dass jeder auf volumetrischem Wege durch Titration mit einer Normallösung des anderen (1 g pro l) bestimmt werden kann; man lässt von der letzteren so lange zufliessen, bis die über dem Niederschlage stehende Flüssigkeit durch einen geringen Ueberschuss der Normallösung die Farbe derselben angenommen hat.[3])

[1]) Journ. Soc. Dyers etc., III, S. 66.
[2]) Journ. Soc. Chem. Ind., 1893, S. 3.
[3]) ALLEN, Com. Org. Anal., Bd. III, Th. 1, S. 145.

Ein für den Lederfärber sehr wichtiger Punkt ist der, dass bei Verwendung basischer Farbstoffe die locker gebundenen Gerbstoffe vor dem Ausfärben aus dem Leder gründlich entfernt werden müssen, damit in dem Färbebade selbst Ausfällungen von Farbstoff vermieden werden. Es kann dies durch sehr sorgfältiges Auswaschen oder in vielen Fällen in noch wirksamerer und wohlfeilerer Weise durch Fixiren des Gerbstoffes als Antimontannat in einem Brechweinsteinbade (2 g Brechweinstein und 5 g Kochsalz pro Liter) erreicht werden.[1]) Zuweilen ist in dem Leder soviel locker gebundener Gerbstoff vorhanden, dass es empfehlenswerth ist, beide Mittel, Auswaschen und Fixiren, anzuwenden. Saure Farbstoffe färben das Leder im allgemeinen gleichmässiger als basische Farbstoffe, werden aber nicht so vollständig aufgenommen und liefern meist auch nicht so gesättigte Farben.

Die Green'schen Tabellen zur Bestimmung der Farbstoffe befinden sich auf S. 237—239. Das Folgende ist ein Auszug aus seiner Erläuterung zu diesen Tabellen:

„Der Gebrauch einer Tanninlösung zur Unterscheidung der basischen und sauren Farbstoffe ist meines Erachtens vollständig ausreichend; ich habe ferner auch Weingärtner's Eintheilung der Farbstoffe in in Wasser „lösliche" und „unlösliche" angenommen, obwohl dieselbe nicht einwandfrei ist und ev. später abzuändern ist. Bei der Anwendung der Zinkstaubreaktion habe ich gefunden, dass die Azin-, Oxazin-, Thiazin- und Akridin-Farbstoffe, im Gegensatz zu den Abkömmlingen des Triphenylmethans, welche nach der Reduktion sich nur sehr schwierig an der Luft wieder oxydiren, bei der Einwirkung des Luftsauerstoffes sehr rasch wieder ihre ursprüngliche Farbe annehmen. Ich mache von diesem stark ausgeprägten verschiedenen Verhalten Anwendung, um diese zwei Farbstoffgruppen voneinander zu unterscheiden. Andererseits unterscheiden sich die Triphenylmethan-Farbstoffe von denjenigen, die keine Leuko-Verbindungen liefern, sondern vollständig gespalten werden, sehr deutlich dadurch, dass in der reducirten Lösung die Farbe durch Chromsäure wieder hergestellt wird.[2]) Die Chinolin- und Primulin-Farbstoffe unterscheiden sich von anderen Farbstoffen dadurch, dass sie sich sehr schwierig reduciren lassen; z. B. Primulin bleibt selbst nach längerem Kochen mit Zinkstaub und Ammoniak unverändert.

---

[1]) Hummel und Procter, Journ. Soc. Chem. Ind. 1894, S. 496. Der Brechweinstein kann auch durch andere Metallsalze, welche eine Fällung des Gerbstoffes bewirken, ersetzt werden.

[2]) Es muss hierbei erwähnt werden, dass die Unterscheidung der Farbstoffe nach der Länge der Zeit, bei welcher die Farbe wieder erscheint, keine sehr scharfe ist. Einige der in der zweiten Klasse der Green'schen Tabelle aufgeführten Farbstoffe nehmen ihre Farbe fast ebenso schnell wieder an wie solche aus der ersten; in anderen Fällen gelingt es nicht, die Farbe mit Chromsäure wieder herzustellen. Die Weingärtner'schen Originaltabellen sind in Allen's „Commercial Organic Analysis", Bd. III, Th. 1, S. 378 ff. angegeben.

„Die Reduktion mit Zinkstaub muss sorgfältig ausgeführt werden. Es ist am besten, wenn man zu der in einem Reagensrohre befindlichen heissen Farbstofflösung etwas Zinkstaub hinzufügt, schüttelt und verdünnte Salzsäure bis zur Entfärbung zutropfen lässt. Ein Ueberschuss von Salzsäure muss sorgfältigst vermieden werden. In manchen Fällen, besonders wenn die Farbsäure sehr wenig löslich ist, muss die Reduktion mit Zinkstaub und Ammoniak ausgeführt werden; es ist jedoch am sichersten, die Reduktion nach beiden Methoden vorzunehmen.

„Es ist sehr wichtig, dass der Farbstoff vollständig reducirt wird, aber es muss auch darauf geachtet werden, dass die Reduktion nicht zu weit geht, denn einige Farbstoffe (z. B. die Induline), die gewöhnlich oxydirbare Leuko-Verbindungen bilden, erleiden dann tiefergehende Veränderungen. Nach der Reduktion wird die Lösung von dem Zinkstaub abgegossen, auf ein Stück weisses Filtrirpapier gebracht und der Luft ausgesetzt; Filtriren der Lösung ist nicht nothwendig, da geringe Zinkmengen auf dem Papier das Resultat nicht nachtheilig beeinflussen. Erscheint die ursprüngliche Farbe nach 1 oder 2 Minuten nicht wieder, so wird das Papier mit Hilfe eines in eine 1 $^0/_0$ige Chromsäurelösung (bei sauren Farbstoffen muss man ausserdem Schwefelsäure zufügen) eingetauchten Glasstabes betupft. Durch vorsichtiges Erwärmen über einer Flamme wird die Reaktion beschleunigt. Es ist dies stets vorzunehmen, wenn die Reduktion mit Zinkstaub und Ammoniak erfolgt ist, damit vor dem Zusatz von Chromsäure der Ueberschuss des Ammoniaks entfernt wird; auf jeden Fall muss zuvor eine Neutralisation desselben erfolgen.

„Bei sauren Farbstoffen muss das Papier nach dem Betupfen mit Chromsäure über eine mit Ammoniak gefüllte Flasche gehalten werden, weil einige saure Farbstoffe (z. B. die Eosine) als freie Farbsäuren noch nicht die ihnen zukommende Farbe zeigen. Diejenigen Eosine, die Jod enthalten, liefern nach der Reduktion bei dem Betupfen mit Chromsäure einen braunen Fleck; derselbe verschwindet aber, wenn man Ammoniakdämpfe einwirken lässt; es kommt dann die ursprüngliche Farbe der Eosine (oder eine mehr in's Gelbe gehende Nüance) zum Vorschein. Wie schon Weingärtner erwähnt hat, ist sehr darauf zu achten, dass man nicht durch sekundäre Farbstoffe irregeleitet wird, die durch Oxydation der durch Reduktion der Azofarbstoffe erhaltenen Diamine und Amidophenole entstanden sind.“

Die Green'schen Tabellen sind im allgemeinen zur Bestimmung der Farbstoffe auf gefärbtem Leder nicht anwendbar; dieselben können jedoch verwendet werden, wenn der Farbstoff mit Wasser, Alkohol oder Ammoniak in Lösung gebracht werden kann; bei Ausfärbungen mit Farbstoffgemischen wird aber dann der Nachweis wesentlich verwickelter. Ist der Farbstoff nicht in Lösung zu bringen, so können die Tabellen, die zur Erkennung der Farbstoffe auf Geweben aufgestellt worden sind, zu Hilfe genommen werden; es muss jedoch hierbei berücksichtigt werden, dass diese Reaktionen durch die Art des Materiales, besonders durch die Gegenwart von Gerbstoffen u. dergl., beeinflusst werden. Derartige Tabellen befinden sich in HUMMEL-KNECHT's „Färberei und Bleicherei der Gespinnstfasern“, in ALLEN's „Commercial Analysis“, Bd. 3, Th. 1 und in anderen Werken über Färberei und Theerfarbstoffe. Die neuesten sind die von LEHNE und RUSTERHOLZ im Journ. Soc. Chem. Ind. Jahrg. 1895, veröffentlichen Tabellen. Es muss hierbei auch daran erinnert werden, dass Leder häufig mit Lösungen von Kaliumbichromat oder mit Eisen- bez. Kupfersalzen abgedunkelt oder nüancirt wird, wodurch die Farbe infolge von Oxydation oder infolge der Bildung von Farblacken abgeändert wird.

Viele Farbstoffe, die unter verschiedenen Namen verkauft werden oder die eine ganz besondere Nüance liefern sollen, sind oft lediglich Gemische von zwei oder mehreren bekannten Farbstoffen; z. B. bestehen braune Farbstoffe häufig aus Bismarckbraun oder einem anderen Braun, dem geringe Mengen Malachitgrün oder Methylviolett zugesetzt sind. Derartige Gemische sind oft vortheilhaft; dieselben bedingen aber wegen der verschiedenen Verwandtschaft der einzelnen Bestandtheile zum Leder nicht selten ungleichmässige Ausfärbungen; der sachkundige Lederfärber zieht es gewöhnlich vor, das Mischen selbst vorzunehmen. Diese Bestandtheile kann man nicht ohne weiteres auf chemischem Wege trennen; dieselben können aber häufig in der Weise nachgewiesen werden, dass man geringe Mengen des Farbstoffpulvers sehr vorsichtig über feuchtes Filtrirpapier bläst, wobei die einzelnen Körnchen alsdann verschieden gefärbte Flecken liefern. Anstatt auf feuchtes Filtrirpapier kann man das Pulver auf die Oberfläche eines mit Wasser gefüllten Becherglases streuen; es bilden sich dann verschieden gefärbte Fäden in dem Wasser. In den Fällen, wo die Farbstoffe im Aussehen sich zu wenig unterscheiden, um auf diesem Wege nachgewiesen werden zu können, streut man das Pulver auf konc. Schwefelsäure, welche sich in einer flachen Schale befindet; in dieser lösen sich viele Farbstoffe mit ganz anderer Farbe als in Wasser auf (SPILLER, ALLEN).

Ein anderes Verfahren, welches sich bei Lösungen von Farbstoffgemischen anwenden lässt, besteht darin, dass man einen Tropfen der Lösung auf Filtrirpapier bringt; sind in der Lösung mehrere Farbstoffe vorhanden, so werden sich meist koncentrische Ringe von verschiedener Farbe bilden. Feste Farbstoffe werden für diesen Zweck am besten in einer kleinen Menge Alkohol gelöst, worauf man diese Lösung mit dem gleichen Volumen Wasser verdünnt. GOPPELSROEDER[1]) verfährt hierbei in der Weise, dass er Streifen von schwedischem Filtrirpapier in ein kleines Becherglas

[1]) Journ. Soc. Dyers, IV, S. 5.

Untersuchungsgang.

Gruppenreagentien. 1. Lösung enthaltend 10 % Tannin und 10 % Natriumacetat. 2. Zinkstaub und verdünnte Salzsäure oder Zinkstaub und wässeriges Ammoniak. 3. 1 procentige Chromsäurelösung (für basische Farbstoffe). 4. Lösung enthaltend 1 % Chromsäure oder Kaliumbichromat und 5 % Schwefelsäure (für saure Farbstoffe).

Einzelreagentien. Die Glieder derselben Gruppe können durch ihr Verhalten gegen verdünnte Säuren und Alkalien, konc. Schwefelsäure, Alkohol etc. und durch ihre färbenden Eigenschaften von einander unterschieden werden. Vergl. die von WITT, WEINGÄRTNER u. A. angegebenen Reaktionen der verschiedenen Farbstoffe.

Gruppe I. Wasserlösliche Farbstoffe.

A. Durch Tanninlösung fällbar: Basische Farbstoffe.

Die wässerige Lösung wird mit Zinkstaub und Salzsäure reducirt; ein Tropfen der entfärbten Lösung wird auf Filtrirpapier gebracht. Kehrt die ursprüngliche Farbe nicht rasch wieder, so wird das Papier mit einem Tropfen einer 1 procentigen Chromsäurelösung betupft.

Die ursprüngliche Farbe erscheint schnell wieder: Azin-, Oxazin-, Thiazin- und Akridin-Farbstoffe					Die ursprüngliche Farbe kehrt sehr langsam oder nicht zurück, kommt aber beim Befeuchten mit einer 1 procentigen Chromsäurelösung wieder: Triphenylmethanfarbstoffe und basische Phtaleine				Die ursprüngliche Farbe kehrt überhaupt nicht zurück
Roth	Orange und Gelb	Grün	Blau	Violett	Roth	Grün	Blau	Violett	Gelb und Braun
Neutralroth (Toluylenroth), Safranine, Pyronine, Akridinroth	Phosphin, Benzoflavin, Akridingelb, Akridinorange	Azingrün	Methylenblau, Neumethylenblau N, Thioninblau, Toluidinblau, MELDOLA's Blau, Muskarin, Neutralblau, Baseler Blau R u. BB, Nilblau, Capriblau, Echtblauschwarz, Indazin M, Metaphenylenblau B, Paraphenylenblau, Indamine	Mauve, Amethystviolett, Neutralviolett, Prune, Paraphenylenviolett, Indamine	Magenta, Isorubin, Rhodamin[3])	Malachitgrün, Brillantgrün, Methylgrün, Jodgrün	Viktoriablau B,[2]) Viktoriablau 4 R, Nachtblau	Methylviolett, Krystallviolett, HOFMANN's Violett	Auramin,[1]) Thioflavin,[4]) Chrysoïdin,[5]) Bismarckbraun,

[1]) Die reducirte Lösung giebt eine schöne violette Farbe, wenn der nasse Fleck auf dem Filtrirpapier über einer Flamme getrocknet wird.
[2]) Die wieder zum Vorschein kommende Farbe ist viel grüner als die ursprüngliche.
[3]) Die Farbe kehrt schneller als bei den Rosanilinfarbstoffen zurück.
[4]) Lässt sich nur schwierig und sehr langsam reduciren.
[5]) Chrysoïdin und Bismarckbraun liefern bei der Oxydation ein von der ursprünglichen Farbe verschiedenes Röthlichbraun.

B. Durch Tanninlösung nicht fällbar: Saure Farbstoffe.

Die wässerige Lösung wird mit Zinkstaub und Salzsäure oder mit Zinkstaub und Ammoniak reducirt; ein Tropfen der entfärbten Lösung wird auf Filtrirpapier gebracht. Kehrt die ursprüngliche Farbe nicht rasch wieder, so wird das Papier mit einem Tropfen einer 1 procentigen Chromsäurelösung (1 % CrO_3 und 5 % H_2SO_4) betupft, über einer Flamme erwärmt und dann in Ammoniakdämpfe gehalten.

<table>
<tr><td colspan="6">Die Lösung wird entfärbt.</td><td rowspan="2">Nicht entfärbt (durch Zink und Ammoniak), aber bräunlichroth gefärbt. Die ursprüngliche Farbe kehrt bei Zutritt der Luft wieder zurück.</td><td rowspan="2">Sehr langsam und unvollständig entfärbt (Zink und Ammoniak)</td><td rowspan="2">Durch Zink u. Ammoniak nicht verändert; sehr langsam oder nicht vollständig durch Zink u. Salzsäure.</td></tr>
<tr><td>Die ursprüngliche Farbe kehrt bei Zutritt der Luft sehr rasch zurück.</td><td colspan="2">Die ursprüngliche Farbe kehrt bei Zutritt der Luft nicht wieder zurück oder nur sehr langsam, jedoch bei Behandlung mit Chromsäure- und Ammoniakdämpfen.</td><td colspan="3">Die ursprüngliche Farbe kehrt überhaupt nicht zurück.</td></tr>
<tr><td rowspan="5">Sulfonirte Azin-, Oxazin- und Thiazin-Farbstoffe:
lösliche Induline,[1])
lösliche Nigrosine,[1])
Resorcinblau,
Azurin,
Thiokarmin,
Baseler Blau RS und BBS,
Gallaminblau,
Gallocyamin,
Gallanilinindigo PS,
Indigokarmin,
Safrosin,
Azokarmin,
Mikado,
Orange.[1])</td><td colspan="2">Die wässerige Lösung des Farbstoffes wird angesäuert und mit Aether ausgeschüttelt.</td><td colspan="3">Erhitzen des Farbstoffes auf dem Platinblech.</td><td rowspan="5">Alizarin S,
Alizarinblau S,
Coerulein.</td><td rowspan="5">Claytongelb,
Thiazolgelb,
Turmerine,
Mimosa.</td><td rowspan="5">Chinolingelb S,
Primulin,
Thioflavin S,
Oxyphenin.</td></tr>
<tr><td rowspan="4">Der Aether extrahirt die Farbsäure und hinterlässt eine nahezu farblose Lösung: Phtaleïnfarbstoffe und Aurine:
Uranin,
Chrysoline,
Eosin,
Erythrin,
Phloxin,
Erythrosin,[2])
Rose bengale,[2])
Cyclamin,[2])
Aurin,
Korallin.</td><td rowspan="4">Der Aether bleibt farblos: Sulfonirte Triphenylmethan-Farbstoffe:
Säuremagenta,
Säureviolett,
Formylviolett,
Alkaliblau,
Wasserblau,
Patentblau,
Säuregrün,
Guineagrün,
Chromviolett.</td><td rowspan="4">Verbrennt unter Entwicklung gefärbter Dämpfe: Nitrofarbstoffe:
Pikrinsäure,
Viktoriagelb,
Aurantia,
Martiusgelb,
Naphtolgelb S,
Brillantgelb,
Aurotin,</td><td colspan="2">Verbrennt langsam oder glimmt unter Entwicklung gefärbter Dämpfe weiter: Azo-, Nitroso- und Hydrazin-Farbstoffe</td></tr>
<tr><td colspan="2">Färbt ungebeizte Baumwolle.</td></tr>
<tr><td>Wird durch warme Seifenlösung nicht verändert.</td><td>Wird durch warme Seifenlösung gelöst.</td></tr>
<tr><td>Substantive Azofarbstoffe.</td><td>Gewöhnliche Azofarbstoffe:
Naphtolgrün B,
Tartrazin.</td></tr>
</table>

[1]) Geht die Reduktion zu weit, so kehrt die ursprüngliche Farbe nicht wieder.
[2]) Jod wird durch Chromsäure abgeschieden, verschwindet aber bei der Einwirkung von Ammoniakdämpfen wieder.

Gruppe II. In Wasser unlösliche Farbstoffe.

Das Pulver, bez. die teigförmige Masse wird mit Wasser und einigen Tropfen einer 5procentigen Natronlauge behandelt.

Der Farbstoff löst sich.		Der Farbstoff bleibt ungelöst.				
Die alkalische Lösung wird mit Zinkstaub und Ammoniak erhitzt; ein Tropfen dieser Lösung wird auf Filtrirpapier gebracht		Löst sich in 70procentigem Alkohol.				Unlöslich in 70procentigem Alkohol.
		Die Lösung fluorescirt nicht.		Die Lösung fluorescirt		
Die Lösung wird entfärbt oder nimmt eine hellbraune Farbe an. Die ursprüngliche Farbe kehrt bei Zutritt der Luft sehr schnell zurück.	Die Lösung wird entfärbt oder nimmt eine braune Farbe an. Die ursprüngliche Farbe kehrt bei Zutritt der Luft nicht wieder zurück.	Auf Zusatz von Aetznatron (33procentig) zu der alkoholischen Lösung		Auf Zusatz von Aetznatron (33procentig) zu der alkoholischen Lösung		
		wird die Lösung röthlichbraun.	verändert sich die Farbe nicht.	verschwindet die Fluorescenz	bleibt die Fluorescenz.	
Coeruleïn, Galleïn, Gallocyanin, Gallanilinviolett BS, Gallanilinblau P, Galloflavin, Alizarinblau, Alizarinschwarz, Alizarincyanin, Alizarincyaninschwarz, Rufigallol.	Alizarin, Anthrapurpurin, Flavopurpurin, Alizarinorange, Alizarinbraun, Alizarinbordeaux, Alizaringelb GG und R, Chrysamin, Sudanbraun, Patentfustin, Russischgrün, Gambin R und Y, Dioxin.	Indulin, spritlöslich, Nigrosin, spritlöslich, Rosanilinblau, spritlöslich, Diphenylaminblau, spritlöslich.	Indophenol, Sudan II und III, Karminnaphte.	Magdalaroth	Eosine, spritlöslich, Cyanosin,	Indigo, Anilinschwarz, Primulinbasen,

eintauchen lässt, in welchem sich die zu untersuchende Farbstofflösung befindet. Es darf hier bei der Beurtheilung nicht ausser Acht gelassen werden, dass in vielen Fällen die Handelsfarbstoffe nicht chemisch reine Produkte sind, sondern geringe Mengen anderer Farbstoffe enthalten, die sich gleichzeitig durch sekundäre Reaktionen gebildet haben; so enthält z. B. Magenta oft Spuren von Phosphin.

Gemische können oft durch Probeausfärbungen erkannt werden, wenn die Affinität der Bestandtheile zum Leder oder zur Textilfaser eine sehr verschiedene ist; es werden in einem solchen Falle die in dem Farbbade zuerst ausgefärbten Stücke nicht nur in der Farbe dunkler, sondern auch in einer anderen Nüance als die später ausgefärbten ausfallen, weil die Farbstoffe, welche die geringste Affinität besitzen, zuletzt noch in grösserer Menge vorhanden sind.

Durch Anwendung des Spektroskops werden mitunter Farbstoffe, die auf Grund ihrer Beurtheilung nach dem Aussehen als identische zu bezeichnen sein werden, als verschieden erkannt. Der Farbstoff wird zu diesem Zwecke in Wasser oder Alkohol gelöst, in einem Reagensrohr oder in einem rechteckigen Gefäss soweit verdünnt, dass bei der Beobachtung mit Hilfe des Spektroskopes die Absorptionsstreifen am besten zu sehen sind. Ein kleines Taschenspektroskop reicht für diesen Zweck vollständig aus; dasselbe wird am besten mit einem Prisma versehen, damit man zwei Lösungen direkt miteinander vergleichen kann. Der Vorzug rechteckiger Gefässe gegenüber Reagensrohren besteht nicht nur darin, dass das Licht besser dureh die flachen Wandungen hindurchgeht, sondern auch darin, dass man die Lösung durch einfaches Drehen des Gefässes in zwei verschieden dicken Schichten beobachten kann; das Aussehen des Spektrums wird oft sehr stark durch die Dicke oder die Koncentration der Lösung beeinflusst.

Die Analyse von Lederschwärzen und ähnlichen Präparaten ist nicht so einfach und bereitet sehr oft auch dem Gerbereichemiker noch Schwierigkeiten. Diese Schwärzen sind meist aus Blauholz oder aus Gerbmaterialien (oft auch aus Gelbholz, Fisetholz oder Quercitronrinde, um dadurch den bläulichen Schimmer der Schwärzen zu entfernen) und Eisenverbindungen hergestellt; oft enthalten sie auch geringe Mengen von Chrom- und Kupfersalzen; das Chrom wird meist in der Form des Kaliumbichromats zugesetzt und bezweckt eine Oxydation des Farbstoffes des Blauholzes und des Eisens. Anilinfarben können auch zugegen sein. Die Trennung dieser verschiedenen Farbstoffe kann zuweilen nach der oben beschriebenen Kapillarmethode mit Hilfe von Filtrirpapierstreifen bewirkt werden; chemische Trennungsmethoden stehen nicht zur Verfügung. Blauholz liefert bei der Behandlung mit Salzsäure gewöhnlich eine rothe Lösung, während Schwärzen, die unter Zuhilfenahme von Gerbmaterialien hergestellt sind, hierbei gelbe oder fast farblose Lösungen geben. Bei der Behandlung mit Natronlauge liefert ein Theil des aus dem Blauholz herrührenden Farbstoffes eine farblose Lösung, die beim Ansäuern violett wird. Gallussäure, sowie der Farbstoff des Blauholzes können in manchen Fällen isolirt werden, wenn man die angesäuerte Schwärze mit Aether ausschüttelt. Wird dieser Aether mit Wasser und etwas Ammoniak geschüttelt, so resultirt eine röthlichviolette Farbe, wenn Blauholz zur Herstellung der Schwärze verwendet worden war. Manche Anilinfarben können mit Amylalkohol ausgeschüttelt werden.

Werthvolle Aufschlüsse giebt die Prüfung des beim Veraschen verbleibenden Rückstandes. Chromverbindungen sind bei Abwesenheit von Blauholz kaum zugegen. Kupfer und Eisen können sowohl bei Gerbstoff- als auch bei Blauholz-Schwärzen vorhanden sein. Schwefelsäure wird bestimmt, indem man den Trockenrückstand unter Zusatz von etwas Soda glüht, alsdann in Salzsäure löst und mit Chlorbaryum fällt. Es sollte hierbei das Verhältniss der Schwefelsäure zu den vorhandenen Basen berechnet werden; organische Eisensalze greifen das Leder entschieden weniger an als Eisenoxydul- oder Eisenoxydsulfat. Als Verdickungsmittel kommen in Frage Zucker, Gummi, Dextrin und ev. auch Fettstoffe. Amerikanische Schwärzen enthalten häufig Tragant, der an seinen grossen Stärkezellen erkannt werden kann; die letzteren werden von Jodlösung, wenn dieselbe nicht sehr stark ist, nur langsam gefärbt, wahrscheinlich infolge eines schützenden Ueberzugs von Schleim. Gummi und Dextrin werden durch Zugabe beträchtlicher Mengen starken Alkohols gefällt, während Zucker hierbei in Lösung bleibt und mit FEHLING'scher Lösung nachgewiesen werden kann (S. 157 ff.).

Zu einer anderen Klasse gehören die zum Blankmachen von Schuhwerk gebräuchlichen Wichsen, die in der Hauptsache aus Kohlenstoff bestehen, der durch Karbonisiren irgend welcher Zuckerarten mit Schwefelsäure entstanden ist. Diesen Mischungen wird zur Neutralisation des Säureüberschusses Beinschwarz zugesetzt; man findet dann bei der Analyse Calciumsulfat, -phosphat und -karbonat. Zucker ist gewöhnlich vorhanden, ausserdem auch etwas Fett oder Oel. Pasten oder Crêmes für farbiges Schuhwerk enthalten Wachse und Oele, ferner Seifen oder Terpentin und braune oder gelbe Anilinfarben. „Schnellschwärzen" sind meist alkalische Lösungen von Schellack oder anderen Harzen oder Wachsen mit Blauholzschwärzen oder Anilinfarbstoffen.

Die Schwärzen oder Wichsen, die für gewichste Leder verwendet werden, bestehen aus Lampenruss und Oel oder Seife; ausserdem können als Bestandtheile noch Leim, Talg, Mehl, Tragant u. dergl. in Betracht kommen. Die kohlenstoffhaltigen Schwärzen sind in Säuren und Alkalien nicht vollständig löslich und werden nur durch Hitze und kräftige Oxydationsmittel zerstört. Man bringt die anderen Bestandtheile durch Behandlung mit Säuren oder Alkalien in Lösung und filtrirt dann ab. Die unlöslichen Substanzen werden auf einem gewogenen Filter gesammelt und gewogen; die anorganischen Bestandtheile derselben werden durch Veraschen bestimmt. Die Ermittelung des Gehaltes an Fett und Fettsäuren bietet häufig wegen des Vorhandenseins von Schleimstoffen, welche die Bildung von Emulsionen veranlassen, Schwierigkeiten. Diese Schleimstoffe können durch längere Einwirkung verdünnter Säuren oder zuweilen auch durch eine kurze Behandlung mit konc. Schwefelsäure hydrolysirt werden. Die Fette werden alsdann durch Ausschütteln mit Petroläther oder einem anderen geeigneten Lösungsmittel entfernt. Unverseifte Fette oder Fettsäuren können unter dem Mikroskope als stark lichtbrechende Kügelchen erkannt werden. Es lassen sich für derartige Produkte keine allgemeinen Untersuchungsmethoden angeben, sondern es muss hier dem betreffenden Chemiker überlassen bleiben, sich geeignete Verfahren auszuarbeiten.

Ausführliche Auskünfte über die Analyse und den Nachweis von Farbstoffen findet man in dem wiederholt citirten ALLEN'schen Werk „Commercial Organic Analysis". Liegen beizenfärbende Farbstoffe vor, so liefert die Untersuchung der Asche auf Metallbasen (S. 231, 241) meist nützliche Fingerzeige.

Soll der Chemiker nur den Färbewerth irgend eines Farbstoffes, dessen Natur schon bekannt ist, bestimmen, so kann man zur chemischen Analyse greifen; es ist jedoch im allgemeinen zweckmässiger, in solchen Fällen praktische Färbeversuche auszuführen. Farbstoffe werden oft mit Dextrin, Zucker, Salz und anderen indifferenten Substanzen versetzt; Salz kann auch als eine von der Herstellung herrührende Unreinigkeit betrachtet werden, da dasselbe häufig zur Fällung von Farbstoffen aus ihren Lösungen verwendet wird. Weiss man, dass es sich um zwei gleichartige Farbstoffe handelt, so kann ihr relativer Werth mit Hilfe des Kolorimeters bestimmt werden oder noch einfacher dadurch, dass man eine verdünnte, auf einer weissen Unterlage stehende Lösung des zu prüfenden Farbstoffes auf eine Lösung einstellt, die erhalten wird, indem man aus einer Bürette die Lösung eines Normal-Farbstoffes von bekannter Reinheit zu 50 ccm Wasser setzt. Ist die Farbe in den beiden Gefässen die gleiche, so enthalten beide die gleiche Menge Farbstoff; es lässt sich dann leicht die relative Stärke des betreffenden Farbstoffes berechnen. Sind die zu vergleichenden Farbstoffe nicht vollständig gleichen Charakters, so ist diese Methode natürlich trügerisch. Die einem Farbstoffe eigenthümliche Nüance kann mit Hilfe des Tintometers bestimmt werden (S. 140).

Das geeignetste Material für Ausfärbungen auf Leder ist im allgemeinen sumachgarer Narbenspalt; es ist natürlich nicht ausgeschlossen, dass auch anderes Material verwendet werden kann.

Da Leder selten durchgefärbt wird, so handelt es sich hier mehr um die Grösse der Oberfläche als um das Gewicht des auszufärbenden Stückes; vor der Ausfärbung wird das Leder sorgfältig mit warmem Wasser ausgewaschen, mit einem Schlicker ausgestossen und getrocknet; zu diesem Zwecke wird es auf Bretter aufgenagelt, damit es sich nicht zusammenzieht und dann Stücke von bestimmter Grösse bequem ausgeschnitten werden können. Geeignete Dimensionen hierfür sind Stücke von 10 cm im Quadrat oder von 10 cm und 20 cm Seitenlänge; das Ausfärben wird vorgenommen, indem man diese Lederstücke in rechteckige, etwa 500 ccm fassende Batteriegläser, die in ein auf 40—45° C. erwärmtes Wasserbad eingesetzt werden können, einhängt. Eine abgewogene Menge des Farbstoffes, gewöhnlich 0.1—0.2 g, wird in heissem Wasser gelöst, und diese Lösung wird mit destillirtem Wasser auf 500 ccm oder ein anderes bestimmtes Volumen gebracht. Die Lederstücke werden mit Hilfe von Haken, die aus Silber-, Aluminium- oder Kupferdraht gebogen sind, an Glasstäben, die quer über die Batterieglässer gelegt werden, in dieselben eingehangen und zur Durchmischung der Lösung von Zeit zu Zeit bewegt. Ist das Lederstück länger, als die Höhe der Gefässe beträgt, so hängt man es am besten zusammengefaltet auf, und zwar die Narbenseite nach aussen; die beiden Enden werden mit Drahthaken an dem Glasstabe aufgehangen und die Falte wird mit einem kurzen Stück Glasstab beschwert, damit das Leder vollständig straff in der Flüssigkeit hängt. Nach Ablauf einer gewissen Zeit, z. B. einer Stunde, werden die Stücke herausgenommen, mit einem Messing- oder Glasschlicker auf einer Glasplatte ausgestrichen und zum Trocknen auf einem Brette aufgenagelt; während dieser Zeit hängt man weitere Stücke zur Erschöpfung des Bades ein. Vergleicht man mehrere auf diese Weise ausgefärbte Stücke, so ist es leicht, sich ein Urtheil über das relative Färbevermögen von Farbstoffen zu bilden; ein numerischer Ausdruck hierfür wird erhalten, indem man bei den auszufärbenden Stücken eine ganz bestimmte Farbenintensität herstellt und so viel Stücke ausfärbt, bis das Färbebad vollständig erschöpft ist (bei den späteren Ausfärbungen müssen die Lederstücke selbstverständlich länger in dem Bade verweilen); das Färbevermögen des Farbstoffes wird natürlich der Anzahl der ausgefärbten Stücke proportional sein. Besteht der Farbstoff aus mehreren Farbstoffen, deren Verwandtschaft zum Leder nicht vollständig gleich ist, so wird die Nüance der später ausgefärbten Stücke nicht mit der der zuerst gefärbten übereinstimmen; die Farbenintensität kann dagegen dieselbe sein. Die Farbe von farbigen Ledern wird durch die Zurichtung dunkler und voller; in welchem Maasse dies erfolgt, lässt sich bis zu einem gewissen Grade beurtheilen, wenn man mit einem glatten Holzstück oder mit dem Rücken eines Messers oder einer Zahnbürste Linien in das nur schwach feuchte Leder einpresst. An Stelle der Batteriegläser können Bechergläser benutzt werden; dieselben beanspruchen jedoch eine grössere Menge Färbeflüssigkeit. Diese Ausfärbeversuche lassen sich übrigens auch in einfacher Weise in Schalen, wie sie für photographische Zwecke verwendet werden, ausführen; dieselben werden auf einem Wasserbade warm gehalten, und ausserdem werden die Lederstücke immer bewegt. Färbeversuche lassen sich auch in dem bei der Gerbmaterialanalyse gebräuchlichen Schüttelapparate (S. 116) oder mit dem auf S. 143 beschriebenen Apparate vornehmen. Hierzu genügen sehr geringe Mengen von Flüssigkeit, die auch leicht vollständig erschöpft werden.

XXII. Abschnitt.

Der Gebrauch des Mikroskops.

Unter den Rohmaterialien der Lederindustrie nimmt die thierische Haut naturgemäss den ersten Platz ein; die genaue Beschaffenheit derselben kann aber lediglich mit Hilfe des Mikroskopes erkannt werden. Da mit diesem Instrumente bei gerberischen Untersuchungen sehr nützliche Aufschlüsse erhalten werden können, so ist es angebracht, an dieser Stelle einige Mittheilungen über die Konstruktion und den Gebrauch desselben zu machen.

Zur Erzielung guter Ergebnisse ist es nicht unbedingt nothwendig, ein vorzügliches und kostbares Instrument zu besitzen; es genügt für diesen Zweck meist ein einfacheres, dabei gut und sauber gearbeitetes Mikroskop. Da zur Prüfung sowohl von Hautschnitten als auch von Mikroorganismen, die die hauptsächlichsten Untersuchungsobjekte in Gerbereien darstellen, meist starke Vergrösserungen sich nothwendig machen, so ist es von grösster Wichtigkeit, dass das Mikroskop absolut feststeht und keinerlei Erschütterungen ausgesetzt ist. Bei den ganz billigen Mikroskopen ist dies meist nicht der Fall. Eine genaue Einstellung ist möglich, wenn der ganze Obertheil des Mikroskopes sich mit Hilfe einer Schraube, die an einer hinter dem Tubus angebrachten Säule sich befindet, auf- und abbewegen lässt. Eine besondere Vorrichtung zur rohen Einstellung ist zwar angenehm, aber nicht unbedingt nothwendig. Ist der Tubus nur zum Ziehen eingerichtet, so soll derselbe zwar leicht gehen, aber dennoch fest genug sitzen, damit er nicht von selbst rutscht; er muss sich mit einer Art schraubender Bewegung leicht herauf und herab bewegen lassen. Zur Regulirung der auf das Untersuchungsobjekt fallenden Lichtmenge hat man gewöhnlich eine einfache drehbare Scheibe mit Oeffnungen verschiedener Grösse (Blenden); soll dieselbe ihren Zweck erfüllen, so muss sich dieselbe entweder unmittelbar unter oder doch nur in geringer Entfernung von dem Objekttisch befinden. Wesentlich zweckmässiger hierfür ist ein

Abbe'scher Beleuchtungsapparat mit Irisblende, der für genaue bakteriologische Arbeiten sogar unbedingt erforderlich ist; derselbe ist bei den meisten besseren Mikroskopen ohne weiteres anzubringen.

Ein bei billigen Mikroskopen häufig vorkommender Fehler besteht darin, dass der Fokus der von der Lampe auf den Spiegel fallenden Strahlen nicht genau mit dem Objekte zusammenfällt, sondern gewöhnlich etwas höher liegt. Dieser Fehler kann bis zu einem gewissen Grade dadurch beseitigt werden, dass man zwischen Lampe und Mikroskop eine sogen. Schusterkugel einschaltet. Ein anderer zuweilen vorkommender Fehler ist der, dass der Mittelpunkt des Spiegels nicht in einer Linie mit den Linsencentren liegt.

Beim Ankauf eines Mikroskopes ist es empfehlenswerth, ein Stativ zu wählen, bei dem man irgend welche Ergänzungen etc. ohne weiteres anbringen kann. Die besseren Instrumente sind gewöhnlich mit dem sogen. Normalgewinde versehen, bei welchem dies stets möglich ist.

Der optische Theil des Mikroskopes besteht aus dem „Objektiv", das aus mehreren Linsen zusammengesetzt ist und in den unteren Theil des Tubus eingeschraubt werden kann; dasselbe liefert ein vergrössertes Bild des Objektes, welches durch das „Okular" wiederum vergrössert wird; dieses letztere, welches oben in den Tubus eingesetzt wird, stellt eine Kombination von zwei Linsen dar. Von diesen beiden Linsensystemen ist das Objektiv das wichtigste und zugleich theuerste; wenn das Bild irgend eines Gegenstandes nicht bereits durch das Objektiv genügend aufgelöst ist, so nützt auch die weitere Vergrösserung durch das Okular nichts mehr. Es ist festgestellt worden, dass das „Auflösungsvermögen" oder die Eigenschaft, die genauen Details erkennen zu können, nicht allein von dem Vergrösserungsvermögen des Mikroskopes, sondern auch von der „Apertur" (Oeffnungswinkel) des Objektivs oder von der Weite des im Objektive sich sammelnden Strahlenkegels abhängt. Das Vergrösserungsvermögen ist von der Brennweite des Objektivs abhängig, und zwar ist es derselben umgekehrt proportional. Die Objektive werden mitunter nach ihren Brennweiten und die Okulare mit Zahlen bezeichnet. Die Tubuslänge bei deutschen Mikroskopen und den meisten anderen des europäischen Kontinents beträgt gewöhnlich 16 cm, während dieselbe bei englischen Instrumenten gewöhnlich 25.4 cm (= 10 engl. Zoll) ist. Der Tubus ist übrigens bei den meisten Mikroskopen verschiebbar, so dass derselbe auch verlängert und die Vergrösserung infolgedessen erhöht werden kann. Es kann dies mitunter von Vortheil sein, doch darf dabei nicht vergessen werden, dass ein Objektiv immer bei derjenigen Tubuslänge, auf die es eingestellt ist, die besten Bilder giebt.

Es darf nicht angenommen werden, dass die Entfernung des

Objektivs von dem Objekte bei genauer Einstellung gleich der nominellen Brennweite ist; diese letztere ist von dem optischen Centrum des Linsensystems gemessen. Bei allen stark vergrössernden Linsen sucht man die untere Linse so nahe als praktisch möglich an das Objekt heranzubringen, um einen möglichst weiten Strahlenkegel zu erhalten und dadurch die Lichtmenge wie das Auflösungsvermögen zu vergrössern. Oft ist diese Entfernung so gering, dass man nur mit ganz besonders dünnen Deckgläsern arbeiten kann und beim Einstellen sehr vorsichtig verfahren muss, damit keine Beschädigungen des Objektes oder sogar des Objektivs stattfinden. Alle Objekte, die bei starker Vergrösserung untersucht werden, müssen mit einem Deckgläschen bedeckt werden, und die besseren Objektive sind immer unter Berücksichtigung dieses Umstandes konstruirt; die Benutzung eines solchen Deckgläschens bedingt eine Korrektur, welche wieder von der Dicke des Deckgläschens abhängig ist. Manche Objektive sind mit einer Einrichtung versehen, mit Hilfe welcher diese Korrektur vorgenommen werden kann; die meisten sind jedoch für Deckgläser von bestimmter Dicke, gewöhnlich für die dünnsten, die überhaupt zu haben sind, eingerichtet.

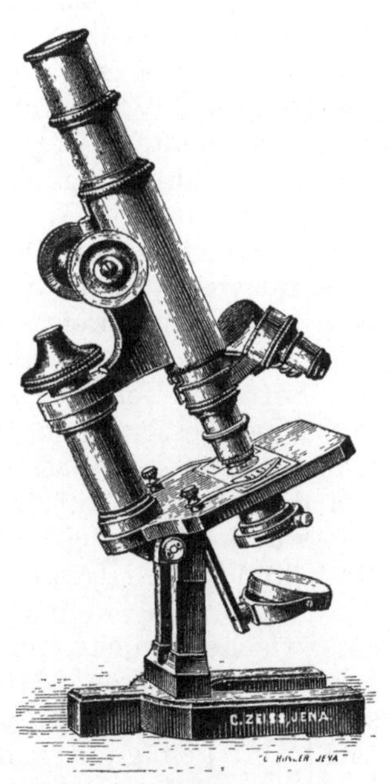

Fig. 19.

Die beschriebenen Objektive sind sogen. „trockne“, d. h. es befindet sich zwischen der untersten Objektivlinse und dem Deckglas ein Luftraum. Nach einem bekannten optischen Gesetz tritt ein durch Glas oder Wasser gehender Lichtstrahl unter gewissen Verhältnissen beim Auftreffen auf die Oberfläche nicht in die Luft aus, sondern wird „total reflektirt“. Diese Erscheinung kann beobachtet werden, wenn man durch die Seitenwandungen eines mit Wasser gefüllten Gefässes schief gegen die Wasseroberfläche sieht; von einem bestimmten Winkel an wird man nicht mehr durch die Wasserfläche hindurch sehen können. Für Glas beträgt dieser Winkel 41^0; es ist daher unmöglich, bei der Betrachtung eines unter einem Deckglase befindlichen Objektes einen Strahlenkegel zu erhalten, dessen Seiten unter einem grösseren Winkel als 82^0 gegeneinander geneigt sind; alle ausserhalb desselben liegenden Strahlen werden nach unten reflektirt. Wird jedoch zwischen Deckglas und Objektiv ein Tropfen Wasser gebracht, so wird dieser Uebelstand beträchtlich vermindert; verwendet man anstatt Wasser eine andere Flüssigkeit, die nahezu denselben Brechungsindex wie Glas hat, z. B. Cedernöl, so wird er vollständig beseitigt und sämmtliche Lichtstrahlen erreichen dann das Objektiv. Derartige Objektive bezeichnet man als „Immersionsobjektive“, und zwar diejenigen, die ein Oel mit dem gleichen Brechungsindex wie Glas verwenden, als „Oel“- oder „homogene“ Immersionen. Die Oelimmersion $^1/_{12}$ ist für bakteriologische Untersuchungen meist unentbehrlich.

Die Beleuchtung ist bei mikroskopischen Untersuchungen einer der wichtigsten Punkte. Bei schwächeren Vergrösserungen genügt es, wenn man bei gutem Tageslicht arbeitet oder wenn man das Objekt mit Hilfe einer sogen. Schusterkugel beleuchtet. In solchen Fällen brauchen die Objekte nicht durchsichtig oder besonders vorbereitet zu sein; es kann sich dies natürlich nur auf oberflächliche Vorprüfungen beziehen. Betrachtet man auf diese Weise beleuchtete Gegenstände, so erscheinen infolge einer Art optischer Täuschung Erhebungen häufig als Vertiefungen, bez. umgekehrt, und es ist zunächst schwierig, sich von dem Gegenstande ein richtiges Bild zu machen. Wenn man jedoch berücksichtigt, von welcher Seite das Licht kommt und dass im Mikroskop alles umgekehrt erscheint, so ist es leicht, über diese Schwierigkeit hinwegzukommen.

Bei allen feineren Arbeiten und besonders auch bei den stärkeren Vergrösserungen ist es nothwendig, dass das Objekt durchscheinend ist und dass zum Zweck der Untersuchung das Licht von dem Spiegel auf dasselbe geworfen wird.

Gutes Tageslicht ist dem Auge am wenigsten schädlich. Muss künstliches Licht angewendet werden, so eignet sich hierzu am besten eine kleine Paraffinlampe; ein blauer Cylinder oder ein zwischen Objekt und Spiegel oder zwischen Lampe und Mikroskop angebrachtes blaues Glas schont das Augenlicht und gestattet ausserdem eine bessere Unterscheidung der Farben. Das Licht soll genügend hell, darf aber nicht blendend sein. Sobald durch das Mikroskopiren eine Abspannung eintritt, soll dasselbe unterbrochen werden; es soll diese Arbeit auch nie kurz nach einer Mahlzeit ausgeführt werden. Man soll sich möglichst daran gewöhnen, beim Mikroskopiren beide Augen offen zu behalten.

Beobachtet man bei Tageslicht, so ist es gewöhnlich am besten, die Planseite des Spiegels zu verwenden, während bei Lampenlicht die konkave Seite benutzt wird; man stellt dann die Lampe und den Spiegel so ein, dass sämmtliches Licht gerade auf dem Objekt vereinigt wird.

Ist das Mikroskop mit dem Abbe'schen Beleuchtungsapparat und mit der Irisblende versehen, so sind die genannten Hilfsmittel mehr oder weniger entbehrlich; dieser Apparat ermöglicht ein einfacheres, vor allen Dingen auch vollkommeneres Arbeiten. Bei Benutzung desselben oder einer Sammellinse unter dem Objekttisch verwendet man die Planseite des Spiegels.

Einstellung. Aus dem Gesagten geht hervor, dass man namentlich bei den stärksten Vergrösserungen sehr vorsichtig sein muss, damit beim Herabschrauben des Objektivs nicht das Deckglas und das Objekt selbst verletzt werden. Um dies zu vermeiden, schraubt man erst vorsichtig so weit als möglich herunter und dann bis zur richtigen Einstellung wieder aufwärts.

Bei der Beobachtung soll man die Finger stets an der Justirschraube behalten und diese immer etwas drehen, damit das Objekt in verschiedenen Tiefen gesehen werden kann; auf diese Weise erhält man ein besseres Bild von der Struktur des Objektes. Es muss hierbei daran erinnert werden, dass man bei stark vergrössernden Objektiven bei einer gewissen Einstellung nur eine ausserordentlich dünne Schicht sehen kann; wenn auch der Schnitt an und für sich schon sehr dünn ist, so hat derselbe in Anbetracht des Vergrösserungsvermögens eine verhältnissmässig bedeutende Dicke, so dass wir sehr verschiedene Bilder erhalten können, je nachdem man auf eine obere oder untere Schicht einstellt. Es sei noch erwähnt, dass wir auf diesem Wege durch Objekte, die an und für sich undurchsichtig sind, durchsehen können, wenn sie genügend dünn geschnitten sind.

Durch Veränderung der Einstellung können wir Luftblasen von Oeltropfen unterscheiden. Diese beiden treten dem Mikroskopiker sehr oft entgegen und können bei Anfängern leicht zu irrigen Anschauungen führen; so beschreibt z. B. der Verfasser eines bekannten Buches über Gerberei die ersteren ganz genau und deutet sie als eine neue Eiweissart! Beide liefern regelmässige, kreisförmige Bilder, welche bei einer gewissen Einstellung mit einem deutlichen dunklen Gürtel umgeben sind. Schraubt man dann das Objektiv herunter, so wird, wenn es sich um Luftblasen handelt, der Gürtel breiter und das Centrum erscheint im glänzenden Lichte, während bei Oeltröpfchen der Rand heller wird, der dunkle Ring sich nach innen bewegt, dabei verschwommen und undeutlich wird und das Centrum dunkel erscheint. Schraubt man das Objektiv in die Höhe, so tritt bei den beiden Bildern das Umgekehrte auf. Sind Oeltröpfchen und Luftblasen zugleich vorhanden, so findet man, dass die dunklen Ränder der ersteren viel schmäler als die der letzteren sind, und dass die Oeltröpfchen oft wie kleine Linsen wirken, in welchen Bilder von ausserhalb befindlichen Objekten, wie von Fensterkreuzen, sichtbar sind. Oel- und Fetttröpfchen können in Gelatine und in Leim, welche in Wasser aufgequollen sind, fast immer beobachtet werden und sind bei diesen eine der Hauptursachen der Undurchsichtigkeit. Es ist mitunter zweckmässig, in fetthaltigen Flüssigkeiten, in Eidotter-Ersatzmitteln oder ähnlichen Präparaten die Grösse und die Zahl der Fettkügelchen zu bestimmen; man kann hieraus einen Schluss auf die Menge des vorhandenen Fettes und auf den Grad der Emulsionirung ziehen.

Herstellung der Präparate. Nur sehr wenige Objekte können ohne irgend welche Präparirung unter dem Mikroskope untersucht werden. Um den Narben von Leder bei schwacher Vergrösserung zu studiren, wird ein kleines Stück desselben mit der Narbenseite nach oben so flach als möglich auf einen Objektträger gelegt und bei geringer Vergrösserung und bei reflektirtem Lichte beobachtet. Durch Bewegen der Lichtquelle oder des Objektes selbst verändert man die Richtung des einfallenden Lichtes, so dass eine Beobachtung unter möglichst verschiedenen Lichtverhältnissen stattfindet. Auf die gleiche Weise wird ein dünner Abschnitt des Leders, welcher den sogen. „Schnitt" zeigt, geprüft; es lassen sich hierbei die einzelnen Faserbündel, die mehr oder weniger feine Struktur, die dunklen glänzenden Enden der durchgeschnittenen Bündel und zuweilen auch Krystalle von Katechin, Glykose, Barytverbindungen oder andere Beschwerungsmittel erkennen. In ähnlicher Weise können gemahlene Gerbmaterialien untersucht werden; eine geringe Menge derselben wird auf dem Deckglase verstaubt und dann unter dem Mikroskope mit einem aus zweifellos reinem Material hergestellten Präparate verglichen; Verfälschungen mit anderen pflanzlichen Gerbmaterialien oder mit Sand lassen sich so nachweisen.

Bei allen starken Vergrösserungen ist unbedingt durchfallendes Licht anzuwenden. Am leichtesten lässt sich dies ausführen, wenn die Untersuchungsobjekte genügend klein oder weich sind, so dass man, ohne besondere Schnitte herstellen zu müssen, eine dünne Schicht unter ein Deckglas bringen kann. Gewöhnlich werden derartige Objekte in Wasser oder Glycerin untersucht; sind dieselben an und für sich durchsichtig, so können sie, wie z. B. Stärke oder Krystalle, auch im trocknen Zustande betrachtet werden. Man nimmt z. B. Arrowroot- oder Kartoffelstärke, giebt so wenig auf einen Objektträger, dass sich nur einige Stäubchen auf demselben befinden; man bedeckt dieselben mit einem Deckgläschen und legt den Objektträger auf den vollständig horizontal stehenden Objekttisch des Mikroskopes. Man beobachtet alsdann bei stärkerer Vergrösserung, wobei die Stärkekörner als flache, eirunde Gebilde gesehen werden. Bei vorsichtiger Einstellung und Belichtung sieht man gewöhnlich mehr nach dem einen Ende der Körner zu einen kleinen Fleck, den sogen. „Kern" oder das „Hilum", während die Oberfläche des Kernes mit Ringen versehen ist, in deren Mittelpunkt der Kern liegt. Die meisten anderen Stärkekörner sind kleiner als die genannten und häufig auch von anderer Form. Während Kartoffelstärkekörner eine Länge von 180 μ (Tausendstel Millimeter, Mikromillimeter) erreichen, bildet Reisstärke kleine, vieleckige Körner, deren Länge 6 μ nicht überschreitet. Bei manchen Stärkekörnern, namentlich bei denjenigen der Bohnenarten, gehen von dem Kerne nach dem Rande zu spaltförmige Risse aus. Eine gute Zusammenstellung der verschiedenen Formen der Stärkearten befindet sich in Höhnel's „Stärkemehl und Mahlprodukte", in Nägeli's „Stärkekörner", in Allen's „Commercial Analysis", Bd. 1. Die Stärke ist im Pflanzenreiche ausserordentlich verbreitet; sie ist in Früchten, Wurzeln, sogar in den Baumrinden vorhanden. Die Stärkekörner einiger Gerbmaterialien sind sehr charakteristisch (z. B. bei der *Angica*-Rinde, *Cänaigre* etc.). Nützliche Aufschlüsse werden häufig durch Nachweis und Identificirung von Stärkekörnern erhalten, wie z. B. bei der Prüfung der in der Weissgerberei und Zurichterei gebräuchlichen Mehlsorten. Man vergleicht in solchen Fällen die betreffenden Objekte mit nachweislich reinen Präparaten.

Das soeben Gesagte bezieht sich nur auf die trockne Untersuchung der Stärke. Man bringt nunmehr auf das Präparat ein Tröpfchen Wasser und legt das Deckgläschen zur Vermeidung von Luftblasen mit Hilfe einer Pincette auf. Man wird jetzt die rundliche Form der Stärkekörner weniger gut sehen, und zwar noch schlechter, wenn man anstatt des Wassers Glycerin verwendet hat; die Stärkekörner erscheinen flach und fast durchsichtig. Es wird hierdurch ein allgemeines Princip der Mikroskopie, dessen Ursache nicht ausser Acht gelassen werden darf, illustrirt. Betrachtet man einen Glasstab in der Luft, so ist seine Gestalt deutlich zu sehen. Taucht man denselben nacheinander in Wasser, Glycerin, Nelkenöl, Terpentinöl und Schwefelkohlenstoff, so wird er weniger und weniger sichtbar und ist in dem letzten schliesslich kaum noch zu bemerken. Wiederholt man diesen Versuch mit einem Bausch Glaswolle oder mit Glaspulver, so erscheinen dieselben in der Luft ganz weiss und undurchsichtig, während sie im Schwefelkohlenstoff durchsichtig sind, so dass Druckschrift durch dieselben gelesen werden kann. Eine kurze Betrachtung giebt die Erklärung zu dieser Erscheinung. Das Glas ist an und für sich durchsichtig, aber an seiner Oberfläche wird das Licht auch gebrochen und nach allen Richtungen hin reflektirt; es dringt also nicht sämmtliches Licht in und durch das Glas. Wird dasselbe in eine Flüssigkeit gebracht, welche annähernd denselben Brechungsindex wie Glas hat, so verhält es sich in optischer Beziehung wie ein Gegenstand, durch den das Licht vollständig ungehindert hindurchgeht. Das unter dem Mikroskope sichtbare Gefüge eines Objektes kann meistens als durchscheinend betrachtet werden; bringt man dasselbe in irgend welche Medien, welche, wie Glycerin, Nelkenöl und Balsam, fast denselben Brechungsindex wie das Objekt selbst haben, so wird es in der gleichen Weise wie Glaspulver aufgehellt. Es kann dies oft von grossem Werthe sein, da es uns befähigt, die Struktur des Objektes besser prüfen zu können; es sind dann aber, wie bereits erwähnt, die äusseren Formen weniger sichtbar. Um diese Schwierigkeit zu umgehen, nehmen wir unsere Zuflucht zu dem Färben der Objekte, wobei die Struktur durch die Verschiedenheit der Farbe sichtbar wird.

Man bringt einen kleinen Tropfen von Jod-Jodkaliumlösung an die eine Seite des Deckglases, unter dem sich ein Stärkepräparat befindet, und an die entgegengesetzte Seite einen kleinen Streifen Filtrirpapier; alsdann betrachtet man das Objekt unter dem Mikroskope. Man sieht, dass die Lösung sich unter das Deckglas gezogen und die Stärkekörner tief indigoblau gefärbt hat. Man kann also auf diese Weise Stärkekörner sehr gut nachweisen.

Ist das Mikroskop mit einem Polarisationsapparat versehen, so betrachtet man die Stärkekörner bei gekreuzten Nicols; man sieht hierbei auf dunklem Grunde ein charakteristisches helles Kreuz, welches beim Drehen des Analysators aus Hell in Dunkel übergeht. Das Polariskop kann beim Mikroskopiren sehr werthvolle Aufschlüsse liefern; es muss hierzu auf Handbücher der Mikroskopie verwiesen werden.

Fasrige, pulverförmige und teigige Substanzen der verschiedensten Art können, ebenso wie Stärke, in Wasser untersucht und, wenn nöthig, auf verschiedenste Weise gefärbt werden. Bei vielen Materialien besteht eine einfache und leichte Art der Präparirung darin, dass dieselben mit Hilfe mehrerer Nadeln, sogen. Präparirnadeln, zerfasert oder in einem Mörser zerrieben werden. Derartige Nadeln kann man sich selbst herstellen, indem man eine gewöhnliche Nähnadel mit einer Zange kurz abbricht, alsdann mit der Spitze in einen hölzernen Federhalter ein Loch bohrt und das abgebrochene Ende in dieses fest hineinsteckt. Ein kleines Hautstück kann auf diese Weise in einem Tropfen Wasser oder Glycerin auf einem Objektträger zerfasert werden; sollen die einzelnen Fasern bei sehr starker Vergrösserung betrachtet werden, so kann man dieselben, wenn es sich nothwendig macht, mit Blauholz oder einem Anilinfarbstoff (vergl. S. 265) färben. Ein kleines Stück mageres Fleisch, am besten im gekochten Zustande, kann als Vergleichsobjekt dienen, da die Muskelbündel in vieler Beziehung den Faserbündeln der Haut sehr ähnlich sind; die feinsten Fasern zeigen jedoch bei sehr starker Vergrösserung Querstreifen, die für alle willkürlichen Muskeln charakteristisch sind.

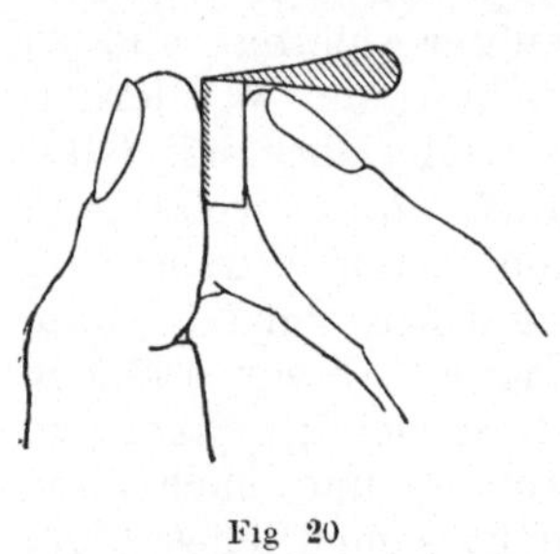

Fig. 20

Um einen klaren Begriff von der allgemeinen Struktur der Haut zu erhalten, ist es fast stets nothwendig, sich Schnitte derselben herzustellen. Schnitte von Pflanzentheilen lassen sich leichter als solche von Thiertheilen herstellen; eine rohe Kartoffel, eine Rübe oder ein Rettig ist ein geeignetes Objekt, um sich darin zu üben. Ein derartiger Gegenstand lässt sich besser schneiden, wenn man sich zunächst einen Würfel von etwa 1 cm Seitenlänge schneidet und denselben härtet, indem man ihn auf ein oder zwei Tage erst in verdünnten und dann in starken Methylalkohol, der das überflüssige Wasser entzieht, einlegt. Man nimmt dieses Stück, wie es die Fig. 20 zeigt, zwischen Zeigefinger und Daumen und schneidet mit einem scharfen Rasirmesser, das zuvor mit verdünntem Alkohol benetzt worden ist, ein dünnes Schnitzel ab. Dieser Schnitt wird mit einem mit verdünntem Alkohol befeuchteten Haarpinsel sorgfältig entfernt und in ein mit Wasser oder Alkohol gefülltes Uhrglas oder in eine Porzellanschale gebracht. Zuweilen wird auch beim Schneiden Wasser anstatt Alkohol verwendet; der letztere eignet sich jedoch im allgemeinen besser hierzu. Namentlich im Anfang findet man, dass nur wenige Schnitte dünn genug sind; es ist deswegen am besten, wenn man sich eine grössere Anzahl herstellt, die dickeren verwirft und die dünneren für die Untersuchung verwendet. Diese letzteren werden nunmehr in Wasser auf einem Objektträger und unter einem Deckgläschen unter dem Mikroskope betrachtet; wenn es nothwendig ist, färbt man dieselben mit Jodlösung, wobei, wie oben erwähnt, die Stärke blau und das Protoplasma der Zellen gelb gefärbt wird. Ein dünner Schnitt, selbst wenn er verletzt ist, giebt meist ein besseres Bild als ein unversehrter von grösserer Dicke.

In Alkohol gehärtete Stücke von einer Leber oder Niere sind ebenfalls sehr geeignete Objekte, um sich in der Herstellung von Schnitten zu üben; dieselben können auch gefärbt und als sogen. „Dauerpräparate“ ebenso wie Hautschnitte (S. 266) aufgehoben werden. Kleine oder dünne Stücke derselben werden am besten zwischen Korkstücke, Hollundermark oder Rübenstücke gesteckt oder in Paraffin oder ein Gemisch von Stearin und Naphthalin eingebettet. Zu diesem Zwecke füllt man eine kleine aus Papier hergestellte Form mit dem geschmolzenen Gemisch; wenn dasselbe anfängt fest zu werden (aber nicht eher), hält man das betreffende Stück mit einer Nadel oder Pincette hinein, bis es vollständig erstarrt ist. Dieser kleine Block wird alsdann durch Beschneiden in eine geeignete Form gebracht, worauf man sich die Schnitte herstellt.

Es ist fast unmöglich, mit der Hand die allerfeinsten Schnitte herzustellen; es kann dies mit Hilfe eines Mikrotomes geschehen. Bei Haut ist es jedoch schwer, mit einem derartigen Instrumente die Schnitte in der richtigen Richtung zu schneiden, während es sich bei Gerbmaterialien sehr gut ausführen lässt. Beschreibungen der genauen Handhabung eines Mikrotomes finden sich in jedem Handbuche der Mikroskopie.

Das Mikroskop leistet ausser zum Studium der Struktur auch insofern gute Dienste, als man mit demselben sehr geringe Mengen irgend welcher Substanzen mit Hilfe chemischer Reaktionen (auf mikrochemischem Wege) nachweisen kann. Krystalle können an ihrer Form und, wenn eine Polarisationseinrichtung vorhanden ist, an ihrem Verhalten gegenüber polarisirtem Licht, das oft prächtige Farbeneffekte liefert, erkannt werden. Man fügt zu dem auf einem offenen Objektträger oder unter einem Deckglase befindlichen Präparate, in gleicher Weise wie die Jodlösung zu der Stärke, eine geringe Menge irgend eines chemischen Reagenses und beobachtet bei geringerer Vergrösserung; z. B. Eisen lässt sich auf diese Weise mit Tannin oder mit Ferrocyankalium, Karbonate durch die Entwicklung von Gasbläschen bei Gegenwart von Säuren (es ist dies unter einem Deckglas am besten sichtbar), Gerbstoff in Pflanzenzellen mit Eisenlösung, Fett durch Schwarzfärbung mit Osmiumsäure u. s. w., nachweisen.

Genaue Einzelheiten über die Zusammensetzung des Mikroskopes und über mikroskopisches Arbeiten überhaupt findet man in DIPPEL's „Grundzüge der allgemeinen Mikroskopie“ und in den weiter unten angeführten bakteriologischen Werken.

Es ist ferner auch von grossem Werthe, wenn man die unter dem Mikroskope betrachteten Objekte messen und aufzeichnen kann. Eins der einfachsten Mittel für diesen Zweck ist eine kleine, in Quadrate eingetheilte Glasscheibe, die in das Okular des Mikroskopes eingeschoben werden kann. Man kann dann unter Benutzung des sogen. Millimeterpapieres, wie es von den Ingenieuren und Architekten verwendet wird, bei einiger Uebung im Zeichnen eine genaue Darstellung dessen, was man gesehen hat, wenigstens in Bezug auf die Umrisse wiedergeben. Ersetzt man dann das Objekt durch eine Mikrometer-Skala (ein Gläschen, auf dem ein Millimeter in 100 Theile getheilt ist), so kann auch diese Eintheilung aufgezeichnet werden und man kann dann ohne weiteres die Grösse des Objektes und seiner Theile messen. Besitzt das Mikroskop einen verschiebbaren, getheilten Tubus (so dass man die Vergrösserung variiren kann), so ist es leicht, das mit einem gewissen Objektiv und Okular erhaltene Bild so einzustellen, dass eine gewisse Anzahl der Einheiten der Mikrometertheilung mit einer Quadratseite des im Okular befindlichen Glases sich genau deckt; ist dies einmal festgestellt und macht man die Zeichnung immer bei derselben Tubuslänge, so braucht man dann weiter keine Messungen vorzunehmen. Bei manchen Mikroskopen ist anstatt der Quadrateintheilung im Objektiv eine Skala, welche in der gleichen Weise zum Messen, aber nicht zum Zeichnen sich eignet.

Zeichnungen können auch mit Hilfe der Camera lucida ausgeführt werden; dieselbe besteht entweder aus einem Prisma oder aus einer durchsichtigen Glasscheibe, die auf das Okular so aufgesetzt werden, dass man das reflektirte Bild des Objektes gleichzeitig auf einem auf dem Tische liegenden Bogen Papier sieht, wenn man nach der horizontalen Aufstellung des Mikroskopes durch die Camera rechtwinklig auf das Mikroskop sieht; man zieht alsdann einfach die Linien nach. Es giebt auch Instrumente, bei welchen die Aufstellung derselben in horizontaler Lage wegfällt. Das Mikroskop muss immer so eingestellt werden, dass die Linien auf dem Papier ebenso scharf als das Objekt gesehen werden und dass durch eine geringe Bewegung des Auges keine Verschiebung des reflektirten Bildes stattfindet. Das Licht muss durch die Blendung so regulirt werden, dass man Gegenstand und Bild gleichzeitig sehen kann, was nicht immer so leicht ist. Benutzt man Millimeterpapier, so ist es selbstverständlich, dass die Objekte in der beschriebenen Weise auch gemessen werden können. Ein sehr einfacher Ersatz der Camera lucida besteht darin, dass man an dem Okular ein dünnes Deckglas unter einem Winkel von 45^0 mit Hilfe eines Korkstückes befestigt.

Die Maasse mikroskopischer Objekte werden jetzt gewöhnlich in μ, das sind Tausendstel Millimeter, angegeben.

XXIII. Abschnitt.

Die mikroskopische Struktur der Haut.

Die Häute der für die Gerberei in Betracht kommenden grossen Anzahl verschiedener Säugethiere haben im wesentlichen die gleiche Struktur. Die Beschreibung der anatomischen Beschaffenheit der Haut eines Rindes gilt ohne weiteres auch für die des Schafes, der Ziege, des Kalbes etc.; dieselben unterscheiden sich nur in Bezug auf die Stärke, auf die Textur u. dergl. Die Unterschiede zwischen den Häuten der Säugethiere und denen der Fische, Eidechsen, Alligatoren und Schlangen sind dagegen bedeutender.

In ihrem natürlichen Zustande dient die Haut nicht nur als Decke für das betreffende Thier, sondern sie ist zugleich Gefühlsorgan und wird ausserdem zur Ausscheidung verschiedener Stoffe benutzt; die Struktur derselben ist infolgedessen eine ziemlich komplicirte. Die Haut besteht aus zwei Hauptschichten, der Epidermis (Epithelium, Cuticula, Oberhaut) und dem Corium (Derma, Cutis, eigentliche Haut oder Lederhaut); dieselben sind nicht nur in Bezug auf Struktur und ihre Funktionen, sondern auch in Bezug auf ihre Entstehung vollständig verschieden. In den Eiern der Vögel und dem Ovum der höheren Thiere besteht der Lebenskeim aus einer einzigen Zelle, die sofort nach der Befruchtung durch wiederholte Theilung sich zu vermehren beginnt. Bei den auf diese Weise gebildeten Zellen kann man deutlich drei Schichten unterscheiden; aus der oberen derselben geht die Epidermis hervor, während die eigentliche Haut, ferner auch die Knochen und Knorpel aus der mittleren gebildet werden.

Diesem entwickelungsgeschichtlichen Unterschied entspricht eine grosse Verschiedenheit sowohl in anatomischer als auch in chemischer Beziehung. Der Epidermis, welche im Vergleich zur eigentlichen Haut sehr dünn ist und welche bei den Vorarbeiten der Gerberei vollständig entfernt wird, kommen sehr wichtige Funktionen zu; dieselbe ist in Fig. 21 bei *O* und in stärkerer Vergrösserung in Fig. 23 dargestellt. Die innere schleimige Schicht e_{III}, das sogen. MALPIGHI'sche Schleimnetz, welches auf der eigentlichen Haut aufliegt, ist weich und besteht aus lebenden

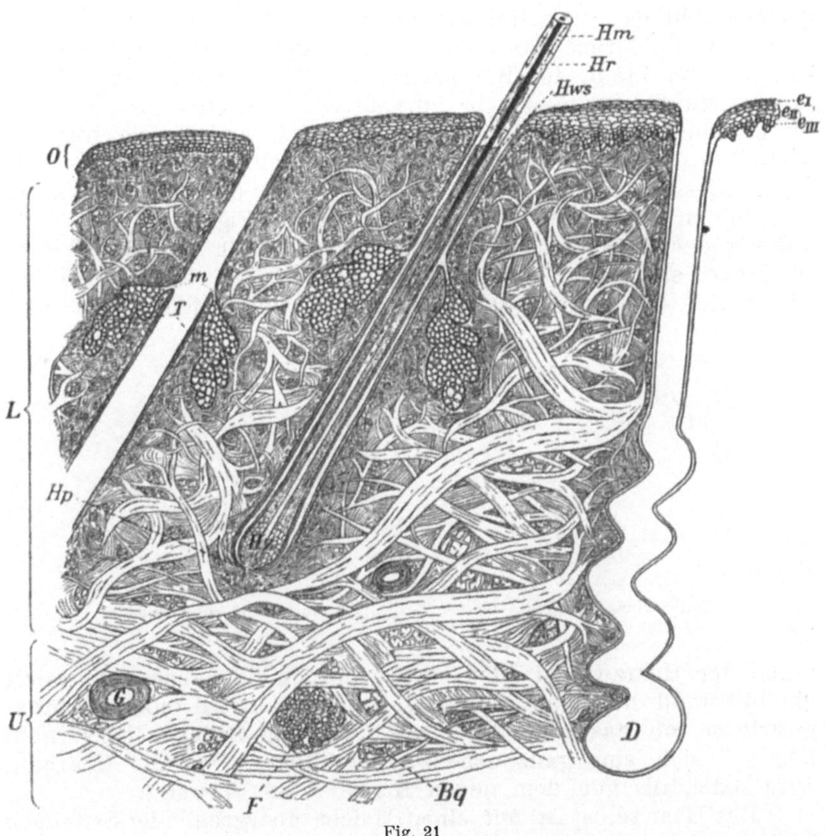

Fig. 21

Senkrechter Schnitt durch die Haut eines Rindes.

O = Oberhaut oder Epidermis; e_I = Hornschicht derselben, e_{II} = Körnerschicht, e_{III} = Schleimhaut; *L* = Lederhaut oder Corium oder Cutis; *U* = Unterhaut; *G* = Blutgefäss, quer durchschnitten; *D* = Schweissdrüse mit Schweisskanal; *T* = Talgdrüse; *m* = Mündung derselben in die Haartasche; *Hp* = Haarpapille; *Hz* = Haarzwiebel; *Hm* = Haarmark: *Hr* = Haarrinde; *Hws* = Haarwurzelscheide; *F* = Fettzellen der Unterhaut; *Bq* = Bindegewebsbündel, quer durchschnitten

gekörnten Zellen, die sich durch Theilung vermehren und Zellschichten von Keratin bilden. Diese Zellen sind in den unteren Schichten cylinderfömig, während sie sich nach der Aussenseite abplatten; auf der Oberfläche der Haut trocknen dieselben aus und bilden die Hornschicht e_I. Diese letztere wird beständig abgestossen, und zwar in Form der sogen. „Schuppen", und ebenso beständig von unten herauf durch Vermehrung der Zellen erneuert. Das Haar, sowie die Schweiss- und Fettdrüsen gehen ebenfalls aus der Epidermis hervor. Aus Fig. 21 ist ersichtlich, dass jedes Haar in einer Art Scheide sitzt; dieselbe stellt einen Theil der Epidermis dar, welche das Haar in seinem unteren Ende umkleidet. Bei der Bildung eines Haares entsteht zunächst an der unteren Seite der Epidermis ein kleiner, aus Zellen bestehender Knoten und an der Stelle der Berührung mit dem Corium ein Knoten aus kapillaren Blutgefässen; der letztere vergrössert sich und dringt immer tiefer in das Corium ein, während gleichzeitig die Wurzel des jungen Haares, welche die kapillaren Blutgefässe in sich schliesst, gebildet wird. Diese letzteren ernähren das Haar und bilden die sogen. „Haarpapille“ (siehe Fig. 22). Die Entstehung der Fett- und Schweissdrüsen erfolgt in ähnlicher Weise. Die Haare sind keine Dauergebilde, sondern sie fallen nach gewisser Zeit aus, um durch neue ersetzt zu werden. Dem Aus-

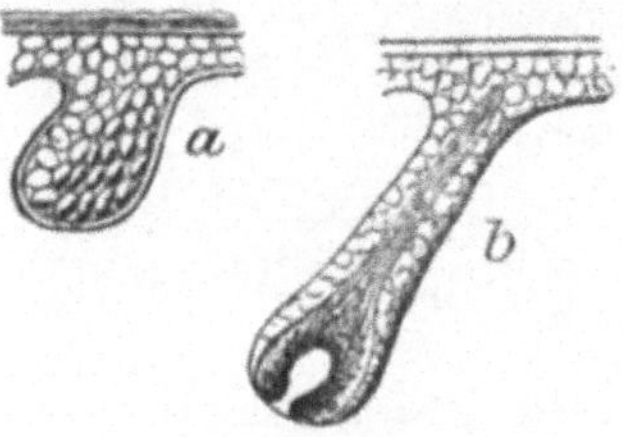

Fig. 22.
Die Entwicklung des jungen Haares.

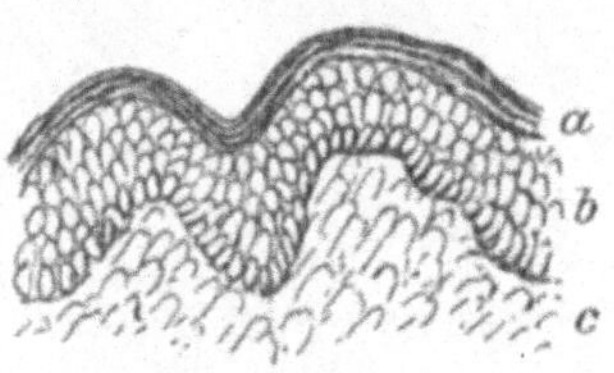

Fig. 23
Schnitt durch die Oberhaut

fallen der Haarzwiebel geht ein Verhornen derselben und damit ein Stillstand des Wachsthums voraus. Es wird noch darüber gestritten, ob das neue Haar aus der alten Zwiebel hervorgeht oder ob sich eine ganz neue Papille bildet. Der alte Haarbalg wird jedenfalls von dem neuen Haare wieder benutzt.

Das Haar selbst ist mit einer Schicht übergreifender Schuppen bedeckt, ähnlich wie die Ziegel auf einem Dache, nur nicht so regelmässig. Es erscheint dasselbe dadurch gewissermaassen gekerbt, was namentlich bei Wolle und bei manchen Pelzhaaren sehr ausgeprägt auftritt. Die Eigenschaft des Verfilzens wird dadurch bedingt. Von dieser als „Haar-Cuticula“ genannten Schicht wird eine faserige Substanz eingeschlossen, die den eigentlichen Haarkörper bildet; zuweilen, aber nicht immer, bemerkt man noch eine centrale Markschicht, die unter dem Mikroskope infolge des Einflusses eingeschlossener Luft oft schwarz und undurchsichtig erscheint. Wenn man das Haar kocht oder längere Zeit in Wasser, Alkohol oder Terpentinöl einweicht, so nehmen die mit Luft gefüllten Zwischenräume Flüssigkeit auf und erscheinen dann durchsichtig.

Der faserige Theil des Haares, der aus langen spindelförmigen Zellen besteht, enthält das Pigment, welches dem Haar seine Farbe giebt. Das Haar des Hirsches unterscheidet sich von dem der meisten anderen Thiere dadurch, dass es fast ganz aus polygonalen Zellen gebildet wird, die bei weisser Farbe des Haares gewöhnlich mit Luft gefüllt sind. An seinem unteren Theile schwillt das Haar zu einem hohlen zwiebelförmigen Gebilde an und endigt in der Haarpapille (*h* Fig. 24), die mit Blutgefässen und Nerven versehen ist und die Ernährung des Haares besorgt. Die Haarzwiebel besteht aus runden, weichen Zellen, die sich rasch vermehren und durch die Haarscheide nach aufwärts drängen; dieselben verlängern sich daselbst, verhärten und bilden auf diese Weise das Haar. Bei dunklem Haar sind sowohl die Zellen des Haares als die der Scheide stark gefärbt. Die mit dunklen Haaren besetzten Theile der Haut erscheinen nach der Entfernung der Haare durch das übliche Aeschern immer noch gefärbt; es rührt dies von den gefärbten Zellen der Haarscheide her, die nur durch Beizen und gutes Reinmachen entfernt werden können. Die die Haarzwiebel umgebenden Zellen (Fig. 24) vermehren sich nach oben zu und umhüllen das Haar wie mit einem Mantel; man bezeichnet diese Hülle als „innere Wurzelscheide". Diese besteht wieder aus zwei getrennten Schichten, von welchen die innere „Huxley'sche", die äussere „Henle'sche" Schicht genannt wird. Dieselben gehen aus den gleichen, an der Basis des Haares befindlichen Zellen hervor; die der inneren Schicht bleiben polygonal und gekörnt, während sie in der äusseren Schicht spindelförmig und ungekörnt sind. Die innere Wurzelscheide reicht nicht bis zur Oberfläche der Haut, sondern geht in die Talgdrüsen über. Fig. 24 stellt die Wurzel eines Ochsenhaares dar; *a* ist das Haarmark, *b* die Haarrinde (*cuticula*), *c* die innere Wurzelscheide, *d* die äussere Wurzelscheide, *e* Epidermicula, *f* Ursprung der inneren Scheide, *g* Haarzwiebel, *h* Haarpapille.

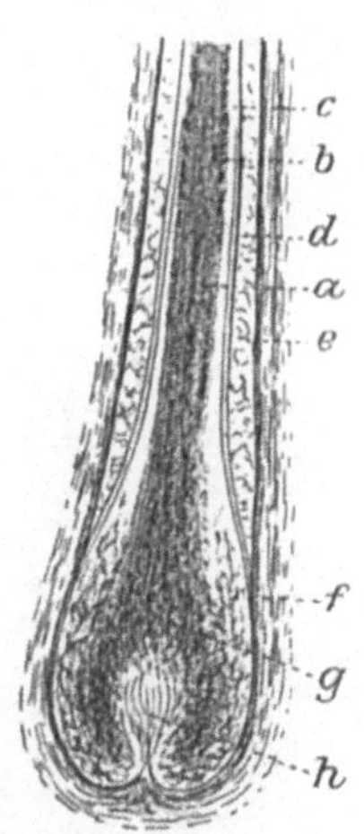

Fig. 24.

Die innere Wurzelscheide ist von einer Schicht gekörnter Zellen umgeben, die mit der Epidermis zusammenhängt; es ist dies die äussere Wurzelscheide (*d* Fig. 24). Diese und die Epidermis sind vom Corium durch eine äusserst feine Membran, die sogen. Hyalin- oder Glasschicht, getrennt. Wahrscheinlich bildet dieselbe den Narben auf der Oberfläche des gegerbten Leders. Die ganze Haarscheide wird von einem Ueberzug von elastischen und Bindegewebsfasern, die mit Nerven und Blutgefässen durchsetzt sind und einen Theil des Coriums bilden, eingeschlossen.

Kurz vor dem Heraustreten der Haare aus der Oberfläche der Haut münden die Gänge der Talgdrüsen (*m*, *T*, Fig. 21) ein und sondern daselbst zur Geschmeidigerhaltung des Haares eine Art Oel ab. Die Talgdrüsen selbst setzen sich aus grossen gekörnten Zellen in traubenartiger Anordnung zusammen; Fig. 25 zeigt eine solche bei starker Vergrösserung. Die obigen und die mehr in der Mitte liegenden Zellen sind meist fettreicher, was in der Figur durch feine Punktirung angedeutet ist.

Wie bereits erwähnt, gehen die Schweissdrüsen auch aus der Epidermis hervor. Fig. 21 zeigt dieselbe bei *D* und Fig. 26 stellt sie in noch stärkerer Vergrösserung dar: *a* die durch den Schnitt freigelegten Windungen; dieselben bestehen beim Rind

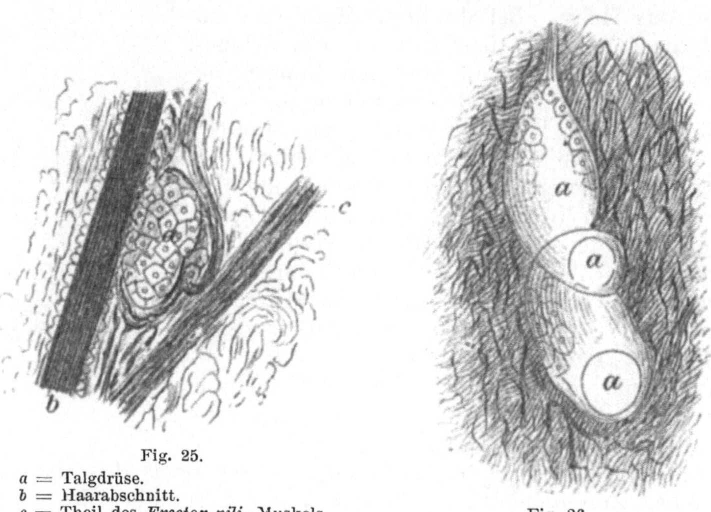

Fig. 25.
a = Talgdrüse.
b = Haarabschnitt.
c = Theil des *Erector pili*-Muskels.

Fig. 26.

und beim Schaf aus einem langen, weiten, etwas gewundenen Schlauch. In dieser Beziehung unterscheiden sie sich wesentlich von denen der menschlichen Haut, die einen kugelförmigen Knoten von stark gewundenen Schläuchen bilden. Die Wandungen dieser Drüsen bestehen aus langgestreckten Bindegewebsfasern, die mit einer einzelnen Schicht grosser gekörnter Zellen bedeckt sind; diese letztere bewirkt die Absonderung des Schweisses. Die Drüsengänge, deren Wandungen wie die der äusseren Haarscheide aus gekörnten Zellen bestehen, sind ausserordentlich eng; zuweilen führen dieselben direkt durch die Epidermis an die Oberfläche, meist aber enden sie an der Ausmündung einer Haarscheide, also gerade an der Oberfläche der Haut. Jedes Haar besitzt einen Quermuskel, *arrector* oder *erector pili* genannt (*c*, Fig. 25); derselbe zieht sich bei Empfindungen von Kälte oder Furcht zusammen und bewirkt dann das sogen. „zu Berge Stehen“; sind diese Empfindungen in noch stärkerem Maasse vorhanden, so tritt die unter der Bezeichnung „Gänsehaut“ bekannte Erscheinung auf. Dieser Muskel, der zu den nicht gestreiften und nicht willkürlichen gehört, setzt in der Nähe der Haarwurzel an und erstreckt sich bis zur Epidermis; er liegt gerade unter der Talgdrüse, die er zusammenzudrücken vermag.

Ausser den Haaren, Haarscheiden, Talg- und Schweissdrüsen gehen aus der Epidermis noch andere hornartige Gebilde hervor, wie z. B. Hörner, Hufe, Klauen, Fingernägel; dieselben haben sowohl in chemischer als auch in anatomischer Beziehung eine grosse Aehnlichkeit mit übertrieben ausgebildeten Haaren, wie z. B die Stacheln des Stachelschweines.

Das Corium oder die Lederhaut ist in der Hauptsache aus verschlungenen Bündeln weisser Fasern, der sogen. „Bindegewebsfasern“ zusammengesetzt; diese Fasern bestehen wieder aus Fäserchen von ausserordentlicher Feinheit, die durch eine Substanz (Coriin oder Intercellularsubstanz), die von derjenigen der Faser selbst etwas verschieden ist, verkittet sind. Es lässt sich dies nachweisen, wenn man ein kleines Stück Haut auf einige Tage in einer verschlossenen Flasche in Kalk- oder Barytwasser, in welchem diese Intercellularsubstanz löslich ist, einlegt, alsdann ein kleines Stück desselben auf einem Objektträger mit einer Nadel zerfasert und dann bei mindestens 200—300 facher Vergrösserung unter dem Mikroskop betrachtet. In dem mittleren Theile der Haut bilden diese Faserbündel gewöhnlich ein etwas loseres Geflecht (besonders ist dies bei der Haut des Schafes der Fall, bei welcher dieser Theil auch stark von Fettzellen durchsetzt ist). Die äusserste, gerade unter der Epidermis liegende Schicht ist ausserordentlich dicht; die in derselben auslaufenden Faserbündel theilen sich daselbst in ihre Elementarfibrillen, welche sich wieder zu einer Schicht so innig miteinander verflechten, dass man sie kaum noch einzeln erkennen kann. Es ist dies die *pars papillaris*; dieselbe bildet die heller gefärbte Schicht (mit dem sehr feinen äusseren Belag zusammen), den sogen. „Narben“ des Leders. In diesem Theil liegen die Haartalgdrüsen eingebettet, während die Haarwurzeln und Schweissdrüsen in dem unteren, lockeren Gewebe liegen. Diese Schicht hat ihren Namen von den kleinen Erhebungen oder Papillen erhalten, mit welchen die ganze äussere Oberfläche besetzt ist und welche den charakteristischen Narben der verschiedenen Hautarten bilden. [1])

[1]) Es sei hier noch erwähnt, dass die Bezeichnung „Narben“ beim Gerber wenigstens drei verschiedene Bedeutungen hat, wodurch sehr leicht Verwirrungen veranlasst werden. Die ausserordentlich dünne Hyalinschicht, die dem Leder einen natürlichen Glanz verleiht, wird häufig als Narben angesprochen. Die Form und Gruppirung der Papillen und Haarmündungen wird als das „Muster“ des Narbens bezeichnet, ferner wird auch die *pars papillaris* „Narben“ genannt.

Die dem Fleische zugewendete Seite der Haut ist dichter als der mittlere Theil. Die der Oberfläche nahezu parallel laufenden Fasern haben einen mehr oder weniger membranartigen Charakter. Die Haut ist mit dem thierischen Körper vermittelst eines Netzwerkes von Bindegewebe (*panniculus adiposus*) verbunden, welches häufig eine grosse Menge von Fettzellen enthält und dann Fettpolster genannt wird. Dasselbe stellt die weisse Schicht dar, welche beim „Scheeren" zugleich mit anhängenden Fleischtheilen entfernt wird. Untersucht man ein kleines Stück des Fettgewebes mikroskopisch, so scheint es, als ob es aus lauter im Bindegewebe eingeschlossenen Fettkügelchen bestehe; wenn dasselbe mit Karmin oder Blauholz gefärbt wird (S. 265), so sieht man sofort, dass jedes Kügelchen sich in einer Zelle befindet, deren Kern und Protoplasma, von denen das Fett abgesondert wird, das Kügelchen gegen die Zellwandungen drücken. Es ist deswegen in der Gerberei nicht möglich, das Fett zu entfernen, bevor nicht die Zellen durch Kälken oder auf andere Weise gesprengt sind.

Viele Thiere (Rind, Pferd etc.) besitzen eine dünne Schicht eines über die innere Seite der Haut ausgebreiteten willkürlichen Muskels, der dazu benutzt wird, um durch schnelles Zusammenzucken die Fliegen zu vertreiben. Bei ungenügendem Scheeren wird diese Schicht häufig auf der Haut gelassen, dieselbe ist bei dem daraus hergestellten Sohlleder als dunkles Fleisch sichtbar. Sogar an dem zugerichteten Leder lässt sich dieselbe an ihrer Querstreifung noch erkennen.

Ausser den Bindegewebsfasern enthält die Haut eine geringe Anzahl gelber Fasern, die sog. „elastischen" Fasern. Wird ein dünner Hautschnitt einige Minuten in konc. Essigsäure oder in das auf S. 264 angegebene Gemisch von Essigsäure und Glycerin eingelegt und dann unter dem Mikroskope betrachtet, so erscheinen die weissen Bindegewebsfasern geschwollen und durchsichtig, die gelben Fasern treten dagegen deutlich hervor, weil sie von der Säure kaum angegriffen werden. Die Haarzwiebeln und Schweiss- und Talgdrüsen sind hierbei auch deutlich sichtbar.

Die Haut besitzt eine sehr grosse Anzahl von Nerven; jedes Haar ist mit Nervenfasern versehen, die bis in die Papilla und bis in die Haarscheide verlaufen. Dieselben können nicht ohne eine ganz besondere Präparation gesehen werden; soweit bekannt, sind sie in gerberischer Beziehung ohne jede Bedeutung. Die Blut- und Lymphgefässe spielen dagegen eine wichtigere Rolle. Man sieht dieselben bei der mikroskopischen Betrachtung von Schnitten; sie zeigen gekörnte Zellen, die denjenigen der Drüsen sehr ähneln, und sind mit einem Ueberzug von ungestreiften Muskelfasern und von Bindegewebsfasern versehen, die sowohl rundherum als auch der Länge nach verlaufen. Bei den Arterien ist dieser Muskelüberzug viel stärker als bei den Venen.

Der Besprechung der anatomischen Beschaffenheit der Haut

ist ein unverhältnissmässig weiter Raum an dieser Stelle zugetheilt worden; es ist aber unbestritten, dass zur Vornahme von Verbesserungen eine vollständige Kenntniss der betreffenden Materialien bis in's kleinste Detail unbedingt nothwendig ist; dieselbe kann aber nur durch ein eingehendes Studium der Haut mit Hilfe des Mikroskopes erlangt werden.

Hinsichtlich der Einzelheiten der Methoden beim mikroskopischen Arbeiten muss auf Abschnitt XXII verwiesen werden.

Untersucht man Leder im unpräparirten Zustande, so kann man nur wenig sehen. Wird die Narbenoberfläche des Leders bei geringer Vergrösserung und bei reflektirtem Lichte betrachtet, so sieht man die Anordnung, die Zahl und die Lage der Haarporen; dieselben sind bei den verschiedenen Häutearten sehr verschieden, so dass hier das mikroskopische Bild einen Aufschluss über die Hautart geben kann. Risse und gröbere Verletzungen der Narbenoberfläche können in gleicher Weise bei reflektirtem Lichte wahrgenommen werden. Eine Prüfung des „Schnittes" liefert Aufschluss über den Grad der Durchgerbung und über die Gegenwart von Beschwerungsmitteln. Vollständig durchgegerbte Leder zeigen zwischen den Fasern dunkelglänzende Massen, während bei ungenügend durchgegerbten Ledern diese Zwischenräume leer und die Fasern selbst mehr durchsichtig sind.

Krystallinische Beschwerungsmittel, wie z. B. Zucker und Barytsalze, sind häufig als Einlagerungen zwischen den Fasern oder in den Oeffnungen, in welchen die Haare gesessen haben, sichtbar.

Ein eingehendes Studium des Gerbeprocesses macht die genaue Prüfung der Struktur der Haut und der Veränderungen erforderlich, die unter dem Einflusse der verschiedenen Behandlungen während der Vorarbeiten und des Gerbeprocesses stattfinden. Es ist dies nur bei sehr dünnen Schnitten möglich, die nach der Härtung der Haut mit Alkohol oder einem andern Mittel mit einem Rasirmesser oder einem anderen geeigneten Schneideinstrument geschnitten worden sind; für technische Zwecke ist es aber oft wünschenswerth, eine Prüfung schnell, wenn auch nur roh vorzunehmen, z. B. um zu sehen, wie weit die Struktur der Haut (Haarscheiden, Talgdrüsen etc.) in irgend einem Stadium des Aescher- oder Beizprocesses bereits angegriffen, bez. zerstört ist. In solchen Fällen verfährt man in folgender Weise: Es wird, wie es Fig. 27 zeigt, ein kleiner Hautstreifen von der Narbenseite auf $^2/_3$ seiner Dicke durchschnitten und alsdann der gebildete Lappen umgeklappt; man hält den Streifen zwischen Daumen und Zeigefinger fest, so dass das Fasergewebe ziemlich stark gespannt wird,

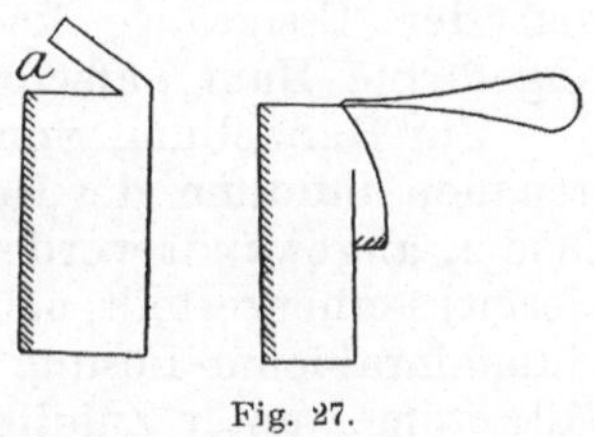

Fig. 27.

und schneidet mit einem scharfen Rasirmesser ein mässig dünnes Schnittchen ab, welches namentlich den Narben und den unmittelbar darunter liegenden Theil umfassen muss. Man hält zu diesem Zwecke den Hautstreifen fest und macht von der Fleischseite nach dem Narben zu einen ziehenden Schnitt, wobei man die Spitze des Zeigefingers als Stützpunkt für das Rasirmesser benutzt und die hohle Fläche des letzteren mit Wasser oder einem Wasser-Alkohol-Gemiseh benetzt. Der dünne Schnitt wird nunmehr auf einen Objektträger gebracht, mit einem Tropfen Wasser oder mit konc. Salzlösung befeuchtet, wodurch die einzelnen Fasern besser sichtbar werden, und bei reflektirtem Lichte unter dem Mikroskope betrachtet; die Talgdrüsen erscheinen hierbei als in weissem Fasergewebe eingebettete gelbe Massen. Nimmt man zum Befeuchten des Schnittes anstatt Salzlösung einen Tropfen eines Gemisches von gleichen Theilen konc. Essigsäure, Glycerin und Wasser, so wird das Fasergewebe ganz durchsichtig und das, was von dem Zellgefüge der Epidermis noch übrig bleibt, wird deutlich sichtbar, wenn man das Objekt bei mässig starker Vergrösserung unter einem dünnen Deckglase und bei Spiegelbeleuchtung betrachtet (das Deckglas muss durch Abreiben mit einem leinenen Tuche zuvor sorgfältig gereinigt werden; dasselbe wird, um Luftblasen möglichst auszuschliessen, mit Hilfe einer Pincette und Nadel vorsichtig auf das Objekt gelegt) Es muss darauf geachtet werden, dass das säurehaltige Gemisch nicht mit den Metalltheilen des Mikroskopes in Berührung kommt; da sogar die Dämpfe schon schädlich sind, soll das Präparat nicht länger als unbedingt nothwendig auf dem Objekttisch liegen bleiben. Das gleiche Präparirungsverfahren lässt sich auch bei Leder zur Bestimmung der Durchgerbung verwenden. Satt durchgegerbtes Leder wird von der Essigsäure kaum angegriffen, während rohe oder nur angefärbte Haut aufschwillt und durchscheinend wird.

Zur Herstellung von sehr dünnen Schnitten, wie man sie zum genauen Studium der Haut gebraucht, müssen umständlichere Methoden angewandt werden. Derartige Schnitte werden mit dem Rasiermesser hergestellt, nachdem das betreffende Gewebe in eine starke Gummiarabicum-Lösung eingelegt worden ist, oder mittels eines Mikrotomes unter Zuhilfenahme eines Gefrierapparates; es ist dies jedoch wegen der weichen Beschaffenheit durchaus nicht so leicht, so dass die chemischen Präparirungsmethoden den Vorzug verdienen. Schmale Hautstreifen (möglichst nicht über $^1/_2$ cm breit) werden genau gegen die Haarrichtung abgeschnitten und zuerst in schwachen (gleiche Theile Methylalkohol und Wasser) und nach einigen Stunden in starken Alkohol gelegt; man ersetzt den letzteren mehrmals, bis die Hautstreifen zur Herstellung feiner Schnitte genügend hart sind. Ist der Alkohol nicht stark genug und die erforderliche Härte nach 24—48 Stunden noch nicht erreicht, so muss zuletzt „absoluter“ Alkohol auf die Hautstreifen gebracht werden. Ist das Material hinreichend gehärtet, so soll man die Schnitte möglichst bald machen. Es wird dies am besten in der freien Hand, wie auf S. 253 beschrieben, oder, wenn das Stück sehr klein ist, zwischen Kork- oder Hollundermark-Stücken oder in einer Paraffineinbettung (S. 253) ausgeführt. Das Rasirmesser muss mit Alkohol benetzt sein und der Schnitt muss genau in der Ebene der Haarwurzeln geführt werden; es lässt sich dies mit einer Handlupe ganz gut sehen. Ein Mikrotom liefert bei der Herstellung von Hautschnitten selten befriedigende Resultate, weil es fast unmöglich ist, das Hautstück so zu befestigen, dass es mit den Haaren exakt geschnitten werden kann; es kann jedoch gute Dienste leisten, wenn sehr dünne Stücke zum Studium der genauen Details erforderlich sind.

Die Schnitte können nie dünn genug sein; dem Anfänger fallen sie gewöhnlich zu dick aus und er muss infolgedessen zufrieden sein, wenn er bei der Betrachtung unter dem Mikroskope hier und da einzelne genaue Details zu sehen bekommt. Die Schnitte werden vom Rasirmesser mit Hilfe eines Pinsels oder einer Nadel vorsichtig in ein mit Wasser gefülltes Glas- oder Porzellanschälchen gebracht. Nachdem eine grössere Anzahl hergestellt worden ist, werden die dicken und stark beschädigten mit einer Nadel herausgenommen und verworfen; es darf hierbei aber nicht ausser Acht gelassen werden, dass zerrissene Schnitte gewöhnlich die dünnsten sind und die Details am besten zeigen. Die Schnitte werden alsdann in ein mit Pikrokarmin-Lösung[1]) gefülltes Schälchen gebracht; der Boden desselben wird mit einem Stück Filtrirpapier belegt, damit die Flüssigkeit von unten und von oben wirken kann. Bei der angegebenen Koncentration genügt eine Einwirkungsdauer von 15—30 Minuten; in manchen Fällen erhält man jedoch charakteristische Färbungen, wenn die Farbstofflösung verdünnter, aber dafür länger, ev. bis zu 24 Stunden, angewandt wird. Es hat dies auch für andere Färbemittel, wie Karmin, Blauholz und manche Anilinfarbstoffe, Geltung. Im übrigen muss auf Specialwerke der Histologie und Mikroskopie verwiesen werden. Bei Anwendung von Pikrokarmin werden die Bindegewebsfasern (leimgebendes Gewebe) und die Zellkerne roth, die Zellen der Epidermis und der Drüsen, sowie die Muskeln und die elastischen Fasern gelb gefärbt. Zur Uebertragung der Schnitte aus einer Flüssigkeit in die andere verwendet man

---

[1]) Pikrokarmin-Lösungen (sowie andere Färbeflüssigkeiten) sind käuflich zu haben oder können in folgender Weise hergestellt werden. Man erhitzt 100 ccm kalt gesättigte Pikrinsäure-Lösung zum Sieden und fügt 1 g Karmin hinzu, welches zuvor in einigen ccm verdünnten Ammoniaks in der Hitze vorsichtig gelöst worden ist. Man verdampft auf dem Wasserbade zur Trockne, löst in 100 ccm Wasser und filtrirt. Ist die Lösung vor dem Filtriren nicht nahezu klar, so giebt man etwas mehr Ammoniak hinzu und wiederholt das Eindampfen.

entweder einen Pinsel oder eine Präparirnadel oder noch besser einen besonders für diesen Zweck hergestellten Löffel, der zum Ablaufen der Flüssigkeit mit kleinen Löchern versehen ist.

Die weitere Behandlung der Schnitte hängt davon ab, ob dieselben lediglich für die Untersuchung dienen oder ob sie als Dauerpräparate aufbewahrt werden sollen. Im letzteren Falle müssen sie in Dammarharz oder Canadabalsam eingebettet werden. Zu diesem Zwecke müssen die gefärbten Schnitte zunächst durch Einlegen in verdünnten Alkohol und schliesslich durch Verdrängen desselben mit absolutem Alkohol von Wasser befreit werden; soll die durch das Pikrokarmin hervorgerufene gelbe Färbung erhalten werden, so muss man dem Alkohol etwas Pikrinsäure zusetzen. Hierdurch werden die Schnitte so gehärtet, dass sie mit Hilfe eines Pinsels ohne weiteres auf einen Objektträger gebracht werden können. Der anhaftende Alkohol wird mit Filtrirpapier entfernt; man bringt auf das Präparat einen Tropfen Nelkenöl, wodurch dasselbe so durchsichtig wird, dass ein ungefärbtes Objekt fast nicht mehr sichtbar sein würde. In diesem Zustande legt man ein dünnes Deckglas auf und prüft das Objekt nochmals unter dem Mikroskop, ob es verdient, als Dauerpräparat Verwendung zu finden. Ist das Präparat genügend hell und klar, so saugt man das Nelkenöl mit Filtrirpapier wieder weg, bringt einen kleinen Tropfen Dammarharzlösung an seine Stelle und legt das Deckgläschen mit Hilfe einer Nadel vorsichtig auf (S. 264). Man muss den Objektträger mehrere Monate horizontal liegen lassen, wenigstens so lange, bis die Harzlösung genügend erhärtet ist. Man kann auch den Ueberschuss der letzteren mit Hilfe eines Messers entfernen und den Deckglasrand mit etwas Asphaltlack überziehen. Es ist dies nicht unbedingt nothwendig, sondern es geschieht meist nur im Interesse eines besseren Aussehens. Man verwendet zum Einbetten auch sehr häufig Lösungen von Canadabalsam in Chloroform oder Xylol; einer Lösung von Dammarharz in Benzol, Xylol oder Terpentinöl ist jedoch der Vorzug zu geben. Diese Lösungen sind im Handel fertig zu haben; man kann sie natürlich auch selbst herstellen. Die Auflösungen in Xylol werden jetzt namentlich für bakteriologische Zwecke verwendet.

Handelt es sich nur um eine einmalige Untersuchung des Schnittes, so wird derselbe nach dem Färben in Wasser abgespült, auf einen Objektträger gebracht, mit einem Tropfen Glycerin benetzt und mit einem Deckgläschen bedeckt. Ein solches Präparat lässt sich übrigens auch als Dauerpräparat verwenden, wenn man den Deckglasrand mit Asphaltlack bestreicht; man muss aber darauf achten, dass den vom Asphaltlack getroffenen Stellen des Objektträgers und des Deckglases nicht die geringste Spur von Glycerin anhaftet, weil sonst der Asphaltlack nicht fest wird und dann das Präparat verloren geht.

In leichter Weise lässt sich. bei der Herstellung von Dauerpräparaten die FARRANT'sche Lösung zur Verdrängung des Glycerins (ebenso wie bei der Verdrängung des Nelkenöles Dammarharzlösung) verwenden. Diese Lösung besteht aus einer Auflösung von 10 g zerkleinertem reinen weissen Gummi arabicum in 10 ccm destillirtem Wasser (bei gewöhnlicher Temperatur aufgelöst) und 5 ccm reinem Glycerin, dem ein kleines Stück Kampfer oder Thymol als Antisepticum zugesetzt worden ist. Diese Lösung erstarrt an den Rändern des Deckglases allmählich, welche dann ohne Schwierigkeit mit Asphaltlack bestrichen werden können. Ein anderes Präparirungsmittel ist „Glycerinleim", der vorsichtig bis zum Schmelzen erwärmt und dann auf den schwach erwärmten Objektträger ebenso wie die FARRANT'sche Lösung aufgetragen wird. Dieser Glycerinleim wird am besten fertig gekauft, weil die Herstellung etwas mühsam ist.

KATHREINER, der sehr sorgfältige Untersuchungen über die Haut und über die Veränderungen ausgeführt hat, die dieselbe während des Gerbprocesses erfährt, verwendet zum Härten und zum gleichzeitigen Färben des Gewebes ein Gemisch von Osmiumsäure und Chromsäure. Dieses Gemisch wurde zuerst von einem deutschen Histologen bei einer Untersuchung der inneren Gehörorgane verwendet. KATHREINER benutzte dasselbe im Jahre 1879 bei der Untersuchung der Haut und theilte dieses Verfahren dem Verfasser im Herbste des genannten Jahres mit. Diese Methode ist folgende: Die zu prüfenden Hautstücke müssen, wenn sie gesalzen sind, zunächst genügend gewässert, oder, wenn sie trocken sind, eingeweicht werden. Für das Studium der Haut in ihrem unveränderten und natürlichen Zustande ist es wesentlich, dass sie vollständig frisch und nach dem Schlachten des betreffenden Thieres sobald als möglich zur Untersuchung gelangt. Der *panniculus adiposus* und die Fettschicht werden mit Messern oder mit einer Scheere soweit als möglich entfernt, das Haar wird kurz abgeschnitten und die Haut in kleine 3—4 mm breite und 10 bis 12 mm lange Stücke geschnitten. Das Haar muss quer gegen diese Stücke liegen. Diese Stücke werden hierauf 4—8 Tage, je nach ihrer Stärke, in eine Lösung von Osmium-Chromsäure, welche ungefähr das Zwölffache des Volumens der Stücke beträgt, eingelegt. Diese Lösung ist in folgender Weise zusammengesetzt:

0.2 Theile Osmiumsäure,[1])
0.5 „ Chromsäure,
200.0 „ Wasser.

[1]) Osmiumsäure-Lösungen werden am besten im versiegelten Zustande im Dunkeln aufbewahrt. Die käuflichen Lösungen haben meist nicht den für dieselben angegebenen Gehalt. Man muss sich davor hüten, die Dämpfe dieser Lösung einzuathmen; dieselben greifen die Augen und die Athmungsorgane an und rufen einen starken Katarrh hervor.

Diese Lösung muss in einer verstöpselten Flasche vor Staub und Licht geschützt an einem dunklen Orte aufbewahrt werden. Nach dem Herausnehmen der Hautstücke aus dieser Lösung werden sie auf 4—8 Tage in das Zwölffache ihres Volumens absoluten Alkohols eingelegt, während welcher Zeit der Alkohol mindestens dreimal erneuert werden muss. Die Schnitte werden mit einem mit Alkohol benetzten Rasirmesser hergestellt, so dass die dünnen Schnitte auf dem Alkohol frei schwimmen. Die Hautstücke werden entweder zwischen weiche Korkstücke eingeklemmt oder, wie es am zweckmässigsten ist, zwischen Zeigefinger und Daumen festgehalten, so wie es auf S. 253 beschrieben wurde. Der Schnitt muss genau parallel zu der Richtung der Haarwurzeln und vom Narben nach der Fleischseite zu geführt werden; die Schnitte können hierbei nie zu dünn ausfallen. Nachdem die Schnitte $^1/_2$ bis 1 Stunde in absolutem Alkohol gelegen haben, werden sie in Nelkenöl (dasselbe muss hell und vollständig rein sein) eingelegt, bis sie ganz durchsichtig sind; alsdann kann man sie in Dammarharz oder in Canadabalsam einbetten.

Bei diesen Schnitten ist der Fettinhalt der Talgdrüsen schwarz gefärbt, die Umrisse der Zellen dieser Drüsen und andere Hautelemente (*rete Malpighi*, Haarzwiebeln etc.) treten deutlich hervor, so dass diese Behandlungsweise sich bei Anwendung der stärksten Vergrösserungen für die genauesten Untersuchungen eignet; für den Anfänger ist es jedoch besser, wenn er sich zur Erkennung der verschiedenen Gewebe der oben beschriebenen Färbemethode mit Pikrokarmin bedient. Die Färbemethode mit Osmium-Chromsäure eignet sich namentlich vorzüglich zum Studium der durch das Aeschern und Beizen hervorgebrachten Veränderungen der Haut.

Lösungen von Chromsäure (5 g pro l), von Kalium- oder Ammoniumbichromat (50 g pro l) oder eine Auflösung von 20 g Kaliumbichromat und 10 g Natriumsulfat pro Liter (Müller's Lösung) werden häufig zum Härten von Geweben verwendet; es ist hierzu jedoch ein grosses Volumen (mindestens das 200fache des Gewebes) und eine Zeitdauer von 6—8 Wochen erforderlich. Einer theilweisen Härtung in diesen Flüssigkeiten kann man eine solche in Alkohol von mässiger Koncentration, in dem das Gewebe bis zur Verwendung aufbewahrt werden kann, folgen lassen. Mit Chromsäure gehärtete Gewebe färben sich nur langsam und nicht in der gleichen Weise, wie die lediglich mit Alkohol behandelten.

XXIV. Abschnitt.

Bakteriologie und Mykologie.

Aus den über Beizen und Gerbebrühen gemachten Mittheilungen geht hervor, dass das eingehende Studium der Bakteriologie von grosser Bedeutung für die Lederindustrie ist; es ist daher sehr wohl am Platze, wenn einige Angaben über dieses Gebiet an dieser Stelle gemacht werden. Die Technik der Bakteriologie ist jedoch eine so komplicirte und hat sich so hoch entwickelt, dass nur ein kurzer Ueberblick über die allgemeinen Methoden gegeben werden kann und dass der Leser in Bezug auf die speciellen Arbeitsweisen bei systematischen Untersuchungen auf Werke verwiesen werden muss, die das Gebiet der Bakteriologie ausführlich behandeln; von diesen sind folgende zu erwähnen:

Flügge, Handbuch der Hygiene, Fermente und Mikroparasiten (Leipzig, 1883).

Flügge, Die Mikroorganismen (Leipzig, 1886).

Schrank, Anleitung zur Ausführung bakteriologischer Untersuchungsmethoden, S. 235 ff. (Leipzig, 1894).

Mayer, Die Gärungschemie (Heidelberg, 1895).

Hüppe, Die Methoden der Bakterienforschung (Wiesbaden, 1891).

Lindner, Mikroskopische Betriebskontrolle in den Gärungsgewerben (Berlin, 1895).

Jörgensen, Die Mikroorganismen der Gärungsindustrie (Berlin, 1898).

Lehmann und Naumann, Atlas und Grundriss der Bakteriologie und Lehrbuch der speciellen bakteriologischen Diagnostik (München, 1896).

Heim, Lehrbuch der Bakteriologie (Stuttgart, 1898).

Behrens, Mikrochemische Technik (Hamburg-Leipzig, 1900).

Andreasch, Gärungserscheinungen in Gerbebrühen (Wien, 1897; „Der Gerber“, 1895—1897).

Crookshank, Manual of Bacteriology (H. K. Lewis, 1897).

Abbot, The Principles of Bacteriology, S. 482 ff. (Lea Brothers & Co., Philadelphia).
Kanthack and Drysdale, A Course of Elementary Bacteriology (Macmillan).
Frankland and Grace, Micro-organisms in Water (Longmans, 1894).
Macé, Traité pratique de Bactériologie (Paris, 1891).

Eintheilung der Bakterien.

Die Bakterien gehören zu der Klasse der Schizomyceten oder Spaltpilze. Sie vermehren sich durch Vergrösserung und darauffolgende Theilung; die Stäbchenformen bilden häufig an dem einen Ende eine Spore, welche sich schliesslich zu einem neuen Stäbchen entwickelt; die Sporen sind im allgemeinen der Hitze und antiseptischen Mitteln gegenüber viel widerstandsfähiger als die Bakterien selbst. Unsere Kenntnisse über die Bakterien sind noch zu unvollständig, so dass eine vollkommene Eintheilung derselben, die auf der Struktur und auf sonstigen Eigenschaften beruht, nicht möglich ist; gegenwärtig theilt man dieselben meist in folgende drei Gruppen ein:

Micrococcus. Kleine Kügelchen, entweder einzeln oder kettenartig aneinander gereiht.

Bacterium. Eiförmig, hantelförmig oder sehr kurze Stäbchen, wird sehr oft auch zur Gruppe Bacillus gezählt.

Bacillus. Stäbchen, zuweilen kettenartig verbunden, oft beweglich.

Spirillum. Spiralförmige oder korkzieherartige Stäbchen, die sehr oft in der Flüssigkeit sich schnell bewegen und sich wie eine Schraube drehen.

Der Unterschied zwischen diesen Gruppen ist jedoch meist kein scharfer. Die Bacillen und Spirillen erzeugen Sporen, die zuerst wie Mikrococcen aussehen; Bakterien giebt es in verschiedenen Grössen und Längen, vom langen Stäbchen bis zur fast kugelförmigen Gestalt herab. Häufig sieht man hantelförmige Organismen, die man als Bacillen mit etwas abgerundeten Enden oder als Mikrococcen auffassen kann, die sich etwas verlängert haben, um sich dann in zwei Individuen zu theilen.

Die Eintheilung dieser Klassen in Species ist schwierig und in vielen Fällen sehr unsicher, weil diese Organismen so klein sind, dass man mit den zur Verfügung stehenden Mitteln die innere Struktur nicht beobachten kann; häufig kommt es vor, dass Bakterien von gleicher äusserer Form und Grösse sehr verschiedene Gärungs- oder Zersetzungserscheinungen bewirken. Es ist deswegen zur Identificirung irgendeiner Art gewöhnlich die Herstellung einer Reinkultur und die Prüfung der chemischen und physikalischen Wirkungen nothwendig; viele Bakterien können jedoch auch mit Hilfe besonderer Färbemethoden erkannt werden, bei deren Anwendung verschiedene Species auch verschieden gefärbt werden; einige derselben sind auf S. 283 angegeben. Unsere Kenntnisse in Bezug auf pathogene Bakterien sind umfassender als die in Bezug auf die Gärungsbakterien; es ist deswegen unmöglich, genaue und vollständige Einzelheiten über die Organismen zu geben, welche die verschiedenen Gärungen veranlassen; ich werde an dieser Stelle versuchen, nur einige wenige der hauptsächlichsten und der am leichtesten bestimmbaren Arten zu beschreiben. Weitere Einzelheiten sind in den angeführten Werken zu finden. Die Bestimmung der Arten wird ferner noch dadurch erschwert, dass sehr verschiedene Arten von Bakterien, Hefen und sogar von niederen Pilzen mitunter die gleichen Zersetzungsprodukte liefern.

Die Bakterien werden weiter eingetheilt in „aërobe", das sind solche, die bei Gegenwart von Luft oder Sauerstoff gedeihen und die den letzteren zur Oxydation derjenigen Substanzen gebrauchen, auf denen sie vorkommen, und in „anaërobe", die nur in Abwesenheit von Sauerstoff zu leben vermögen und die die Verbindungen ihres Nährbodens zerlegen. Viele Bakterien können unter beiden Bedingungen existiren, wobei aber auch ihre Zersetzungsprodukte, ihre Formen und ihre Entwickelung dementsprechend variiren können.

Die folgenden Beschreibungen sind zum Theil dem MACÉ'schen Werke entnommen, zum Theil verdanke ich sie persönlichen Mittheilungen des Herrn J. T. WOOD. Die Grösse der Bakterien ist in μ (Mikromillimeter oder Tausendstel Millimeter) angegeben.

Micrococcus.

(Kugelförmige oder eiförmige Zellen.)

M. flavus liquefaciens, findet sich in der Luft und im Wasser, bildet gelbliche, Gelatine rasch verflüssigende Kolonien; die einzelnen Individuen sind gross und finden sich gewöhnlich paarweise oder in kleinen Anhäufungen beieinander.

M. (oder *Bacillus*) *prodigiosus*, findet sich in der Luft, verflüssigt Gelatine schnell, bildet prachtvoll rothe Kolonien. Die Kulturen riechen nach Trimethylamin. Die einzelnen Individuen sind kugelförmig oder eiförmig; der Durchmesser beträgt 0.5 μ oder mehr, bis zu $1 \times 1.7\,\mu$. Wächst auf Brod und anderen Nahrungsmitteln.

M. ureae, eiförmig, Durchmesser 1—1.5 μ, gewöhnlich in langen Ketten. Vergärt Urin und andere urinhaltige Flüssigkeiten, liefert hierbei Ammoniumkarbonat und karbaminsaure Salze. Verflüssigt Gelatine nicht. Die Kolonien sind weiss und haben das Aussehen von Stearintropfen. Mehrere andere Bakterienarten haben auch die Fähigkeit, Urin zu vergären.

M. viscosus (PASTEUR), Coccen, gewöhnlich in langen gewundenen Ketten. Es ist das Ferment im schleimigen Bier oder

Wein, ist aber in schleimigen Gerbebrühen wahrscheinlich nicht vorhanden; wenigstens fand François, dass durch einen Zusatz von wenig Tannin zu Wein das Wachsthum dieser Bakterienart verhindert wird. Andreasch fand *B. lactis viscosus* (Adametz) und *B. viscosus* (Frankland) in schleimigen Brühen.

Leuconostoc mesenteroïdes, eine kleine kugelförmige Bakterienart, die grosse gelatinöse Massen oder Zooglöen liefert, in die sie eingebettet ist. Findet sich fast immer in den Abwässern der Rübenzuckerfabriken, macht die Flüssigkeiten infolge der Bildung einer der Cellulose verwandten Substanz zähflüssig und verursacht sowohl wegen dieses Umstandes als auch wegen des Verstopfens der Schläuche mannigfache Schwierigkeiten.

Ascococcus Billrothii ist dem vorhergehenden sehr ähnlich, liefert Buttersäure und ruft eine schleimige Gärung der Zuckerarten hervor.

Bacillus.

(Längliche oder stäbchenförmige Bakterien.)

B. (oder *Bacterium*) *aceti* (*Mycoderma aceti Pasteur*). Kurze Stäbchen von ca. 2 μ Länge, dieselbe variirt jedoch ziemlich stark. Wenn frei, beweglich, bildet jedoch meist zarte Häute von gallertartiger Substanz (Zooglöen), „Essigmutter" genannt. Liefert in schwach alkoholischen Flüssigkeiten bei Gegenwart von Luft Essigsäure. Vergl. Brown, Journ. Soc. Chem. Ind., 1886, S. 172, der festgestellt hat, dass wenigstens zwei andere Bacillenarten die Essiggärung hervorrufen.

B. butyricus (Fitz). Stäbchen 3—5 $\mu \times$ 0.6—0.8 μ. Sehr beweglich, liefert Sporen, deren Durchmesser grösser ist als der der Stäbchen. Vergärt Kohlehydrate bei Abwesenheit von Luft in Buttersäure und liefert zugleich viel H und CO_2.

Hinsichtlich der Buttersäuregärung vergl. Ed. Baier, „Ueber Buttersäuregärung" (Centralblatt für Bakteriologie, 2. Abth., I, S. 17) und Beyerinck, „Ueber die Butylalkoholgärung und das Butylferment", Amsterdam 1893. Der Letztere führt an, dass eine grosse Anzahl von Arten bei Abwesenheit von Sauerstoff Buttersäure liefert und gleichzeitig Granulose absondern; dieselbe ist die Ursache, dass sich die Zellen bei der Behandlung mit Jod blau färben. Daher wählt Beyerinck *Granulobacter* als Bezeichnung für die ganze Klasse; sein *G. saccharobutyricum* ist wahrscheinlich identisch mit *B. butyricus* (Fitz). *B. butyricus* (Hüppe), 2.1 $\mu \times$ 0.38 μ, scheint dem *G. polymixa* (Beyerinck) zu entsprechen. Alle diese Bakterien entwickeln reichlich H und CO_2 und liefern Alkohole; Buttersäure ist, selbst bei Reinkulturen, durchaus nicht das einzige Zersetzungsprodukt.

B. lacticus. Kurze Stäbchen, 1.7 $\mu \times$ 0.6 μ, nicht beweglich, anaerob. Verflüssigt Gelatine nicht, bildet graulichweisse Kolonien. Ruft bei Zuckerarten Milchsäuregärung hervor, coagulirt

Milch innerhalb 15—24 Stunden bei 30° C. Vergl. KAYSFR, „Studien über die Milchsäuregärung“, Ann. de l'Inst. Pasteur, 1895, S. 737.

Es giebt wenigstens 15 Bakterienarten, die gleichzeitig Milchsäure, CO_2 und Essigsäure, ausserdem Ameisensäure, Aceton und Alkohol in geringen Mengen bilden. Das *B. acidi lactici* (HÜPPE) ist, nächst dem *B. lacticus*, der wichtigste Milchsäuregärungserreger.

B. furfuris (WOOD). Vergl. Journ. Soc. Chem. Ind. 1890, S. 27, 1893, S. 422; Brit. Ass. Rep. 1893, S. 723. Hauptsächlichster Gärungserreger der Kleienbeize. Eirunde Zellen, 1.25 μ $\times$ 0.75 μ, häufig paarweise, hantelartig oder kettenartig aneinandergereiht. Reinkulturen greifen Haut nicht an und vergären nur Stärke, nachdem dieselbe mit Cerealin, d. i. ein der Diastase ähnliches, in der Kleie von Natur aus vorhandenes unorganisirtes Ferment, in Glykose übergeführt worden ist. Die Hauptgärungsprodukte sind Milch- und Essigsäure, neben Spuren von Ameisen- und Buttersäure, Schwefelwasserstoff und Trimethylamin, sowie beträchtliche Mengen von H und CO_2. In einer untersuchten Beizflüssigkeit waren 0.24 g Essigsäure und 0.79 g Milchsäure pro Liter enthalten; eine künstlich hergestellte Beizflüssigkeit von 0.5 g Essigsäure und 1.0 g Milchsäure (spec. Gew. = 1.210) in 1000 ccm hatte in $1^1/_2$—2 Stunden auf Haut eine ganz ähnliche Wirkung wie eine gewöhnliche Beize in 12—16 Stunden; nach der Gerbung wurde ein befriedigendes Leder erhalten.

WOOD[1]) hat eine zweite, der ersten sehr ähnliche Bakterienart (*B. furfuris β*) isolirt; dieselbe nimmt an dem Gärungsprocess in den gewöhnlichen Beizen ebenfalls theil und modificirt diesen in gewisser Weise. Es ist kein Zweifel, dass der in verschiedenen Gerbereien verschiedene Verlauf des Gärungsprocesses mit dem Charakter der vorhandenen Gärungserreger im Zusammenhange steht. Wird das Hautmaterial selbst angegriffen, so ist dies auf Fäulnissbakterien zurückzuführen, die sich noch von den vorhergegangenen Processen auf der Haut befinden; die Lebensthätigkeit derselben beginnt aber gewöhnlich erst dann, wenn die Glykose, d. i. das Nährsubstrat des *B. furfuris*, vollständig zerlegt ist. Bei heissem Wetter tritt zuweilen noch eine Buttersäuregärung hinzu, wodurch das Hautmaterial „glasig“ wird, stark schwillt und auch schnell angegriffen wird (vergl. S. 284).

B. mirabilis, *Proteus mirabilis* (HAUSER). Bewegliche Stäbchen 2—3 μ $\times$ 0.6 μ. Fäulnisserreger bei thierischen Substanzen. Aërob, verflüssigt bei Gegenwart von Sauerstoff die Gelatine sehr schnell. Die Plattenkolonien zeigen lange, gekrümmte Fortsätze.

B. vulgaris, *Proteus vulgaris*. Mit dem vorigen fast identisch.

[1]) Journ. Soc. Chem. Ind., 1897, S. 510.

Bewegliche Stäbchen 1.25 $\mu \times 0.8\,\mu$. Vergl. HAUSER, „Ueber Fäulnissbakterien“, Leipzig 1885.

B. termo. Wird jetzt nicht mehr als besondere Art betrachtet; umfasst die beiden vorhergehenden und viele andere Fäulnissbakterien.

B. ureae. Dünne Stäbchen von weniger als 1 μ Durchmesser. Wächst ohne Sauerstoff. Erzeugt die ammoniakalische Gärung des Urins.

WOOD fand in einer Kothbeize unter anderen *Proteus vulgaris* und *P. subtilis*, und wahrscheinlich *Bacillus ureae* (COHN) und *M. fulvus.*

Thiotrix oder *Beggiatoa*, Schwefelbakterien. Lange Fäden, lebt in schwefelwasserstoffhaltigem Wasser und assimilirt Schwefel.

Beggiatoa alba. Eine der häufigsten, bildet schmutzigweisse Fäden, 2 oder 3 μ im Durchmesser, enthält Schwefelkörnchen, findet sich gewöhnlich in Schwefelquellen, in Weichwässern und anderen Wässern, die Schwefelwasserstoff als Fäulnissprodukte enthalten. Es giebt noch mehrere andere Species, die sich sehr ähneln. Diese Organismen sind von WINOGRADSKY [1]) eingehend untersucht worden.

Saccharomyces-Arten.

Ausser den eigentlichen Bakterien, die als Fermente wirken, giebt es noch gewisse andere Pilze, die ebenfalls die Fähigkeit besitzen, eine Fermentation zu veranlassen; es sind dies besonders diejenigen, welche zu der Klasse der *Saccharomyceten* oder Hefen gehören und welche die Ursache der gewöhnlichen Alkoholgärung sind. Die Hefen vermehren sich, zum Unterschiede von den eigentlichen Bakterien, durch Sprossung und nicht durch Teilung (siehe S. 270). Die verschiedenen Hefearten unterscheiden sich bezüglich der Grösse und der Form; dieselben sind mehr oder weniger rund oder länglich und haben im allgemeinen grosse Aehnlichkeit mit der gewöhnlichen Bierhefe, die am besten in der Form der sogen. Presshefe studirt werden kann.

Saccharomyces mycoderma findet sich sehr häufig an der Oberfläche von Gerbebrühen, bildet daselbst den dicken runzligen Belag. Die Zellen sind gewöhnlich oval oder elliptisch, zuweilen auch cylindrisch, 6—7 $\mu \times 2$—3 μ, bilden oft dicke und verzweigte Ketten und nehmen zuweilen Formen an, die den Hyphen (siehe weiter unten) der höheren Schimmel sehr ähnlich sind. Ursprünglich nahm man an, dass diese Art ein Essigsäure-Ferment sei; das eigentliche Essigsäure-Ferment (vergl. S. 272) ist jedoch eine Bakterienart. Es scheint nicht, als ob dieselbe Alkohol in merklichen Mengen erzeugt, wenn auch die betreffenden Flüssigkeiten einen weinigen Geruch aufweisen; bei reichlichem

[1]) Morphologie und Physiologie der Schwefelbakterien, Leipzig, 1888.

Luftzutritt oxydirt und zerstört sie die durch Bakterien gebildete Essigsäure, sowie andere Säuren.

Es giebt mehrere Mycoderma-Arten, die entweder untereinander identisch oder mit der obigen nahe verwandt sind.

Die Hyphen der höheren Schimmel und besonders der Mucor-Arten scheinen, wenn sie in Flüssigkeiten gebracht werden, ebenfalls als Fermente zu wirken; es ist dies jedoch noch nicht vollständig aufgeklärt. Wenn auch das Studium dieser Organismen streng genommen nicht in das Gebiet der Bakteriologie gehört, so sollen doch hier die wichtigsten Erwähnung finden, weil dieselben dem Mikroskopiker sehr häufig begegnen.

Ascomyces-Arten.

(Sporen in Quasten oder Köpfen, nicht in Sporangien eingeschlossen.)

Penicillium glaucum, grüner Schimmel, der häufigste der Schimmelpilze (siehe Fig. 28). In den ersten Entwickelungsstadien besteht er aus einer Masse von Hyphen, die sich aus länglichen Zellen zusammensetzen und einen weissen Schimmel

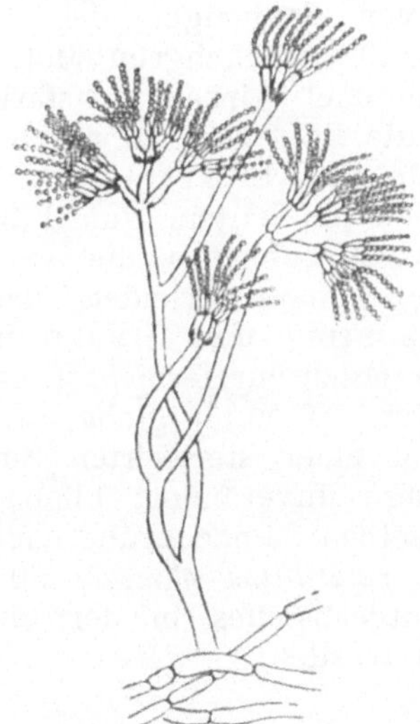

Fig. 28. *Penicillum glaucum.*

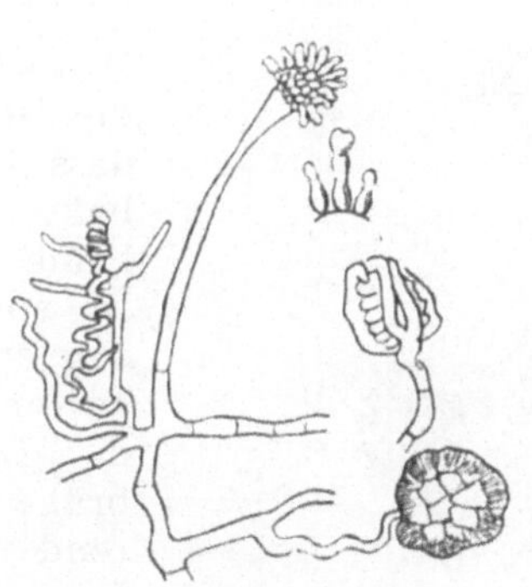

Fig. 29
Aspergillus, zeigt Sporen, die Art der Verbindung und die *Eurotium*-Form.

bilden; bei der weiteren Entwickelung werden die Stiele, an deren Spitzen die sporentragenden Zellen (Conidien) sichtbar sind, abgestossen; unter dem Mikroskop sehen dieselben wie ein aus bläulichgrünen Knöpfchen zusammengesetzter Pinsel aus. Man sieht dies am besten, wenn man das Objekt im trockenen Zustande untersucht; bei Gegenwart von Feuchtigkeit brechen diese Quasten sofort ab und zerfallen in die einzelnen Sporen, von denen eine jede wieder einen neuen Organismus zu bilden vermag. Die Sporen sind ungefähr 3.5 μ und die Mycelien 0.7—4 μ im Durchmesser.

Aspergillus-Sporen wachsen auf kurzen keulenförmigen Trägern, die sich zu einem Knöpfchen vereinigen. *Aspergillus glaucus* hat blassgrüne oder bläuliche Sporen. *A. niger* (Fig. 29), ein dunkelschokoladenbrauner Schimmel, der auf sauren Früchten und Flüssigkeiten gut gedeiht.

Diese Art erzeugt auch grosse „Dauersporen" (*Eurotium*), und zwar durch geschlechtliche Befruchtung; dieselben wurden ursprünglich als ein besonderer Pilz angesehen und als *Eurotium* bezeichnet.

Phycomyces-Arten.

(Sporen in membranenartigen Sporangien.)

Pilobolus. Hyphen 1—2 mm; kommt auf Exkrementen vor.

Mucor mucedo, weisser Schimmel (Fig. 30); farblose Hyphen, einfach oder verzweigt, 1—15 cm lang; braune oder schwarze Sporangien, dadurch unterscheiden sie sich namentlich von denjenigen des *Penicillium glaucum*, die bläulichgrün sind.

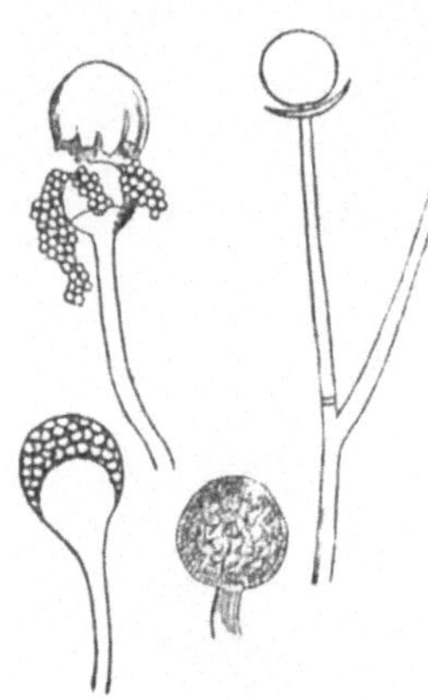

Fig. 30.
Fruktifikation des *Mucor*.

Die Schimmel wirken in stärkerem Maasse als die Bakterien zerstörend auf die Gerbstoffe ein. Eitner[1]) hat gezeigt, dass durch Vorhandensein von Fäulnissbakterien in Gerbebrühen der Gerbstoff keine Veränderungen erleidet; dasselbe ist von Kohnstein und Simand in Bezug auf das Milchsäureferment[2]) nachgewiesen worden. Wood[3]) giebt an, dass der Gerbstoff einer sterilisirten Sumachbrühe 23 Tage unverändert blieb, während in derselben Sumachbrühe nach dem Impfen mit *Penicillium glaucum* 80 Proc. des Gesammtgerbstoffes in der gleichen Zeit zersetzt wurden.

Bakteriologische Methoden.

Genauere bakteriologische Arbeiten müssen stets in einem besonderen, für diese Zwecke eingerichteten Laboratorium ausgeführt werden, und zwar in einem Raume, dessen Luft mög-

---

1) „Gerber", 1889, S. 2.
2) „Gerber", 1886, S. 253.
3) Journ. Soc. Chem. Ind., 1894, S. 221.

lichst keimfrei sein soll. An dieser Stelle sollen nur einige wenige einfache Untersuchungsmethoden beschrieben werden.

Da jede in Zersetzung befindliche Substanz ausser denjenigen Organismen, die die hauptsächlichste Veränderung hervorrufen, noch viele andere, die sich zufällig vorfinden, aufweist, so ist bei bakteriologischen Arbeiten die Herstellung von sogen. „Reinkulturen“, die nur eine Art enthalten, stets die erste Aufgabe. Hierauf ist es möglich, die Wirkung dieser Organismen unbeeinträchtigt durch sekundäre Veränderungen zu studiren und zu bestimmen, welche Zersetzungsprodukte sich bilden. Da alle Gegenstände und Substanzen mit Bakterien gewissermassen beladen sind, so ist für die Herstellung von Reinkulturen eine nothwendige Vorbedingung, dass die betreffenden Flüssigkeiten, Gegenstände und Apparate vollständig steril, d. h. frei von lebenden Bakterien und deren Keimen sind. Zum Sterilisiren werden verschiedene Methoden angewandt, die sich namentlich nach der Natur des zu sterilisirenden Objektes richten.

Kautschukstopfen und andere Gegenstände, die die Behandlung bei einer Temperatur von 150° C. nicht vertragen, können durch Waschen mit einer 0.1 procentigen Sublimatlösung und nachheriges Abspülen mit sterilisirtem Wasser keimfrei gemacht werden. Chloroform und Aether können zur Sterilisation von noch empfindlicheren Gegenständen benutzt werden; dieselben lassen sich bei mässiger Wärme wieder entfernen; sie können ferner als Mittel zur Hemmung des Wachsthums der Bakterien dienen, ohne dass dadurch die Wirkung der unorganisirten Fermente (Zymasen, Enzyme) aufgehoben wird.

Das wichtigste Sterilisationsmittel ist die Anwendung von Hitze. Platindraht und andere widerstandsfähige Gegenstände werden wenige Augenblicke in die Flamme eines Bunsenbrenners gehalten; Glasgefässe, Glasplatten, Baumwolle und andere Gegenstände werden in einem Luftbade längere Zeit auf 150° C. erhitzt oder eine halbe Stunde lang der Einwirkung von Wasserdampf bei 110° C. ausgesetzt. Da das Letztere den Gebrauch von besonderen Apparaten bedingt, ist es meistens vortheilhafter, wenn man Wasserdampf bei gewöhnlichem Luftdruck verwendet und denselben eine volle Stunde einwirken lässt; die Bakterien sind dann sicher abgetötet; nur die Sporen sind mitunter viel widerstandsfähiger und verlangen die Einwirkung von wenigstens 5—6 Stunden bis zur vollständigen Abtötung. In vielen Fällen, namentlich bei der Sterilisation von Wasser und anderen Flüssigkeiten, ist es das Beste, wenn man dieselben an drei aufeinander folgenden Tagen jedesmal eine Stunde lang kocht; die nicht getöteten Sporen keimen inzwischen aus und werden dann durch das folgende Kochen vernichtet. Flüssigkeiten, die sich beim Kochen verändern, werden in der Weise sterilisirt, dass man sie eine Woche lang jeden Tag 4—5 Stunden auf etwa 60° C. erhitzt. Ein gewöhnlicher Kartoffeldämpfer und ein Laboratoriums-Luftbad lassen sich sehr gut zum Sterilisiren verwenden. Die Hälse der Kolben, Reagensgläser und anderer Gefässe, in welchen Flüssigkeiten sterilisirt werden sollen, müssen mit einem Baumwollepfropfen versehen werden. Wird derselbe später einmal herausgenommen, z. B. um etwas Flüssigkeit oder Substanz zu entnehmen, so muss er vor dem Wiederaufsetzen stets erst in der Flamme abgesengt werden, damit die Keime, die aus der Luft darauf gefallen sind, vernichtet werden. Das Gefäss selbst muss während dieser Procedur in umgekehrter oder wenigstens schräger Stellung gehalten werden, um die Gefahr des Hineinfallens von Keimen aus der Luft möglichst auszuschliessen. Es braucht wohl nicht besonders hervorgehoben zu werden, dass der Platindraht oder die Pipette, mit der die Entnahme der Probe erfolgt, ebenfalls zuvor sterilisirt werden muss.

Zur Züchtung der Bakterien verwendet man verschiedene Nährböden. Pasteur benutzte bei seinen Untersuchungen hierzu Flüssigkeiten, während man gegenwärtig meistens Lösungen von Gelatine oder Agar-Agar, die bei gewöhnlicher Temperatur eine gallertartige Masse bilden, verwendet. Viele Bakterien haben die Fähigkeit, Gelatine zu verflüssigen; vom gerberischen Standpunkte aus betrachtet, ist diese Eigenschaft sehr wichtig, weil solche Arten zweifellos auch fähig sind, Hautsubstanz aufzulösen.

Die Pasteur'sche ursprüngliche Nährflüssigkeit besteht aus einer Auflösung von 1 g Ammoniumtartrat, 10 g krystallisirtem Zucker und der Asche von 1 g Hefe in 100 ccm destillirtem Wasser. Buchholz änderte diese Nährlösung ab, indem er anstatt der Hefenasche 0.5 g Calciumphosphat anwandte. Cohn verwendete 0.10 g Kaliumphosphat, 0.10 g krystallisirtes Magnesiumsulfat, 0.01 g dreibasisches Calciumphosphat, 0.20 g Ammoniumtartrat und 20 ccm Wasser. In diesen Lösungen, die eigentlich zur Züchtung der Hefen und Schimmelpilze bestimmt sind, vermögen auch viele Bakterienarten zu gedeihen.

Bakterien wachsen im allgemeinen in Fleischauszügen besser als in den genannten Salzlösungen. Die Herstellung eines solchen Auszuges geschieht in folgender Weise: 250 g mageres, vom Fett möglichst befreites Rindfleisch lässt man 5 Stunden lang mit 1 l Wasser unter Ersatz des verdunstenden Wassers gelinde kochen, wobei das nach oben gehende Fett abgeschöpft wird. Man lässt diese Flüssigkeit über Nacht an einem kühlen Orte stehen, entfernt das erstarrte Fett und neutralisirt die Lösung vorsichtig mit verdünnter Natronlauge. Die Flüssigkeit wird alsdann nochmals 10 Minuten gekocht, durch mit Wasser befeuchtetes Filtrirpapier filtrirt, auf 1 l aufgefüllt und in Kolben oder Reagensgläser eingefüllt, worauf die Sterilisation vorgenommen wird.

Es werden ausserdem noch viele andere Nährflüssigkeiten angewendet; bezüglich Herstellung derselben muss auf die Specialbücher der Bakteriologie verwiesen werden. In vielen Fällen ist es empfehlenswerth, die Bakterien in demjenigen Medium zu züchten, in welchem sie selbst vorkommen; so gedeihen z. B. die Bakterien der Kleienbeize am besten auf einer filtrirten und sterilisirten Kleienbeizbrühe.

Die Züchtung auf Gelatine ist im allgemeinen eine einfachere und leichtere und wird auch mehr angewandt als die auf flüssigen Nährböden. Eine für diesen Zweck geeignete Nährgelatine wird in folgender Weise hergestellt: 6—15 $^0/_0$ (je nach der Lufttemperatur) der besten Gelatine, sowie 1—2 $^0/_0$ trockenes Fleischpepton (*peptonum siccum*), ev. 1 $^0/_0$ reiner Traubenzucker, werden in der eben angeführten Fleischlösung aufgelöst. Diese Lösung wird neutralisirt und durch mehrmaliges Filtriren gereinigt. Um ein vollständig klares Filtrat zu erhalten, macht sich oft eine Klärung mit Eiweiss nothwendig; zu diesem Zweck fügt man zu je 1 l der Flüssigkeit ein Eiweiss, welches zuvor mit etwas Wasser zu Schaum geschlagen worden ist. Die Temperatur der Flüssigkeit darf, wenn der Zusatz erfolgt, nicht höher als 40—50^0 C. sein; man erhitzt alsdann zur Coagulation des Albumins bis zum Sieden, oder bis 110^0 C. oder noch höher, wobei alle Unreinigkeiten von dem Eiweiss mit niedergerissen werden; zuletzt wird die Lösung durch Flanell oder Papier filtrirt. Die Coagulation des Eiweisses soll stets bei einer Temperatur erfolgen, welche wenigstens so hoch als die bei der später folgenden Sterilisation ist; ist das nicht der Fall, so treten später häufig noch Trübungen auf. Die Nährgelatine wird nach dem Filtriren gewöhnlich in Reagensgläser in Mengen von je 5 oder 10 ccm eingefüllt. Dieselben werden mit einem Wattestopfen versehen und sterilisirt.

Als Watte verwendet man die beste und reinste, für medicinische Zwecke bestimmte Baumwolle (Verbandwatte); während des Sterilisirens wird dieselbe mit Zinnfolie bedeckt. Für gewisse Zwecke (Rollkulturen, S. 281) eignen sich kleine Kochflaschen besser als Reagensgläser. Es können gleichzeitig mehrere Dutzend Reagensgläser sterilisirt werden, wenn man dieselben in einem Drahtkorb in den Dampftopf setzt und an drei aufeinander folgenden Tagen jeden Tag eine Stunde erhitzt. Richtig sterilisirte Gläser bleiben auf unbeschränkte Zeit vollständig klar und unverändert; wenn der Wattestopfen auch den direkten Zutritt von irgend welchen Keimen verhindert, so können sich doch Schimmelpilze auf demselben entwickeln, im Laufe der Zeit durch die Watte hindurch wachsen und dann auf den sterilisirten Nährboden gelangen. Diese Gefahr kann verringert werden, wenn man über den Wattestopfen nach dem Absengen eine Kautschukkappe oder ein Stück Zinnfolie zieht; es soll dies nur bei der Aufbewahrung, aber nicht bei eigentlichen Kulturversuchen angewandt werden, weil dadurch der Zutritt der Luft verhindert wird und diese zur Entwicklung vieler Bakterienarten unbedingt nothwendig ist.

Züchtung. Es ist ziemlich schwierig zu vermeiden, dass beim Impfen von Nährböden Keime aus der Luft des Laboratoriums auf den Nährboden gelangen. Es sollen in Folgendem die hierbei zu beobachtenden Vorsichtsmaassregeln beschrieben werden. Zum Impfen verwendet man gewöhnlich einen Platindraht (der in einen Glasstab eingeschmolzen ist), der entweder lang gestreckt (nadelförmig) oder an dem freien Ende zu einer Oese umgebogen ist. Man hält diesen Draht zum Zwecke der Sterilisation eine kurze Zeit in die Flamme eines Bunsenbrenners, lässt erkalten und taucht ihn in die bakterienhaltige Flüssigkeit. Man nimmt das Reagensrohr, welches die sterilisirte Nährgelatine enthält, in die linke Hand, hält es geneigt, zieht den Wattestopfen heraus und klemmt ihn zwischen den kleinen und vierten Finger der rechten Hand; der Platindraht (der während dieser Operation nicht aus der Hand gelegt worden ist) wird fast bis auf den Boden der Nährgelatine gestossen und schnell wieder herausgezogen und der Wattestopfen wird dann nach dem Absengen sofort wieder aufgesetzt.

Bei den sogen. „Stichkulturen“ darf in der Temperatur, bei welcher gezüchtet werden soll, im höchsten Falle bis einige Grade unter dem Verflüssigungspunkt der Gelatine gegangen werden. Die Bakterien entwickeln sich hierbei an den Rändern des Stiches und bilden in vielen Fällen Kulturen von ganz charakteristischem Aussehen; manche Arten verflüssigen die Gelatine, andere entwickeln sich, ohne eine Verflüssigung zu bewirken. Einige Bakterienarten liefern prächtig gefärbte oder fluorescirende Kulturen. Farbige Abbildungen derartiger Kulturen finden sich in dem citirten Werke von Lehmann und Naumann. Dieses Züchtungsverfahren ist nur bei Reinkulturen anwendbar, da man bei demselben verschiedene Arten nicht trennen kann. Um dies zu ermöglichen, führte Koch die „Plattenkulturen“ ein. Bei diesen giesst man die geschmolzene Gelatine auf eine horizontal liegende Glasplatte und lässt erkalten; selbstverständlich muss dies unter dem Schutze einer Glasglocke geschehen. Noch besser bewähren sich hierzu die Petri'schen Schälchen; das sind zwei übereinander greifende Glasschalen mit niedrigem Rande. Bei diesem Verfahren entwickeln sich die Bakterien, wenn sie nicht in zu grosser Menge vorhanden sind, an verschiedenen Stellen der Platte und bilden daselbst einzelne Kolonien, deren Anzahl auch bestimmt werden kann und von denen eine jede gewöhnlich nur aus einer Bakterienart besteht. Wird von diesen Kolonien auf sterilisirte Gelatine abgeimpft, so erhält man dann Reinkulturen. Wegen der Schwierigkeit, den Zutritt von Keimen aus der Luft vollständig auszuschliessen, ist dieses Verfahren in gewöhnlichen technischen Laboratorien kaum anwendbar; eine von Esmarch vorgeschlagene

Modifikation desselben (Rollkultur) kann mit besserem Erfolge ausgeführt werden.

In diesem Falle wird das die geimpfte Nährgelatine enthaltende Reagensglas nicht auf eine Glasplatte ausgegossen, sondern zunächst vorsichtig bis zur Verflüssigung der Gelatine erwärmt und dann in horizontaler Lage hin und her gerollt, damit die Gelatine die Glaswandungen gleichmässig benetzt; gleichzeitig kühlt man zum Zwecke des Erstarrens mit Wasser oder unter Anwendung von Eis ab. Da bei dieser Operation auch der Wattestopfen durch die Nährgelatine benetzt wird und dadurch nach dem Erstarren der Luftzutritt unmöglich gemacht wird, ist es besser, wenn man, wie bereits erwähnt, anstatt der Reagensgläser kleine Kochflaschen verwendet, bei welchen im übrigen in gleicher Weise gearbeitet wird. Die Kolonien entwickeln sich bei diesem Verfahren an den Wandungen des Gefässes; man kann dieselben mit einem Mikroskope bei schwacher Vergrösserung oder mit einer Lupe betrachten und bestimmen, ob sie Gelatine verflüssigen; ferner können die anderen charakteristischen Eigenschaften (Farbe, Wachsthum etc.) festgestellt werden. Zur Züchtung von Reinkulturen nimmt man mit Hilfe eines sterilisirten Platindrahtes Theile von einzelnen Kolonien heraus und impft sterilisirte Gelatine damit.

Will man einen ungefähren Begriff von der Anzahl der in einem Wasser oder einer anderen Flüssigkeit vorhandenen Bakterien haben, so muss man die entstandenen Kolonien zählen. Es lässt sich dies ausführen, wenn man das Kölbchen oder das Rohr mit einem Stück schwarzen Papier umgiebt, aus dem mit Hilfe eines Federmessers ein Stück von genau 1 qcm Grösse herausgeschnitten worden ist. Man bestimmt alsdann an mehreren Stellen die auf dieser Fläche vorhandene Kolonienzahl, nimmt das Mittel und multiplicirt mit dem in qcm angegebenen Inhalt der Oberfläche des Gefässes. Die so erhaltene Zahl giebt an, wieviel Bakterien in der mit der Gelatine vermischten Substanzmenge vorhanden sind. Während der Züchtung müssen die betreffenden Gefässe oft beobachtet werden, da sich verschiedene Bakterienarten auch mit verschiedener Schnelligkeit entwickeln und verflüssigende Bakterien das Ineinanderfliessen der einzelnen Kolonien bewirken.

Es kommt sehr häufig vor, besonders bei den in der Gerberei vorkommenden Flüssigkeiten, dass die Anzahl der Bakterien, die in einem einzelnen Tropfen oder in der mit einem Platindraht entnommenen geringen Menge Flüssigkeit enthalten ist, so gross ist, dass die Kolonien zu nahe aneinander sind und bald ineinander wachsen. Um dies zu vermeiden, wird ein sterilisirtes Gelatinerohr geimpft, der Inhalt wird eben geschmolzen und durch Rollen sorgfältig durchmischt; mit diesem Gemisch wird ein anderes Rohr geimpft, worauf dasselbe noch ein drittes Mal ausgeführt wird. Auf diese Weise erhält man drei verschiedene Verdünnungen, von denen die eine sicherlich die richtige Koncentration darstellt; hat man stets eine bestimmte Menge Flüssigkeit verwendet, so lässt sich die Verdünnung leicht berechnen und man kann dann auf die in der ursprünglichen Flüssigkeit vorhandene Bakterienzahl schliessen. Man kann hierbei einen Tropfen mit etwa $^1/_{20}$ ccm in Rechnung stellen; enthält das Reagensrohr 5 ccm Nährgelatine, so wird bei Zusatz eines Tropfens bakterienhaltiger Flüssigkeit eine hundertfache Verdünnung stattfinden. Soll ein Rohr geimpft werden, so muss vor dem Entfernen des Wattestopfens die Gelatine verflüssigt und dann das Rohr zur Vermeidung von Infektionen stets schräg gehalten werden.

Das Verfahren der Herstellung von Reinkulturen mit Hilfe von Nährflüssigkeiten ist im Princip dem oben beschriebenen sehr ähnlich; es ist nur nothwendig, dass die Verdünnungen noch weiter fortgesetzt werden, so dass schliesslich in einem Kölbchen oder in einem Rohre sich nicht mehr als ein Keim befindet. Der Inhalt derselben wird, nachdem die Entwicklung vor sich gegangen ist, mikroskopisch geprüft; diejenigen, die nur eine Art zu enthalten scheinen, werden der weiteren Untersuchung unterworfen. Um ganz sicher zu gehen, wird der Process der Verdünnung und des Weiterimpfens nochmals wiederholt. Ist die Anzahl der Verdünnungen sehr gross, so ist es besser, wenn man anstatt der Nährflüssigkeit sterilisirtes Wasser zum Verdünnen benutzt.

Mikroskopische Untersuchung der Bakterien. Bakterienhaltige Flüssigkeiten werden in der Weise untersucht, dass man ein kleines Tröpfchen auf einen Objektträger bringt, dasselbe mit einem Deckgläschen bedeckt und nunmehr bei starker Vergrösserung betrachtet. Um lediglich die Anwesenheit von Bakterien nachzuweisen, reicht eine stark vergrössernde, gute Trockenlinse vollständig aus, während zum eingehenden Studium eine Linse mit homogener Immersion erforderlich ist. Der ABBE'sche Beleuchtungsapparat ist ebenfalls mit Vortheil zu verwenden, namentlich bei enger Blendenöffnung. Sollen in Geweben, z. B. in der Haut, befindliche Bakterien näher untersucht werden, so müssen Schnitte in der auf S. 253 beschriebenen Weise gemacht werden.

Man findet häufig, dass der Nachweis von Bakterien, besonders in Geweben, sehr schwierig ist, und zwar wegen der ausserordentlich geringen Grösse und wegen des Fehlens von charakteristischen Formen. Diese Schwierigkeit lässt sich durch die Anwendung von Farbstoffen, welche die Bakterien färben, aber die anderen Theile des Gewebes ungefärbt lassen, einigermassen umgehen. Die Bakterien verhalten sich im allgemeinen den Farbstoffen gegenüber ähnlich wie die Kerne der höher organisirten Zellen. Befinden sich die Bakterien in Lösungen, so müssen sie, um das Wegschwemmen zu verhüten, vor dem Färben an dem Deckglase gewissermassen befestigt werden. Die Deckgläser werden zunächst vollständig gereinigt, indem man sie erst in konc. Schwefelsäure erhitzt, dann mit Wasser abspült, mit alkoholischem Ammoniak wäscht und schliesslich mit einem reinen, vollständig fettfreien, leinenen Tuch abtrocknet. Man bringt mit Hilfe eines Platindrahtes eine Spur der bakterienhaltigen Flüssigkeit auf ein derartig gereinigtes Deckgläschen oder man vertheilt es auf demselben in der Weise, dass man zwischen zwei Deckgläser ein Tröpfchen der Flüssigkeit bringt, dieselben zunächst aufeinander presst und dann wieder trennt. Diese Deckgläser werden hierauf in einem Exsikkator über Schwefelsäure oder Chlorcalcium getrocknet und die Bakterien schliesslich auf dem Glase fixirt, indem man dasselbe, mit dem Trockenrückstande nach oben, zwischen zwei Finger nimmt und dann dreimal ziemlich schnell durch die Flamme eines Bunsenbrenners oder einer Spirituslampe zieht. Es ist einige Uebung erforderlich, um hierbei die richtige Temperatur anzuwenden; ist dieselbe zu hoch, so werden die Bakterien verändert und lassen sich nicht mehr färben, während bei zu niedriger Temperatur die Bakterien an dem Glase nicht haften bleiben. Enthält die Flüssigkeit Gelatine oder Agar-Agar, so erfolgt beim Erhitzen keine hinreichende Fixirung; ein geringer Zusatz von Eiweiss verhindert dann das Wegwaschen. Es lässt sich dies auch dadurch erreichen, dass man das Präparat eine kurze Zeit den Dämpfen von Formaldehyd aussetzt; derselbe hat die Eigenschaft, Gelatine unlöslich zu machen.

Man macht häufig Präparate von Plattenkulturen, indem man ein reines Deckglas auf die zu untersuchende Kolonie aufdrückt; dieselbe haftet dann an dem Deckglas und giebt meist ein sehr charakteristisches Bild (Klatschpräparat). Zum Zwecke der Fixirung wird dasselbe in der oben beschriebenen Weise behandelt.

Die basischen Anilinfarbstoffe sind für Bakterienfärbungen die wichtigsten; dieselben werden in wässeriger Lösung entweder für sich allein oder zuweilen unter Zusatz von Anilin oder anderen Basen verwendet; da sich die wässerigen Lösungen nicht gut halten, empfiehlt es sich gesättigte alkoholische Lösungen herzustellen, indem man einen Ueberschuss von gepulvertem Farbstoff mit Alkohol schüttelt. Diese konc. Lösungen werden mit Wasser im Verhältniss 1 : 10 oder mehr verdünnt, und zwar so weit, dass die verdünnte Lösung die richtige Färbung liefert. Die am meisten gebräuchlichen Farbstoffe sind folgende: Magenta oder Fuchsin, Methylviolett *5 B*, Gentiana-Violett, Methylenblau und Bismarckbraun.

Man legt die Deckgläser, auf welchen sich die Bakterien fixirt befinden, in ein mit Farbstofflösung gefülltes kleines Schälchen und lässt sie 10 Minuten oder länger darin liegen, so dass dann die Bakterien genügend gefärbt sind. Nehmen dieselben den Farbstoff sehr langsam und schwierig auf, so wendet man die Lösungen auch warm an. Zur Verdünnung der alkoholischen Lösung benutzt man anstatt Wasser häufig eine gesättigte Anilinlösung (man schüttelt 3—4 g Anilinöl mit 100 ccm Wasser und filtrirt dann. Bezüglich der ausführlichen Details der Bakterienfärbungen muss auf Specialwerke verwiesen werden. Die Farbstofflösung wird mit Wasser abgespült, worauf die mikroskopische Prüfung erfolgen kann; man kann das Deckglas auch trocknen und dann ein Tröpfchen einer Canadabalsam-Lösung in Xylol (dieselbe eignet sich besser als eine Chloroformlösung, da diese mitunter die Bakterien wieder entfärbt) auf dasselbe bringen. Zum Zwecke des Aufhellens ist Nelkenöl aus dem gleichen Grunde dem Cedernöl vorzuziehen.

Zur Vermeidung von irrigen Vorstellungen möchte ich zum Schluss noch einige Mittheilungen über die Vorgänge bei der Gärung machen. Es ist falsch, anzunehmen, dass jede Art von Gärung durch Bakterien oder Hefen hervorgerufen wird. Im thierischen Körper, wie in dem der höheren Pflanzen werden Substanzen für die Zwecke der Ernährung, zur Erzeugung von Wärme und Energie zerlegt, und zwar zum Theil durch Oxydation, zum Theil durch Aufnahme der zum Aufbau des Organismus erforderlichen Elemente, während gleichzeitig die überflüssigen Bestandtheile ausgeschieden werden. Diese Processe sind im Princip identisch mit den durch Bakterien und Hefen veranlassten. Bei Pflanzen und Thieren spielen sich mancherlei Processe ab, die zwar auch als Gärungen bezeichnet werden können, die aber nicht durch die Zellen selbst, sondern durch Substanzen, die aus denselben abgeschieden worden sind, hervorgerufen werden. So enthält z. B. der thierische Speichel eine Substanz, Ptyalin, welche Stärke in Traubenzucker umwandelt; in keimenden Samen (z. B. im Malz) wird Diastase gebildet, die eine ähnliche Wirkung ausübt. Eine Veränderung des Fleisches und der Eiweisssubstanzen desselben wird im Magen durch Pepsin, in den Eingeweiden durch Trypsin (oder Pankreatin) hervorgerufen; diese beiden Sekrete haben die Fähigkeit, nicht nur Gelatine, sondern auch coagulirtes Eiweiss und Fibrin zu verflüssigen; im Pflanzenreiche existiren Verbindungen, die ähnliche Eigenschaften besitzen. Diese Substanzen bezeichnet man als „Enzyme“ oder „unorganisirte Fermente“; sie stehen den Eiweisskörpern sehr nahe und werden, wie diese, durch Hitze coagulirt und verlieren dabei ihre Wirksamkeit. Dieselben werden durch konc. Alkohol gefällt, beim Wiederauflösen in Wasser können sie aber ihre ursprüngliche Wirkung wieder ausüben. Die merkwürdigste Eigenschaft ist die, dass sehr kleine Mengen derselben auf fast unbegrenzte Mengen der betreffenden Substanzen wirken können, ohne selbst hierbei eine wesentliche und dauernde Veränderung zu erleiden. Diese Processe, die noch nicht genügend aufgeklärt sind, stehen in naher

Beziehung zu der in der anorganischen Chemie längst bekannten, sogen. „katalytischen" Wirkung.

Man weiss jetzt, dass Bakterien und Hefen häufig ähnliche Enzyme abscheiden und dass viele der von denselben veranlassten Veränderungen auf die Wirkung dieser Sekrete und nicht auf eine direkte Thätigkeit der Zellen selbst zurückzuführen sind. Die Trennung der Enzyme von den Bakterien ist nicht leicht, da beide durch Hitze vernichtet werden; durch Aether und Chloroform wird die Wirkung der Bakterien aufgehoben, aber nicht die der Enzyme; ferner können die Bakterien durch Filtration durch gebrannten Thon entfernt werden, die Enzyme verbleiben hierbei im Filtrat. Wood hat gezeigt, dass die Stärke der Kleie durch ein in derselben vorhandenes Enzym, Cerealin, vor der Vergärung durch das Kleienbeizenferment (S. 273) in Zucker übergeführt wird und dass die Verflüssigung der Gelatine und der Hautsubstanz nicht durch die direkte Einwirkung der Bakterien, sondern durch von diesen abgeschiedene Enzyme hervorgerufen wird; ferner beruht die Wirkung der verschiedenen Beizen hierauf. Derartige Enzyme sind zweifellos auch in alten Aescherbrühen und Weichwässern vorhanden.

Bei der Abfassung dieses Abschnittes hat der Verfasser mancherlei Anregungen von seinem Freunde J. T. Wood erhalten, welcher auch die Freundlichkeit hatte, das Manuskript einer Durchsicht zu unterziehen.

Nachtrag.

Auf der vom 28. Juli bis 1. August 1900 in Paris stattgefundenen 4. Konferenz des „Internationalen Vereins der Lederindustrie-Chemiker" sind einige Beschlüsse gefasst worden, durch welche die auf den früheren Konferenzen vereinbarten Vorschriften über die Ausführung der gewichtsanalytischen Gerbstoffbestimmungsmethode in zwei Punkten eine nicht unwesentliche Abänderung, bez. Präcisirung erfahren haben, und zwar hinsichtlich der Ansatzmengen für die Analyse und hinsichtlich der zur Filtration der Gerbstofflösung erforderlichen Filter. Da zur Zeit der Konferenz der in Betracht kommende Theil dieses Leitfadens bereits gedruckt war, so konnten die beschlossenen Aenderungen leider nur in Form dieses Nachtrages Berücksichtigung finden. Auf der Pariser Konferenz führte Herr Prof. Procter aus, dass nach der bisherigen Vorschrift bei der Herstellung der Gerbstofflösungen für die Analyse die Gesammtmenge der löslichen Substanzen massgebend ist, dass aber hierbei in den Fällen, wo, wie bei Quebrachoholz und dessen Extrakten, die Nichtgerbstoffe gegenüber dem Gerbstoff sehr zurücktreten, auf eine gewisse Hautpulvermenge eine grössere Menge gerbende Substanz komme, als in anderen Fällen. Auf Grund dieser Thatsache stellte Herr Prof. Procter den Antrag, in Zukunft nicht die Gesammtmenge der löslichen Substanzen, sondern die Menge der vorhandenen gerbenden Substanzen zu Grunde zu legen, und zu diesem Zwecke die Stärke der Gerbstofflösungen für die Analyse so zu bemessen, dass die Menge der gerbenden Substanzen in 100 ccm möglichst nahe an 0.40 g herankommt, und dass die Grenzen von 0.35 g und 0.45 g keinesfalls überschritten werden. Dieser Antrag wurde von der Konferenz angenommen.

Auf Grund zweier der Konferenz mitgetheilten Arbeiten von Searle und von Dr. Paessler über den Einfluss der Absorption des zur Filtration benutzten Filtrirpapiers wurde von dem letzteren der beiden folgender Antrag eingebracht: Zur Filtration der Gerbstofflösungen ist das Filtrirpapier Nr. 602, extrahart, von

Schleicher & Schüll zu verwenden; die hierzu benutzten Faltenfilter müssen einen Durchmesser von 17 cm haben (dieselben werden in dieser Grösse und in dieser Beschaffenheit von Schleicher & Schüll unter folgender Bezeichnung geliefert: Faltenfilter Nr. 605, extrahart, Durchmesser 17 cm). Von dem Filtrate sind mindestens 200 ccm, aber nicht wesentlich grössere Mengen zu verwerfen. Auch dieser Antrag wurde angenommen.

Auf Grund der von verschiedenen Mitgliedern des „Internationalen Vereins der Lederindustrie-Chemiker“ ausgeführten Prüfung des von der Firma Mehner & Stransky in Freiberg in Sachsen hergestellten Hautpulvers, wurde dasselbe zur Verwendung für die Gerbmaterialanalyse empfohlen.

Durch diese Beschlüsse haben die S. 122 u. 123 zusammengestellten Vorschriften unter a), c) und e) einige Abänderungen erfahren. Diese Vorschriften lauten im Sinne der gefassten Beschlüsse nunmehr folgendermassen:

a) Stärke der Gerbstofflösung. Die Stärke der Gerbstofflösung soll so sein, dass die Menge der gerbenden Substanzen in 100 ccm möglichst nahe an 0.40 g herankommt, auf jeden Fall aber innerhalb der Grenzen 0.35 g und 0.45 g liegt.

c) Filtration. Die Filtration der Gerbstofflösungen, auch derjenigen die vollständig klar erscheinen, soll durch Faltenfilter Nr. 605, extrahart, 17 cm Durchmesser, von Schleicher & Schüll erfolgen. Von dem Filtrate sind mindestens 200 ccm, aber nicht wesentlich grössere Mengen zu verwerfen; dieser erste Ablauf kann auch zur Bestimmung der Nichtgerbstoffe verwendet werden. Das Filtrat muss vollständig klar und blank sein; ist dies nicht in hinreichendem Maasse der Fall, so muss die Flüssigkeit wiederholt auf das Filter zurückgegossen werden. Die Anwendung von Kaolin ist nicht gestattet.

e) Das Ausziehen fester Materialien. Von diesen wird soviel abgewogen, dass bei der Extraktion auf 1 Liter eine Lösung erhalten wird, welche in 100 ccm ebenfalls 0.35—0.45 g gerbende Substanzen enthält. Bezüglich der Ausführung der Extraktion sind im übrigen keine Aenderungen beschlossen worden, so dass also in dieser Beziehung noch die früheren Vorschriften gelten.

Alphabetisches Sachregister.